普通高校基础数学教材系列

微 积 分

王 龙 主编

刘 宪 吴 玥 何怀玉 副主编

华东理工大学出版社
EAST CHINA UNIVERSITY OF SCIENCE AND TECHNOLOGY PRESS

·上海·

图书在版编目(CIP)数据

微积分/王龙主编.—上海:华东理工大学出版社,2014.6(2018.2重印)

(普通高校基础数学教材系列)

ISBN 978 - 7 - 5628 - 3889 - 0

Ⅰ.①微… Ⅱ.①王… Ⅲ.①微积分—高等学校—教材 Ⅳ.①O172

中国版本图书馆 CIP 数据核字(2014)第 078919 号

内容提要

本书内容包括:函数、极限与连续,导数与微分,中值定理与导数应用,不定积分,定积分及其应用,空间解析几何,多元函数微分学,二重积分,级数,微分方程与差分方程.按国家"经济管理类本科数学基础课程教学基本要求"编写,力求贴近文科类学生考研的数学要求.在编写过程中,力求做到:结构清晰、概念准确;深入浅出,详略得当;便于学生自学,能够提高文科学生学习数学的兴趣,并培养学生的自学能力.

本书可作为高等学校经济管理类、人文科学类等专业的教材,也十分适合作为文科类考研学生的参考书.

普通高校基础数学教材系列

微积分

主　　编／王　龙

副 主 编／刘　宪　吴　玥　何怀玉

责任编辑／徐知今

责任校对／李　晔

出版发行／华东理工大学出版社有限公司

　　　　　地　　址:上海市梅陇路 130 号,200237

　　　　　电　　话:(021)64250306(营销部)

　　　　　　　　　　(021)64252722(编辑室)

　　　　　传　　真:(021)64252707

　　　　　网　　址:www.ecustpress.cn

印　　刷／江苏南通印刷总厂有限公司

开　　本／787mm×1092mm　1/16

印　　张／19.75

字　　数／476 千字

版　　次／2014 年 7 月第 1 版

印　　次／2018 年 2 月第 4 次

书　　号／ISBN 978 - 7 - 5628 - 3889 - 0

定　　价／38.00 元

联系我们:电子邮箱 zongbianban@ecustpress.cn

　　　　　官方微博 e.weibo.com/ecustpress

　　　　　天猫旗舰店 http://hdlgdxcbs.tmall.com

序

  1958 年，莫迪格里亚尼(Franco Modigliani)和米勒(Merton Miller)的一篇划时代的论文在《美国经济评论》上正式发表. 在这篇文章中，他们提出的"无套利(No-Arbitrage)"分析方法改变了华尔街人的投资思维，从而成为华尔街发展史上一件意义非凡的大事. 也正是这篇文章，使得金融学在研究方法上完全从经济学中独立出来. 然而，这篇文章在美国最著名的学术杂志——《美国经济评论》——上发表时，却遇到了一个尴尬的问题. 那就是在这篇文章中，用到了大量的数学工具，其中一个很常见的数学符号"$\overline{X}$"——这在数学中司空见惯的平均值符号——居然在杂志社的检字机上无法打印出来，当时的杂志社怎么也不能在一个字母之上再额外加上一个横杠. 结果，这两位后来获得诺贝尔经济学奖的作者不得不自掏腰包帮助杂志社改进他们的检字系统. 这一趣事无疑反映出在那个时代，数学在经济学中的作用并不是多么的重要. 但是，在短短的几十年间，数学在经济学中起到了惊人的作用. 如果不是数学工具在经济学中的广泛应用，也就不会出现 20 世纪 80 年代开始的新经济增长理论，尽管这一理论的原始思想在 20 世纪初便已经产生了. 翻开当今任何一本出色的经济管理类学术杂志，不难发现各种各样的数学符号充斥其中，在今天的《美国经济评论》上，包含各种希腊符号的数学方程式之复杂，比起当年的"$\overline{X}$"不知要复杂了多少倍.

  然而，数学在经济学乃至于其他学科的渗透，在极大地促进了相应学科发展的同时，也带来了一系列的问题. 这些问题的一个集中体现就是，如何把握数学在这些学科中使用的"度"，尤其是在教学活动中，如何将数学与这些学科很好地结合起来，是一个非常困难并且也是亟待解决的问题. 尤其对于非理工科专业的学生而言，如果数学一开始就面面俱到而且深奥艰涩，势必导致学生对这门学科望而生畏，乃至于丧失学习的兴趣；如果数学过于简单，甚至于走马观花，所学又不成体系，那么必然给学生以后的学习和研究带来隐患. 所以，既做到体系完备、详略得当，又晓畅易懂，与相关学科很好地结合起来，并不是一件很容易的事. 我院王龙教授和刘宪、吴玥、何怀玉博士合编的这本《微积分》教材，则是在这方面的一个有益尝试. 王龙教授从教三十余年，有着丰富的数学教学经验，曾被评为"全国优秀教师"，并多次被评为"学生心中的好老师"；而刘宪、吴玥、何怀玉作为经济学、数学专业的博士，对数学在经济学中的应用有着相当深刻的体会. 他们的这一著作，较之于其他同类教材，一个显著特色就是知识面广，但并不凌乱，尤其着眼于经济管理类学科对数学的基本要求，做到了体系完备、详略得当. 在与经济管理类学科的结合上，他们也做了非常出色的尝试，这在本书的大量例题中有着广泛的体现.

  他们的著作付梓，是他们多年辛勤耕耘的结晶；也希望这累累硕果，能培育出更多希望之花.

前　言

　　文理渗透已成为当今高等教育的主要趋势之一,综合素质和综合能力的培养也是当前高等教育改革的方向.然而,目前专为文科学生进行教学的高等数学教材却相对较少.为此,编写一本深度适当、广度适中、形式灵活,能受文科学生欢迎的高等数学教材一直是我们所追求的目标.本书就是编者在多年从事文科高等数学教学的基础上,结合国内文科高等数学教学最新取得的成果,按 2005 年国家颁布的考研数学三、四大纲以及 2006 年教育部高等学校数学与统计学教学指导委员会提出的"经济管理类本科数学基础课程教学基本要求"编写而成的.本书力求突出以下几个特点:

　　(1)难度上"层次分明".本着"适合各个层次需求"的原则,力求在难度设计上有一定的"坡度",拉开层次.根据文科高等数学教学的特点,既要满足广大文科学生(包括经管类、社会学、社区管理等)学习基础知识的需要,又要满足部分学生将来考研的合理需求.

　　(2)内容上"够用为度".本着"打好基础,够用为度"的原则,强调基础知识的运用,既删除了较艰深的理论推导,又突出了以"教学基本要求"为主线,保持理论的连贯和完整,而且例题和习题的题型较丰富,体现了各类考试的特点与方向.

　　(3)风格上"通俗易懂".本着"破解难点,兼顾体系"的原则,本书的定位是成为学生学习的"导学".通过对基本概念的要素、基本知识的特征、基本方法的要点给予较深入的概括和总结,做到深入浅出,以拓展学生的思路,加深对概念的理解,并掌握解决问题的数学分析方法.

　　(4)实践上"注重实用".本着"面向实际,注重实用"的原则,不求面面俱到,但求切实可用,特别注重高等数学在经济上应用的基本思想,着力培养学生解决实际问题的数学能力.

　　本书的第 1~5 章由王龙执笔,第 6~7 章由刘宪执笔,第 8 章由何怀玉执笔,全书由吴玥校订、王龙统稿.

　　我们在编写本书的过程中,得到了任青萍老师和高忠明老师的大力支持与帮助,在此表示衷心的感谢.

　　由于编者水平有限,书中不足之处在所难免,望广大读者和同行专家批评指正.

编　者

2014 年 5 月

目　　录

1 函数、极限与连续

在中学我们已经学习过函数的概念,而函数又是高等数学的主要研究对象. 极限是在研究变量的变化趋势时所引出的一个非常重要的概念,高等数学中许多基本概念都是建立在极限的基础上的,而且极限的方法又是研究函数的一种最基本的方法. 为此,本章将系统介绍函数、极限与连续的基本理论与方法,为以后各章的学习做好准备.

1.1 函数

1.1.1 区间、绝对值、邻域

1. 区间

设 a,b 为实数,且 $a<b$,则开区间 $(a,b)=\{x\,|\,a<x<b\}$;闭区间 $[a,b]=\{x\,|\,a\leqslant x\leqslant b\}$;半开半闭区间 $(a,b]=\{x\,|\,a<x\leqslant b\}$,$[a,b)=\{x\,|\,a\leqslant x<b\}$;还有无限区间,如 $(-\infty,b)=\{x\,|\,x<b\}$,$[a,+\infty)=\{x\,|\,x\geqslant a\}$,$(-\infty,+\infty)=\{x\,|\,-\infty<x<+\infty\}$.

2. 绝对值

(1) $-|a|\leqslant a\leqslant|a|$

(2) $|x|<\varepsilon\ (\varepsilon>0)$ 即 $-\varepsilon<x<\varepsilon$

(3) $|x|>M\ (M>0)$ 即 $x>M$ 或 $x<-M$

(4) $|x+y|\leqslant|x|+|y|$　（x,y 为任意实数）

(5) $|x-y|\geqslant|x|-|y|$　（x,y 为任意实数）

3. 邻域

(1) 实心邻域

数:实数集合

图 1-1

$\{x\,|\,|x-x_0|<\delta,\delta>0\}=\{x\,|\,x_0-\delta<x<x_0+\delta,\delta>0\}$.

形:在数轴上,是一个以点 x_0 为中心,长度为 2δ 的开区间 $(x_0-\delta,x_0+\delta)$,称此为点 x_0 的 δ 邻域. x_0 称为邻域的中心,δ 为邻域的半径(图 1-1).

(2) 空心邻域

$\{x\,|\,0<|x-x_0|<\delta,\delta>0\}$ 表示数集.

称 $(x_0-\delta,x_0)\bigcup(x_0,x_0+\delta)$ 为以 x_0 为中心,δ 为半径的空心邻域(图 1-2).

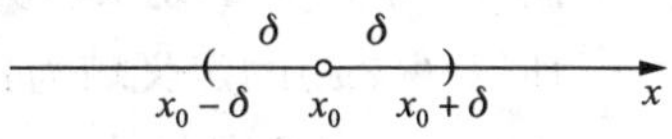

例 1.1 把 -1 的 $\dfrac{1}{2}$ 空心邻域表示成区间.

解: 因为 -1 的 $\dfrac{1}{2}$ 空心邻域可以表示为

图 1-2

$$0<|x-(-1)|<\frac{1}{2}$$

即　　　　$-\frac{1}{2}<x+1<\frac{1}{2}$ 且 $x\neq-1$，即 $-\frac{3}{2}<x<-1$ 或 $-1<x<-\frac{1}{2}$，

得　　　　　　　　　　　$\left(-\frac{3}{2},-1\right)\cup\left(-1,-\frac{1}{2}\right)$

1.1.2　函数、反函数、复合函数

1. 函数

定义 1.1　设 D 是一个非空实数集，若对于 D 中的任一 x 值，变量 y 按照一定的对应法则都有一个确定的值与之对应，则称变量 y 是 x 的函数，记作 $y=f(x)$. 自变量的取值范围称为定义域，记作 $D(f)$；因变量 y 的取值范围称为函数的值域，记作 $Z(f)$.

[**注**]　（1）理解"D 中的任一 x 值"、"有一个确定的值"的含义，如：

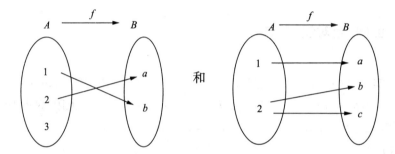

都不能确定从 A 到 B 的函数.

（2）当且仅当给定的两个函数，其定义域与对应规则完全相同时，才认为它们是同一函数.

例 1.2　求函数 $y=f(x)=x^2-x+1$ 在点 $x=1,x=x_0+1,x=x_0+\Delta x$ 处的函数值.

解：$f(1)=1^2-1+1=1$

$\quad\quad f(x_0+1)=(x_0+1)^2-(x_0+1)+1=x^2+x_0+1$

$\quad\quad f(x_0+\Delta x)=(x_0+\Delta x)^2-(x_0+\Delta x)+1=x_0^2+2\Delta x\cdot x_0-x_0+(\Delta x)^2-\Delta x+1$

例 1.3　设函数 $f(x+1)=x^2-x-1$，求 $f(x)$.

解：令 $t=x+1$，则 $x=t-1$，代入得

$$f(t)=(t-1)^2-(t-1)-1=t^2-3t+1$$

故　　　　　　　　　　　$f(x)=x^2-3x+1$

例 1.4　设 $f(x)=\begin{cases}2x, & \text{当}|x|<1\text{时；}\\ x^2+x, & \text{当}1\leqslant|x|\leqslant2\text{时.}\end{cases}$ 求 $h(x)=f(2x)+f(2-x)$ 的 $D(h)$.

解：因为 $f(x)$ 的定义域为：$-2\leqslant x\leqslant2$，

所以 $f(2x)$ 的定义域为：$-2\leqslant2x\leqslant2$，即 $-1\leqslant x\leqslant1$

$f(2-x)$ 的定义域为：$-2\leqslant2-x\leqslant2$，即 $0\leqslant x\leqslant4$

故 $D(h)=[-1,1]\cap[0,4]=[0,1]$

2. 反函数

定义 1.2　设函数 $y=f(x)$，$x \in D(f)$，$y \in Z(f)$，如果对任意的 $y \in Z(f)$，由 $y=f(x)$ 可以确定唯一的 $x \in D(f)$ 与其对应，则称变量 x 为变量 y 的函数，记作 $x=f^{-1}(y)$，并称它为函数 $y=f(x)$ 的反函数.

[注]　(1) 习惯上，由 $x=f^{-1}(y)$，互换 x,y 后所得的函数 $y=f^{-1}(x)$ 才称为函数 $y=f(x)$ 的反函数.

(2) 只有一一对应的函数(即函数所确定的关系是一一对应)才有反函数.

综合之，已知：$y=f(x)$　　$x \in D(f)$　　$y \in Z(f)$　　　　　　　　　　①

反解：$x=f^{-1}(y)$　　$x \in D(f)$　　$y \in Z(f)$　　　　　　　　　　②

互换：$y=f^{-1}(x)$　　$x \in Z(f)$　　$y \in D(f)$　　　　　　　　　　③

结论：若函数 $y=f(x)$，$x \in D(f)$，$y \in Z(f)$ 所确定的关系是一一对应，则①和③互为反函数；①和②的图像是相同的；①和③的图像关于直线 $y=x$ 对称.

3. 复合函数

定义 1.3　设 $y=f(u)$ 的定义域为 $D(f)$，若函数 $u=\varphi(x)$ 的值域为 $Z(\varphi)$，且 $Z(\varnothing) \bigcap D(f) \neq \varnothing$，则称 $y=f[\varphi(x)]$ 为 $y=f(u)$ 与 $u=\varphi(x)$ 的复合函数. x 为自变量，y 为因变量，u 为中间变量.

[注]　在复合函数定义中，为什么要求 $Z(\varphi) \bigcap D(f) \neq \varnothing$？中间变量有何特征？

例 1.5　已知 $y=f(u)=\sqrt{u}$，$u=\varphi(x)=a-x^2$，试考查 $a=1$，$a=-1$ 时 $y=f[\varphi(x)]$ 是不是复合函数.

解：(1) $a=1$ 时，$y=\sqrt{u}$，$u=1-x^2$

$$D(f)=[0,+\infty), Z(\varphi)=(-\infty,1]$$

因为 $Z(\varphi) \bigcap D(f)=[0,1] \neq \varnothing$，所以 $y=f[\varphi(x)]=\sqrt{1-x^2}$ 是复合函数.

(2) $a=-1$ 时，$y=\sqrt{u}$，$u=-1-x^2$

$$D(f)=[0,+\infty), Z(\varphi)=(-\infty,-1]$$

因为 $Z(\varphi) \bigcap D(f)=\varnothing$，所以 $y=f[\varphi(x)]=\sqrt{-1-x^2}$ 不是复合函数.

例 1.6　设 $f(x)=\begin{cases} \mathrm{e}^x, & \text{当 } x<1 \text{ 时}; \\ x, & \text{当 } x \geqslant 1 \text{ 时}. \end{cases}$ $\varphi(x)=\begin{cases} x+2, & \text{当 } x<0 \text{ 时}; \\ x^2-1, & \text{当 } x \geqslant 0 \text{ 时}. \end{cases}$ 求 $f[\varphi(x)]$.

解：$f[\varphi(x)]=\begin{cases} \mathrm{e}^{\varphi(x)}, & \text{当 } \varphi(x)<1 \text{ 时}; \\ \varphi(x), & \text{当 } \varphi(x) \geqslant 1 \text{ 时}. \end{cases}$

(1) 当 $\varphi(x)<1$ 时：

①　$x<0$，$\varphi(x)=x+2<1$，即 $x<-1$

②　$x \geqslant 0$，$\varphi(x)=x^2-1<1$，$\begin{cases} x \geqslant 0 \\ x^2-1<1 \end{cases} \Rightarrow 0 \leqslant x<\sqrt{2}$

(2) 当 $\varphi(x) \geqslant 1$ 时：

①　$x<0$，$\varphi(x)=x+2 \geqslant 1$，即 $-1 \leqslant x<0$

② $x \geqslant 0$，$\varphi(x) = x^2 - 1 \geqslant 1$，$\begin{cases} x \geqslant 0 \\ x^2 - 1 \geqslant 1 \end{cases} \Rightarrow x \geqslant \sqrt{2}$

因此　　　　　　　$f[\varphi(x)] = \begin{cases} e^{x+2}, & \text{当 } x < -1 \text{ 时}; \\ x+2, & \text{当 } -1 \leqslant x < 0 \text{ 时}; \\ e^{x^2-1}, & \text{当 } 0 \leqslant x < \sqrt{2} \text{ 时}; \\ x^2 - 1, & \text{当 } x \geqslant \sqrt{2} \text{ 时}. \end{cases}$

1.1.3　函数的基本性质

1. 有界性

定义 1.4　设函数 $f(x)$ 在区间 D 上有定义，若存在数 $M > 0$，使得对于一切 $x \in D$，恒有 $|f(x)| \leqslant M$，则称 $f(x)$ 在 D 上有界. 如果不存在这样的正数 M，则称 $f(x)$ 在 D 上是无界的.

[注]　(1) 若对任意 $x \in D$，恒有 $f(x) \leqslant K$（$f(x) \geqslant K$），则称 $f(x)$ 在 D 上有上界（下界），数 K 称为函数 $f(x)$ 的一个上界（下界）. 易知，函数 $f(x)$ 在 D 上有界的充要条件是它在 D 上既有上界又有下界.

(2) 仔细考查 $f(x)$ 取值的范围，例如函数 $f(x) = \dfrac{1}{x}$ 在区间 $(0, 2)$ 内是无界的，而在 $[1, +\infty)$ 上则是有界的.

常见的有界函数有：$|\sin x| \leqslant 1$，$|\cos x| \leqslant 1$，$|\arcsin x| \leqslant \dfrac{\pi}{2}$，$|\text{arccot } x| < \pi$，$\left| \dfrac{2x}{1+x^2} \right| \leqslant 1$ 等.

2. 单调性

定义 1.5　设函数 $y = f(x)$ 在某区间 D 内有定义，若对任意的 $x_1, x_2 \in D$，当 $x_1 < x_2$ 时，恒有 $f(x_1) < f(x_2)$（或 $f(x_1) > f(x_2)$），则称函数 $f(x)$ 在区间 D 内是单调增加的（或单调减少的）.

若函数在其整个定义域内都是单调增加的（或单调减少的），就说函数 $y = f(x)$ 是单调函数.

3. 奇偶性

定义 1.6　设函数 $y = f(x)$ 定义在对称区间 D 上，若对任意的 $x \in D$，恒有 $f(-x) = f(x)$，则称 $f(x)$ 为 D 上的偶函数；如果恒有 $f(-x) = -f(x)$，则称 $y = f(x)$ 为 D 上的奇函数.

[注]　(1) 偶函数的图形关于 y 轴对称，奇函数的图形关于原点对称.

(2) 奇函数的代数和仍为奇函数，偶函数的代数和仍为偶函数；奇函数与偶函数的乘积为奇函数；同为偶（奇）函数的乘积为偶函数.

4. 周期性

定义 1.7　设函数 $y = f(x)$ 在区间 D 上有定义，若存在一个与 x 无关的正数 T，使得对任意的 $x \in D$，当 $(x \pm T) \in D$ 时，恒有 $f(x + T) = f(x)$，则称函数 $f(x)$ 为周期函数，满足上

式的最小正数 T 称为 $f(x)$ 的周期.

[注] (1) 并非所有的周期函数都存在周期.

(2) 若 T 为函数 $f(x)$ 的周期,则 $\dfrac{T}{|a|}$ 是函数 $f(ax+b)$ 的周期.

例 1.7 设 $f(x)$ 为定义在 $(-a,a)$ 内的奇函数,若 $f(x)$ 在 $(0,a)$ 内单调增加,证明 $f(x)$ 在 $(-a,0)$ 内也单调增加.

证明:对 $\forall x_1,x_2 \in (-a,0)$,且 $x_1 < x_2$,则 $-x_1,-x_2 \in (0,a)$,且 $-x_1 > -x_2$,因为 $f(x)$ 在 $(0,a)$ 内单调增加,所以 $f(-x_1) > f(-x_2)$.

又因为 $f(x)$ 为奇函数,所以 $-f(x_1) > -f(x_2)$,即 $f(x_1) < f(x_2)$.

故按定义知,$f(x)$ 在 $(-a,0)$ 内单调增加.

例 1.8 判断下列函数的奇偶性:

(1) $f(x) = \sin x \cdot e^{x^8}$,   (2) $f(x) = x^k - x^{-k}$(k 为非零整数),

(3) $f(x) = \dfrac{a^x - 1}{a^x + 1}$($a > 0, a \neq 1$),   (4) $f(x) = \ln(x + \sqrt{a^2 + x^2})$($a$ 为常量且 $a \neq 0$).

解:(1) 由于 $\sin x$ 为奇函数,e^{x^8} 为偶函数,因此,它们的乘积为奇函数.

(2) 当 k 为奇数时,x^k 与 $x^{-k} = \dfrac{1}{x^k}$ 均为奇函数,因此,它们的差仍然为奇函数.

当 k 为偶数时,x^k 与 $x^{-k} = \dfrac{1}{x^k}$ 均为偶函数,因此,它们之差仍然为偶函数.

(3) $f(-x) = \dfrac{a^{-x} - 1}{a^{-x} + 1} = \dfrac{1 - a^x}{1 + a^x} = -f(x)$,故 $f(x) = \dfrac{a^x - 1}{a^x + 1}$ 为奇函数.

(4) $f(-x) = \ln\left[-x + \sqrt{a^2 + (-x)^2}\right] = \ln \dfrac{(\sqrt{x^2 + a^2} - x)(\sqrt{x^2 + a^2} + x)}{\sqrt{x^2 + a^2} + x}$

$$= \ln \frac{a^2}{\sqrt{x^2 + a^2} + x} = \ln a^2 - \ln(\sqrt{x^2 + a^2} + x)$$

易知,当 $a^2 = 1$,即 $a = \pm 1$ 时,$f(x)$ 为奇函数;当 $a^2 \neq 1$ 时,$f(x)$ 非奇非偶.

例 1.9 判断下列函数在其定义域内的有界性:

(1) $f(x) = \dfrac{x}{1 + x^2}$,   (2) $f(x) = \dfrac{1 + \sin x}{3}$,   (3) $f(x) = x \cdot \sin x$.

解:(1) 由于 $1 + x^2 \geqslant 2|x|$,所以 $|f(x)| = \left|\dfrac{x}{1 + x^2}\right| \leqslant \dfrac{|x|}{2|x|} = \dfrac{1}{2}$,故 $f(x)$ 在 $(-\infty, +\infty)$ 上有界.

(2) 由于 $|f(x)| = \left|\dfrac{1 + \sin x}{3}\right| \leqslant \dfrac{1}{3}(1 + |\sin x|) \leqslant \dfrac{1 + 1}{3} = \dfrac{2}{3}$,故 $f(x)$ 在 $(-\infty, +\infty)$ 上有界.

(3) 因为,对不论多大的 M_0,总有 $x_0 = 2n\pi + \dfrac{\pi}{2}$,$n$ 为正整数且充分大,使

$$|f(x_0)| = |x_0 \sin x_0| = \left|\left(2n\pi + \frac{\pi}{2}\right)\sin\left(2n\pi + \frac{\pi}{2}\right)\right| = 2n\pi + \frac{\pi}{2} > M_0$$

故 $f(x)$ 在 $(-\infty,+\infty)$ 上无界.

例 1.10 证明:定义在对称区间 $(-l,l)$ 上的任意函数可表示为一个奇函数与一个偶函数的和.

证明:设 $f(x)$ 是定义在对称区间 $(-l,l)$ 上的函数,易知

$$f(x)=\frac{1}{2}\big[f(x)+f(-x)\big]+\frac{1}{2}\big[f(x)-f(-x)\big]$$

令 $\varphi(x)=\frac{1}{2}\big[f(x)+f(-x)\big]$, $\psi(x)=\frac{1}{2}\big[f(x)-f(-x)\big]$,则

$$\varphi(-x)=\frac{1}{2}\big[f(-x)+f(x)\big]=\varphi(x),\ \psi(-x)=\frac{1}{2}\big[f(-x)-f(x)\big]=-\psi(x)$$

即 $\varphi(x)$ 是偶函数, $\psi(x)$ 是奇函数.

故 $f(x)=\varphi(x)+\psi(x)$ 是一个偶函数与一个奇函数之和.

1.1.4 初等函数

1. 基本初等函数

(1) 常数函数: $y=f(x)=C$

     $D(f)=(-\infty,+\infty)$,见图 1-3.

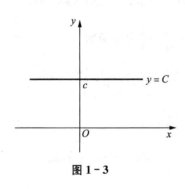

图 1-3

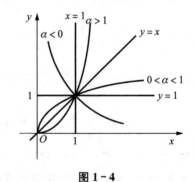

图 1-4

(2) 幂函数: $y=x^{\alpha}$(α 为常数)

    当 $\alpha>0$ 时, $y=x^{\alpha}$ 在 $(0,+\infty)$ 内单调增加;

    当 $\alpha<0$ 时, $y=x^{\alpha}$ 在 $(0,+\infty)$ 内单调减少,见图 1-4.

 [注] 当 $x\in(0,+\infty)$ 时, $y=x^{\alpha}$ 与 $y=x^{\frac{1}{\alpha}}$ 互为反函数,其图像关于直线 $y=x$ 对称($\alpha\neq0$).

 (3) 指数函数 $y=a^{x}$($a>0,a\neq1$), $D(f)=(-\infty,+\infty)$, $Z(f)=(0,+\infty)$

    当 $a>1$ 时, $y=a^{x}$ 单调增加;

    当 $0<a<1$ 时, $y=a^{x}$ 单调减少,见图 1-5.

 (4) 对数函数 $y=\log_{a}x$ $(a>0,a\neq1)$, $D(f)=(0,+\infty)$, $Z(f)=(-\infty,+\infty)$,见图 1-6.

 [注] $y=\log_{a}x$ 与 $y=a^{x}$($a>0,a\neq1$)互为反函数,其图像关于直线 $y=x$ 对称.

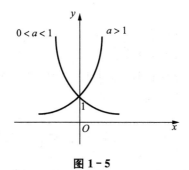

图 1-5

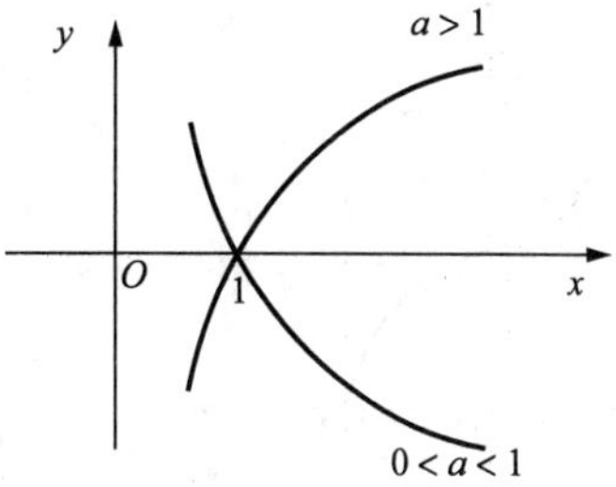

图 1-6

（5）正弦函数　$y=\sin x$，$D(f)=(-\infty,+\infty)$，$Z(f)=[-1,1]$，见图 1-7.

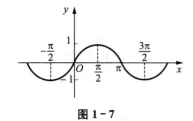

图 1-7

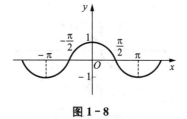

图 1-8

（6）余弦函数　$y=\cos x$，$D(f)=(-\infty,+\infty)$，$Z(f)=[-1,1]$，见图 1-8.

（7）正切函数　$y=\tan x$，$D(f)=\left\{x\,|\,x\neq k\pi+\dfrac{\pi}{2},k\in Z\right\}$，$Z(f)=(-\infty,+\infty)$，见图 1-9.

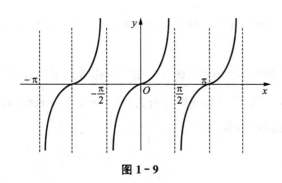

图 1-9

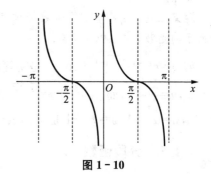

图 1-10

（8）余切函数　$y=\cot x$，$D(f)=\{x\,|\,x\neq k\pi,k\in Z\}$，$Z(f)=(-\infty,+\infty)$，见图 1-10.

（9）反正弦函数　$y=\arcsin x$，$D(f)=[-1,1]$，$Z(f)=\left[-\dfrac{\pi}{2},\dfrac{\pi}{2}\right]$，见图 1-11.

　　［注］　$y=\arcsin x$，$x\in[-1,1]$，$y\in\left[-\dfrac{\pi}{2},\dfrac{\pi}{2}\right]$ 与 $y=\sin x$，$x\in\left[-\dfrac{\pi}{2},\dfrac{\pi}{2}\right]$，$y\in[-1,1]$ 互为反函数.

（10）反余弦函数　$y=\arccos x$，$D(f)=[-1,1]$，

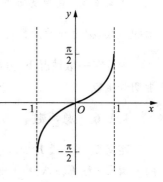

图 1-11

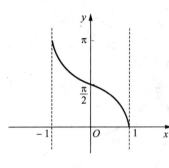

图 1 - 12

$Z(f)=[0,\pi]$，见图 1 - 12.

［注］　$y=\arccos x, x\in[-1,1], y\in[0,\pi]$ 与 $y=\cos x$，$x\in[0,\pi], y\in[-1,1]$ 互为反函数.

（11）反正切函数　$y=\arctan x, D(f)=(-\infty,+\infty)$，$Z(f)=\left(-\dfrac{\pi}{2},\dfrac{\pi}{2}\right)$，见图 1 - 13.

［注］　$y=\arctan x, x\in(-\infty,+\infty), y\in\left(-\dfrac{\pi}{2},\dfrac{\pi}{2}\right)$ 与 $y=\tan x, x\in\left(-\dfrac{\pi}{2},\dfrac{\pi}{2}\right), y\in(-\infty,+\infty)$ 互为反函数.

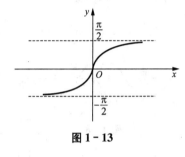

图 1 - 13

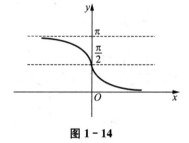

图 1 - 14

（12）反余切函数　$y=\operatorname{arccot} x, D(f)=(-\infty,+\infty), Z(f)=(0,\pi)$，见图 1 - 14.

［注］　$y=\operatorname{arccot} x, x\in(-\infty,+\infty), y\in(0,\pi)$ 与 $y=\cot x, x\in(0,\pi), y\in(-\infty,+\infty)$ 互为反函数.

2. 初等函数

定义 1.8　由基本初等函数经过有限次四则运算或有限次复合而成，并可用一个解析式子表示的函数，称为初等函数.

如 $y=\mathrm{e}^{\arccos\sqrt{x^2+1}}+\cos^2 x$ 是初等函数，其中 $y_1=\cos^2 x$ 的复合层次可由外到里分析为：$y_1=u^2, u=\cos x$，而 $y_2=\mathrm{e}^{\arccos\sqrt{x^2+1}}$ 的复合层次可由外到里分析为：$y_2=\mathrm{e}^u, u=\arccos v$，$v=\sqrt{\omega}, \omega=x^2+1, \omega=x^2+1$ 是幂函数与常数函数的和，最后 $y=y_1+y_2$.

1.1.5　分段函数

定义 1.9　在自变量的不同变化范围中，自变量与因变量的对应规则用不同的式子来表示的函数，称为分段函数，例如 $f(x)=\begin{cases}x, & \text{当 } x\leqslant 1 \text{ 时;}\\ \sin x, & \text{当 } x>1 \text{ 时.}\end{cases}$

由于在一般情况下，分段函数在其定义域内不能用一个解析式子表示，因此它一般不属于初等函数.

1.1.6　隐函数

定义 1.10　设 $F(x,y)$ 是一个已知二元函数，D 是一个区间，如果对于每个 $x\in D$，都有唯一的 y 满足方程 $F(x,y)=0$，则称这个函数 $y=f(x)$ 是由 $F(x,y)=0$ 在区间 D 上确定的隐函数.

易知，若把隐函数 $y=f(x)$ 代入方程 $F(x,y)=0$，便得到在区间 D 上成立的恒等式

$F(x,f(x))\equiv 0, x\in D.$ 在大多数情况下,不能从方程 $F(x,y)=0$ 中解出隐函数 $y=f(x)$ 的显示表达式,即显化. 例如由 $e^y-xy=0$ 所确定的隐函数就不能显化. 但是,我们在后面将要探讨利用上述恒等式研究隐函数的某些性质.

1.1.7 幂指函数

定义 1.11 形如 $y=[f(x)]^{g(x)}$ 的函数称为幂指函数. 例如 $y=x^x, y=\left[\dfrac{\pi}{2}-\arctan x\right]^{\frac{1}{x}}$ 等等.

幂指函数也是一种非初等函数,因为它无法由基本初等函数经四则运算或复合而成. 值得注意的是,读者应了解它与幂函数、指数函数的联系与区别.

1.1.8 其他准备知识

为学好微积分,读者还应熟记以下数学基础知识.

(1) $(a+b)^3=a^3+3a^2b+3ab^2+b^3,\qquad (a-b)^3=a^3-3a^2b+3ab^2-b^3$

$a^3-b^3=(a-b)(a^2+ab+b^2),\qquad a^3+b^3=(a+b)(a^2-ab+b^2)$

(2) 排列数公式 $\quad P_n^m=n(n-1)(n-2)\cdots(n-m+1)\quad(m\leqslant n)$

$$P_n^m=\frac{n!}{(n-m)!}\quad(m\leqslant n)$$

$$P_n^n=n!=n(n-1)(n-2)\cdots 2\cdot 1\,;\text{并规定 }0!=1$$

组合数公式 $\quad C_n^m=\dfrac{P_n^m}{P_m^m}\quad C_n^m=C_n^{n-m}\quad(m\leqslant n)$

(3) 一元二次不等式 $(x-x_1)(x-x_2)\geqslant 0\ (x_1<x_2)$,解为 $x\leqslant x_1$ 或 $x\geqslant x_2$

$(x-x_1)(x-x_2)\leqslant 0(x_1<x_2)$,解为 $x_1\leqslant x\leqslant x_2$

(4) 对任何实数 x 都有 $\sqrt{x^2}=|x|=\begin{cases}x, & \text{当 }x\geqslant 0\text{ 时};\\ -x, & \text{当 }x<0\text{ 时}.\end{cases}$ 取整函数 $[x]=n, n\leqslant x<n+1,$

$n=0,\pm 1,\pm 2,\cdots$

(5) $a^{\log_a N}=N$(对数恒等式)$\quad \log_a b=\dfrac{1}{\log_b a}=\dfrac{\ln b}{\ln a}$

(6) $a^n-b^n=(a-b)(a^{n-1}+a^{n-2}b+\cdots+ab^{n-2}+b^{n-1})$

$(a+b)^n=C_n^0 a^n b^0+C_n^1 a^{n-1}b+\cdots+C_n^k a^{n-k}b^k+\cdots+C_n^n a^0 b^n$

(n 为正整数,$k=0,1,2,\cdots,n$)

(7) $\sin(\alpha\pm\beta)=\sin\alpha\cos\beta\pm\cos\alpha\sin\beta$

$\cos(\alpha\pm\beta)=\cos\alpha\cos\beta\mp\sin\alpha\sin\beta$

$\sin 2\alpha=2\sin\alpha\cdot\cos\alpha$

$\cos 2\alpha=\cos^2\alpha-\sin^2\alpha=2\cos^2\alpha-1=1-2\sin^2\alpha$

$\sin^2\alpha=\dfrac{1-\cos 2\alpha}{2}$

$\cos^2\alpha=\dfrac{1+\cos 2\alpha}{2}$

$\sin\alpha+\sin\beta=2\sin\dfrac{\alpha+\beta}{2}\cos\dfrac{\alpha-\beta}{2}$

$$\sin \alpha - \sin \beta = 2\cos \frac{\alpha+\beta}{2} \sin \frac{\alpha-\beta}{2}$$

$$\cos \alpha + \cos \beta = 2\cos \frac{\alpha+\beta}{2} \cos \frac{\alpha-\beta}{2}$$

$$\cos \alpha - \cos \beta = -2\sin \frac{\alpha+\beta}{2} \sin \frac{\alpha-\beta}{2}$$

$$\sin^2 \alpha + \cos^2 \alpha = 1$$

$$1 + \tan^2 \alpha = \sec^2 \alpha, \quad 1 + \cot^2 \alpha = \csc^2 \alpha$$

$$\arcsin \alpha + \arccos \alpha = \frac{\pi}{2}$$

$$\arctan \alpha + \operatorname{arccot} \alpha = \frac{\pi}{2}$$

（8）首项 $a \neq 0$，公比 $q \neq 1$ 的等比数列 $a, aq, aq^2, \cdots, aq^{n-1}, \cdots$ 的前 n 项和 $S_n = a + aq + \cdots + aq^{n-1} = \dfrac{a(1-q^n)}{1-q}$.

（9）若条件 A 成立，则结论 B 成立，我们称条件 A 是结论 B 的充分条件；

若结论 B 成立，则必有条件 A 成立，我们称条件 A 是结论 B 的必要条件；

原命题与逆否命题等价.

（10）已知实数 $x_1, x_2, \cdots, x_n$，它们中最大者记作 $\max\{x_1, x_2, \cdots, x_n\}$，最小者记作 $\min\{x_1, x_2, \cdots, x_n\}$，它们的总和记作 $\sum\limits_{i=1}^{n} X_i = x_1 + x_2 + \cdots + x_n$.

1.1.9　常见的经济函数

1. 几个常见的经济量词解释

（1）需求量：某种商品的需求量是指在一定期限、一定价格条件下，消费者愿意购买并且有支付能力购买的商品量.

（2）供给量：某种商品的供给量是指在一定价格条件下，生产者愿意出售并且有可供出售的商品量.

（3）均衡价格：是指市场上需求量与供给量相等时的价格.

（4）均衡商品量：是指对应于均衡价格的需求量（或供给量）.

（5）固定成本：是指一定时期或一定任务量范围内，不随生产量增加而变动的那部分费用. 如折旧费、管理人员工资、办公费、保险费等.

（6）可变成本：是指随着生产量增加而变动的那部分费用. 如原材料费、动力费、计件工资等.

（7）总成本：是指生产一定数量的产品所需的全部经济资源投入（劳动力、原料、设备等）的价格或费用总额. 它由固定成本与可变成本组成.

（8）平均成本：是指生产一定数量的产品时，平均每个单位产品的成本.

（9）总收益：是指生产者销售一定量产品所得的全部收入.

（10）总利润：是指生产者销售一定量产品所得的总收益扣除成本后的那部分收益.

2. 几个常见的经济函数的表达式

（1）需求函数：市场对商品的需求量 Q 与商品价格 P 之间的函数关系

$$Q=f(P)$$

称为需求函数. 按市场规律, 若忽略其他因素, 需求函数由价格 P 决定, 而且一般是价格 P 的减函数, 有时也把它的反函数 $P=f^{-1}(Q)$ 称为需求函数. 常用下列函数拟合需求函数:

① 线性函数: $Q=b-aP$, $a,b>0$

② 幂函数: $Q=\dfrac{k}{P^a}$, $a,k>0,P\neq0$

③ 指数函数: $Q=ae^{-bP}$, $a,b>0$

(2) 供给函数: 生产者提供给市场的商品数量 Q 与商品单价 P 之间的函数关系

$$Q=\varphi(P)$$

称为供给函数, 按市场规律, 若忽略其他因素, 供给函数由价格 P 决定, 而且一般是价格 P 的增函数. 常用下列函数拟合供给函数:

① 线性函数: $Q=aP-b$, $a,b>0$

② 幂函数: $Q=kP^a$, $k,a>0$

③ 指数函数: $Q=ae^{bP}$, $a,b>0$

由 $f(P)=\varphi(P)$, 容易求出均衡价格 P_0, 它所对应的 Q_0 称为均衡需求量(或供给量).

(3) 成本函数: 总成本 $C(Q)=C_0+C_1(Q)$, 其中 C_0 为固定成本, $C_1(Q)$ 为可变成本, Q 为产量.

平均成本函数: $\bar{C}=\dfrac{C_0+C_1(Q)}{Q}$

(4) 收益函数与利润函数.

总收益函数: $R=Q\cdot P(Q)$, 其中 Q 为销售量, $P(Q)$ 为销售价格.

总利润函数: $L=R(Q)-C(Q)$, 其中 $R(Q)$ 为总收益, $C(Q)$ 为总成本.

(5) 费用函数.

假设某生产部门对于某种材料的年需用量为 W, 进货单价为 P, 每次订购费用为 C_0, 年存贮费用率为 n, 订货的批量为 Q, 进货的周期为 T.

这里我们只讨论分批间隔进货情况, 即该材料均匀消耗, 当库存量下降到零时立即订购, 使库存及时恢复到最高库存量(即 Q).

① 求全年总订购费用: 由于全年共订购 $\dfrac{W}{Q}$ 次, 而每次订购费用为 C_0, 从而全年总订购费用为 $\dfrac{W}{Q}\cdot C_0$.

② 求全年贮存费用: 对于每一个进货周期而言, 期初库存量最大(即 Q), 且该材料均匀消耗, 到期末时库存量为零, 因此在每个进货周期内, 平均每天库存量为 $\dfrac{1}{2}Q$, 正因为每个周期内平均每天的库存量为 $\dfrac{1}{2}Q$, 所以全年平均每天的库存量也是 $\dfrac{1}{2}Q$, 从而年贮存费用为 $\dfrac{1}{2}Q\cdot P\cdot n$.

于是有: 总费用 $C=\dfrac{C_0W}{Q}+\dfrac{1}{2}QPn$ 是订货批量 Q 的函数.

例 1.11　某商场以每件 P_1 元的价格出售某种商品,若顾客一次购买 100 件以上,则超出 100 件的商品以每件 $0.9P_1$ 元的优惠价格出售.试求:(1) 将一次成交的销售收入 R 表示为销售量 Q 的函数;(2) 若每件商品的进价为 P_2 元,写出一次成交的销售利润 L 与销售量 Q 之间的函数关系.

解:(1) 由题意,当 $0 \leqslant Q \leqslant 100$ 时,

$$R(Q) = P_1 Q$$

当 $Q > 100$ 时,

$$R(Q) = 100P_1 + 0.9P_1(Q - 100)$$

即

$$R(Q) = \begin{cases} P_1 Q, & \text{当 } 0 \leqslant Q \leqslant 100 \text{ 时;} \\ 0.9P_1 Q + 10P_1, & \text{当 } Q > 100 \text{ 时.} \end{cases}$$

(2) 由 $L = R(Q) - C(Q)$ 知

$$L(Q) = R(Q) - P_2 Q = \begin{cases} P_1 Q - P_2 Q, & \text{当 } 0 \leqslant Q \leqslant 100 \text{ 时;} \\ 0.9P_1 Q - P_2 Q + 10P_1, & \text{当 } Q > 100 \text{ 时.} \end{cases}$$

例 1.12　某商品进价为 P_1(元/每件),由以往经验,当销售价格为 P_2(元/每件)时,销售量为 C 件(P_1,P_2,C 均为正常数,且 $P_2 \geqslant \dfrac{4}{3}P_1$).市场调查表明,销售价每下降 10%,销售量可增加 30%.试求需求函数和利润函数.

解:设销售量为 Q,则成本 $C = P_1 Q$;收益 $R = PQ$,其中 P 为销售价,现求 $P = P(Q)$,即需求函数.

因为当 $P = P_2$ 时 $Q = C$,又当 P 下降 10% 时,Q 增加 30%,即 $P = P_2 - P_2 \cdot 10\%$ 时 $Q = C + C \cdot 30\%$,故由此可求出需求函数.

由 $\dfrac{P_2 - P}{P_2} = 10\%$ 时,$\dfrac{Q - C}{C} = 30\%$,得 $3 \cdot \dfrac{P_2 - P}{P_2} = \dfrac{Q - C}{C}$

即得需求函数 $P = \dfrac{4P_2 C - P_2 Q}{3C}$,由此得

$$L(Q) = PQ - P_1 Q = Q\left(\frac{4P_2 C - P_2 Q}{3C} - P_1\right) = \left(\frac{4}{3}P_2 - P_1\right)Q - \frac{P_2}{3C}Q^2$$

例 1.13　某公司全年需购某商品 1 000 台,每台购进价为 500 元,分若干批进货.每批进货台数相同,一批商品售完后马上进下一批货,每进货一次需消耗有关费用 1 000 元,商品均匀投放市场(即平均库存量为批量的一半),该商品每年每台库存费为进货价的 2%,试求出一年的总投资额(在商品上)与批量的函数关系.

解:设每批进货量为 Q 台,则由题意知:

(1) 商品的购进价为:$1\,000 \times 500 = 500\,000$(元)

(2) 商品的进货费用为:$\dfrac{1\,000}{Q} \times 1\,000 = \dfrac{1\,000\,000}{Q}$(元)

(3) 商品的库存费用为:$\dfrac{Q}{2} \times 500 \times 2\% = 5Q$(元)

故全年总投资额 y 为：$y = 500\ 000 + \dfrac{1\ 000\ 000}{Q} + 5Q$（元）

因 Q 为商品的台数，故 Q 只能取 $(0, 1\ 000]$ 中 $1\ 000\ 000$ 的正整数因子．

1.2 极限

1.2.1 数列极限

例 1.14 考虑数列 $\dfrac{1}{2}, \dfrac{1}{4}, \dfrac{1}{8}, \dfrac{1}{16}, \cdots, \left(\dfrac{1}{2}\right)^n$ 的极限．

解：易见，当 $n \to \infty$ 时，一般项 $y_n = \left(\dfrac{1}{2}\right)^n$ 无限地接近于常数零．

例 1.15 求数列 $\dfrac{1}{2}, \dfrac{2}{3}, \dfrac{3}{4}, \cdots, \dfrac{n-1}{n}$ 的极限．

解：因 $y_n = \dfrac{n-1}{n} = 1 - \dfrac{1}{n}$，故当 $n \to \infty$ 时，y_n 无限地接近于 1，我们说，数列 $\left\{\dfrac{n-1}{n}\right\}$ 的极限是 1．

例 1.16 数列 $1, -1, 1, \cdots, (-1)^{n-1}$ 是否存在极限？并说明原因．

答：此数列奇数项为 1，偶数项为 -1，随着 n 的增大，数列的项总在 1 和 -1 两个数值上摆动，显然，此数列当 $n \to \infty$ 时，y_n 不会无限地接近于某个确定的常数，我们说，此数列极限不存在．

总之，当 n 无限增大时，y_n 无限地接近于某个常数 A，则说当 $n \to \infty$ 时，数列 $\{y_n\}$ 的极限为 A，否则极限不存在．

那么，何为"无限增大时无限接近"呢？为此，还必须逐步引出精确的数学语言．

第一步："当 n 无限增大时，y_n 无限地接近于 A"，即"当 n 无限增大时，y_n 与 A 的差无限接近于 0"．

第二步："当 n 无限增大时，y_n 与 A 的差无限接近于 0"，即"当 n 无限增大时，$|y_n - A|$ 可以任意小"．

第三步："当 n 无限增大时，$|y_n - A|$ 可以任意小"，即"不论事先指定一个多么小的正数，在 n 无限增加的过程中，总有那么一个时刻（即 n 增大到一定程度），在此时刻以后，$|y_n - A|$ 小于那个事先指定的小正数"．

如，以数列 $\left\{\dfrac{n-1}{n}\right\}$ 为例

$$|y_n - 1| = \left|\left(1 - \dfrac{1}{n}\right) - 1\right| = \dfrac{1}{n}$$

若指定一个小正数，例如 $\dfrac{1}{10}$，若要使 $|y_n - 1| < \dfrac{1}{10}$，即 $\dfrac{1}{n} < \dfrac{1}{10}$，只要 $n > 10$ 就可以了，即从数列第 11 项开始，以后各项都满足 $|y_n - 1| < \dfrac{1}{10}$．

若指定一个更小的正数，例如 $\dfrac{1}{100}$，要使 $|y_n - 1| < \dfrac{1}{100}$，即 $\dfrac{1}{n} < \dfrac{1}{100}$，$n > 100$，即从数列第

101 项开始,以后各项都满足 $|y_n-1|<\dfrac{1}{100}$.

一般来说,若有一个数列 y_n,无论事先指定一个多么小的正数 ε,在 n 无限增大的过程中,总有那么一个时刻,在那个时刻以后,总有 $|y_n-A|$ 小于事先指定的正数 ε,我们就称"当 n 无限增大时,y_n 无限地接近于 A,即数列 y_n 以 A 为极限".

定义 1.12 若对于任意给定的正数 ε,总存在一个正整数 N,当 $n>N$ 时,

$$|y_n-A|<\varepsilon$$

恒成立,则称当 n 趋向无穷大时,数列 y_n 以常数 A 为极限,记作:

$$\lim_{n\to\infty}y_n=A \quad 或 \quad y_n\to A(n\to\infty)$$

并称数列 y_n 收敛于 A,否则就称 y_n 是发散的.

从上面定义可以看出:

(1) ε 是刻画 y_n 与 A 接近程度的,即 ε 越小,y_n 与 A 越接近.

(2) ε 既是任意的,又是给定的,而正整数 N 与给定的 ε 有关,且 N 不是唯一的.

(3) 若把 $|y_n-A|<\varepsilon$ 写成 $A-\varepsilon<y_n<A+\varepsilon$,则数列 $\{y_n\}$ 以 A 为极限的几何意义可表述为:当 n 充分大时,y_n 从第 $N+1$ 项开始都落在点 A 的 ε 邻域内,见图 1-15.

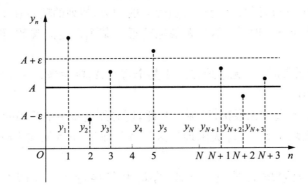

图 1-15

若"任意给定"用 $\forall$ 表示,"总存在"用 $\exists$ 表示,则极限定义可写成:

对 $\forall\varepsilon>0$,$\exists N$(正整数),当 $n>N$ 时,

$$|y_n-A|<\varepsilon$$

恒成立,则称当 $n\to\infty$ 时,y_n 以 A 为极限,记作:$\lim\limits_{n\to\infty}y_n=A$.

例 1.17 试证 $\lim\limits_{n\to\infty}(-1)^{n+1}\dfrac{1}{3^n}=0$.

证明: 对 $\forall\varepsilon>0$,要使

$\left|(-1)^{n+1}\dfrac{1}{3^n}-0\right|<\varepsilon$,即 $\dfrac{1}{3^n}<\varepsilon$,$3^n>\dfrac{1}{\varepsilon}$,只要 $n>\log_3\dfrac{1}{\varepsilon}$ 即可. 取 $N=\left[\log_3\dfrac{1}{\varepsilon}\right]$(设 $\varepsilon<1$),

于是:

对 $\forall \varepsilon > 0$, $\exists N = \left[\log_3 \dfrac{1}{\varepsilon}\right]$, 当 $n > N$ 时,

$$\left|(-1)^{n+1}\frac{1}{3^n}-0\right| < \varepsilon$$ 恒成立. 按定义 $\lim\limits_{n \to \infty}(-1)^{n+1}\dfrac{1}{3^n}=0$.

1.2.2 函数的极限

由于数列 $\{y_n\}$ 的通项 $y_n = f(n)$, 即 y_n 是正整数 n 的函数, 是一种特殊的函数. 因此, 数列的极限就是这种特殊函数当自变量 $n \to \infty$ 时的函数极限.

现在要考虑定义在实数集合上的函数 $y = f(x)$ 的极限, 下面主要讨论两种类型.

1. $x \to \infty$ 时, 函数 $f(x)$ 的极限

例 1.18 考虑函数 $y = 2 + \dfrac{1}{x}$, 当 x 的绝对值无限增大时的变化趋势. 显然, 当 $|x|$ 无限增大时, y 无限地接近于 2, 和讨论数列的极限一样: 对 $\forall \varepsilon > 0$, 要使 $|y - 2| = \left|2 + \dfrac{1}{x} - 2\right| = \left|\dfrac{1}{x}\right| < \varepsilon$ 只要取 $|x| > \dfrac{1}{\varepsilon}$ 即可, 于是, 对 $\forall \varepsilon > 0$, 当 $|x| > \dfrac{1}{\varepsilon}$ 时, $|y - 2| = \left|2 + \dfrac{1}{x} - 2\right| = \left|\dfrac{1}{x}\right| < \varepsilon$ 恒成立, 同样, 我们就说当 x 趋向无穷大时, $y = 2 + \dfrac{1}{x}$ 以 2 为极限, 见图 1-16.

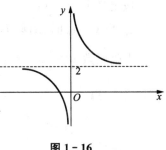

图 1-16

定义 1.13 若对 $\forall \varepsilon > 0$, $\exists$ 正数 M, 当 $|x| > M$ 时, $|f(x) - A| < \varepsilon$ 恒成立, 则称当 $x \to \infty$ 时, 函数 $f(x)$ 以常数 A 为极限, 记作:

$$\lim_{x \to \infty} f(x) = A \quad \text{或} \quad f(x) \to A(x \to \infty)$$

[**注**] (1) 在数列极限定义中, 由于 y_n 是正整数 n 的函数, 故有 "$\exists$ 正整数 N". 而在函数极限定义中, 由于 $y = f(x)$ 是实数集上的函数, 故有 "$\exists$ 正数 M".

(2) 当 $|x| > M$ 等价于 $x > M$ 或 $x < -M$ 时, 即 x 可沿正、负两个方向趋向无穷远, 于是有:

定义 1.14 若对 $\forall \varepsilon > 0$, $\exists M > 0$, 当 $x > M$ 时, $|f(x) - A| < \varepsilon$ 恒成立, 则称 $x \to +\infty$ 时, $f(x)$ 以 A 为极限, 记作: $\lim\limits_{x \to +\infty} f(x) = A$.

定义 1.15 若对 $\forall \varepsilon > 0$, $\exists M > 0$, 当 $x < -M$ 时, $|f(x) - A| < \varepsilon$ 恒成立, 则称 $x \to -\infty$ 时, $f(x)$ 以 A 为极限, 记作: $\lim\limits_{x \to -\infty} f(x) = A$.

例 1.19 试证 $\lim\limits_{x \to +\infty}\left(\dfrac{1}{3}\right)^x = 0$.

证明: 设 $f(x) = \left(\dfrac{1}{3}\right)^x$, 对 $\forall \varepsilon > 0$, 要使

$$|f(x) - 0| = \left|\left(\frac{1}{3}\right)^x - 0\right| = \left(\frac{1}{3}\right)^x < \varepsilon, \text{即 } 3^x > \frac{1}{\varepsilon}, \text{只要 } x > \frac{\lg \dfrac{1}{\varepsilon}}{\lg 3} (\text{设 } \varepsilon < 1) \text{即可, 于是:}$$

对 $\forall \varepsilon > 0$，$\exists M = \dfrac{\lg \dfrac{1}{\varepsilon}}{\lg 3}$，当 $x > M$ 时，

$$|f(x) - 0| = \left| \left(\frac{1}{3}\right)^x - 0 \right| < \varepsilon \text{ 恒成立.}$$

按定义 1.14 $\lim\limits_{x \to +\infty} \left(\dfrac{1}{3}\right)^x = 0$.

例 1.20　试证 $\lim\limits_{x \to -\infty} 3^x = 0$.

证明：设 $f(x) = 3^x$，对 $\forall \varepsilon > 0$，要使

$|f(x) - 0| = |3^x - 0| < \varepsilon$，即 $3^x < \varepsilon$，只要 $x < \log_3 \varepsilon = -(-\log_3 \varepsilon)$（设 $\varepsilon < 1$）就可以了，取 $M = -\log_3 \varepsilon > 0$，于是，对 $\forall \varepsilon > 0$，$\exists M = -\log_3 \varepsilon > 0 (\varepsilon < 1)$，当 $x < -M$ 时，

$|3^x - 0| < \varepsilon$ 恒成立，

按定义 1.15 $\lim\limits_{x \to -\infty} 3^x = 0$.

2. 当 $x \to x_0$ 时，函数 $f(x)$ 的极限

考查函数 $y = \dfrac{1}{2}x + 2$，当 x 趋于 2 时，y 的变化趋势，从图 1-17 不难看出：

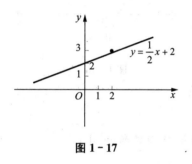

图 1-17

(1) 当 x 接近于 2 时，y 接近于 3；

(2) 当 x 无限趋于 2 时，y 无限接近于 3.

理由是：

对 $\forall \varepsilon > 0$，要使

$$|f(x) - 3| = \left| \frac{1}{2}x + 2 - 3 \right|$$
$$= \left| \frac{1}{2}x - 1 \right| = \frac{1}{2}|x - 2| < \varepsilon,$$

只要 $|x - 2| < 2\varepsilon$ 即可，于是对 $\forall \varepsilon > 0$，当 $|x - 2| < 2\varepsilon$ 时，$|f(x) - 3| < \varepsilon$ 恒成立.

这里 $|x - 2|$ 表示点 x 与 2 之间的距离，$|x - 2|$ 越小，表示点 x 越靠近点 2. $|x - 2| < 2\varepsilon$ 则表示点 x 与点 2 之间的距离小于 2ε，它刻画了点 x 与 2 之间的接近程度.

当 $|x - 2| < 2\varepsilon$ 时，$|f(x) - 3| < \varepsilon$，则表示当点 x 与点 2 之间的距离小于一定的程度（即 2ε）以后，$|f(x) - 3|$ 可以任意小，从而由类似于前面有关极限的论述，我们可以称当 $x \to 2$ 时，$y = f(x) = \dfrac{1}{2}x + 2$ 以 3 为极限.

另外，从上述分析知：研究 $x \to 2$ 时 $f(x)$ 的极限，是指 x 无限接近于 2（而不是等于 2）时 $f(x)$ 的变化趋势，故当 $x \to 2$ 时，$f(x)$ 的极限与 $f(x)$ 在点 $x = 2$ 处是否有定义无关，于是有如下的定义.

定义 1.16　若对 $\forall \varepsilon > 0$，$\exists \delta > 0$，当 $0 < |x - x_0| < \delta$ 时，

$|f(x) - A| < \varepsilon$ 恒成立，则称当 x 趋于 x_0 时，$f(x)$ 以常数 A 为极限，记作：$\lim\limits_{x \to x_0} f(x) = A$ 或 $f(x) \to A (x \to x_0)$.

［注］　(1) ε 是任意给定的，δ 是随 ε 而确定的.

(2) ε 刻画函数值 $f(x)$ 与 A 的接近程度，而 δ 则刻画自变量 x 与 x_0 之间的接近程度.

（3）由于 $0<|x-x_0|$ 表示 $x\neq x_0$，故 $0<|x-x_0|<\delta$ 表示 $x\in(x_0-\delta,x_0)\bigcup(x_0,x_0+\delta)$，见图 $1-18$.

与研究 $x\to\pm\infty$ 时 $f(x)$ 的极限相似，我们研究当 x 仅从 x_0 的左侧$(x<x_0)=0$ 或仅从 x_0 的右侧$(x>x_0)$趋于 x_0 时，$f(x)$ 的极限.

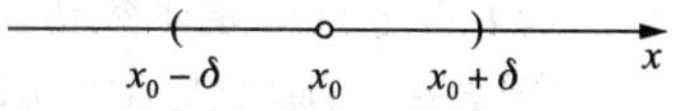

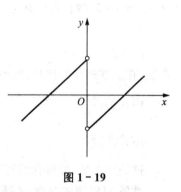

图 $1-18$

定义 1.17 若对 $\forall\varepsilon>0,\exists\delta>0$，当 $0<x-x_0<\delta$ 时，$|f(x)-A|<\varepsilon$ 恒成立，则称 A 为 $x\to x_0$ 时 $f(x)$ 的右极限，记作：$\lim\limits_{x\to x_0^+}f(x)=A$ 或 $f(x_0+0)=A$.

定义 1.18 若对 $\forall\varepsilon>0,\exists\delta>0$，当 $0<x_0-x<\delta$ 时，$|f(x)-A|<\varepsilon$ 恒成立，则称 A 为 $x\to x_0$ 时 $f(x)$ 的左极限，记作：$\lim\limits_{x\to x_0^-}f(x)=A$ 或 $f(x_0-0)=A$.

定理 1.1 函数 $f(x)$ 当 $x\to x_0$ 时极限存在的充要条件是 $f(x_0+0)=f(x_0-0)$. 因此即使 $f(x_0+0)$ 和 $f(x_0-0)$ 都存在，但不相等，$\lim\limits_{x\to x_0}f(x)$ 也是不存在的.

例 1.21 证明函数 $f(x)=\begin{cases}x+1,&\text{当 }x<0\text{ 时；}\\0,&\text{当 }x=0\text{ 时；当 }x\to0\text{ 时的左右极限分别是 }1,-1.\\x-1,&\text{当 }x>0\text{ 时}\end{cases}$

证明： 此函数图形如图 $1-19$ 所示，先请读者从图形中观察 $x\to0$ 时 $f(x)$ 的左、右极限.

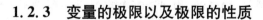

（1）当 $x\to0^-$ 时（显然 $x<0$），

对 $\forall\varepsilon>0$，要使 $|f(x)-1|=|(x+1)-1|<\varepsilon$，即 $|x|<\varepsilon$，故取 $\delta=\varepsilon$，于是，对 $\forall\varepsilon>0,\exists\delta=\varepsilon$，当 $0<0-x<\delta$ 时，$|f(x)-1|<\varepsilon$ 恒成立.

按定义 1.18 $\lim\limits_{x\to0^-}f(x)=1$.

（2）当 $x\to0^+$ 时（显然 $x>0$），

对 $\forall\varepsilon>0$，$|f(x)-(-1)|=|(x-1)-(-1)|<\varepsilon$，即 $|x|<\varepsilon$，故取 $\delta=\varepsilon$，于是，对 $\forall\varepsilon>0,\exists\delta=\varepsilon$，当 $0<x-0<\delta$ 时，$|f(x)-1|<\varepsilon$ 恒成立，

图 $1-19$

按定义 1.17 $\lim\limits_{x\to0^+}f(x)=-1$.

在此题中，由于 $\lim\limits_{x\to0^+}f(x)\neq\lim\limits_{x\to0^-}f(x)$，故 $\lim\limits_{x\to0}f(x)$ 不存在.

1.2.3 变量的极限以及极限的性质

1. 变量的极限

我们把数列 $f(n)$ 及函数 $f(x)$ 概括为"变量 y"，把 $n\to\infty,x\to\infty,x\to x_0$ 概括为"某个变化过程中". 于是，综合数列极限和函数极限的概念，我们概括出一般变量极限的定义.

定义 1.19 对 $\forall\varepsilon>0$，在变量 y 的某个变化过程中，总存在那么一个时刻，在那个时刻以后，有 $|y-A|<\varepsilon$ 恒成立，则称变量 y 在此变化过程中以 A 为极限. 记作：$\lim y=A$.

［注］（1）若考查的是数列极限,则定义中的"变化过程"是指"$n \to \infty$";"总存在那么一个时刻"是指"$\exists N$";"在那个时刻以后"是指"当 $n > N$ 时";而"$\lim y = A$"是指"$\lim\limits_{n \to \infty} y_n = A$".

（2）若考查的是函数极限,则有两类情况:

① $x \to \infty$,则定义中"总有那么一个时刻"是指"总存在一个正数 M";"在那个时刻以后"是指当"$|x| > M$ 时";而"$\lim y = A$"是指"$\lim\limits_{x \to \infty} f(x) = A$".

同理可写出 $x \to +\infty$ 或 $x \to -\infty$ 时的情形.

② $x \to x_0$,则定义中"总存在那么一个时刻"是指"总存在一个正数 δ";"在那个时刻以后"是指"当 $0 < |x - x_0| < \delta$ 时";而"$\lim y = A$"是指"$\lim\limits_{x \to x_0} f(x) = A$".

同理可写出 $x \to x_0^+$ 或 $x \to x_0^-$ 时的情形.

2. 极限的性质

性质 1(极限的唯一性)　在同一变化过程中,变量 y 不能收敛于两个不同的极限.

证明:用反证法. 假设同时有变量 $y \to a$ 及 $y \to b$,且 $a < b$,取 $\varepsilon = \dfrac{b-a}{2}$,

因 $\lim y = a$,故存在时刻 t_1,在时刻 t_1 以后有:

$$|y - a| < \frac{b-a}{2} \text{ 成立.} \tag{①}$$

又因 $\lim y = b$,故存在时刻 t_2,在时刻 t_2 以后有:

$$|y - b| < \frac{b-a}{2} \text{ 成立.} \tag{②}$$

显然,在上述两个时刻中较晚的那个时刻以后,式①和式②均成立.

由式①得:
$$y < a + \frac{b-a}{2} = \frac{a+b}{2}$$

由式②得:
$$y > b - \frac{b-a}{2} = \frac{a+b}{2}$$

这显然矛盾,故原命题得证.

性质 2(极限的局部保号性)　若 $\lim\limits_{x \to x_0} f(x) = A$,而且 $A > 0$（或 $A < 0$）,则 $\exists \delta > 0$,当 $0 < |x - x_0| < \delta$ 时,$f(x) > 0$（或 $f(x) < 0$）.

证明:由 $\lim\limits_{x \to x_0} f(x) = A$ 知:对 $\forall 0 < \varepsilon < A$,$\exists \delta > 0$,当 $0 < |x - x_0| < \delta$ 时,

$|f(x) - A| < \varepsilon$ 即 $A - \varepsilon < f(x) < A + \varepsilon$ 恒成立,

由于 $0 < \varepsilon < A$,所以 $f(x) > A - \varepsilon > 0$.同理可证 $A < 0$ 的情形.

性质 3　若 $\lim\limits_{x \to x_0} f(x) = A$,且 $f(x) \geqslant 0$（或 $f(x) \leqslant 0$）,则 $A \geqslant 0 (A \leqslant 0)$.

证明:用反证法,若 $f(x) \geqslant 0$,假设 $A < 0$,由性质 3 知,$\exists \delta > 0$,当 $0 < |x - x_0| < \delta$ 时,$f(x) < 0$,这与已知 $f(x) \geqslant 0$ 相矛盾,故 $A \geqslant 0$,同理可证 $f(x) \leqslant 0$ 的情形.

定义 1.20　变量 y 在某一变化过程中,如果存在正数 M,使变量 y 在某一个时刻之后,恒有 $|y| \leqslant M$,则称 y 在那个时刻以后为有界变量.

性质 4　若在某一变化过程中,变量 y 有极限,则变量 y 是有界变量.

证明:设 $\lim y = A$,现特取 $\varepsilon = 1$,则总存在那么一个时刻,在那个时刻以后,恒有:

$$|y-A|<\varepsilon=1$$

由于 $|y|=|y-A+A|\leqslant|y-A|+|A|<1+|A|$,令 $M=1+|A|$,则在那个时刻以后,恒有 $|y|<M$,故按定义 1.20 知,变量 y 在那个时刻以后是有界变量.

[注] 该性质的逆命题不正确,即某变量在某一时刻后有界并不一定有极限.

例如:$f(x)=\begin{cases}-1, & \text{当 } x<1 \text{ 时;}\\ 1, & \text{当 } x\geqslant 1 \text{ 时,}\end{cases}$ 在点 $x=1$ 处邻近有界,但 $\lim\limits_{x\to 1}f(x)$ 却不存在.

1.2.4 无穷大量与无穷小量

1. 无穷大量

定义 1.21 对 $\forall E>0$,变量 y 在其变化过程中,总有那么一个时刻,在那个时刻以后,$|y|>E$ 恒成立,则称变量 y 为无穷大量,或称其趋于无穷大,记作 $\lim y=\infty$.

[注] (1) 无穷大总是与某一极限过程联系在一起的,如 $y=\dfrac{1}{x-1}$ 在 $x\to 1$ 这一极限过程中是无穷大量,但在 $x\to\infty$ 这个极限过程中则趋于零.

(2) 不要把无穷大与很大的数(如 10^{10})混为一谈,因为无穷大是在某极限过程中,其绝对值能大于任意给定的正数 E,而数 10^{10} 就不满足这一点.

(3) 无穷大包括两种类型:一是正无穷大量,记 $\lim y\to+\infty$,二是负无穷大量,记 $\lim y\to-\infty$.

例 1.22 证明当 $x\to 1$ 时,$f(x)=\dfrac{1}{(x-1)^3}$ 是无穷大量.

证明:对 $\forall E>0$,要使 $\left|\dfrac{1}{(x-1)^3}\right|>E$,即 $\left|\dfrac{1}{x-1}\right|>\sqrt[3]{E}$,只要 $|x-1|<\dfrac{1}{\sqrt[3]{E}}$ 即可,取 $\delta=\dfrac{1}{\sqrt[3]{E}}$,于是,对于 $\forall E>0$,$\exists\delta=\dfrac{1}{\sqrt[3]{E}}$,当 $0<|x-1|<\delta$ 时,$\left|\dfrac{1}{(x-1)^3}\right|>E$ 恒成立,

按定义 1.21,$\lim\limits_{x\to 1}\dfrac{1}{(x-1)^3}=\infty$.

无穷大量具有下列性质:① 正无穷大量与正无穷大量的和仍为正无穷大量,负无穷大量与负无穷大量的和仍为负无穷大量;② 无穷大量与无穷大量的积仍为无穷大量.

2. 无穷小量

定义 1.22 以 0 为极限的变量,称为无穷小量,即对 $\forall\varepsilon>0$,变量 y 在其变化过程中,总存在那么一个时刻,在那个时刻以后,有 $|y|<\varepsilon$ 恒成立,则称变量 y 为无穷小量.

例 1.23 (1) 当 $n\to\infty$ 时,变量 $y_n=\dfrac{1}{a^n}$($|a|>1$)是无穷小量.

(2) 当 $x\to\infty$ 时,变量 $y=\dfrac{1}{(x-b)^2}$ 是无穷小量.

(3) 当 $x\to x_0$ 时,变量 $y=(x-x_0)^3$ 是无穷小量.

定理 1.2 变量 y 以 A 为极限的充要条件是:变量 y 可表示为 A 与一个无穷小量的和.

证明:充分性

若变量 $y=A+\alpha$,其中 α 为无穷小量,按无穷小量定义,有:

对 $\forall\varepsilon>0$,总存在那么一个时刻,在那个时刻以后,有

$$|y-A|=|A+\alpha-A|=|\alpha|<\varepsilon \text{ 恒成立. 按极限定义,} \lim y=A.$$

必要性的证明请读者完成.

无穷小量具有下列性质：(1) 两个无穷小量的和、差、积仍为无穷小量；(2) 无穷小量与有界变量的积仍为无穷小量.

证明性质(2)：设变量 y 在某一时刻后是有界变量,则 $\exists M>0$,在这一时刻后恒有：

$$|y|<M \text{ 成立.} \qquad\qquad ①$$

又设 α 是无穷小量,则对 $\forall \varepsilon>0$,存在那么一个时刻,在那个时刻后,恒有：

$$|\alpha|<\frac{\varepsilon}{M} \text{ 成立.} \qquad\qquad ②$$

显然,在上述两个时刻中较晚的那个时刻以后,式①与式②均成立,因此,在那个较晚的时刻以后,恒有：$|\alpha \cdot y|=|\alpha| \cdot |y|<M \cdot \frac{\varepsilon}{M}=\varepsilon$ 成立.

按定义 1.22,变量 $\alpha \cdot y$ 是无穷小量.

不难看出：(1) 有限个无穷小量的和、差、积仍为无穷小量；

(2) 常数与无穷小量的乘积也是无穷小量.

例 1.24　求 $\lim\limits_{x\to\infty}\dfrac{1}{x^3}\cos x$.

解：因 $|\cos x|\leqslant 1$,故 $\cos x$ 是有界变量.

又因 $\lim\limits_{x\to\infty}\dfrac{1}{x^3}=0$,

所以当 $x\to\infty$ 时,$\dfrac{1}{x^3}\cdot\cos x$ 是有界变量与无穷小量的积. 由上述性质知：$\dfrac{1}{x^3}\cdot\cos x$ 仍是无穷小量,故 $\lim\limits_{x\to\infty}\dfrac{1}{x^3}\cos x=0$.

3. 无穷大量与无穷小量的关系

定理 1.3　在变量 y 的变化过程中

(1) 若 y 是无穷大量,则 $\dfrac{1}{y}$ 是无穷小量；

(2) 若 $y(\neq 0)$ 是无穷小量,则 $\dfrac{1}{y}$ 是无穷大量.

推论：若极限 $\lim u\neq 0,\lim v=0$,且变量 $v\neq 0$,则

$$\lim\frac{u}{v}=\infty$$

例 1.25　讨论极限 $\lim\limits_{x\to 2}\dfrac{x-1}{x-2}$.

解：因当 $x\to 2$ 时,$x-1\neq 0$,而 $\lim\limits_{x\to 2}(x-2)=0$

故由上述推论知,　　　　　　　　　　$\lim\limits_{x\to 2}\dfrac{x-1}{x-2}=\infty$

1.2.5　极限的运算法则及复合运算

这里我们将介绍极限的运算法则,利用它可求出一些变量的极限.

法则 1　在某个变化过程中,若 $\lim x = A, \lim y = B$,则

$$\lim(x \pm y) = \lim x \pm \lim y = A + B$$

证明:因为 $\lim x = A, \lim y = B$,故对 $\forall \varepsilon > 0$,总存在那么一个时刻 t_1,在时刻 t_1 以后,

恒有:
$$|x - A| < \frac{\varepsilon}{2} \qquad\qquad ①$$

也存在那么一个时刻 t_2,在时刻 t_2 以后,恒有:

$$|y - B| < \frac{\varepsilon}{2} \qquad\qquad ②$$

显然,在时刻 t_1, t_2 中较晚的那个时刻后,式①和式②均成立,从而在那个较晚的时刻以

后,恒有
$$|(x \pm y) - (A \pm B)| \leqslant |x - A| + |y - B| < \frac{\varepsilon}{2} + \frac{\varepsilon}{2} = \varepsilon$$

即
$$\lim(x \pm y) = A \pm B = \lim x \pm \lim y$$

推论　在某一变化过程中,若有限个变量 $y_1, y_2, \cdots, y_n$ 的极限都存在,则:

$$\lim(y_1 + y_2 + \cdots + y_n) = \lim y_1 + \lim y_2 + \cdots + \lim y_n$$

从而也验证了前面所提到的,有限个无穷小量的和仍为无穷小量.

法则 2　在某一变化过程中,若 $\lim x = A, \lim y = B$,则

$$\lim x \cdot y = \lim x \cdot \lim y = A \cdot B \quad (\text{证明略})$$

推论 1　若 $\lim y$ 存在,k 为常数,则

$$\lim ky = k \lim y \quad \text{即常数因子可提到极限符号外}.$$

推论 2　在某一变化过程中,若有限个变量 $y_1, y_2, \cdots, y_n$ 的极限都存在,则:

$$\lim(y_1 y_2 \cdots y_n) = \lim y_1 \lim y_2 \cdots \lim y_n$$

从而也验证了前面所提到的,有限个无穷小量的积仍为无穷小量.

推论 3　若 n 是正整数,则 $\lim y^n = (\lim y)^n$

推论 4　若 n 是正整数,则 $\lim y^{\frac{1}{n}} = (\lim y)^{\frac{1}{n}}$(证明略)

法则 3　在某一变化过程中,若 $\lim x = A, \lim y = B$(且 $B \neq 0$),则:

$$\lim \frac{x}{y} = \frac{\lim x}{\lim y} = \frac{A}{B} \quad (\text{证明略})$$

法则 4　若 $\lim_{x \to x_0} \varphi(x) = a$,但在点 x_0 的空心邻域内 $\varphi(x) \neq a$,又 $\lim_{u \to a} f(u) = A$,则:

$$\lim_{x \to x_0} f[\varphi(x)] = \lim_{u \to a} f(u) = A$$

例 1.26　求 $\lim\limits_{x \to 1}(2x^2 + 3x - 1)$.

解：$\lim\limits_{x \to 1}(2x^2 + 3x - 1) = \lim\limits_{x \to 1}2x^2 + \lim\limits_{x \to 1}3x - \lim\limits_{x \to 1}1$

$$= 2\lim\limits_{x \to 1}x^2 + 3\lim\limits_{x \to 1}x - 1$$

$$= 2(\lim\limits_{x \to 1}x)^2 + 3 \times 1 - 1$$

$$= 2 \times 1^2 + 3 \times 1 - 1 = 4$$

例 1.27　求 $\lim\limits_{x \to 2}\dfrac{3x^2 - x + 2}{2x - 1}$.

解：由例 26 知　$\lim\limits_{x \to 2}(3x^2 - x + 2) = 3 \times 2^2 - 2 + 2 = 12$

$$\lim\limits_{x \to 2}(2x - 1) = 2 \times 2 - 1 = 3$$

因此，由法则 3 知　$\lim\limits_{x \to 2}\dfrac{3x^2 - x + 2}{2x - 1} = \dfrac{12}{3} = 4$

由例 26、例 27 可看出，对于 $f(x)$ 为多项式函数 $a_n x^n + a_{n-1}x^{n-1} + \cdots + a_1 x + a_0$ 或分式函数 $\dfrac{a_n x^n + a_{n-1}x^{n-1} + \cdots + a_1 x + a_0}{b_m x^m + b_{m-1}x^{m-1} + \cdots + b_1 x + b_0}$（除分母为 0 的点外），有：$\lim\limits_{x \to x_0}f(x) = f(x_0)$.

例 1.28　求 $\lim\limits_{x \to 1}\left(\dfrac{1}{1-x} - \dfrac{3}{1-x^3}\right)$.

解：$\lim\limits_{x \to 1}\left(\dfrac{1}{1-x} - \dfrac{3}{1-x^3}\right) = \lim\limits_{x \to 1}\dfrac{(x^2 + x + 1) - 3}{(1-x)(x^2 + x + 1)}$

$$= \lim\limits_{x \to 1}\dfrac{(x - 1)(x + 2)}{(1-x)(x^2 + x + 1)}$$

$$= -\lim\limits_{x \to 1}\dfrac{x + 2}{x^2 + x + 1} = -\dfrac{3}{3} = -1$$

例 1.29　求 $\lim\limits_{n \to \infty}\dfrac{3n^2 - n + 1}{6n^2 + n}$.

解：$\lim\limits_{n \to \infty}\dfrac{3n^2 - n + 1}{6n^2 + n} = \lim\limits_{n \to \infty}\dfrac{3 - \dfrac{1}{n} + \dfrac{1}{n^2}}{6 + \dfrac{1}{n}} = \dfrac{\lim\limits_{n \to \infty}\left(3 - \dfrac{1}{n} + \dfrac{1}{n^2}\right)}{\lim\limits_{n \to \infty}\left(6 + \dfrac{1}{n}\right)} = \dfrac{3 - 0 + 0}{6 + 0} = \dfrac{1}{2}$

例 1.30　$\lim\limits_{x \to \infty}\dfrac{2x^2 + x - 1}{3x^3 + 1}$.

解：$\lim\limits_{x \to \infty}\dfrac{2x^2 + x - 1}{3x^3 + 1} = \lim\limits_{x \to \infty}\dfrac{\dfrac{2}{x} + \dfrac{1}{x^2} - \dfrac{1}{x^3}}{3 + \dfrac{1}{x^3}} = \dfrac{0 + 0 - 0}{3 + 0} = 0$

例 1.31　求 $\lim\limits_{x \to \infty}\dfrac{x^2 + 1}{x + 1}$.

解：$\lim\limits_{x \to \infty}\dfrac{x^2 + 1}{x + 1} = \lim\limits_{x \to \infty}\dfrac{1 + \dfrac{1}{x^2}}{\dfrac{1}{x} + \dfrac{1}{x^2}} = \infty$

由例 29～31 可看出：$\lim\limits_{x \to \infty}\dfrac{a_n x^n + a_{n-1}x^{n-1} + \cdots + a_1 x + a_0}{b_m x^m + b_{m-1}x^{m-1} + \cdots + b_1 x + b_0} = \begin{cases} \dfrac{a_n}{b_m}, & \text{当 } n = m \text{ 时；} \\[2mm] 0, & \text{当 } n < m \text{ 时；} \\[2mm] \infty, & \text{当 } n > m \text{ 时.} \end{cases}$

其中，$a_i(i=0,1,2,\cdots,n),b_j(j=0,1,2,\cdots,m)$均为常数，且$a_n\neq0,b_m\neq0,m,n$均为非负整数.

1.2.6 未定式极限

如果在某个变化过程中，两个函数$f(x),g(x)$都趋于零或都趋于无穷大，那么，$\lim\dfrac{f(x)}{g(x)}$可能存在，也可能不存在，通常把这类极限叫做"未定式"，并分别记为$\dfrac{0}{0}$型或$\dfrac{\infty}{\infty}$型.

1. 关于$\dfrac{0}{0}$型

例 1.32 求$\lim\limits_{x\to2}\dfrac{x^2-5x+6}{x^2-4}$.

解：$\lim\limits_{x\to2}\dfrac{x^2-5x+6}{x^2-4}=\lim\limits_{x\to2}\dfrac{(x-2)(x-3)}{(x+2)(x-2)}=\lim\limits_{x\to2}\dfrac{x-3}{x+2}=-\dfrac{1}{4}$

例 1.33 求$\lim\limits_{x\to5}\dfrac{\sqrt{x+4}-3}{\sqrt{x-1}-2}$.

解：$\lim\limits_{x\to5}\dfrac{\sqrt{x+4}-3}{\sqrt{x-1}-2}=\lim\limits_{x\to5}\dfrac{\sqrt{x-1}+2}{(\sqrt{x-1}-2)(\sqrt{x-1}+2)}\cdot\dfrac{(\sqrt{x+4}-3)(\sqrt{x+4}+3)}{\sqrt{x+4}+3}$

$\qquad=\lim\limits_{x\to5}\dfrac{(x-5)(\sqrt{x-1}+2)}{(x-5)(\sqrt{x+4}+3)}=\lim\limits_{x\to5}\dfrac{\sqrt{x-1}+2}{\sqrt{x+4}+3}=\dfrac{2}{3}$

例 1.34 求$\lim\limits_{x\to1}\dfrac{x^3-1}{\sqrt{x}-1}$.

解：$\lim\limits_{x\to1}\dfrac{x^3-1}{\sqrt{x}-1}=\lim\limits_{x\to1}\dfrac{(x^3-1)(\sqrt{x}+1)}{(\sqrt{x}-1)(\sqrt{x}+1)}=\lim\limits_{x\to1}\dfrac{(x^3-1)(\sqrt{x}+1)}{x-1}$

$\qquad=\lim\limits_{x\to1}(x^2+x+1)(\sqrt{x}+1)=6$

2. 关于$\dfrac{\infty}{\infty}$型

例 1.35 求$\lim\limits_{n\to\infty}\dfrac{(3n+1)^{10}(4n+1)^{20}}{(6n+1)^{30}}$.

解：因$(3n+1)^{10}(4n+1)^{20}=(3^{10}n^{10}+\cdots+1)(4^{20}n^{20}+\cdots+1)$

$\qquad(6n+1)^{30}=6^{30}n^{30}+\cdots+1$

故 $\qquad\lim\limits_{n\to\infty}\dfrac{(3n+1)^{10}(4n+1)^{20}}{(6n+1)^{30}}=\lim\limits_{n\to\infty}\dfrac{3^{10}\times4^{20}n^{30}+\cdots+1}{6^{30}n^{30}+\cdots+1}=\dfrac{3^{10}\times4^{20}}{6^{30}}$

例 1.36 求$\lim\limits_{x\to+\infty}\dfrac{\sqrt{x^2-x}-1}{2x-2}$.

解：$\lim\limits_{x\to+\infty}\dfrac{\sqrt{x^2-x}-1}{2x-2}=\lim\limits_{x\to+\infty}\dfrac{\sqrt{1-\dfrac{1}{x}}-\dfrac{1}{x}}{2-\dfrac{2}{x}}=\dfrac{1}{2}$

例 1.37 求$\lim\limits_{x\to+\infty}(\sqrt{(x+m)(x+n)}-x)$ （$\infty-\infty$型）.

$$解： \lim_{x \to +\infty} \left(\sqrt{(x+m)(x+n)} - x \right) = \lim_{x \to +\infty} \frac{(x+m)(x+n) - x^2}{\sqrt{(x+m)(x+n)} + x}$$

$$= \lim_{x \to +\infty} \frac{(m+n) + \dfrac{mn}{x}}{\sqrt{1 + \dfrac{m+n}{x} + \dfrac{mn}{x^2}} + 1} = \frac{m+n}{2}$$

1.2.7 极限存在准则与两个重要极限

1. 极限存在准则

准则1(夹逼准则) 若在某个变化过程中，三个变量 x, y, z 总有关系 $y \leqslant x \leqslant z$ 成立，且 $\lim y = \lim z = A$，则 $\lim x = A$(证明略).

定义 1.23 若数列 $\{f(x)\}$ 满足：$f(1) \leqslant f(2) \leqslant \cdots \leqslant f(n) \leqslant f(n+1) \leqslant \cdots$，则称数列 $y_n = f(n)$ 是单调增加的；若数列 $\{f(x)\}$ 满足：$f(1) \geqslant f(2) \geqslant \cdots \geqslant f(n) \geqslant f(n+1) \geqslant \cdots$，则称数列 $y_n = f(n)$ 是单调减少的；这两种数列统称为单调数列.

定义 1.24 设数列 $\{f(x)\}$，若存在正常数 M，对所有项满足：$|f(n)| \leqslant M, (n = 1, 2, \cdots)$，则称数列 $y_n = f(n)$ 有界.

准则2(单调有界准则) 单调有界数列必有极限(证明略).

［注］ （1）该准则包括两种情形：一是单调增加有上界的数列必有极限；二是单调减少有下界的数列必有极限.

（2）单调有界是数列有极限的充分条件，但非必要条件.

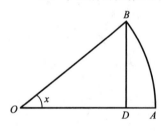

图 1-20

例 1.38 证明 $\lim\limits_{x \to 0^+} \sin x = 0$.

证明： 见图 1-20.

设 $\overset{\frown}{AB}$ 为圆心在点 O 的单位圆的圆弧.

$BD \perp OA, \angle AOB = x \left(弧度 0 < x < \dfrac{\pi}{2} \right)$，由 $|BD| = \sin x$，$|\overset{\frown}{AB}| = x$，且 $|DB| < |\overset{\frown}{AB}|$ 得，

$$0 < \sin x < x$$

由 $\lim\limits_{x \to 0^+} 0 = 0, \lim\limits_{x \to 0^+} x = 0$ 和夹逼准则得

$$\lim_{x \to 0^+} \sin x = 0 \qquad ①$$

现令 $x = -t$，则当 $x \to 0^+$ 时，$t \to 0^-$，于是，

$$0 = \lim_{x \to 0^+} \sin x = \lim_{t \to 0^-} \sin(-t) = -\lim_{t \to 0^-} \sin t = 0$$

从而 $\lim\limits_{t \to 0^-} \sin t = 0$，即

$$\lim_{x \to 0^-} \sin x = 0 \qquad ②$$

由式①，式②知，$\lim\limits_{x \to 0} \sin x = 0$.

例 1.39 证明 $\lim\limits_{x \to 0} \cos x = 1$.

证明： 因为当 $0 < x < \dfrac{\pi}{2}$ 时，$1 - \cos x = 2 \sin^2 \dfrac{x}{2} < 2 \cdot \left(\dfrac{x}{2} \right)^2 = \dfrac{x^2}{2}$

所以
$$0 < 1 - \cos x < \frac{x^2}{2}$$

又因为 $\lim\limits_{x \to 0^+} 0 = 0$, $\lim\limits_{x \to 0^+} \frac{x^2}{2} = 0$, 由夹逼准则得 $\lim\limits_{x \to 0^+} (1 - \cos x) = 0$

故
$$\lim\limits_{x \to 0^+} \cos x = 1 \qquad \qquad ①$$

现令 $x = -t$, 则当 $x \to 0^+$ 时 $t \to 0^-$, 从而
$$1 = \lim\limits_{x \to 0^+} \cos x = \lim\limits_{t \to 0^-} \cos(-t) = \lim\limits_{t \to 0^-} \cos t$$

即
$$\lim\limits_{x \to 0^-} \cos x = 1 \qquad \qquad ②$$

由式①, 式②知, $\lim\limits_{x \to 0} \cos x = 1$.

2. 两个重要的极限

(1) $\lim\limits_{x \to 0} \dfrac{\sin x}{x} = 1$

证明: 先证 $\lim\limits_{x \to 0^+} \dfrac{\sin x}{x} = 1$, 如图 1-21 所示, 在单位圆 O 中, 设 $0 < x < \dfrac{\pi}{2}$, $\angle AOB = x$(弧度), 过点 A 的切线与 OB 的延长线相交于点 D, $BC \perp OA$ 于点 C, 则 $\sin x = |BC|$, $\tan x = |AD|$, 因为 $\triangle AOB$ 的面积 $<$ 扇形 AOB 的面积 $<$ $\triangle AOD$ 的面积, 所以 $\dfrac{1}{2} \sin x < \dfrac{1}{2} x \cdot 1^2 < \dfrac{1}{2} \tan x$, 两边同时除以 $\sin x$ 得:

$$1 < \frac{x}{\sin x} < \frac{1}{\cos x} \quad 即 \quad \cos x < \frac{\sin x}{x} < 1$$

又因为 $\lim\limits_{x \to 0^+} \cos x = 1$, $\lim\limits_{x \to 0^+} 1 = 1$ 故 $\lim\limits_{x \to 0^+} \dfrac{\sin x}{x} = 1$(两边夹逼准则)

再证 $\lim\limits_{x \to 0^-} \dfrac{\sin x}{x} = 1$,

令 $x = -t$, 则 $x \to 0^+$ 时 $t \to 0^-$ 从而

$$1 = \lim\limits_{x \to 0^+} \frac{\sin x}{x} = \lim\limits_{t \to 0^-} \frac{\sin(-t)}{-t} = \lim\limits_{t \to 0^-} \frac{\sin t}{t}, \quad 即 \quad \lim\limits_{x \to 0^-} \frac{\sin x}{x} = 1$$

故
$$\lim\limits_{x \to 0} \frac{\sin x}{x} = 1.$$

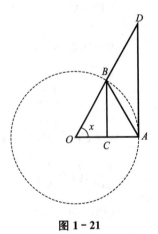

图 1-21

例 1.40 求 $\lim\limits_{x \to 0} \dfrac{\sin 7x}{\sin 8x}$.

解: $\lim\limits_{x \to 0} \dfrac{\sin 7x}{\sin 8x} = \lim\limits_{x \to 0} \dfrac{7x}{8x} \cdot \dfrac{\dfrac{\sin 7x}{7x}}{\dfrac{\sin 8x}{8x}} = \dfrac{7}{8}$

例 1.41 求 $\lim\limits_{x \to 5} \dfrac{\sin(x-5)}{x^2 - 8x + 15}$.

解: $\lim\limits_{x \to 5} \dfrac{\sin(x-5)}{x^2 - 8x + 15} = \lim\limits_{x \to 5} \dfrac{\sin(x-5)}{(x-5)(x-3)} = \lim\limits_{x \to 5} \dfrac{1}{x-3} \cdot \dfrac{\sin(x-5)}{x-5} = \dfrac{1}{2}$

例 1.42 求 $\lim\limits_{n\to\infty} 3^n \sin \dfrac{\pi}{3^n}$.

解：$\lim\limits_{n\to\infty} 3^n \sin \dfrac{\pi}{3^n} = \lim\limits_{n\to\infty} \dfrac{\sin \dfrac{\pi}{3^n}}{\dfrac{1}{3^n}} = \lim\limits_{n\to\infty} \pi \cdot \dfrac{\sin \dfrac{\pi}{3^n}}{\dfrac{\pi}{3^n}} = \pi$

（2）$\lim\limits_{x\to\infty}\left(1+\dfrac{1}{x}\right)^x = e$

设有一笔本金 A_0，年利率为 r，则

一年后的本利和为 $\qquad\qquad A_1 = A_0(1+r)$，

两年后的本利和为 $\qquad\qquad A_2 = A_1(1+r) = A_0(1+r)^2$

$$\vdots$$

t 年后的本利和为 $\qquad\qquad A_t = A_0(1+r)^t$

若一年再分 m 期计息，年利率仍为 r，而每期利率为 $\dfrac{r}{m}$，则：

一年后的本利和为 $\qquad\qquad A_1 = A_0\left(1+\dfrac{r}{m}\right)^m$

$$\vdots$$

t 年后的本利和为 $\qquad\qquad A_t = A_0\left(1+\dfrac{r}{m}\right)^{mt}$

若计期数 $m\to\infty$，则 t 年后的本利和为 $A_t = \lim\limits_{m\to\infty} A_0\left(1+\dfrac{r}{m}\right)^{mt}$

为简化表达式，令 $n = \dfrac{m}{r}$，则当 $m\to\infty$ 时，$n\to\infty$，且

$$\lim_{m\to\infty} A_0\left(1+\dfrac{r}{m}\right)^{mt} = A_0 \lim_{n\to\infty}\left(1+\dfrac{1}{n}\right)^{nrt} = A_0 \lim_{n\to\infty}\left[\left(1+\dfrac{1}{n}\right)^n\right]^{rt}$$

现在的问题是讨论极限 $\lim\limits_{n\to\infty}\left(1+\dfrac{1}{n}\right)^n$，若该极限存在，根据有关极限运算法则知，上式等于 $A_0\left[\lim\limits_{n\to\infty}\left(1+\dfrac{1}{n}\right)^n\right]^{rt}$.

现将数列 $y_n = \left(1+\dfrac{1}{n}\right)^n$ 的值列成表 1-1：

表 1-1

n	1	2	3	4	5	10	100	1 000	10 000	……
$\left(1+\dfrac{1}{n}\right)^n$	2	2.250	2.370	2.441	2.488	2.594	2.705	2.717	2.718	……

由表 1-1 易见：当 $n\to\infty$ 时，$y_n = \left(1+\dfrac{1}{n}\right)^n$ 的变化趋势是稳定的. 下面我们证明该极限确实是存在的.

证明: (1) y_n 是单调增加的

因 $y_n=\left(1+\dfrac{1}{n}\right)^n=1+\dfrac{n}{1!}\cdot\dfrac{1}{n}+\dfrac{n(n-1)}{2!}\cdot\dfrac{1}{n^2}+\dfrac{n(n-1)(n-2)}{3!}\cdot\dfrac{1}{n^3}+\cdots+$

$\qquad\dfrac{n(n-1)(n-2)\cdots(n-n+1)}{n!}\cdot\dfrac{1}{n^n}$

$\quad=1+\dfrac{1}{1!}+\dfrac{1}{2!}\left(1-\dfrac{1}{n}\right)+\dfrac{1}{3!}\left(1-\dfrac{1}{n}\right)\left(1-\dfrac{2}{n}\right)+\cdots+$

$\qquad\dfrac{1}{n!}\left(1-\dfrac{1}{n}\right)\left(1-\dfrac{2}{n}\right)\cdots\left(1-\dfrac{n-1}{n}\right)$

同理 $\qquad y_{n+1}=\left(1+\dfrac{1}{n+1}\right)^{n+1}$

$\qquad\quad=1+\dfrac{1}{1!}+\dfrac{1}{2!}\left(1-\dfrac{1}{n+1}\right)+\dfrac{1}{3!}\left(1-\dfrac{1}{n+1}\right)\left(1-\dfrac{2}{n+1}\right)+\cdots+$

$\qquad\quad\dfrac{1}{n!}\left(1-\dfrac{1}{n+1}\right)\left(1-\dfrac{2}{n+1}\right)\cdots\left(1-\dfrac{n-1}{n+1}\right)+$

$\qquad\quad\dfrac{1}{(n+1)!}\left(1-\dfrac{1}{n+1}\right)\left(1-\dfrac{2}{n+1}\right)\cdots\left(1-\dfrac{n}{n+1}\right)$

比较上面两个展开式的各项,易知 $y_n<y_{n+1}(n=1,2,\cdots)$

(2) y_n 有上界,因 $1-\dfrac{k}{n}<1(k=1,2,\cdots,n-1)$

故由 y_n 的展开式易知:$y_n<1+\dfrac{1}{1!}+\dfrac{1}{2!}+\cdots+\dfrac{1}{k!}+\cdots+\dfrac{1}{n!}$

又因 $k!=k(k-1)\cdots2\cdot1>2\cdot2\cdots2\cdot1$(有 $k-1$ 个 2)$=2^{k-1}$ $\quad(k>2)$

故由上式得 $\qquad y_n<1+1+\dfrac{1}{2}+\dfrac{1}{2^2}+\cdots+\dfrac{1}{2^{k-1}}+\cdots+\dfrac{1}{2^{n-1}}$

$$=1+\dfrac{1-\dfrac{1}{2^n}}{1-\dfrac{1}{2}}=3-\dfrac{1}{2^{n-1}}<3$$

即 y_n 有界,再由准则 2 知,$\lim\limits_{n\to\infty}\left(1+\dfrac{1}{n}\right)^n$ 存在.

这个极限是个无理数,记作 e,即 $\lim\limits_{n\to\infty}\left(1+\dfrac{1}{n}\right)^n=e(e\approx2.718\ 28)$

可以证明,对于 x 取实数,且 $x\to\infty$ 时,仍有 $\lim\limits_{x\to\infty}\left(1+\dfrac{1}{x}\right)^x=e$

若令 $t=\dfrac{1}{x}$,则 $x=\dfrac{1}{t}$,且 $x\to\infty$ 时,$t\to0$,于是上式又可写成:

$$\lim\limits_{t\to0}(1+t)^{\frac{1}{t}}=e$$

例 1.43 求 $\lim\limits_{x\to\infty}\left(1+\dfrac{3}{x}\right)^{2x+1}=e$.

解: 令 $\dfrac{3}{x}=t$,则 $x=\dfrac{3}{t}$;当 $x\to\infty$ 时,$t\to0$

从而
$$\lim_{x\to\infty}\left(1+\frac{3}{x}\right)^{2x+1}=\lim_{t\to0}(1+t)^{\frac{6}{t}+1}$$
$$=\lim_{t\to0}\left[(1+t)^{\frac{1}{t}}\right]^6\cdot(1+t)$$
$$=\left[\lim_{t\to0}(1+t)^{\frac{1}{t}}\right]^6\cdot\lim_{t\to0}(1+t)=e^6$$

例 1.44　求 $\lim\limits_{x\to\infty}\left(\dfrac{x+1}{x+2}\right)^{x}$.

解：$\lim\limits_{x\to\infty}\left(\dfrac{x+1}{x+2}\right)^{x}=\lim\limits_{x\to\infty}\left(1-\dfrac{1}{x+2}\right)^{x}$

令 $-\dfrac{1}{x+2}=t$，则 $x=-\dfrac{1}{t}-2$；当 $x\to\infty$ 时，$t\to0$

从而
$$\lim_{x\to\infty}\left(1-\frac{1}{x+2}\right)^{x}=\lim_{t\to0}(1+t)^{-\frac{1}{t}-2}$$
$$=\lim_{t\to0}\left[(1+t)^{\frac{1}{t}}\right]^{-1}\cdot(1+t)^{-2}$$
$$=\left[\lim_{t\to0}(1+t)^{\frac{1}{t}}\right]^{-1}\cdot\lim_{t\to0}(1+t)^{-2}=e^{-1}$$

例 1.45　求 $\lim\limits_{x\to+\infty}\left(1-\dfrac{1}{x}\right)^{\sqrt{x}}$.

解：$\lim\limits_{x\to+\infty}\left(1-\dfrac{1}{x}\right)^{\sqrt{x}}=\lim\limits_{x\to+\infty}\left(1-\dfrac{1}{\sqrt{x}}\right)^{\sqrt{x}}\cdot\left(1+\dfrac{1}{\sqrt{x}}\right)^{\sqrt{x}}$

$$=\lim_{x\to+\infty}\left[\left(1-\frac{1}{\sqrt{x}}\right)^{-\sqrt{x}}\right]^{-1}\cdot\left(1+\frac{1}{\sqrt{x}}\right)^{\sqrt{x}}$$
$$=e^{-1}\cdot e=1$$

1.3　函数的连续性

1.3.1　函数的改变量

1. 自变量的改变量

定义 1.25　见图 1-22，设自变量 x 从它的初值 x_0 变到终值 x_1，差 x_1-x_0 为自变量在 x_0 处的改变量，或称增量，记为 $\Delta x=x_1-x_0$.

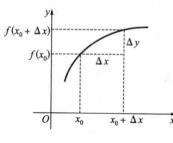

图 1-22

　　[注]　(1) 因 $\Delta x=x_1-x_0$，故 $x_1=x_0+\Delta x$；

　　(2) Δx 可正可负，当点 x_1 在点 x_0 的左边时，$\Delta x<0$；当点 x_1 在点 x_0 的右边时，$\Delta x>0$.

　　2. 函数的改变量

　　定义 1.26　见图 1-22，设函数 $y=f(x)$ 在点 x_0 的某个邻域内有定义，当自变量 x 从 x_0 改变到 $x_0+\Delta x$，函数 y 相应的改变量记为 Δy，即 $\Delta y=f(x_0+\Delta x)-f(x_0)$.

　　例 1.46　已知 $y=f(x)=2-x^2$，当给自变量 x 在点 x_0 处的一个改变量 Δx 时，求该函数的改变量 Δy.

解:因初值为 $f(x_0)=2-x_0^2$,终值为 $f(x_0+\Delta x)=2-(x_0+\Delta x)^2$

故 $\Delta y=f(x_0+\Delta x)-f(x_0)=2-(x_0+\Delta x)^2-[2-x_0^2]=-(\Delta x)^2-2x_0\Delta x$

1.3.2 连续函数的概念

通常我们说一个函数是连续变化的,是指它的图形是一条接连不断的曲线,从图 1-22 也可看出:当 Δx 很小时,Δy 也很小;当 $\Delta x\to 0$ 时,$\Delta y\to 0$,也就是函数在一点处连续的本质特征.

定义 1.27 设函数 $y=f(x)$ 在点 x_0 的某个邻域内有定义,若当自变量 x 在点 x_0 处取得改变量 $\Delta x\to 0$ 时,函数 y 相应的改变量 $\Delta y\to 0$,即 $\lim\limits_{\Delta x\to 0}\Delta y=0$,即

$$\lim_{\Delta x\to 0}[f(x_0+\Delta x)-f(x_0)]=0$$

则称函数 $y=f(x)$ 在点 x_0 处连续,点 x_0 称为函数 $f(x)$ 的连续点.

在上述定义中,若令 $x=x_0+\Delta x$,则当 $\Delta x\to 0$ 时,$x\to x_0$,从而

$$\Delta y=f(x_0+\Delta x)-f(x_0)=f(x)-f(x_0)$$

而且 $\lim\limits_{\Delta x\to 0}\Delta y=0$ 可写成: $\lim\limits_{x\to x_0}[f(x)-f(x_0)]=0$ 即 $\lim\limits_{x\to x_0}f(x)=f(x_0)$

于是上述定义又可以写成如下形式.

定义 1.28 若函数 $f(x)$ 在点 x_0 处的极限值等于函数 $f(x)$ 在点 x_0 处的函数值,即

$$\lim_{x\to x_0}f(x)=f(x_0)$$

则称函数在点 x_0 处是连续的.

由定义可知,$f(x)$ 在点 x_0 处连续,需要满足三个条件:

(1) 有定义,即 $f(x_0)$ 存在;

(2) 有极限,即 $\lim\limits_{x\to x_0}f(x)$ 存在;

(3) 极限值等于函数值,即 $\lim\limits_{x\to x_0}f(x)=f(x_0)$.

例如,在例 1.46 中,$y=f(x)=2-x^2$,$\lim\limits_{\Delta x\to 0}\Delta y=\lim\limits_{\Delta x\to 0}[-(\Delta x)^2-2x_0\Delta x]=0$ 或者 $\lim\limits_{x\to x_0}f(x)=\lim\limits_{x\to x_0}(2-x^2)=2-x_0^2=f(x_0)$,因此,$f(x)$ 在点 x_0 处连续.

定义 1.29 若函数 $f(x)$ 在 $[a,b]$ 上每一点都连续,则称 $f(x)$ 在 $[a,b]$ 上连续,并称 $[a,b]$ 是 $f(x)$ 的连续区间.

[注] (1) 函数 $f(x)$ 在闭区间 $[a,b]$ 上连续,是指 $f(x)$ 应同时满足两个条件,即:

① $f(x)$ 在开区间 (a,b) 内连续,即对 $\forall x_0\in(a,b)$,$f(x)$ 在点 x_0 处连续;

② $f(x)$ 在左端点右连续,在右端点左连续,即

$$\lim_{x\to a^+}f(x)=f(a),\quad \lim_{x\to b^-}f(x)=f(b).$$

显然,$f(x)$ 在半开区间 $(a,b]$ 上连续是指:$f(x)$ 在 (a,b) 内连续且在右端点左连续;$f(x)$ 在半开区间 $[a,b)$ 上连续是指:$f(x)$ 在 (a,b) 内连续且在左端点右连续.

（2）由函数 $f(x)$ 在点 x_0 处连续的定义及 $\lim\limits_{x \to x_0} x = x_0$ 知

$$\lim_{x \to x_0} f(x) = f(x_0) = f(\lim_{x \to x_0} x)$$

即连续函数的极限符号与函数符号可以交换.

1.3.3 函数的间断点

定义 1.30 若函数 $f(x)$ 在点 x_0 不满足连续条件,则称 $f(x)$ 在点 x_0 处不连续,或 $f(x)$ 在点 x_0 处间断,点 x_0 称为 $f(x)$ 的间断点.

显然,若 $f(x)$ 在点 x_0 处有下列情形之一,则点 x_0 就是 $f(x)$ 的间断点:① $f(x_0)$ 不存在;② $\lim\limits_{x \to x_0} f(x)$ 不存在;③ 虽然 $f(x_0)$ 及 $\lim\limits_{x \to x_0} f(x)$ 都存在,但 $\lim\limits_{x \to x_0} f(x) \neq f(x_0)$.

例 1.47 考查 $y = 1 + \dfrac{1}{x}$ 在点 $x = 0$ 处的连续性.

解: 因为 $y = 1 + \dfrac{1}{x}$ 在点 $x = 0$ 处没有定义,因此 $y = 1 + \dfrac{1}{x}$ 在点 $x = 0$ 处间断,

由于 $\lim\limits_{x \to 0}\left(1 + \dfrac{1}{x}\right) = \infty$,所以,我们称点 $x = 0$ 为函数 $y = 1 + \dfrac{1}{x}$ 的无穷间断点.

例 1.48 已知 $y = f(x) = \begin{cases} x - 1, & \text{当 } x < 0 \text{ 时}; \\ 0, & \text{当 } x = 0 \text{ 时}; \\ x + 1, & \text{当 } x > 0 \text{ 时}. \end{cases}$ 考查

$f(x)$ 在点 $x = 0$ 处的连续性.

解: 如图 1 - 23 所示,

因 $\lim\limits_{x \to 0^+} f(x) = \lim\limits_{x \to 0^+}(x + 1) = 1$,

$\lim\limits_{x \to 0^-} f(x) = \lim\limits_{x \to 0^-}(x - 1) = -1$,

由于该函数曲线在点 $x = 0$ 处产生了跳跃现象,我们就称此类间断点为跳跃间断点.

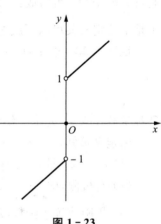

图 1 - 23

例 1.49 已知 $y = f(x) = \begin{cases} x, & \text{当 } x \neq 1 \text{ 时}; \\ 2, & \text{当 } x = 1 \text{ 时}. \end{cases}$ 考查 $f(x)$ 在点 $x = 1$ 处的连续性.

解: 如图 1 - 24 所示,因

$$\lim_{x \to 1} f(x) = \lim_{x \to 1} x = 1 \neq 2 = f(1),$$

故 $f(x)$ 在点 $x = 1$ 处产生了间断,但只要修改 $f(x)$ 在点 $x = 1$ 处的函数值,即定义 $f(1) = 1$,则 $f(x)$ 在点 $x = 1$ 处就连续了. 因此,我们称此类间断点为可去间断点.

当然若 $f(x)$ 在点 $x = x_0$ 处没有定义,只要 $\lim\limits_{x \to x_0} f(x)$ 存在,同样补充定义,使 $f(x)$ 在点 x_0 处连续,此类间断点也称为可去间断点.

一般地,我们把间断点分为:

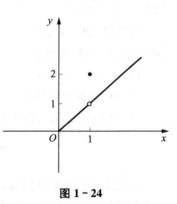

图 1 - 24

第一类间断点. 它满足:① $f(x)$ 在点 x_0 处间断;② $f(x_0-0)$ 及 $f(x_0+0)$ 都存在. 此时,若 $f(x_0-0)\neq f(x_0+0)$,如例 1.48 中的点 $x=0$,称此类间断点为跳跃间断点;若 $f(x_0-0)=f(x_0+0)$,即 $\lim\limits_{x\to x_0} f(x)$ 存在,如例 1.49 中的点 $x=1$,称此类间断点为可去间断点.

第二类间断点. 不属于第一类间断点的间断点,如例 1.47 中的点 $x=0$. 若 $\lim\limits_{x\to x_0^+} f(x)$ 或 $\lim\limits_{x\to x_0^-} f(x)$ 中至少有一个为无穷大,称此类间断点为无穷间断点.

例 1.50 指出下列函数的连续区间,如有间断点指出它所属的类型:

(1) $y=x\sin\dfrac{1}{x}$;　　　　　　　(2) $y=\dfrac{x^2-4}{x^2-3x+2}$.

解:(1) 因为 $y=x\sin\dfrac{1}{x}$ 在 $x=0$ 点没有定义,且 $\lim\limits_{x\to 0} x\sin\dfrac{1}{x}=0$,

所以,其连续区间为 $(-\infty,0)\bigcup(0,+\infty)$,且间断点为 $x=0$,它是第一类间断点,且是可去间断点.

如果补充定义:当 $x=0$ 时,$y=0$,此时函数

$$y=\begin{cases} x\sin\dfrac{1}{x}, & \text{当 } x\neq 0 \text{ 时}; \\ 0, & \text{当 } x=0 \text{ 时} \end{cases} \text{ 在 }(-\infty,+\infty)\text{ 内连续.}$$

(2) 因为函数 $y=\dfrac{x^2-4}{x^2-3x+2}=\dfrac{(x-2)(x+2)}{(x-1)(x-2)}$ 在 $x=1,2$ 两个点都没有定义,并且

$$\lim_{x\to 1}\frac{(x-2)(x+2)}{(x-1)(x-2)}=\lim_{x\to 1}\frac{x+2}{x-1}=\infty$$

$$\lim_{x\to 2}\frac{(x-2)(x+2)}{(x-1)(x-2)}=\lim_{x\to 2}\frac{x+2}{x-1}=4$$

所以,其连续区间为 $(-\infty,1)\bigcup(1,2)\bigcup(2,+\infty)$,且 $x=1$ 是第二类间断点,$x=2$ 是第一类间断点,且是可去间断点.

如果补充定义:当 $x=2$ 时,$y=4$,此时函数

$$y=\begin{cases} 4, & \text{当 } x=2 \text{ 时}; \\ \dfrac{x^2-4}{x^2-3x+2}, & \text{当 } x\neq 2 \text{ 时} \end{cases} \text{ 在点 } x=2 \text{ 处也连续.}$$

例 1.51 求下列函数的间断点,并判别类型.

(1) $y=\arctan\dfrac{1}{x}$,　　(2) $y=\dfrac{\sin x}{x^2-1}$,　　(3) $y=\dfrac{x}{\tan x}$.

解:(1) 函数除点 $x=0$ 外处处连续,又

$$\lim_{x\to 0^+}\arctan\frac{1}{x}=\frac{\pi}{2}\qquad \lim_{x\to 0^-}\arctan\frac{1}{x}=-\frac{\pi}{2}$$

故点 $x=0$ 是第一类间断点,且是跳跃间断点.

(2) 函数除点 $x=\pm 1$ 外处处连续,又

$$\lim_{x\to \pm 1}\frac{\sin x}{x^2-1}=\infty,$$

故点 $x=\pm 1$ 是第二类间断点,且是无穷间断点.

(3) 当 $x=k\pi(k=0,\pm 1,\pm 2,\cdots)$ 时,$\tan x=0$,从而 $y=\dfrac{x}{\tan x}$ 不存在. 且

$$\lim_{x\to 0}\frac{x}{\tan x}=\lim_{x\to 0}\frac{x}{\sin x}\cos x=1$$

$$\lim_{x\to k\pi}\frac{x}{\tan x}=\infty(k=\pm 1,\pm 2,\cdots)$$

故 $x=0$ 是第一类间断点,且是可去间断点;$x=k\pi(k=\pm 1,\pm 2,\cdots)$ 是第二类间断点,且是无穷间断点.

1.3.4　连续函数的运算法则

定理 1.4　若函数 $f(x)$ 与 $g(x)$ 在点 x_0 处连续,则函数 $f(x)\pm g(x)$,$f(x)\cdot g(x)$,$\dfrac{f(x)}{g(x)}(g(x_0)\neq 0)$ 在点 x_0 处也连续.

证明:这里只证明 $f(x)\cdot g(x)$ 在点 x_0 处连续,其余证明请读者完成.

因为 $f(x),g(x)$ 在点 x_0 处都连续,所以 $\lim\limits_{x\to x_0}f(x)=f(x_0)$,$\lim\limits_{x\to x_0}g(x)=g(x_0)$,故 $\lim\limits_{x\to x_0}f(x)g(x)=\lim\limits_{x\to x_0}f(x)\cdot\lim\limits_{x\to x_0}g(x)=f(x_0)g(x_0)$,

即 $f(x)\cdot g(x)$ 在点 x_0 处连续.

定理 1.5　设有两个函数 $y=f(u)$ 与 $u=\varphi(x)$,若函数 $u=\varphi(x)$ 在点 $x=x_0$ 处连续,函数 $y=f(u)$ 在点 $u_0=\varphi(x_0)$ 处连续,则复合函数 $y=f[\varphi(x)]$ 在点 $x=x_0$ 处也连续.(证明略)

定理 1.6　单调连续函数的反函数也是单调连续的.(证明略)

可以证明基本初等函数在其定义域内都是连续函数,根据定理 4 和定理 5,由基本初等函数经过四则运算或复合运算而成的初等函数在其定义区间上也都是连续的.

1.3.5　闭区间上连续函数的性质

下面介绍在闭区间上连续函数的三个基本性质,由于证明该性质要用到实数理论,故将严格证明略去.

性质 1(有界性定理)　若函数 $f(x)$ 在闭区间 $[a,b]$ 上连续,则函数 $f(x)$ 在该区间上有界.

性质 2(最大最小值定理)　若函数 $f(x)$ 在闭区间 $[a,b]$ 上连续,则 $f(x)$ 在 $[a,b]$ 上一定有最大值与最小值,即 $\exists x_1,x_2\in[a,b]$,使得对 $\forall x\in[a,b]$ 有,

$$m\overset{\text{记为}}{=\!=\!=}f(x_2)\leqslant f(x)\leqslant f(x_1)\overset{\text{记为}}{=\!=\!=}M$$

(x_1,x_2 分别称为 $f(x)$ 的最大值点与最小值点,M,m 分别称为 $f(x)$ 在 $[a,b]$ 上的最大值与最小值),如图 1-25 所示.

性质 3(介值定理)　若函数 $f(x)$ 在闭区间 $[a,b]$ 上连续,m 和 M 分别为 $f(x)$ 在 $[a,b]$ 上的最小值与最大值,则对任意实数 C,且 $m<C<M$,至少存在一点 $\xi\in(a,b)$,使得

$f(\xi)=C$ 见图 1-25.

推论(零点定理) 若函数 $f(x)$ 在闭区间 $[a,b]$ 上连续，且 $f(a)$ 与 $f(b)$ 异号，则至少存在一点 $\xi\in(a,b)$ 使得 $f(\xi)=0$，如图 1-26 所示.

例 1.52 证明方程 $x-2\sin x=0$ 在区间 $\left(\dfrac{\pi}{2},\pi\right)$ 内至少有一个根.

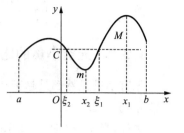

图 1-25

证明：设 $f(x)=x-2\sin x$，显然 $f(x)$ 在闭区间 $\left[\dfrac{\pi}{2},\pi\right]$ 上是连续的.

由于
$$f\left(\frac{\pi}{2}\right)=\frac{\pi}{2}-2\sin\frac{\pi}{2}=\frac{\pi}{2}-2<0,$$
$$f(\pi)=\pi-2\sin\pi=\pi-0>0,$$

即 $f\left(\dfrac{\pi}{2}\right)f(\pi)<0$，由零点定理知，在 $\left(\dfrac{\pi}{2},\pi\right)$ 内至少存在一点 ξ 使得 $f(\xi)=0$，即证明了方程 $x-2\sin x=0$ 在 $\left(\dfrac{\pi}{2},\pi\right)$ 内至少有一个根.

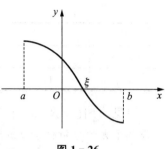

图 1-26

1.3.6 利用函数的连续性计算极限

(1) 若函数 $f(x)$ 在点 x_0 连续，则求极限 $\lim\limits_{x\to x_0}f(x)$ 时，只需将 x_0 代入 $f(x)$ 的表达式即可.

(2) 对于复合函数 $f[\varphi(x)]$，若 $\lim\limits_{x\to x_0}\varphi(x)=u_0$，且 $f(u)$ 在 u_0 连续，则

$$\lim_{x\to x_0}f[\varphi(x)]=\lim_{x\to u_0}f(u)=f(u_0).$$

例 1.53 求下列极限：

(1) $\lim\limits_{x\to 0}\dfrac{e^{3x^2+5x+1}}{\arccos(-1+x)}$，　　(2) $\lim\limits_{x\to 0}\dfrac{\ln(1+x)}{x}$，　　(3) $\lim\limits_{x\to 0}\dfrac{\sqrt{1+x}-1}{x}$.

解：(1) $\lim\limits_{x\to 0}\dfrac{e^{3x^2+5x+1}}{\arccos(-1+x)}=\dfrac{e^{3\times 0^2+5\times 0+1}}{\arccos(-1+0)}=\dfrac{e}{\pi}$.

(2) 因 $f(x)=\dfrac{\ln(1+x)}{x}=\ln(1+x)^{\frac{1}{x}}$ 在点 $x=0$ 处不连续，故不能直接用 $\lim\limits_{x\to x_0}f(x)=f(x_0)$，

现令 $u=(1+x)^{\frac{1}{x}}$，则当 $x\to 0$ 时，$u\to e$，于是

$$\lim_{x\to 0}\frac{\ln(1+x)}{x}=\lim_{x\to 0}\ln(1+x)^{\frac{1}{x}}=\lim_{u\to e}\ln u=\ln e=1$$

(3) 因 $\dfrac{\sqrt{1+x}-1}{x}=\dfrac{(\sqrt{1+x}-1)(\sqrt{1+x}+1)}{x(\sqrt{1+x}+1)}=\dfrac{1}{\sqrt{1+x}+1}$

而 $f(x)=\dfrac{1}{\sqrt{1+x}+1}$ 在区间 $[-1,+\infty)$ 内连续，

故 $$\lim_{x\to 0}\frac{\sqrt{1+x}-1}{x}=\lim_{x\to 0}\frac{1}{\sqrt{1+x}+1}=\frac{1}{\sqrt{1+0}+1}=\frac{1}{2}$$

1.3.7 无穷小量的比较

无穷小量虽然都是趋于 0 的变量,但不同的无穷小量趋于 0 的速度却不一定相同,有时可能差别很大.

例如,当 $x\to 0$ 时,$x,2x,x^2$ 都是无穷小量,但它们趋于 0 的速度就不一样.
请看表 1-2 的比较.

表 1-2

x	1	0.5	0.1	0.01	…	→0
$2x$	2	1	0.2	0.02	…	→0
x^2	1	0.25	0.01	0.0001	…	→0

可见,x^2 比 x 及 $2x$ 趋于 0 的速度都快得多,快慢是相对的,是相互比较而言的,现通过比较两个无穷小量趋于 0 的速度来引入无穷小量阶的概念.

定义 1.31　设 α,β 是同一过程中的两个无穷小量,

(1) 若 $\lim\dfrac{\beta}{\alpha}=0$,则称 β 是比 α 高阶的无穷小量,记作 $\beta=o(\alpha)$;

(2) 若 $\lim\dfrac{\beta}{\alpha}=\infty$,则称 β 是比 α 低阶的无穷小量;

(3) 若 $\lim\dfrac{\beta}{\alpha}=C\neq 0$,则称 β 与 α 是同阶无穷小量;

(4) 若 $\lim\dfrac{\beta}{\alpha}=1$,则称 β 与 α 是等价无穷小量,记作 $\alpha\sim\beta$;

(5) 若 $\lim\dfrac{\beta}{\alpha^k}=C\neq 0,k>0$,则称 β 是关于 α 的 k 阶无穷小量.

例 1.54　证明当 $x\to 0$ 时,　(1) $\tan x\sim x$,　(2) $\arcsin x\sim x$,　(3) $e^x-1\sim x$.

证明:(1) $\lim\limits_{x\to 0}\dfrac{\tan x}{x}=\lim\limits_{x\to 0}\dfrac{\sin x}{x}\cos x=\lim\limits_{x\to 0}\dfrac{\sin x}{x}\cdot\lim\limits_{x\to 0}\cos x=1$

(2) 令 $y=\arcsin x$,则 $x=\sin y$,且当 $x\to 0$ 时,$y\to 0$,

故 $$\lim_{x\to 0}\frac{\arcsin x}{x}=\lim_{y\to 0}\frac{y}{\sin y}=\lim_{y\to 0}\frac{1}{\dfrac{\sin y}{y}}=1$$

(3) 令 $y=e^x-1$,则 $x=\ln(1+y)$,且当 $x\to 0$ 时,$y\to 0$,

故 $$\lim_{x\to 0}\frac{e^x-1}{x}=\lim_{y\to 0}\frac{y}{\ln(1+y)}=\lim_{y\to 0}\frac{1}{\dfrac{\ln(1+y)}{y}}=1$$

请读者自己证明:$\arctan x\sim x$, $a^x-1\sim x\ln a$ $(a>0,$且 $a\neq 1)$,

$(1+x)^{\alpha}-1\sim ax$,　$\log_a(1+x)\sim\left(\dfrac{1}{\ln a}\right)x(a>0,$且 $a\neq 1)$,　$1-\cos x\sim\dfrac{x^2}{2}$.

例 1.55　当 $x\to 0$ 时,下列无穷小量与 x 相比是什么阶的无穷小量.

(1) $x+\sin x^2$,　　(2) $\sqrt{x}+\sin x$,　　(3) $\ln(1+3x)$.

解：(1) $\lim\limits_{x\to 0}\dfrac{x+\sin x^2}{x}=\lim\limits_{x\to 0}\left(1+\dfrac{\sin x^2}{x^2}x\right)=1$　故　$x+\sin x^2\sim x(x\to 0)$

(2) $\lim\limits_{x\to 0}\dfrac{\sqrt{x}+\sin x}{x}=\lim\limits_{x\to 0}\left(\dfrac{1}{\sqrt{x}}+\dfrac{\sin x}{x}\right)=\infty$,故当 $x\to 0$ 时，$\sqrt{x}+\sin x$ 是比 x 低阶的无穷小量.

(3) $\lim\limits_{x\to 0}\dfrac{\ln(1+3x)}{x}=\lim\limits_{x\to 0}\ln(1+3x)^{\frac{1}{x}}=\lim\limits_{x\to 0}\ln\left[(1+3x)^{\frac{1}{3x}}\right]^3=\ln e^3=3$

　　故当 $x\to 0$ 时，$\ln(1+3x)$ 与 x 是同阶非等价无穷小量.

[注]　(1) 在同一过程中，若 $\alpha\sim\beta,\beta\sim\gamma$，则 $\alpha\sim\gamma$；

(2) 在同一过程中，若 $\alpha_1\sim\beta_1,\alpha_2\sim\beta_2$，则 $\alpha_1\alpha_2\sim\beta_1\beta_2$；

(3) 在同一过程中，若 $\alpha_1\sim\beta_1,\alpha_2\sim\beta_2$，且 $\lim\dfrac{\beta_1}{\beta_2}$ 存在，则 $\lim\dfrac{\alpha_1}{\alpha_2}$ 也存在，且 $\lim\dfrac{\alpha_1}{\alpha_2}=\lim\dfrac{\beta_1}{\beta_2}$.

例 1.56　证明当 $x\to 0$ 时，$\tan x-\sin x$ 是 x 的三阶无穷小量.

证明：因当 $x\to 0$ 时，$\sin x\sim x,1-\cos x\sim\dfrac{x^2}{2},\dfrac{1}{\cos x}\to 1$

故　　　$\lim\limits_{x\to 0}\dfrac{\tan x-\sin x}{x^3}=\lim\limits_{x\to 0}\dfrac{\sin x(1-\cos x)}{x^3}\dfrac{1}{\cos x}=\lim\limits_{x\to 0}\dfrac{x\dfrac{x^2}{2}}{x^3}\dfrac{1}{\cos x}=\dfrac{1}{2}$

第 1 章习题

（A）

1. 解下列不等式：

(1) $x^2<25$,　　　　　(2) $x^2-x-2>0$,　　　(3) $0<(x-2)^2<4$,

(4) $|ax-x_0|<\delta$　$(a<0,\delta>0,x_0$ 为常数$)$.

2. 用区间分别表示满足下列不等式的所有 x 的集合，并在数轴上表示出来.

(1) $|x+3|<2$,　　　　(2) $1<|x-2|<2$.

3. 把 -2 的 $\dfrac{1}{3}$ 邻域表示成开区间.

4. 设 $f(x)$ 的定义域为 $(0,1)$，求 $f(\ln x)$ 的定义域.

5. 求下列函数的定义域和值域：

(1) $y=\dfrac{x^2}{1+x}$,　　　　　(2) $y=\sqrt{2+x-x^2}$,　　(3) $y=\ln(1-2\cos x)$,

(4) $y=\arccos\dfrac{1-x}{3}$.

6. 判断下列各题中 $f(x)$ 与 $g(x)$ 是否相同？

(1) $f(x)=\sqrt{\dfrac{x-1}{2-x}}$ 与 $g(x)=\dfrac{\sqrt{x-1}}{\sqrt{2-x}}$,　　　　(2) $f(x)=\sqrt{(x-1)^2}$ 与 $g(x)=x-1$,

(3) $f(x)=\sin x$ 与 $g(x)=\sqrt{1-\cos x}$,　　　　(4) $f(x)=\sqrt[3]{x^4-x^3}$ 与 $g(x)=x\sqrt[3]{x-1}$.

7. 已知 $f\left(x-\dfrac{1}{x}\right)=\dfrac{x^2}{1+x^4}$，求 $f(x)$.

8. 已知 $f(x)$ 满足 $2f(x)+x^2f\left(\dfrac{1}{x}\right)=\dfrac{x^2+2x}{x+1}$，求 $f(x)$.

9. 已知 $f(x)=\dfrac{x}{1+x}$，设 $f_2(x)=f[f(x)]$，再设 $f_3(x)=f[f_2(x)]\cdots f_n=f[f_{n-1}(x)]$，求 $f_n(x)(n\geqslant 2)$.

10. 下列函数可以看成由哪些简单函数复合而成：

(1) $y=\mathrm{e}^{\sqrt{\log_2\sqrt{x}}}$，　　　　(2) $y=\log_2^2\arcsin x^2$.

11. 已知 $f(x^2-1)=\lg\dfrac{x^2}{x^2-2}$，且 $f[\varphi(x)]=\lg x$，求 $\varphi(x)$.

12. 设 $y=2^u,u=\ln v,v=\arccos t,t=\dfrac{1}{x}$ 试将 y 表示成 x 的函数.

13. 分别就 $a=3,a=\dfrac{1}{2},a=-6$，讨论 $y=\log_2(a-\sin x)$ 是不是复合函数？如果是复合函数，求其定义域.

14. 讨论下列函数的有界性，奇偶性：

(1) $f(x)=\dfrac{x^4}{x^4+1}$，　　　　　　　　(2) $f(x)=\cos\dfrac{1}{x}$，

(3) $f(x)=\dfrac{1}{x}\cos\dfrac{1}{x}$，　　　　　　(4) $f(x)=\ln\dfrac{1+x}{1-x}$，

(5) $f(x)=\log_2(x+\sqrt{1+x^2})$.

15. 讨论函数 $y=\dfrac{a^x-a^{-x}}{a^x+a^{-x}}$（$a$ 为常数且 $a>1$）的单调性，奇偶性，有界性.

16. 判断函数 $f(x)=\begin{cases}1-\mathrm{e}^{-x}, & \text{当 } x<0 \text{ 时;}\\ \mathrm{e}^x-1, & \text{当 } x\geqslant 0 \text{ 时}\end{cases}$ 的奇偶性.

17. 求函数 $f(x)=|\sin x|+|\cos x|$ 的周期.

18. 试给出函数 $y=f(x)$ 的图像关于直线 $x=a$ 对称的充要条件.

19. 设 $y=f(x)$ 是偶函数且其图像对称于直线 $x=a(a>0)$，证明 $f(x)$ 是周期函数.

20. 设 $y=\arcsin\sqrt{1-x^2},D(f)=[-1,0]$，求其反函数 $f^{-1}(x)$ 及定义域和值域.

21. 求函数 $y=\begin{cases}x, & \text{当 } x<1 \text{ 时;}\\ x^2, & \text{当 } 1\leqslant x<4 \text{ 时;}\\ 2^x, & \text{当 } x\geqslant 4 \text{ 时}\end{cases}$ 的反函数.

22. 设某商品需求函数为 $Q=-aP+b(a,b>0)$，讨论 $P=0$ 时的需求量 Q 和 $Q=0$ 时的价格 P.

23. 某商品的需求量 Q 与价格 P 之间呈线性关系，若该商品的最大需求量为 2 000 件，最高价格为每件 500 元，求该商品的线性需求函数.

24. 某厂商原来每年向市场提供价格为 P_1 的商品 m 件，现在为了增加供应量，采取提价措施，若价格每增加 k 元，该厂商就可以为市场多提供 n 件，求该厂商每年向市场提供该商品的供应函数.

25. 设需求函数 $Q=20-2P$,供给函数 $Q=4P-10$,求:

(1) 均衡点 (P_0, Q_0).

(2) 若政府对每单位该商品征收固定的 W 元消费税,求此时的平衡点 (P'_0, Q'_0).

26. 某产品总成本 C(万元)为年产量 Q_t 的函数,$C(Q)=a+bQ_t^2$,其中 a,b 为待定常数,已知固定成本为 200 万元,且当年产量 $Q=100\ t$ 时,总成本 $C=500$ 万元,试求平均单位成本 $\bar{C}$(万元/t)与年产量 Q_t 的函数关系.

27. 某产品总成本 C(元)为日产量 Q(kg)的函数,$C(Q)=Q^2+Q+80$,产品的销售价格为 P(元/kg),它与产量 Q(kg)的关系为 $P(Q)=20-Q$,试将每日产品全部销售后获得的总利润 L 表示为日产量 Q(kg)的函数.

28. 已知某产品价格为 P 时,需求函数为 $Q=30-3P$,成本函数 $C=30+2Q$,问产量 Q 为多少时,利润 L 为最大? 最大利润是多少?

29. 某工厂生产产品 1 000 吨,每吨定价为 120 元,销售在 600 吨以内时,按原价出售;超过 600 吨时,超过部分打 8 折出售,试求销售总收益与总销量之间的函数关系.

30. 用数列极限定义证明下列极限:

(1) $\lim\limits_{n\to\infty}\dfrac{n-3}{n}=1$,

(2) $\lim\limits_{n\to\infty}a^n=0$ (a 为常数,且 $|a|<1$).

31. 用函数极限定义证明下列极限:

(1) $\lim\limits_{x\to\infty}\dfrac{x+1}{2x-1}=\dfrac{1}{2}$,

(2) $\lim\limits_{x\to 2^+}(2x-1)=3$,

(3) $\lim\limits_{x\to x_0^-}(-x)=-x_0$.

32. 设 $f(x)=\begin{cases}8, & \text{当 } x<3 \text{ 时}; \\ 3x-1, & \text{当 } x\geqslant 3 \text{ 时}.\end{cases}$ 作 $f(x)$ 的图形,并讨论当 $x\to 3$ 时,$f(x)$ 的左右极限.

33. 证明 $\lim\limits_{x\to 1}\dfrac{|x-1|}{x-1}$ 不存在.

34. 求下列各极限:

(1) $\lim\limits_{x\to -1}(2x^2-3x+2)$,

(2) $\lim\limits_{x\to 2^-}\dfrac{|x-2|}{x-2}$,

(3) $\lim\limits_{x\to -1}\dfrac{x^2-2}{x+1}$,

(4) $\lim\limits_{x\to 1}\dfrac{x^2+x-2}{x^2+2x-3}$,

(5) $\lim\limits_{x\to\infty}\dfrac{x^2+x-2}{x^2+2x-3}$,

(6) $\lim\limits_{x\to 1}\dfrac{\sqrt[5]{1-x^3}}{1-x}$,

(7) $\lim\limits_{n\to\infty}\dfrac{(n-1)^3}{n^2-1}$,

(8) $\lim\limits_{x\to 3}\dfrac{\sqrt{x-2}-1}{\sqrt{x+1}-2}$,

(9) $\lim\limits_{x\to +\infty}(\sqrt{x^4+1}-\sqrt{x^4-3})$,

(10) $\lim\limits_{x\to -8}\dfrac{\sqrt{1-x}-3}{2+\sqrt[3]{x}}$,

(11) $\lim\limits_{x\to\infty}\dfrac{x^4-2x+1}{x^5+1}(5-\sin x)$.

35. 指出下列运算的错误,并计算出正确的结果:

(1) $\lim\limits_{n\to\infty}\left(\dfrac{1}{n^2}+\dfrac{2}{n^2}+\cdots+\dfrac{n}{n^2}\right)=\lim\limits_{n\to\infty}\dfrac{1}{n^2}+\lim\limits_{n\to\infty}\dfrac{2}{n^2}+\cdots+\lim\limits_{n\to\infty}\dfrac{n}{n^2}=0+0+\cdots+0=0$,

(2) $\lim\limits_{x\to0} x^3 \sin\dfrac{1}{x^3} = \lim\limits_{x\to0} x^3 \cdot \lim\limits_{x\to0} \sin\dfrac{1}{x^3} = 0 \cdot \lim\limits_{x\to0} \sin\dfrac{1}{x^3} = 0$,

(3) $\lim\limits_{x\to0} x^3 \sin\dfrac{1}{x^3} = \lim\limits_{x\to0} \dfrac{\sin\dfrac{1}{x^3}}{\dfrac{1}{x^3}} = 1$,

(4) $\lim\limits_{x\to0} \dfrac{\tan x - \sin x}{x^3} = \lim\limits_{x\to0} \dfrac{x-x}{x^3} = 0$.

36. 已知 $f(x) = \dfrac{mx^3-1}{x^3-1} + 2nx - 1$，当 $x\to\infty$ 时，m,n 取何值时 $f(x)$ 为无穷小？m,n 取何值时 $f(x)$ 为无穷大？

37. 求下列极限：

(1) $\lim\limits_{x\to0} \dfrac{\sin^3 x}{x}$,　　　　(2) $\lim\limits_{x\to0} \dfrac{\sin 3x}{\sin 2x}$,　　　　(3) $\lim\limits_{x\to0} \dfrac{5x-2\sin x}{5x+2\sin x}$,

(4) $\lim\limits_{x\to0} \dfrac{\sin\sin x}{x}$,　　　　(5) $\lim\limits_{x\to0} \dfrac{3x}{5\arcsin x}$,　　　　(6) $\lim\limits_{x\to-2} \dfrac{\sin(x^2-4)}{x+2}$,

(7) $\lim\limits_{x\to-2} \dfrac{\sin(x+2)}{x^2+3x+2}$,　　(8) $\lim\limits_{n\to\infty} n^2 \sin\dfrac{4}{n^2}$.

38. 求下列极限：

(1) $\lim\limits_{x\to\infty} \left(1-\dfrac{5}{x}\right)^{x-1}$,　　(2) $\lim\limits_{x\to+\infty} \left(1-\dfrac{1}{x}\right)^{\sqrt{x}}$,　　(3) $\lim\limits_{x\to0} \dfrac{\ln(1+x)}{\sin 2x}$.

39. 函数 $f(x) = \begin{cases} 3x, & \text{当 } 0\leqslant x<1 \text{ 时;} \\ 4-x, & \text{当 } 1\leqslant x\leqslant 3 \text{ 时} \end{cases}$ 在闭区间 $[0,3]$ 上是否连续？并作出 $f(x)$ 的图形.

40. 函数 $f(x) = \begin{cases} |x|, & \text{当 } |x|\leqslant 1 \text{ 时;} \\ \dfrac{x}{|x|}, & \text{当 } 1<|x|\leqslant 3 \text{ 时} \end{cases}$ 在定义域内是否连续？并作出 $f(x)$ 的图形.

41. 当 m,n 为何值时，下列函数 $f(x)$ 在 $(-\infty,+\infty)$ 内连续？

(1) $f(x) = \begin{cases} 2\mathrm{e}^x, & \text{当 } x<0 \text{ 时;} \\ m-x^2, & \text{当 } x\geqslant0 \text{ 时.} \end{cases}$　　　　(2) $f(x) = \begin{cases} x-2, & \text{当 } x<m \text{ 时;} \\ 4-x, & \text{当 } m\leqslant x<n \text{ 时;} \\ 2x-14, & \text{当 } x\geqslant n \text{ 时.} \end{cases}$

42. 求下列函数的间断点，并判别类型：

(1) $y = \begin{cases} \dfrac{\sin x^3}{x^3}, & \text{当 } x<0 \text{ 时;} \\ 0, & \text{当 } x=0 \text{ 时;} \\ -\mathrm{e}^{-x^3}, & \text{当 } x>0 \text{ 时.} \end{cases}$　　　　(2) $y = \tan x$,

(3) $y = \arctan\dfrac{1}{x^2}$,　　　　　　　　(4) $y = \dfrac{x^2-1}{x-1}$,

(5) $y = \dfrac{(\mathrm{e}^{3x}-1)\sin x}{x^2(x-1)}$.

43. 利用函数连续性求下列极限：

(1) $\lim\limits_{x\to\frac{\pi}{6}} \left(\sin x \ln\dfrac{12}{\pi}x\right)$,　　　　　　(2) $\lim\limits_{x\to0} \dfrac{x}{\sqrt{1+x}-1}$.

44. 证明:方程 $x^5-3x=1$ 在区间$(1,2)$内有根.

45. 证明:方程 $x=a\sin x+b$,其中 $a>0,b>0$,至少有一个正根,并且不超过 $a+b$.

46. 证明:若 $f(x)$ 是以 2π 为周期的连续函数,则存在 ξ 使 $f(\xi)=f(\xi+\pi)$.

47. 当 $x\to0$ 时,下列无穷小量与 x 相比是什么阶的无穷小量:

(1) $x+\tan 3x$,　　　　　　　　　　　　(2) $\sqrt{3x}-\sin x$,

(3) $\ln(1+3x)$,　　　　　　　　　　　　(4) $\sqrt{1+\sin x}-\sqrt{1-\tan x}$.

（B）

1. 若 $0\leqslant a\leqslant\dfrac{1}{2}$,函数 $y=f(x)$ 的定义域是 $[0,1]$,则 $f(x+a)+f(x-a)$ 的定义域是(　　).

　　A. $[-a,1-a]$　　　　B. $[-a,1+a]$　　　　C. $[a,1-a]$　　　　D. $[a,1+a]$

2. 设函数 $f\left(\dfrac{1}{x}\right)=2x-\sqrt{1+x^2}$,则 $f(x)=$ (　　).

　　A. $\dfrac{2}{x}-\dfrac{\sqrt{x^2+1}}{x}$　　　B. $\dfrac{2}{x}-\dfrac{\sqrt{x^2+1}}{|x|}$　　　C. $2x-\sqrt{1+x^2}$　　　D. $\dfrac{1}{2x}-\sqrt{x^2+1}$

3. 已知等式 $f(x+y)=f(x)+f(y)$ 对于一切实数都成立,则 $f(x)$ 是(　　).

　　A. 奇函数　　　　　B. 非奇非偶　　　　C. 偶函数　　　　D. 又奇又偶

4. 设函数 $g(x)=1+x$,且当 $x\neq0$ 时,$f[g(x)]=\dfrac{1-x}{x}$,则 $f\left(\dfrac{1}{2}\right)=$(　　).

　　A. 0　　　　　　　B. 1　　　　　　　C. 3　　　　　　　D. -3

5. 函数 $y=\lg(x-2)$ 在区间(　　) 内有界.

　　A. $(2,+\infty)$　　　B. $(3,+\infty)$　　　C. $(2,3)$　　　D. $(3,4)$

6. 函数 $y=\dfrac{6x}{1+x^2}$ 是(　　).

　　A. 偶函数　　　　　B. 奇函数　　　　C. 单调函数　　　　D. 有界函数

7. 下列各对函数中(　　)是同一个函数.

　　A. $y=\dfrac{x^2-1}{x-1}$ 与 $y=x+1$　　　　　　B. $y=\sqrt{x^2}$ 与 $y=x$

　　C. $y=\lg x^2$ 与 $y=2\lg x$　　　　　　D. $y=\sin^2 x+\cos^2 x$ 与 $y=1$

8. $f(x)$ 在点 $x=x_0$ 处有定义是当 $x\to x_0$ 时,$f(x)$ 有极限的(　　)条件.

　　A. 无关条件　　　　B. 充分条件　　　　C. 必要条件　　　　D. 充要条件

9. 下列极限错误的是(　　).

　　A. $\lim\limits_{x\to\infty}e^{\frac{1}{x}}=1$　　B. $\lim\limits_{x\to0^-}e^{\frac{1}{x}}=\infty$　　C. $\lim\limits_{x\to0^+}e^{\frac{1}{x}}=+\infty$　　D. $\lim\limits_{x\to0}e^{\frac{1}{x}}=\infty$

10. 若 $\lim\limits_{x\to x_0}f(x)=\infty$,$\lim\limits_{x\to x_0}g(x)=\infty$,则必有(　　).

　　A. $\lim\limits_{x\to x_0}[f(x)+g(x)]=\infty$　　　　　B. $\lim\limits_{x\to x_0}[f(x)-g(x)]=\infty$

　　C. $\lim\limits_{x\to x_0}\dfrac{1}{f(x)+g(x)}=0$　　　　　D. $\lim\limits_{x\to x_0}kf(x)=\infty$ (k 为非零常数)

11. 当 $|x|<1$ 时,$y=\sqrt{1-x^2}$(　　).

　　A. 是有界函数　　　　　　　　　　　　B. 是连续函数

  C. 有最大值与最小值　　　　　　　　D. 有最大值无最小值

12. 当 $x \to 0$ 时,无穷小量 $\sin(5x+2x^2)$ 与 x 比较是(　　)无穷小量.

  A. 较高阶　　　　B. 较低阶　　　　C. 同阶但非等价　　D. 等价

13. 设 $f(x)=5^x+7^x-2$,则当 $x \to 0$ 时,(　　).

  A. $f(x)$ 与 x 是等价无穷小量　　　　B. $f(x)$ 与 x 是同阶无穷小量

  C. $f(x)$ 是比 x 高阶的无穷小量　　　D. $f(x)$ 是比 x 低阶的无穷小量

14. 下列极限中错误的有(　　).

  A. $\lim\limits_{x \to 0} 5^{\frac{1}{x}}=\infty$　　　　　　　　　　　B. $\lim\limits_{x \to +\infty} \dfrac{\sin x}{x}=1$

  C. $\lim\limits_{x \to \infty} \arctan x=\dfrac{\pi}{2}$　　　　　　　D. $\lim\limits_{x \to \infty} x^2 \sin \dfrac{1}{x^2}=1$

15. 设 $\lim\limits_{x \to \infty}\left(1+\dfrac{2}{x}\right)^{kx}=\mathrm{e}^{-3}$,则 $k=$(　　).

  A. $\dfrac{3}{2}$　　　　　　B. $\dfrac{2}{3}$　　　　　　C. $-\dfrac{3}{2}$　　　　　D. $-\dfrac{2}{3}$

16. 函数 $f(x)=\begin{cases}\dfrac{1}{\ln(x-3)}, & \text{当 } x>3 \text{ 且 } x \neq 4 \text{ 时}; \\ 0, & \text{当 } x=3 \text{ 时}; \\ 1, & \text{当 } x=4 \text{ 时}\end{cases}$ 的连续区间是(　　).

  A. $[3,+\infty)$　　　　　　　　　　　　B. $(3,+\infty)$

  C. $[3,4) \cup (4,+\infty)$　　　　　　　D. $(3,4) \cup (4,+\infty)$

17. 设 $f(x)$ 为定义在 $(-\infty,+\infty)$ 内的奇函数,$\varphi(x)$ 为定义在 $(-\infty,+\infty)$ 内的偶函数,则(　　).

  A. $f[\varphi(x)],\varphi[f(x)]$ 都是奇函数　　B. $f[\varphi(x)],\varphi[f(x)]$ 都是偶函数

  C. $f[\varphi(x)],\varphi[f(x)]$ 都是非奇非偶函数　D. 以上都不是

18. $x=5$ 是函数 $f(x)=\arctan \dfrac{1}{5-x}$ 的(　　).

  A. 可去间断点　　　B. 连续点　　　C. 跳跃间断点　　　D. 无穷间断点

19. 已知函数 $f(x)=\begin{cases}\mathrm{e}^{\frac{1}{x}}, & \text{当 } x<0 \text{ 时}; \\ \dfrac{1}{x}\ln(1+x), & \text{当 } x>0 \text{ 时}.\end{cases}$ 则下列结论中(　　)正确.

  A. $\lim\limits_{x \to 0^-} f(x)=0$ 且 $\lim\limits_{x \to 0^+} f(x)=0$　　　B. $\lim\limits_{x \to 0^-} f(x)=0$ 且 $\lim\limits_{x \to 0^+} f(x)=1$

  C. $\lim\limits_{x \to 0^-} f(x)$ 不存在且 $\lim\limits_{x \to 0^+} f(x)=0$　　D. $\lim\limits_{x \to 0^-} f(x)$ 不存在且 $\lim\limits_{x \to 0^+} f(x)=1$

20. 如果 $f(x)=\begin{cases}\dfrac{1}{x}\sin x, & \text{当 } x<0 \text{ 时}; \\ n, & \text{当 } x=0 \text{ 时}; \\ x \sin \dfrac{1}{x}+m, & \text{当 } x>0 \text{ 时}\end{cases}$ 在分界点 $x=0$ 处连续,则常数 m,n 的值分别是(　　).

  A. $m=0,n=0$　　　B. $m=0,n=1$　　　C. $m=1,n=0$　　　D. $m=1,n=1$

(C)

1. 求函数 $y = \dfrac{3}{\pi} \arccos \dfrac{2}{x-2}$ 的定义域与值域.

2. 设 $f(x) = \begin{cases} \sqrt{x}, & \text{当 } x \geqslant 0 \text{ 时}; \\ -\sqrt{-x}, & \text{当 } x < 0 \text{ 时}. \end{cases}$ $g(x) = x^8$.

   (1) 证明 $f(x)$ 是奇函数；

   (2) 求 $g[f(x)]$.

3. 求 $y = \dfrac{e^x - e^{-x}}{2}$ 的反函数.

4. 已知 $\lim\limits_{x \to 2} f(x)$ 存在，且 $f(x) = x^3 - 2x^2 + 1 - 5\lim\limits_{x \to 2} f(x)$，求 $\lim\limits_{x \to 1} f(x)$.

5. 已知 $\lim\limits_{x \to 1} \dfrac{x^2 + mx + n}{x^2 - 1} = 2$，求 m, n 的值.

6. 求 $\lim\limits_{x \to 1} \left(\dfrac{2 + e^{\frac{1}{x-1}}}{1 + e^{\frac{4}{x-1}}} + \dfrac{\sin(x-1)}{|x-1|} \right)$.

7. 求 $\lim\limits_{x \to -\infty} (x^2 + x\sqrt{x^2 + 2})$.

8. 证明 $\lim\limits_{n \to \infty} \dfrac{2^n n!}{n^n} = 0$.

9. 求下列各数列的极限：

   (1) $x_n = \left[\dfrac{1}{1 \cdot 3} + \dfrac{1}{3 \cdot 5} + \cdots + \dfrac{1}{(2n-1) \cdot (2n+1)} \right]$,

   (2) $x_n = \left(1 - \dfrac{1}{2^2} \right) \left(1 - \dfrac{1}{3^2} \right) \cdots \left(1 - \dfrac{1}{n^2} \right)$.

10. 求 $\lim\limits_{x \to 0} (1 + x e^x)^{\frac{1}{x}}$.

11. 判断下列函数的极限是否存在：

   (1) $\lim\limits_{x \to 0} \dfrac{\sqrt{1 - \cos x}}{x}$,   (2) $\lim\limits_{x \to 0} \dfrac{1}{1 - e^{\frac{1}{x}}}$,   (3) $\lim\limits_{x \to 0} (1 + x) \arctan \dfrac{1}{x}$.

12. 讨论函数 $f(x) = \lim\limits_{n \to \infty} \dfrac{\ln(e^n + x^n)}{n} \ (x > 0)$ 是否连续.

13. 讨论函数 $f(x) = \lim\limits_{n \to \infty} \dfrac{x^{2n-1} + x^2 + x}{x^{2n} + 1}$ 的间断点及其类型.

14. 证明 (1) β 与 α 是等价无穷小的充要条件为 $\beta = \alpha + o(\alpha)$；

   (2) 设 $\alpha \sim \alpha'$, $\beta \sim \beta'$，且 $\lim\dfrac{\beta'}{\alpha'}$ 存在，则 $\lim\dfrac{\beta}{\alpha} = \lim\dfrac{\beta'}{\alpha'}$，并计算 $\lim\limits_{x \to 0} \dfrac{2\sin x - \sin 2x}{(e^x - 1)^3}$.

15. 求函数 $f(x) = \lim\limits_{n \to \infty} \dfrac{n^x - n^{-x}}{n^x + n^{-x}}$.

16. 设极限 $\lim\limits_{x \to 0} \dfrac{\cos 2x - \sqrt{\cos 2x}}{x^k} = \alpha$（常数 $\alpha \neq 0$），试求 α 与 k.

17. 设函数在 $[a, b]$ 上连续，且 $a < c < d < b$，证明存在一个 $\xi \in (a, b)$，使得 $f(c) + f(d) = 2f(\xi)$.

2 导数与微分

2.1 导数的概念

在实际问题中,往往需要研究一类特殊的极限.

2.1.1 变速直线运动的速度

设物体做直线运动,在 $[0,t]$ 这段时间内所走过的路程为 s,即 s 是时刻 t 的函数 $s=f(t)$. 我们现在讨论在时刻 $t_0 \in [0,t]$ 的瞬时速度,即物体在 t_0 点的速度 $v(t_0)$,为此,先考虑物体从时刻 t_0 变到 $t_0+\Delta t$,即在 Δt 这段时间内所走的路程 Δs,显然 $\Delta s=f(t_0+\Delta t)-f(t_0)$,见图 2-1:

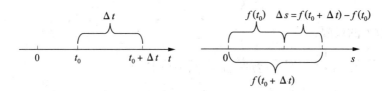

图 2-1

再考虑 $\dfrac{\Delta s}{\Delta t}=\dfrac{f(t_0+\Delta t)-f(t_0)}{\Delta t}$.

当物体做匀速直线运动时,$\dfrac{\Delta s}{\Delta t}$ 是一个常数,它代表包括时刻 t_0 在内的时间段 Δt 内任何一点的速度.

当物体做变速直线运动时,$\dfrac{\Delta s}{\Delta t}$ 表示从时刻 t_0 到 $t_0+\Delta t$ 这一段时间内的平均速度 $\bar{v}$,即

$$\bar{v}=\frac{\Delta s}{\Delta t}=\frac{f(t_0+\Delta t)-f(t_0)}{\Delta t}.$$

当 $\Delta t \to 0$ 时,若 $\bar{v}$ 的极限存在,则称此极限为物体在时刻 t_0 点的速度(瞬时速度). 记作

$$v_{(t_0)}=\lim_{\Delta t \to 0}\frac{\Delta s}{\Delta t}=\lim_{\Delta t \to 0}\frac{f(t_0+\Delta t)-f(t_0)}{\Delta t}$$

很明显,Δt 很小,即时间段越短,$\bar{v}$ 就越接近于时刻 t_0 点的速度.

2.1.2 曲线切线的斜率

已知函数曲线 $y=f(x)$,它经过点 $M_0(x_0,y_0)$,取函数曲线 $y=f(x)$ 的另外一点 $M_0(x_0+\Delta x,y_0+\Delta y)$,作割线 M_0M,见图 2-2.

设割线 M_0M 的倾斜角（即与 x 轴的正方向夹角）为 $\varphi\left(\varphi\neq\dfrac{\pi}{2}\right)$，则割线的斜率为 $\tan\varphi=\dfrac{\Delta y}{\Delta x}=\dfrac{f(x_0+\Delta x)-f(x_0)}{\Delta x}$，当 $\Delta x\to0$ 时，点 M 沿曲线 $y=f(x)$ 无限地接近于点 M_0，同时割线 M_0M 绕点 M_0 旋转，若割线 M_0M 的极限位置存在，则割线 M_0M 无限趋于极限位置 M_0T，我们称 M_0T 为函数曲线 $y=f(x)$ 在点 $M_0(x_0,y_0)$ 处的切线.

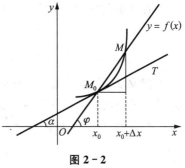

图 2-2

再设切线 M_0T 的倾斜角为 $\alpha\left(\alpha\neq\dfrac{\pi}{2}\right)$，即切线 M_0T 的斜率 $k=\tan\alpha$ 存在，从而 $\Delta x\to0$ 时 $\tan\varphi\to\tan\alpha$，即切线斜率

$$k=\tan\alpha=\lim_{\varphi\to\alpha}\tan\varphi=\lim_{\Delta x\to0}\frac{\Delta y}{\Delta x}=\lim_{\Delta x\to0}\frac{f(x_0+\Delta x)-f(x_0)}{\Delta x}$$

2.1.3 产品产量的变化率

在生产过程中，某产品的产量是时间 t 的函数，即 $Q=f(t)$，从 t_0 到 $t_0+\Delta t$ 这段时间内，产量为 $\Delta Q=f(t_0+\Delta t)-f(t_0)$，在这一段时间内，产量的平均变化率为

$$\frac{\Delta Q}{\Delta t}=\frac{f(t_0+\Delta t)-f(t_0)}{\Delta t}$$

Δt 越小，$\dfrac{\Delta Q}{\Delta t}$ 就越接近于产量 Q 在时刻 t_0 的变化率.

当 $\Delta t\to0$ 时，若 $\dfrac{\Delta Q}{\Delta t}$ 的极限存在，则此极限值就称为产量 Q 在点 t_0 时的变化率，即

$$\lim_{\Delta t\to0}\frac{\Delta Q}{\Delta t}=\lim_{\Delta t\to0}\frac{f(t_0+\Delta t)-f(t_0)}{\Delta t}$$

综上所述，在上面三个具体问题中，尽管所涉及的量的具体意义不相同，但从抽象的数学关系而言却是相同的，其基本思想是一致的，即当自变量改变量趋于零时，要求计算函数改变量与自变量比值的极限.

2.1.4 函数的变化率——导数

定义 2.1 设函数 $y=f(x)$ 在点 x_0 的某一邻域内有定义，当 x 在点 x_0 处取得改变量 Δx（点 $x_0+\Delta x$ 仍在该邻域内）时，相应的函数改变量 $\Delta y=f(x_0+\Delta x)-f(x_0)$，若当 $\Delta x\to0$ 时，极限 $\lim\limits_{\Delta x\to0}\dfrac{\Delta y}{\Delta x}=\lim\limits_{\Delta x\to0}\dfrac{f(x_0+\Delta x)-f(x_0)}{\Delta x}$ 存在，则称函数 $y=f(x)$ 在点 x_0 处可导，并称此极限为函数 $y=f(x)$ 在点 x_0 的导数（点 x_0 处的变化率），记作：

$$f'(x_0),\quad y'|_{x=x_0},\quad \frac{\mathrm{d}y}{\mathrm{d}x}\bigg|_{x=x_0},\quad \frac{\mathrm{d}f(x)}{\mathrm{d}x}\bigg|_{x=x_0},$$

即

$$f'(x_0)=\lim_{\Delta x\to0}\frac{f(x_0+\Delta x)-f(x_0)}{\Delta x}$$

若上式极限不存在，则称函数 $f(x)$ 在点 x_0 处不可导或导数不存在.

在上面的定义中,若令 $x=x_0+\Delta x$,则当 $\Delta x\to0$ 时 $x\to x_0$,且 $\Delta x=x-x_0$,于是:

$$f'(x_0)=\lim_{x\to x_0}\frac{f(x)-f(x_0)}{x-x_0}$$

定义 2.2　若函数 $y=f(x)$ 在 (a,b) 内每一点都可导,则称 $f(x)$ 在 (a,b) 内可导,于是对任意 $x\in(a,b)$,都有一个导数值 $f'(x)$ 与其对应,因此 $f'(x)$ 是区间 (a,b) 内的一个新函数,我们称其为 $f(x)$ 在区间 (a,b) 内的导函数,简称为导数,记作:

$$f'(x),\ y',\ \frac{\mathrm{d}y}{\mathrm{d}x},\ \frac{\mathrm{d}f(x)}{\mathrm{d}x}$$

[注]　(1) 若 $f'(x)$ 在点 x_0 处有定义,则 $f(x)$ 在点 x_0 处的导数 $f'(x_0)$ 等于导函数 $f'(x)$ 在点 x_0 处的值,即 $f'(x_0)=f'(x)|_{x=x_0}$,但 $f'(x_0)\neq[f(x_0)]'$

(2) $f'(x_0)=\lim_{\Delta x\to0}\dfrac{f(x_0+\Delta x)-f(x_0)}{\Delta x}=\lim_{\Delta x\to0}\dfrac{f(x_0+2\Delta x)-f(x_0)}{2\Delta x}$

$=\lim_{\Delta x\to0}\dfrac{f(x_0-\Delta x)-f(x_0)}{-\Delta x}=\lim_{h\to0}\dfrac{f(x_0+h)-f(x_0)}{h}$

例 2.1　已知 $f(x)$ 在点 x_0 处可导,求 $\lim\limits_{\Delta x\to0}\dfrac{f(x_0+\Delta x)-f(x_0-\Delta x)}{2\Delta x}$.

解:　$\lim\limits_{\Delta x\to0}\dfrac{f(x_0+\Delta x)-f(x_0-\Delta x)}{2\Delta x}$

$=\lim\limits_{\Delta x\to0}\dfrac{[f(x_0+\Delta x)-f(x_0)]-[f(x_0-\Delta x)-f(x_0)]}{2\Delta x}$

$=\dfrac{1}{2}\lim\limits_{\Delta x\to0}\left[\dfrac{f(x_0+\Delta x)-f(x_0)}{\Delta x}+\dfrac{f(x_0-\Delta x)-f(x_0)}{-\Delta x}\right]$

$=\dfrac{1}{2}[f'(x_0)+f'(x_0)]=f'(x_0)$

由导数的定义可知,求函数 $y=f(x)$ 的导数 $f'(x)$ 可分为以下三个步骤:

(1) 求 Δy. $\Delta y=f(x+\Delta x)-f(x)$

(2) 作比值. $\dfrac{\Delta y}{\Delta x}=\dfrac{f(x+\Delta x)-f(x)}{\Delta x}$

(3) 取极限. $f'(x)=\lim\limits_{\Delta x\to0}\dfrac{f(x+\Delta x)-f(x)}{\Delta x}$

例 2.2　求 $y=C$　(C 为常数)的导数.

解:(1) $\Delta y=f(x+\Delta x)-f(x)=C-C=0$

(2) $\dfrac{\Delta y}{\Delta x}=\dfrac{0}{\Delta x}=0$

(3) $\lim\limits_{\Delta x\to0}\dfrac{\Delta y}{\Delta x}=\lim\limits_{\Delta x\to0}0=0$

故　　　　　　　　　　　$y'=(C)'=0$

例 2.3　求 $y=\cos x$ 的导数.

解:(1) $\Delta y=f(x+\Delta x)-f(x)=\cos(x+\Delta x)-\cos x=-2\sin\dfrac{2x+\Delta x}{2}\sin\dfrac{\Delta x}{2}$

(2) $\dfrac{\Delta y}{\Delta x} = -2\sin\left(x + \dfrac{\Delta x}{2}\right)\dfrac{\sin\dfrac{\Delta x}{2}}{\Delta x} = -\sin\left(x + \dfrac{\Delta x}{2}\right)\dfrac{\sin\dfrac{\Delta x}{2}}{\dfrac{\Delta x}{2}}$

(3) $\displaystyle\lim_{\Delta x \to 0}\dfrac{\Delta y}{\Delta x} = \lim_{\Delta x \to 0}\left[-\sin\left(x + \dfrac{\Delta x}{2}\right)\dfrac{\sin\dfrac{\Delta x}{2}}{\dfrac{\Delta x}{2}}\right] = -\sin x$

即 $$y' = (\cos x)' = -\sin x$$

用类似的方法可得：$(\sin x)' = \cos x$.

由导数的定义还易知,导数的几何意义是：$f'(x)$ 是曲线 $y = f(x)$ 在点 $(x, f(x))$ 处的切线斜率,即 $k = \tan \alpha = f'(x)$.

2.1.5 左导数和右导数

定义 2.3 设函数 $y = f(x)$ 在点 x_0 处的某邻域内有定义,若 $\displaystyle\lim_{\Delta x \to 0^+}\dfrac{f(x_0 + \Delta x) - f(x_0)}{\Delta x}$ 存在,则称它为 $f(x)$ 在点 x_0 处的右导数,记作 $f'_+(x_0)$；若 $\displaystyle\lim_{\Delta x \to 0^-}\dfrac{f(x_0 + \Delta x) - f(x_0)}{\Delta x}$ 存在,则称它为 $f(x)$ 在点 x_0 处的左导数,记作 $f'_-(x_0)$.

［注］ (1) 函数 $y = f(x)$ 在点 x_0 处可导的充要条件是 $y = f(x)$ 在点 x_0 处的左、右导数都存在且相等.

(2) 令 $x = x_0 + \Delta x$,则 $\Delta x = x - x_0$ 且当 $\Delta x \to 0^+$ 时,$x \to x_0^+$；当 $\Delta x \to 0^-$ 时,$x \to x_0^-$,因此有

$$f'_+(x_0) = \lim_{\Delta x \to 0^+}\frac{f(x_0 + \Delta x) - f(x_0)}{\Delta x} = \lim_{x \to x_0^+}\frac{f(x) - f(x_0)}{x - x_0}$$

$$f'_-(x_0) = \lim_{\Delta x \to 0^-}\frac{f(x_0 + \Delta x) - f(x_0)}{\Delta x} = \lim_{x \to x_0^-}\frac{f(x) - f(x_0)}{x - x_0}$$

(3) 函数 $f(x)$ 在闭区间 $[a, b]$ 上可导,是指 $f(x)$ 满足：① 在开区间 (a, b) 内可导,即对任意的点 $x \in (a, b)$,$f(x)$ 在点 x 处都可导；② 在该区间的左端点处右导数 $f'_+(a)$ 存在,且在该区间的右端点处左导数 $f'_-(b)$ 存在.

例 2.4 设函数 $f(x) = \begin{cases} x^2, & \text{当 } x \leqslant 1 \text{ 时；} \\ m + nx, & \text{当 } x > 1 \text{ 时.} \end{cases}$ m, n 为常数,讨论当 m, n 为何值时,$f(x)$ 在点 $x = 1$ 处连续且可导.

解：因 $f(x)$ 在点 $x = 1$ 处连续,所以 $\displaystyle\lim_{x \to 1}f(x) = f(1) = 1^2 = 1$.

而 $\displaystyle\lim_{x \to 1^+}f(x) = \lim_{x \to 1^+}(m + nx) = m + n$, $\displaystyle\lim_{x \to 1^-}f(x) = \lim_{x \to 1^-}x^2 = 1$,

故有 $$m + n = 1.$$

又因 $f(x)$ 在点 $x = 1$ 处可导,所以 $f'_-(1) = f'_+(1)$

而 $$f'_-(1) = \lim_{x \to 1^-}\frac{f(x) - f(1)}{x - 1} = \lim_{x \to 1^-}\frac{x^2 - 1}{x - 1} = \lim_{x \to 1^-}(x + 1) = 2$$

$$f'_+(1) = \lim_{x \to 1^+}\frac{f(x) - f(1)}{x - 1} = \lim_{x \to 1^+}\frac{m + nx - 1}{x - 1}$$

$$= \lim_{x \to 1^+} \frac{1 - n + nx - 1}{x - 1} = \lim_{x \to 1^+} \frac{n(x-1)}{x-1} = n$$

因此，$n = 2$，再由 $m + n = 1$，知 $m = -1$，

故当 $m = -1, n = 2$ 时，$f(x)$ 在点 $x = 1$ 处连续且可导.

2.1.6　函数的可导性与连续性的关系

定理 2.1　若函数 $f(x)$ 在点 x 处可导，则它在点 x 处一定连续.

证明：因函数 $f(x)$ 在点 x 处可导，所以 $\lim\limits_{\Delta x \to 0} \frac{\Delta y}{\Delta x} = f'(x)$ 存在，又因为 $\Delta y = \frac{\Delta y}{\Delta x} \cdot \Delta x$，

因此有　　　$\lim\limits_{\Delta x \to 0} \Delta y = \lim\limits_{\Delta x \to 0} \frac{\Delta y}{\Delta x} \cdot \Delta x = \lim\limits_{\Delta x \to 0} \frac{\Delta y}{\Delta x} \cdot \lim\limits_{\Delta x \to 0} \Delta x = f'(x) \cdot 0 = 0$

故函数 $y = f(x)$ 在点 x 处连续.

现在的问题是：这个定理的逆定理是否成立？即若函数 $y = f(x)$ 在点 x 处连续，那么 $y = f(x)$ 在点 x 处是否一定可导呢？

例 2.5　讨论函数 $f(x) = \begin{cases} x \sin \dfrac{1}{x}, & \text{当 } x \neq 0 \text{ 时}; \\ 0, & \text{当 } x = 0 \text{ 时} \end{cases}$ 在点 $x = 0$ 处的连续性与可导性.

解：因 $\lim\limits_{x \to 0} f(x) = \lim\limits_{x \to 0} x \cdot \sin \dfrac{1}{x} = 0 = f(0)$，所以 $f(x)$ 在点 $x = 0$ 处连续，但

$$\lim_{x \to 0} \frac{f(x) - f(0)}{x - 0} = \lim_{x \to 0} \frac{x \sin \dfrac{1}{x}}{x} = \lim_{x \to 0} \sin \frac{1}{x} \text{ 不存在，故 } f(x) \text{ 在点 } x = 0 \text{ 处不可导.}$$

可见，连续是可导的必要条件，但非充分条件.

例 2.6　讨论函数 $f(x) = \begin{cases} \sqrt[3]{x^4} \sin \dfrac{1}{x}, & \text{当 } x \neq 0 \text{ 时}; \\ 0, & \text{当 } x = 0 \text{ 时} \end{cases}$ 在点 $x = 0$ 处的连续性与可导性.

解：因 $\lim\limits_{x \to 0} f(x) = \lim\limits_{x \to 0} f(x) = \lim\limits_{x \to 0} \sqrt[3]{x^4} \sin \dfrac{1}{x} = 0 = f(0)$，所以 $f(x)$ 在点 $x = 0$ 处连续，又

因 $\lim\limits_{x \to 0} \dfrac{f(x) - f(0)}{x - 0} = \lim\limits_{x \to 0} \dfrac{\sqrt[3]{x^4} \sin \dfrac{1}{x} - 0}{x - 0} = \lim\limits_{x \to 0} \sqrt[3]{x} \sin \dfrac{1}{x} = 0$，即 $f'(0) = 0$，故 $f(x)$ 在点 $x = 0$ 处既连续又可导.

2.2　导数的基本运算法则与基本公式

2.2.1　导数的基本运算法则

法则 1（代数和的导数）　若函数 $u = u(x), v = v(x)$ 都是 x 的可导函数，则 $y = u(x) \pm v(x)$ 也是 x 的可导函数，并且 $y' = (u \pm v)' = u' \pm v'$.

证明：当 x 取得改变量 Δx 时，u, v 分别取得改变量 $\Delta u, \Delta v$.

$$\Delta u = u(x + \Delta x) - u(x) \quad \Delta v = v(x + \Delta x) - v(x)$$

$$\Delta y = [u(x+\Delta x) \pm v(x+\Delta x)] - [u(x) \pm v(x)]$$
$$= [u(x+\Delta x) - u(x)] \pm [v(x+\Delta x) - v(x)] = \Delta u \pm \Delta v$$

$$\frac{\Delta y}{\Delta x} = \frac{\Delta u}{\Delta x} \pm \frac{\Delta v}{\Delta x}, \quad \text{故} \quad y' = \lim_{\Delta x \to 0} \frac{\Delta y}{\Delta x} = \lim_{\Delta x \to 0} \frac{\Delta u}{\Delta x} \pm \lim_{\Delta x \to 0} \frac{\Delta v}{\Delta x} = u' \pm v'$$

即
$$(u \pm v)' = u' \pm v'$$

同理可推广到
$$(u_1 + u_2 + \cdots + u_n)' = u_1' + u_2' + \cdots + u_n'$$

法则 2(乘积的导数) 若 $u = u(x), v = v(x)$ 都是 x 的可导函数,则 $y = u(x) \cdot v(x)$ 也是 x 的可导函数,并且 $y' = (uv)' = u'v + uv'$.

证明:当 x 取得改变量 Δx 时,u, v 分别取得改变量 $\Delta u, \Delta v$,

$$\Delta y = (u+\Delta u)(v+\Delta v) - uv = u\Delta v + v\Delta u + \Delta u \Delta v$$

$$\frac{\Delta y}{\Delta x} = u\frac{\Delta v}{\Delta x} + v\frac{\Delta u}{\Delta x} + \frac{\Delta u}{\Delta x}\Delta v$$

由于 $u(x), v(x)$ 都是 x 的函数,而不是 Δx 的函数,

所以,当 $\Delta x \to 0$ 时,u, v 的值不变,

又由于 $v(x)$ 可导,故必然连续,因此 $\lim\limits_{\Delta x \to 0} \Delta v = 0$,于是

$$y' = \lim_{\Delta x \to 0} \frac{\Delta y}{\Delta x} = u \cdot \lim_{\Delta x \to 0} \frac{\Delta v}{\Delta x} + v \cdot \lim_{\Delta x \to 0} \frac{\Delta u}{\Delta x} + \lim_{\Delta x \to 0} \frac{\Delta u}{\Delta x} \cdot \lim_{\Delta x \to 0} \Delta v$$

$$= uv' + u'v + u' \cdot 0 = u'v + uv'$$

即
$$(uv)' = u'v + uv'$$

同理可推广到 $(u_1 u_2 \cdots u_n)' = u_1' u_2 \cdots u_n + u_1 u_2' u_3 \cdots u_n + \cdots + u_1 \cdots u_{n-1} u_n'$

特别地,当 $u = C$(C 为常数)时,$y' = (Cv)' = Cv'$

法则 3(商的导数) 若 $u = u(x), v = v(x)$ 都是 x 的可导函数,且 $v(x) \neq 0$,则 $y = \dfrac{u(x)}{v(x)}$ 也是 x 的可导函数,并且 $y' = \left(\dfrac{u}{v}\right)' = \dfrac{u'v - uv'}{v^2}$.

证明:当 x 取得改变量 Δx 时,u, v 分别取得改变量 $\Delta u, \Delta v$,

$$\Delta y = \frac{u+\Delta u}{v+\Delta v} - \frac{u}{v} = \frac{v\Delta u - u\Delta v}{v(v+\Delta v)}$$

$$\frac{\Delta y}{\Delta x} = \frac{v\dfrac{\Delta u}{\Delta x} - u\dfrac{\Delta v}{\Delta x}}{v(v+\Delta v)}$$

于是
$$\lim_{\Delta x \to 0} \frac{\Delta y}{\Delta x} = \frac{v \cdot \lim\limits_{\Delta x \to 0} \dfrac{\Delta u}{\Delta x} - u \cdot \lim\limits_{\Delta x \to 0} \dfrac{\Delta v}{\Delta x}}{v(v + \lim\limits_{\Delta x \to 0} \Delta v)} = \frac{u'v - uv'}{v^2}$$

即
$$\left(\frac{u}{v}\right)' = \frac{u'v - uv'}{v^2}$$

特别地,当 $u = C$(C 为常数)时,$\left(\dfrac{C}{v}\right)' = -C\dfrac{v'}{v^2}$

请记住：
$$\left(\frac{1}{x}\right)' = -\frac{1}{x^2}, \quad \left(\frac{1}{x^2}\right)' = -\frac{2}{x^3}$$

定理 2.2(复合函数的导数)　如果 $u = \varphi(x)$ 在点 x 处可导,而 $y = f(u)$ 在点 $u = \varphi(x)$ 处可导,则复合函数 $y = f[\varphi(x)]$ 在点 x 处可导,且其导数为

$$\frac{\mathrm{d}y}{\mathrm{d}x} = f'(u)\varphi'(x) \quad 也可写成 \quad y'_x = y'_u \cdot u'_x$$

证明:设 x 取得改变量 Δx,u 取得相应的改变量 Δu,从而 y 取得相应的改变量 Δy,即

$$\Delta u = \varphi(x + \Delta x) - \varphi(x), \Delta y = f(u + \Delta u) - f(u)$$

当 $\Delta u \neq 0$ 时,
$$\frac{\Delta y}{\Delta x} = \frac{\Delta y}{\Delta u} \cdot \frac{\Delta u}{\Delta x}$$

因 $u = \varphi(x)$ 可导,故必连续,从而当 $\Delta x \to 0$ 时 $\Delta u \to 0$,于是

$$\lim_{\Delta x \to 0} \frac{\Delta y}{\Delta x} = \lim_{\Delta x \to 0} \frac{\Delta y}{\Delta u} \cdot \lim_{\Delta x \to 0} \frac{\Delta u}{\Delta x} = \lim_{\Delta u \to 0} \frac{\Delta y}{\Delta u} \cdot \lim_{\Delta x \to 0} \frac{\Delta u}{\Delta x}, \quad 从而得 \frac{\mathrm{d}y}{\mathrm{d}x} = f'(u)\varphi'(x)$$

当 $\Delta u = 0$ 时,由于 $\Delta y = f(u + \Delta u) - f(u) = f(u) - f(u) = 0$

所以 $\frac{\Delta y}{\Delta x} = 0$ 故 $\lim_{\Delta x \to 0} \frac{\Delta y}{\Delta x} = 0$ 且 $\lim_{\Delta x \to 0} \frac{\Delta u}{\Delta x} = 0$　即 $\frac{\mathrm{d}y}{\mathrm{d}x} = 0$ 且 $\varphi'(x) = 0$,

从而仍然得:$\frac{\mathrm{d}y}{\mathrm{d}x} = f'(u)\varphi'(x)$ 成立.

总之　$\frac{\mathrm{d}y}{\mathrm{d}x} = f'(u)\varphi'(x)$ 成立.

同理,对于多层复合函数,也有类似的求导法则,如:

设 $y = f(u)$,$u = \varphi(v)$,$v = \psi(x)$ 构成复合函数,且满足相应的求导条件,则复合函数 $y = f\{\varphi[\psi(x)]\}$ 对 x 的导数为

$$\frac{\mathrm{d}y}{\mathrm{d}x} = f'(u)\varphi'(v)\psi'(x) \quad 或 \quad y'_x = y'_u \cdot u'_v \cdot v'_x$$

定理 2.3(反函数的导数)　设函数 $y = f(x)$ 在点 x 处有不等于 0 的导数 $f'(x)$,并且其反函数 $x = f^{-1}(y)$ 在相应的点 y 处连续,则 $[f^{-1}(y)]'$ 存在,并且

$$[f^{-1}(y)]' = \frac{1}{f'(x)} \quad 或 \quad f'(x) = \frac{1}{[f^{-1}(y)]'}$$

证明:设 $y = f(x)$ 与 $x = f^{-1}(y)$ 是互为反函数,

当函数 $x = f^{-1}(y)$ 的自变量取得改变量 $\Delta y(\Delta y \neq 0)$ 时,其因变量

$$\Delta x = f^{-1}(y + \Delta y) - f^{-1}(y) 也必不为零,$$

否则,若 $\Delta x = 0$,则 $f^{-1}(y + \Delta y) - f^{-1}(y) = 0$

即 $f^{-1}(y + \Delta y) = f^{-1}(y) \xrightarrow{\text{记为}} x_0$,于是有 $y + \Delta y = y = f(x_0)$,从而 $\Delta y = 0$,这与 $\Delta y \neq 0$ 矛盾,故当 $\Delta y \neq 0$ 时,必有 $\Delta x \neq 0$,

从而
$$\frac{\Delta x}{\Delta y} = \frac{1}{\dfrac{\Delta y}{\Delta x}}$$

又因 $x=f^{-1}(y)$ 在相应的点 y 处连续，因此，当 $\Delta y \to 0$ 时，$\Delta x \to 0$，

再由 $f'(x) \neq 0$，得 $[f^{-1}(y)]' = \lim\limits_{\Delta y \to 0} \dfrac{\Delta x}{\Delta y} = \lim\limits_{\Delta x \to 0} \dfrac{1}{\dfrac{\Delta y}{\Delta x}} = \dfrac{1}{\lim\limits_{\Delta x \to 0} \dfrac{\Delta y}{\Delta x}} = \dfrac{1}{f'(x)}$

也可写成：

$$f'(x) = \frac{1}{[f^{-1}(y)]'}$$

2.2.2　导数的基本公式

1. 常值函数的导数

$$y = C(C \text{ 为常数}), \quad y' = (C)' = 0 \text{(前面已证)}$$

2. 幂函数的导数

先设 $y = x^n$（n 是正整数），由二项式定理得

$$\begin{aligned}
\Delta y &= (x+\Delta x)^n - x^n \\
&= \left[x^n + nx^{n-1}\Delta x + \frac{n(n-1)}{2}x^{n-2}(\Delta x)^2 + \cdots + (\Delta x)^n \right] - x^n \\
&= nx^{n-1}\Delta x + \frac{n(n-1)}{2}x^{n-2}(\Delta x)^2 + \cdots + (\Delta x)^n
\end{aligned}$$

$$\frac{\Delta y}{\Delta x} = nx^{n-1} + \frac{n(n-1)}{2}x^{n-2}\Delta x + \cdots + (\Delta x)^{n-1}$$

于是

$$y' = \lim_{\Delta x \to 0} \frac{\Delta y}{\Delta x} = nx^{n-1}$$

再设 $y = x^n$（n 是负整数），令 $m = -n$，则 m 为正整数

由于 $y = x^n = \dfrac{1}{x^{-n}} = \dfrac{1}{x^m}$，于是

$$\begin{aligned}
y' = (x^n)' &= \left(\frac{1}{x^m} \right)' = -\frac{(x^m)'}{(x^m)^2} = -\frac{mx^{m-1}}{x^{2m}} \\
&= -mx^{-m-1} = nx^{n-1}, \quad \text{即} \quad y' = nx^{n-1}
\end{aligned}$$

在后面我们将证明当 n 为任意实数时，上述公式也成立

即

$$(x^a)' = ax^{a-1} \quad (a \text{ 是任意实数})$$

3. 对数函数的导数

$$y = \log_a x \quad (a > 0, a \neq 1)$$

由于

$$\Delta y = \log_a(x+\Delta x) - \log_a x = \log_a \frac{x+\Delta x}{x} = \log_a \left(1 + \frac{\Delta x}{x} \right)$$

$$\frac{\Delta y}{\Delta x} = \frac{1}{\Delta x}\log_a \left(1 + \frac{\Delta x}{x} \right) = \frac{1}{x}\log_a \left(1 + \frac{\Delta x}{x} \right)^{\frac{x}{\Delta x}}$$

于是，

$$y' = \lim_{\Delta x \to 0} \frac{\Delta y}{\Delta x} = \lim_{\Delta x \to 0} \frac{1}{x}\log_a \left(1 + \frac{\Delta x}{x} \right)^{\frac{x}{\Delta x}} = \frac{1}{x}\log_a \lim_{\Delta x \to 0} \left(1 + \frac{\Delta x}{x} \right)^{\frac{x}{\Delta x}}$$

$$= \frac{1}{x} \log_a e = \frac{1}{x \ln a}$$

即 $$(\log_a x)' = \frac{1}{x \ln a}$$

特别地,对于 $y = \ln x$ 有: $$y' = (\ln x)' = \frac{1}{x}$$

4. 指数函数的导数

$$y = a^x \quad (a > 0, a \neq 1)$$

由于 $$\Delta y = a^{x+\Delta x} - a^x = a^x(a^{\Delta x} - 1), \frac{\Delta y}{\Delta x} = \frac{a^x(a^{\Delta x} - 1)}{\Delta x}$$

于是, $$y' = \lim_{\Delta x \to 0} \frac{\Delta y}{\Delta x} = \lim_{\Delta x \to 0} a^x \frac{a^{\Delta x} - 1}{\Delta x} = a^x \lim_{\Delta x \to 0} \frac{a^{\Delta x} - 1}{\Delta x}$$

令 $a^{\Delta x} - 1 = \alpha$,则 $\Delta x = \log_a(1 + \alpha)$,且当 $\Delta x \to 0$ 时,$\alpha \to 0$,于是

$$\lim_{\Delta x \to 0} \frac{a^{\Delta x} - 1}{\Delta x} = \lim_{\alpha \to 0} \frac{\alpha}{\log_a(1 + \alpha)} = \lim_{\alpha \to 0} \frac{1}{\log_a(1 + \alpha)^{\frac{1}{\alpha}}} = \frac{1}{\log_a e} = \ln a$$

故 $y' = (a^x)' = a^x \ln a$

当然,还可以通过 $y = a^x(a > 0, a \neq 1)$ 与 $x = \log_a y$ 是互为反函数的关系来求 $y = a^x(a > 0, a \neq 1)$ 的导数,事实上,因 $x = \log_a y(a > 0, a \neq 1)$ 在点 y 处的导数为 $\frac{1}{y \ln a}(a > 0, a \neq 1)$,并且其反函数 $y = a^x(a > 0, a \neq 1)$ 在对应的点 x 处连续(基本函数在其定义域内是连续的).

根据求反函数导数的定理 2.3 知:

$$y' = (a^x)' = \frac{1}{(\log_a y)'} = \frac{1}{\frac{1}{y \ln a}} = y \ln a = a^x \ln a$$

5. 三角函数的导数

前面我们已经讲过了 $(\sin x)' = \cos x$ $(\cos x)' = -\sin x$,现讨论 $y = \tan x$

$$y' = (\tan x)' = \left(\frac{\sin x}{\cos x}\right)' = \frac{(\sin x)' \cos x - \sin x (\cos x)'}{\cos^2 x}$$

$$= \frac{\cos^2 x + \sin^2 x}{\cos^2 x} = \frac{1}{\cos^2 x} = \sec^2 x$$

不难求出 $y = \cot x, y = \sec x, y = \csc x$ 的导数

$$(\cot x)' = -\csc^2 x$$

$$(\sec x)' = \left(\frac{1}{\cos x}\right)' = \sec x \cdot \tan x$$

$$(\csc x)' = \left(\frac{1}{\sin x}\right)' = -\csc x \cdot \tan x$$

6. 反三角函数的导数

先看 $y = \arcsin x \quad (-1 < x < 1)$

因 $y = \arcsin x$ $(-1 < x < 1)$ 的反函数是 $x = \sin y$ $\left(-\dfrac{\pi}{2} < y < \dfrac{\pi}{2}\right)$

由求反函数导数的定理 2.3 知

$$y' = (\arcsin x)' = \frac{1}{(\sin y)'} = \frac{1}{\cos y} = \frac{1}{\sqrt{1-\sin^2 y}} = \frac{1}{\sqrt{1-x^2}} \quad (-1 < x < 1)$$

即
$$(\arcsin x)' = \frac{1}{\sqrt{1-x^2}} \quad (-1 < x < 1)$$

不难证明：

$$(\arccos x)' = -\frac{1}{\sqrt{1-x^2}} (-1 < x < 1)$$

$$(\arctan x)' = \frac{1}{1+x^2}$$

$$(\text{arccot } x)' = -\frac{1}{1+x^2}$$

综合上面的讨论,得到导数基本公式：

(1) $(C)' = 0$ （C 为常数）

(2) $(x^\alpha)' = \alpha x^{\alpha-1}$ （α 为常数）

(3) $(a^x)' = a^x \ln a$ （$a > 0, a \neq 1$）

(4) $(\mathrm{e}^x)' = \mathrm{e}^x$

(5) $(\log_a x)' = \dfrac{1}{x \ln a}$ （$a > 0, a \neq 1$）

(6) $(\ln x)' = \dfrac{1}{x}$

(7) $(\sin x)' = \cos x$

(8) $(\cos x)' = -\sin x$

(9) $(\tan x)' = \sec^2 x$

(10) $(\cot x)' = -\csc^2 x$

(11) $(\arcsin x)' = \dfrac{1}{\sqrt{1-x^2}}$ （$-1 < x < 1$）

(12) $(\arccos x)' = -\dfrac{1}{\sqrt{1-x^2}}$ （$-1 < x < 1$）

(13) $(\arctan x)' = \dfrac{1}{1+x^2}$

(14) $(\text{arccot } x)' = -\dfrac{1}{1+x^2}$

例 2.7 求下列函数的导数：

(1) $y = x^5 + 2$, (2) $y = (1-3x)(3x^3 - x)$, (3) $y = \sqrt{x} \cdot a^x$ （$a > 0, a \neq 1$）,

(4) $y = \sqrt{x} \arcsin x + \cos x \ln x$, (5) $y = \dfrac{\log_a x}{x^2 + 1}$.

解：(1) $y' = 5x^4$

(2) $y' = (1-3x)'(3x^3-x) + (1-3x)(3x^3-x)'$

$\qquad = -3(3x^3-x) + (1-3x)(9x^2-1)$

$\qquad = -36x^3 + 9x^2 + 6x - 1$

(3) $y' = \dfrac{1}{2\sqrt{x}}a^x + \sqrt{x}a^x\ln a = a^x\left(\dfrac{1}{2\sqrt{x}} + \sqrt{x}\ln a\right) = a^x\sqrt{x}\left(\dfrac{1}{2x} + \ln a\right)$

(4) $y' = \dfrac{1}{2\sqrt{x}}\arcsin x + \dfrac{\sqrt{x}}{\sqrt{1-x^2}} + (-\sin x)\ln x + \cos x \cdot \dfrac{1}{x}$

$\qquad = \dfrac{1}{2\sqrt{x}}\arcsin x + \dfrac{\sqrt{x}}{\sqrt{1-x^2}} - \sin x\ln x + \dfrac{\cos x}{x}$

(5) $y' = \dfrac{\dfrac{1}{x\ln a}(x^2+1) - 2x\log_a x}{(x^2+1)^2} = \dfrac{1}{x(x^2+1)\ln a} - \dfrac{2x\log_a x}{(x^2+1)^2}$

例 2.8 求下列函数的导数:

(1) $y = (1+3x)^{10}$,　　　　　　(2) $y = \ln(x+\sqrt{1+x^2})$,

(3) $y = \sin\ln(1+3x)$,　　　　　(4) $y = \dfrac{x}{2}\sqrt{a^2-x^2}$.

解:(1) 令 $u = 1+3x$,则 $y = u^{10}$

$\qquad y' = y_u' u_x' = (u^{10})'(1+3x)' = 10u^9 \times 3 = 30(1+3x)^9$

(2) $y' = \left[\ln(x+\sqrt{1+x^2})\right]' = \dfrac{1}{x+\sqrt{1+x^2}}(x+\sqrt{1+x^2})'$

$\qquad = \dfrac{1}{x+\sqrt{1+x^2}}\left[1 + \dfrac{(1+x^2)'}{2\sqrt{1+x^2}}\right] = \dfrac{1}{x+\sqrt{1+x^2}}\left(1 + \dfrac{x}{\sqrt{1+x^2}}\right) = \dfrac{1}{\sqrt{1+x^2}}$

(3) $y' = \left\{\sin\left[\ln(1+3x)\right]\right\}' = \cos\ln(1+3x)\left[\ln(1+3x)\right]'$

$\qquad = \cos\ln(1+3x) \cdot \dfrac{1}{1+3x}(1+3x)' = \dfrac{3\cos\ln(1+3x)}{1+3x}$

(4) $y' = \left(\dfrac{x}{2}\sqrt{a^2-x^2}\right)' = \left(\dfrac{x}{2}\right)'\sqrt{a^2-x^2} + \dfrac{x}{2}\left(\sqrt{a^2-x^2}\right)'$

$\qquad = \dfrac{1}{2}\sqrt{a^2-x^2} + \dfrac{x}{2}\dfrac{(a^2-x^2)'}{2\sqrt{a^2-x^2}} = \dfrac{1}{2}\left(\sqrt{a^2-x^2} + \dfrac{-x^2}{\sqrt{a^2-x^2}}\right) = \dfrac{a^2-2x^2}{2\sqrt{a^2-x^2}}$

例 2.9 求下列函数的导数:

(1) $y = \arctan e^x - \ln\sqrt{\dfrac{e^{2x}}{e^{2x}+1}}$,　　(2) $y = x^a$　（a 是任意实数）.

解:(1) $y = \arctan e^x - x + \dfrac{1}{2}\ln(e^{2x}+1)$

$\qquad y' = \dfrac{e^x}{1+e^{2x}} - 1 + \dfrac{e^{2x}}{e^{2x}+1} = \dfrac{e^x-1}{e^{2x}+1}$

(2) $y' = (x^a)' = \left[e^{\ln x^a}\right]' = \left[e^{a\ln x}\right]' = e^{a\ln x} \cdot \dfrac{a}{x}$

$\qquad = x^a \cdot \dfrac{a}{x} = a \cdot x^{a-1}$

[注]　(1) 在复合函数导数运算中,导数记号"′"在不同的位置表示对不同变量求导

数,导数 $f'(\cos x)$ 表示复合函数 $f(\cos x)$ 对中间变量 $u=\cos x$ 求导数,而导数 $[f(\cos x)]'$ 则表示复合函数 $f(\cos x)$ 对自变量 x 求导数,即

$$[f(\cos x)]'=f'(\cos x)\cdot(\cos x)'=-f'(\cos x)\cdot\sin x$$

(2) 若求初等函数 $f(x)$ 在定义区间上点 x_0 处的导数值 $f'(x_0)$,不必直接按定义求比值的极限,而是根据 $f'(x_0)=f'(x)|_{x=x_0}$,求出 $f'(x_0)$.

2.2.3　隐函数的导数

在第 1 章,我们已经讲过,如果自变量 x 与因变量 y 之间的函数关系是由某一个方程 $F(x,y)=0$ 确定的,则这种函数称为由方程 $F(x,y)=0$ 所确定的隐函数. 有的隐函数可以显化,即化成显函数,而有的隐函数不易显化或根本不能显化,为此,我们现在介绍一种方法,不管隐函数能否显化,都能直接由方程 $F(x,y)=0$ 计算出它所确定的隐函数的导数.

假如由方程 $F(x,y)=0$ 确定的函数为 $y=f(x)$(值得注意的是,我们并不要从方程 $F(x,y)=0$ 中直接求出 $y=f(x)$),然后把它代回 $F(x,y)=0$ 中,得恒等式:

$$F(x,f(x))\equiv0$$

再根据复合函数求导法则把恒等式的两边对 x 求导,最后解出 y'_x,这就是隐函数求导方法.

例 2.10　设方程 $xy^2+e^y=\cos(x+y^2)$,求 y'_x.

解: 方程两边皆对 x 求导得 $y^2+x\cdot2y\cdot y'+e^yy'=-\sin(x+y^2)(1+2yy')$,解得

$$y'_x=-\frac{y^2+\sin(x+y^2)\cdot}{2xy+e^y+2y\sin(x+y^2)}$$

需要强调的是,在所求导数表达式中仍保留变量 y,但这里的 y 不是自变量,而是因变量,是 x 的函数.

例 2.11　由方程 $x^2+xy+y^2=4$ 确定 y 是 x 的函数,求该函数曲线上点 $(2,-2)$ 处的切线方程.

解: 方程两边皆对 x 求导得:

$$2x+y+xy'_x+2yy'_x=0\quad\text{解得}\ y'_x=-\frac{2x+y}{x+2y},\quad\text{故}\ y'|_{(2,-2)}=1$$

即曲线上的点 $(2,-2)$ 处的切线斜率为 1,由点斜式方程得

$$y-(-2)=1(x-2)\quad\text{即}\quad y=x-4$$

2.2.4　对数求导法

如果一个函数是许多函数的乘积,或者函数的指数又是函数,即幂指函数时,利用对数的性质,可以简化求导运算. 一般来说,就是先将函数表达式等式两端皆取自然对数化为隐函数,然后等号两端皆对 x 求导,这种方法就称为取对数求导法.

例 2.12　求下列函数的导数:

(1) $y=x^{\sqrt[4]{x}}$　$(x>0)$,

(2) $y=\sqrt[4]{\dfrac{(x-2)(x-3)}{(x+4)(2x-12)}}$　$(x>6)$,

(3) $y=\dfrac{(x+2)\sqrt[5]{x-1}}{(x+3)^3 e^{2x}}$　　$(x>1)$.

解:(1) 在等式两边取对数得:$\ln y=\sqrt[4]{x}\ln x$

等式两边皆对 x 求导得:　　$\dfrac{1}{y}y'=\dfrac{1}{4\sqrt[4]{x^3}}\ln x+\dfrac{\sqrt[4]{x}}{x}=\dfrac{\ln x+4}{4\sqrt[4]{x^3}}$

故　　　　　　　　　　$y'=y\dfrac{\ln x+4}{4\sqrt[4]{x^3}}=\dfrac{x^{\sqrt[4]{x}}(\ln x+4)}{4\sqrt[4]{x^3}}$

一般地,设 $y=u(x)^{v(x)}$　　$(u(x)>0)$,若 $u(x),v(x)$ 都可导,则等式两边取对数,可得:　　　　　　　　　$\ln y=v(x)\ln u(x)$

再在上式两边分别对 x 求导得:　$\dfrac{y'}{y}=v'(x)\ln u(x)+\dfrac{v(x)\cdot u'(x)}{u(x)}$

从而　　　　　　　$y'=u(x)^{v(x)}\left[v'(x)\ln u(x)+\dfrac{v(x)\cdot u'(x)}{u(x)}\right]$

(2) 在等式两边取对数得:

$$\ln y=\dfrac{1}{4}\left[\ln(x-2)+\ln(x-3)-\ln(x+4)-\ln(2x-12)\right]$$

等式两边皆对 x 求导得:　$\dfrac{1}{y}y'=\dfrac{1}{4}\left(\dfrac{1}{x-2}+\dfrac{1}{x-3}-\dfrac{1}{x+4}-\dfrac{2}{2x-12}\right)$

于是,　　　　　　$y'=\dfrac{1}{4}y\left(\dfrac{1}{x-2}+\dfrac{1}{x-3}-\dfrac{1}{x+4}-\dfrac{2}{2x-12}\right)$

即　　　　$y'=\dfrac{1}{4}\sqrt[4]{\dfrac{(x-2)(x-3)}{(x+4)(2x-12)}}\left(\dfrac{1}{x-2}+\dfrac{1}{x-3}-\dfrac{1}{x+4}-\dfrac{1}{x-6}\right)$

(3) 在等式两边取对数得:　$\ln y=\ln(x+2)+\dfrac{1}{5}\ln(x-1)-3\ln(x+3)-2x$

等式两边皆对 x 求导得:　$\dfrac{1}{y}y'=\dfrac{1}{x+2}+\dfrac{1}{5(x-1)}-\dfrac{3}{x+3}-2$

于是,　　　　　　$y'=y\left[\dfrac{1}{x+2}+\dfrac{1}{5(x-1)}-\dfrac{3}{x+3}-2\right]$

即　　　　$y'=\dfrac{(x+2)\sqrt[5]{x-1}}{(x+3)^3 e^{2x}}\left[\dfrac{1}{x+2}+\dfrac{1}{5(x-1)}-\dfrac{3}{x+3}-2\right]$

2.2.5　高阶导数

定义 2.4　如果函数 $y=f(x)$ 的导数 $f'(x)$ 在点 x 处可导,则称 $f'(x)$ 在点 x 处的导数为函数 $f(x)$ 在点 x 处的二阶导数,记为:

$$f''(x)\quad 或\quad y''\quad 或\quad \dfrac{d^2 y}{dx^2}$$

类似地,函数 $y=f(x)$ 的二阶导数 $f''(x)$ 的导数称为函数 $f(x)$ 的三阶导数,记为:

$$f'''(x)\quad 或\quad y'''\quad 或\quad \dfrac{d^3 y}{dx^3}$$

由此递推定义,函数 $y=f(x)$ 的 $n-1$ 阶导数 $f^{(n-1)}(x)$ 的导数称为 $f(x)$ 的 n 阶导数,记为:

$$f^{(n)}(x) \quad 或 \quad y^{(n)} \quad 或 \quad \frac{\mathrm{d}^n y}{\mathrm{d} x^n}$$

二阶及二阶以上的导数统称为高阶导数.

例 2.13　求函数 $y = \dfrac{1}{1+x}$ 的二阶导数.

解：$y' = -\dfrac{1}{(1+x)^2} = -(1+x)^{-2}$

$$y'' = 2(1+x)^{-3}(1+x)' = \frac{2}{(1+x)^3}$$

例 2.14　已知函数 $f(x)$ 有二阶可导，求下列函数的二阶导数：
(1) $y = f(\ln x)$，　　(2) $y = \ln f(x)$.

解：(1) $y' = f'(\ln x)(\ln x)' = \dfrac{f'(\ln x)}{x}$

$$y'' = \frac{f''(\ln x)(\ln x)' \cdot x - f'(\ln x)}{x^2} = \frac{f''(\ln x) - f'(\ln x)}{x^2}$$

(2) $y' = \dfrac{1}{f(x)} f'(x) = \dfrac{f'(x)}{f(x)}$

$$y'' = \frac{f''(x)f(x) - f'(x)f'(x)}{f^2(x)} = \frac{f''(x)f(x) - (f'(x))^2}{f^2(x)}$$

例 2.15　方程 $b^2 x^2 + a^2 y^2 = a^2 b^2$ $(a > 0, b > 0)$ 确定变量 y 为 x 的函数，求二阶导数 y''.

解：方程两边皆对自变量 x 求导得

$$2b^2 x + 2a^2 y y' = 0$$

即　$y' = -\dfrac{b^2 x}{a^2 y}$　两边再对 x 求导得

$$y'' = -\frac{a^2 b^2 y - a^2 b^2 x y'}{a^4 y^2} = -\frac{a^2 b^2 y - a^2 b^2 x \left(-\dfrac{b^2 x}{a^2 y}\right)}{a^4 y^2}$$

$$= -a^2 b^4 \frac{\dfrac{y^2}{b^2} + \dfrac{x^2}{a^2}}{a^4 y^3} = -\frac{b^4}{a^2 y^3}$$

例 2.16　求函数 $y = \sin x$ 的 n 阶导数.

解：$y' = (\sin x)' = \cos x = \sin\left(x + \dfrac{\pi}{2}\right)$

$$y'' = \left[\sin\left(x + \frac{\pi}{2}\right)\right]' = \cos\left(x + \frac{\pi}{2}\right) = \sin\left(x + 2 \cdot \frac{\pi}{2}\right)$$

$$y''' = \left[\sin\left(x + 2 \cdot \frac{\pi}{2}\right)\right]' = \cos\left(x + 2 \cdot \frac{\pi}{2}\right) = \sin\left(x + 3 \cdot \frac{\pi}{2}\right)$$

……

一般地有：　　　　$y^{(n)} = (\sin x)^{(n)} = \sin\left(x + n \cdot \dfrac{\pi}{2}\right)$

用类似的方法可求得：　　$(\cos x)^{(n)} = \cos\left(x + n \cdot \dfrac{\pi}{2}\right)$

例 2.17　已知 $y=x^n$（n 为正整数），求 $y^{(n)}$.

解：$y'=n \cdot x^{n-1}$

$\quad\quad y''=n(n-1)x^{n-2}$

$\quad\quad y'''=n(n-1)(n-2)x^{n-3}$

$\quad\quad$……

一般地有：$y^n=(x^n)^{(n)}=n!$，当然有 $(x^m)^{(n)}=0$（正整数 $m<n$）

例 2.18　已知 $y=a^x$（$a>0,a\neq1$），求 $y^{(n)}$.

解：$y'=a^x\ln a$

$\quad\quad y''=a^x(\ln a)^2$

$\quad\quad y'''=a^x(\ln a)^3$

$\quad\quad$……

一般地有：$y^{(n)}=(a^x)^{(n)}=a^x(\ln a)^n$，特别地，当 $a=e$ 时，$(e^x)^{(n)}=e^x$.

例 2.19　已知 $y=\ln(1+x)$，求 $y^{(n)}$.

解：$y'=\dfrac{1}{1+x}=(1+x)^{-1}$

$\quad\quad y''=(-1)(1+x)^{-2}$

$\quad\quad y'''=(-1)(-2)(1+x)^{-3}$

$\quad\quad$……

一般地有：$\quad\quad y^{(n)}=[\ln(1+x)]^n=(-1)^{n-1}(n-1)!\ (1+x)^{-n}$

如果函数 $u=u(x)$，$v=v(x)$ 都在点 x 处有 n 阶导数，则显然有：

$$(u\pm v)^{(n)}=u^{(n)}\pm v^{(n)}$$

但对于 $u(x) \cdot v(x)$ 的 n 阶导数而言，其计算公式要复杂一些.

$$(u \cdot v)'=u'v+uv'$$

$$(u \cdot v)''=u''v+2u'v'+uv''$$

$$(u \cdot v)'''=u'''v+3u''v'+3u'v''+uv'''$$

$$\cdots\cdots$$

一般地有：$\quad (uv)^n=u^{(n)}v+nu^{(n-1)}v'+\dfrac{n(n-1)}{2!}u^{(n-2)}v''+\cdots$

$$+\dfrac{n(n-1)\cdots(n-k+1)}{k!}u^{(n-k)}v^{(k)}+\cdots+uv^{(n)}$$

上式称为莱布尼茨公式.

例 2.20　已知 $y=x^2\sin x$，求 $y^{(8)}$.

解：令 $u=\sin x, v=x^2$，则

$y^{(8)}=(uv)^{(8)}=[(\sin x) \cdot x^2]^{(8)}$

$\quad=(\sin x)^{(8)} \cdot x^2+8(\sin x)^{(7)}(x^2)'+\dfrac{8\times7}{2}(\sin x)^{(6)} \cdot (x^2)''$

$\quad=\left[\sin\left(x+8 \cdot \dfrac{\pi}{2}\right)\right] \cdot x^2+8\left[\sin\left(x+7 \cdot \dfrac{\pi}{2}\right)\right] \cdot 2x+\dfrac{8\times7}{2}\left[\sin\left(x+6 \cdot \dfrac{\pi}{2}\right)\right] \cdot 2$

$\quad=x^2\sin x-16x\cos x-56\sin x$

2.2.6 综合例题

例 2.21 设 $f(x)=\begin{cases}\ln(1+x), & \text{当}-1<x\leqslant0\text{ 时};\\ \sqrt{1+x}-\sqrt{1-x}, & \text{当}0<x<1\text{ 时}.\end{cases}$ 讨论 $f(x)$ 在 $x=0$ 处的可导性.

解: 因为

$$\lim_{x\to0^-}\frac{f(x)-f(0)}{x-0}=\lim_{x\to0^-}\frac{\ln(1+x)-\ln1}{x-0}=\lim_{x\to0^-}\ln(1+x)^{\frac{1}{x}}=\ln e=1$$

$$\lim_{x\to0^+}\frac{f(x)-f(0)}{x-0}=\lim_{x\to0^+}\frac{\sqrt{1+x}-\sqrt{1-x}-\ln1}{x-0}$$

$$=\lim_{x\to0^+}\frac{(1+x)-(1-x)}{(\sqrt{1+x}+\sqrt{1-x})x}=\lim_{x\to0^+}\frac{2}{\sqrt{1+x}+\sqrt{1-x}}=1$$

所以 $f'_-(0)=f'_+(0)=1$,故 $f(x)$ 在点 $x=0$ 处可导,且 $f'(0)=1$.

例 2.22 已知 $f(x)$ 可导,求 $\{f[(x+a)^n]\}'$ 及 $\{[f(x+a)]^n\}'$(a 为常数).

解: $\{f[(x+a)^n]\}'=f'[(x+a)^n]\cdot[(x+a)^n]'=n(x+a)^{n-1}f'[(x+a)^n]$

$\{[f(x+a)]^n\}'=n[f(x+a)]^{n-1}\cdot f'(x+a)$

例 2.23 求下列函数的导数:

(1) $y=f[f^2(2^{x^2})]$ ($f(u)$ 可导), (2) $y=\sqrt{e^x+\sqrt{e^x+\sqrt{e^x}}}$,

(3) $y=x^{a^a}+a^{x^a}+a^{a^x}$ (α,a 均为常数,且 $a>0,a\neq1$).

解: (1) $y'=f'[f^2(2^{x^2})]\cdot2f(2^{x^2})\cdot f'(2^{x^2})\cdot2^{x^2}\ln2\cdot2x$

$=4x\cdot2^{x^2}\cdot f(2^{x^2})\cdot f'(2^{x^2})\cdot f'[f^2(2^{x^2})]\cdot\ln2$

(2) $y'=\dfrac{1}{2\sqrt{e^x+\sqrt{e^x+\sqrt{e^x}}}}\left(e^x+\sqrt{e^x+\sqrt{e^x}}\right)'$

$=\dfrac{1}{2\sqrt{e^x+\sqrt{e^x+\sqrt{e^x}}}}\left[e^x+\dfrac{1}{2\sqrt{e^x+\sqrt{e^x}}}\left(e^x+\sqrt{e^x}\right)'\right]$

$=\dfrac{1}{2\sqrt{e^x+\sqrt{e^x+\sqrt{e^x}}}}\left[e^x+\dfrac{1}{2\sqrt{e^x+\sqrt{e^x}}}\left(e^x+\dfrac{1}{2\sqrt{e^x}}e^x\right)\right]$

(3) $y'=\alpha^a x^{a^a-1}+a^{x^a}\ln a\cdot\alpha\cdot x^{a-1}+a^{a^x}\ln a\cdot a^x\ln a$

$=\alpha^a x^{a^a-1}+\alpha\ln a\cdot a^{x^a}\cdot x^{a-1}+(\ln a)^2\cdot a^{a^x}\cdot a^x$

例 2.24 求椭圆 $\dfrac{x^2}{8}+\dfrac{y^2}{18}=1$ 上到直线 $3x+2y-18=0$ 的距离分别为最大和最小的点及最大和最小距离的值(图 2-3).

解: 在椭圆方程两边对 x 求导得:

$$\frac{x}{4}+\frac{y}{9}y'=0$$

即

$$y'=-\frac{9}{4}\frac{x}{y}$$

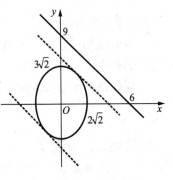

图 2-3

因直线 $3x+2y-18=0$ 的斜率为 $-\dfrac{3}{2}$,故令 $-\dfrac{9}{4}\dfrac{x}{y}=-\dfrac{3}{2}$ 得 $\dfrac{x}{y}=\dfrac{2}{3}$,这实际上就是要在

椭圆上求两点,使这两点处切线的斜率等于已知直线的斜率.

不妨设 $x=2t,y=3t$,代入椭圆方程 $\frac{t^2}{2}+\frac{t^2}{2}=1$,即 $t=\pm1$,于是得两点 $(2,3)$ 和 $(-2,-3)$ 便是所求的两点.

$$d_{\mathrm{m}}=\frac{|3\times2+2\times3-18|}{\sqrt{13}}=\frac{6}{\sqrt{13}},\ d_{\mathrm{M}}=\frac{|-3\times2-2\times3-18|}{\sqrt{13}}=\frac{30}{\sqrt{13}}$$

2.3 微分

我们知道,$\frac{\Delta y}{\Delta x}$ 所刻画的是函数 $y=f(x)$ 从 x_0 到 $x_0+\Delta x$ 这一区间内相对于自变量的平均变化快慢程度,而 $f'(x_0)=\lim\limits_{\Delta x\to0}\frac{\Delta y}{\Delta x}$ 所刻画的是 $y=f(x)$ 在点 x_0 处相对于自变量的变化快慢程度,但在实际问题中,有时还需要研究函数在某点 x_0 处当自变量取得一个微小的改变量 Δx 时,相应的函数改变量 Δy 的近似值,从而就引入了微分的概念.

2.3.1 微分的定义

我们先看一个例子,见图 2-4,设有一个边长为 x 的正方形,其面积用 S 表示,则

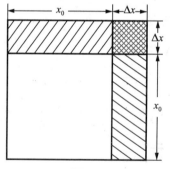

$$S=x^2$$

若边长 x 在点 x_0 处取得一个改变量 Δx,则面积 S 相应地取得改变量:

$$\Delta S=(x_0+\Delta x)^2-x_0^2=2x_0\Delta x+(\Delta x)^2$$

显然由两个部分构成:

第一部分 $2x_0\Delta x$:其大小就是图中画斜线的那两个矩形面积之和,它是 Δx 的线性函数.

第二部分 $(\Delta x)^2$:其大小就是图中带有交叉斜线的小正方

图 2-4

形的面积,当 $\Delta x\to0$ 时,它是比 Δx 高阶的无穷小量.

由此可见,当 $|\Delta x|$ 很小时,我们可以用第一部分 $2x_0\Delta x$ 近似地表示 ΔS,而将第二部分 $(\Delta x)^2$ 忽略掉,其差 $\Delta S-2x_0\Delta x=(\Delta x)^2$ 是比 Δx 高阶的无穷小量.

我们就把 $2x_0\Delta x$ 叫做正方形面积函数 $S=x^2$ 在点 x_0 处的微分,记作

$$dS=2x_0\Delta x$$

定义 2.5　设函数 $f(x)$ 在点 x_0 的某个邻域内有定义,当自变量在点 x_0 处取得改变量 Δx 时,如果函数 $f(x)$ 的相应改变量 Δy 可以表示为:$\Delta y=A\Delta x+o(\Delta x)(\Delta x\to0)$,其中 A 与 Δx 无关,则称函数 $y=f(x)$ 在点 x_0 处可微,并称 $A\Delta x$ 为函数 $y=f(x)$ 在点 x_0 处的微分,记作 dy 或 $df(x)$,即 $dy=df(x)=A\Delta x$.

根据这个定义,我们可以立即得出微分 dy 具有以下特征:

① 它是 Δx 为自变量的线性函数;

② 它与 Δy 的差是一个比 Δx 高阶的无穷小量,即 $\Delta y - \mathrm{d}y = o(\Delta x)\,(\Delta x \to 0)$;

③ 它与 Δy 是等阶无穷小量.

这是因为 　　　$\dfrac{\Delta y}{\mathrm{d}y} = \dfrac{A\Delta x + o(\Delta x)}{A\Delta x} = 1 + \dfrac{1}{A} \cdot \dfrac{o(\Delta x)}{\Delta x} \to 1 \quad (\Delta x \to 0).$

正因为如此,我们用 $\mathrm{d}y$ 来作为 Δy 的近似值是有它的合理性的.

2.3.2　函数可微与可导之间的关系

如何确定微分定义中的 A 呢?

设函数 $y = f(x)$ 在点 x_0 处可微,即

$$\Delta y = A\Delta x + o(\Delta x) \quad (\Delta x \to 0)$$

两边同除 Δx 得: 　　　$\dfrac{\Delta y}{\Delta x} = A + \dfrac{o(\Delta x)}{\Delta x}$

取极限得: 　　　$\lim\limits_{\Delta x \to 0} \dfrac{\Delta y}{\Delta x} = \lim\limits_{\Delta x \to 0}\left(A + \dfrac{o(\Delta x)}{\Delta x}\right) = A + \lim\limits_{\Delta x \to 0} \dfrac{o(\Delta x)}{\Delta x} = A$

即 　　　$A = \lim\limits_{x \to 0} \dfrac{\Delta y}{\Delta x} = f'(x_0)$

这就是说,若 $f(x)$ 在点 x_0 处可微,则 $f(x)$ 在点 x_0 处必可导,且 $f'(x_0) = A$;反过来,若 $f(x)$ 在点 x_0 处可导,那么 $f(x)$ 在点 x_0 处是否可微呢? 答案是肯定的.

设 $\lim\limits_{x \to 0} \dfrac{\Delta y}{\Delta x} = f'(x_0)$ 存在,根据第 1 章定理 1.2 知:变量 $\dfrac{\Delta y}{\Delta x}$ 可以表示为 $f'(x_0)$ 与一个无穷小量的和. 即 $\dfrac{\Delta y}{\Delta x} = f'(x_0) + \alpha$,其中 $\alpha \to 0\,(\Delta x \to 0)$.

故 　　　$\Delta y = f'(x_0)\Delta x + \alpha\Delta x$

由于 $f'(x_0)$ 与 Δx 无关,而且 $\lim\limits_{\Delta x \to 0} \dfrac{\alpha\Delta x}{\Delta x} = \lim\limits_{\Delta x \to 0}\alpha = 0$,即 $\alpha\Delta x = 0(\Delta x)\quad(\Delta x \to 0)$,由微分定义知,$f(x)$ 在点 x_0 处是可微的,且 $A = f'(x)$,即

$$\mathrm{d}y = f'(x_0)\Delta x$$

显然,若函数 $f(x)$ 在点 x 处可微,则有 $\mathrm{d}y = f'(x)\Delta x$,同样有 $f'(x)$ 与 Δx 无关.

现考查特殊函数 $y = f(x) = x$,则 $\mathrm{d}y = \mathrm{d}f(x) = \mathrm{d}x = f(x)'\Delta x = \Delta x$,即有

$$\mathrm{d}x = \Delta x, \quad 从而有 \quad \mathrm{d}y = f'(x)\mathrm{d}x$$

即 　$\dfrac{\mathrm{d}y}{\mathrm{d}x} = f'(x)$ 　这就是所谓导数即微商的道理.

例 2.25　求 $y = x^2$ 当 x 由 2 改变到 2.01 的微分.

解:因 $x = 2$,

$$\mathrm{d}x = \Delta x = 2.01 - 2 = 0.01 \quad 且 \quad \mathrm{d}y = f'(x)\mathrm{d}x = 2x\mathrm{d}x$$

故 　　　　　　　　　$\mathrm{d}y = 2 \times 2 \times 0.01 = 0.04$

例 2.26　求 $y = x^2$ 在点 $x = 2$ 处的微分.

解:因 $y = x^2$

$$dy = f'(x)dx = 2xdx$$

故在点 $x=2$ 处的微分为 $dy = 2 \times 2dx = 4dx$.

例 2.27 求 $y = e^{\sin x}$ 的微分.

解：$dy = f'(x)dx = (e^{\sin x})'dx = e^{\sin x} \cdot \cos x \cdot dx$

请读者比较这三道例题中所求微分之间的不同之处.

2.3.3 微分的几何意义

设 $N_0(x_0, y_0)$ 是曲线 $y = f(x)$ 上的一点，当自变量 x 在点 x_0 处有微小的改变量 Δx 时，就得曲线上另外一点 $N(x_0 + \Delta x, y_0 + \Delta y)$，见图 2-5. $\Delta x = N_0 Q, \Delta y = QN$，过点 N_0 作曲线的切线 $N_0 T$，其倾斜角为 α，显然，

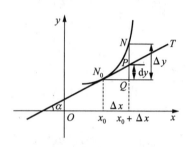

$$dy = QP = N_0 Q \cdot \tan \alpha = f'(x_0)\Delta x$$
$$\Delta y = QN$$

可见，对于可微函数 $y = f(x)$ 而言，当 Δy 是曲线 $y = f(x)$ 上的点的纵坐标的改变量时，dy 就是曲线的切线上的点的纵坐标相应改变量.

当 $|\Delta x|$ 很小时，$|\Delta y - dy|$ 要比 $|\Delta x|$ 小得多（因为 $\Delta y - dy$ 是 Δx 的高阶无穷小量，当 $\Delta x \to 0$ 时）.

图 2-5

用 dy 代替 Δy，实际上就是要在 N_0 点邻近用切线段 $\overline{N_0 P}$ 代替曲线段 $\overset{\frown}{N_0 N}$，即"以直代曲"，这也是微积分方法的基本出发点.

2.3.4 微分的运算法则

1. 微分表和微分四则运算法则

由微分定义知，微分是函数的导数 $f'(x)$ 与自变量的微分的积，由此可得表 2-1 和微分四则运算法则.

表 2-1 微分表

1	$d(C) = 0$（C 为常数）	10	$d(\tan x) = \sec^2 x \, dx$
2.	$d(x) = dx$	11	$d(\cot x) = -\csc^2 x \, dx$
3	$d(x^a) = a \cdot x^{a-1} dx$	12	$d(\sec x) = \sec x \cdot \tan x \, dx$
4	$d(\log_a x) = \dfrac{1}{x \ln a} dx$（$a > 0, a \neq 1$）	13	$d(\csc x) = -\csc x \cdot \cot x \, dx$
5	$d(\ln x) = \dfrac{1}{x} dx$	14	$d(\arcsin x) = \dfrac{1}{\sqrt{1-x^2}} dx$（$|x| < 1$）
6	$d(a^x) = a^x \ln a \, dx$（$a > 0, a \neq 1$）	15	$d(\arccos x) = -\dfrac{1}{\sqrt{1-x^2}} dx$（$|x| < 1$）
7	$d(e^x) = e^x dx$	16	$d(\arctan x) = \dfrac{1}{1+x^2} dx$
8	$d(\sin x) = \cos x \, dx$	17	$d(\text{arccot } x) = -\dfrac{1}{1+x^2} dx$
9	$d(\cos x) = -\sin x \, dx$		

微分的四则运算法则:

(1) $\mathrm{d}(u(x) \pm v(x)) = \mathrm{d}u(x) \pm \mathrm{d}v(x)$

(2) $\mathrm{d}[u(x)v(x)] = v(x)\mathrm{d}u(x) + u(x)\mathrm{d}v(x)$

(3) $\mathrm{d}[Cu(x)] = C\mathrm{d}u(x)$

(4) $\mathrm{d}\left[\dfrac{u(x)}{v(x)}\right] = \dfrac{v(x)\mathrm{d}u(x) - u(x)\mathrm{d}v(x)}{[v(x)]^2}$　　$[v(x) \neq 0]$

2. 复合函数的微分法则

设 $y = f(u)$,u 为自变量,若 $f(u)$ 可导,则 $y = f(u)$ 的微分为

$$\mathrm{d}y = f'(u)\mathrm{d}u$$

若 u 不是自变量,$u = \varphi(x)$ 为 x 的可导函数,则复合函数 $y = f[\varphi(x)]$ 的导数为

$$\frac{\mathrm{d}y}{\mathrm{d}x} = f'(u)\varphi'(x)$$

于是,复合函数 $y = f[\varphi(x)]$ 的微分为

$$\mathrm{d}y = f'(u)\varphi'(x)\mathrm{d}x = f'(u)\mathrm{d}u　\text{即}　\mathrm{d}y = f'(u)\mathrm{d}u$$

可见,不论 u 是自变量还是复合函数的中间变量,函数 $y = f(u)$ 的微分总保持同一形式 $\mathrm{d}y = f'(u)\mathrm{d}u$,这一性质称为一阶微分形式不变性.

例 2.28　已知 $y = \sin(ax^2 + 3x)(a$ 为常数$)$,求 $\mathrm{d}y$.

解:方法 1　利用 $\mathrm{d}y = f'(x)\mathrm{d}x$ 得

$$\mathrm{d}y = \cos(ax^2 + 3x) \cdot (ax^2 + 3x)'\mathrm{d}x = (2ax + 3)\cos(ax^2 + 3x) \cdot \mathrm{d}x$$

方法 2　令 $u = ax^2 + 3x$,则 $y = \sin u$ 利用微分形式不变性得

$$\begin{aligned}
\mathrm{d}y &= f'(u)\mathrm{d}u = \cos u \cdot \mathrm{d}u \\
&= \cos(ax^2 + 3x)\mathrm{d}(ax^2 + 3x) \\
&= (2ax + 3)\cos(ax^2 + 3) \cdot \mathrm{d}x
\end{aligned}$$

例 2.29　求由方程 $\mathrm{e}^{xy} = 3x - y^2$ 所确定的隐函数 $y = f(x)$ 的微分 $\mathrm{d}y$.

解:对方程两边求微分,得

$$\mathrm{d}(\mathrm{e}^{xy}) = \mathrm{d}(3x - y^2)$$
$$\mathrm{e}^{xy}\mathrm{d}(xy) = \mathrm{d}(3x) - \mathrm{d}(y^2)$$
$$\mathrm{e}^{xy}(y\mathrm{d}x + x\mathrm{d}y) = 3\mathrm{d}x - 2y\mathrm{d}y$$

于是
$$\mathrm{d}y = \frac{3 - y\mathrm{e}^{xy}}{x\mathrm{e}^{xy} + 2y}\mathrm{d}x$$

2.3.5　利用微分进行近似计算

我们知道,当函数 $y = f(x)$ 在点处可微,且 $|\Delta x|$ 很小时,

$$\Delta y = f(x_0 + \Delta x) - f(x_0) \approx f'(x_0)\mathrm{d}x$$

或
$$f(x_0 + \Delta x) \approx f(x_0) + f'(x_0)\mathrm{d}x$$

例 2.30　计算 $\arctan 1.02$ 的近似值.

解:设 $f(x)=\arctan x$,则 $f'(x)=\dfrac{1}{1+x^2}$

由于　　　　　　　　　　　　$f(x+\Delta x)\approx f(x)+f'(x)\mathrm{d}x$

所以　　　　　　　　　　$\arctan(x+\Delta x)\approx\arctan x+\dfrac{1}{1+x^2}\mathrm{d}x$

取 $x=1,\mathrm{d}x=\Delta x=0.02$ 得

$$\arctan 1.02=\arctan(1+0.02)\approx\arctan 1+\dfrac{1}{1+1^2}\times 0.02=\dfrac{\pi}{4}+\dfrac{0.02}{2}\approx 0.795$$

例 2.31　一平面圆环形,其内半径为 10 cm,宽为 0.2 cm,求其面积的精确值与近似值.

解:设 $S=f(r)=\pi r^2$

精确值:　　　　　　　　$\Delta S=10.2^2\pi-10^2\pi=4.04\pi(\mathrm{cm}^2)$

由于 $f(r+\Delta r)-f(r)\approx f'(r)\mathrm{d}r$,且 $r=10,\Delta r=0.2,f'(r)=2\pi r$

故　　　　　　　　　　$\Delta S\approx 2\pi r\cdot\Delta r=2\pi\times 10\times 0.2=4\pi(\mathrm{cm}^2)$

例 32　当 $|x|$ 很小时,证明近似公式 $\sqrt[n]{1+x}\approx 1+\dfrac{x}{n}$ 成立.

证明:令 $f(x)=\sqrt[n]{1+x}$, 则 $f'(x)=\dfrac{1}{n}(1+x)^{\frac{1}{n}-1}$

由于 $f(0+x)\approx f(0)+f'(0)\mathrm{d}x$,且 $\mathrm{d}x=\Delta x=x,f(0)=1,f'(0)=\dfrac{1}{n}$

故　　　　　　　　　　$\sqrt[n]{1+x}=f(0+x)\approx 1+\dfrac{1}{n}x$

即该近似公式成立.

第 2 章习题

(A)

1. 利用导数定义求下列函数的导数:

　(1) $y=3x^2$,　　　　　　(2) $y=\dfrac{1}{\sqrt{x}}$,　　　　　　(3) $y=1-(x-1)^2$.

2. 已知 $f(x)$ 在点 x_0 处可导,且 $f'(x_0)=2$,求极限 $\lim\limits_{h\to 0}\dfrac{f(x_0)-f(x_0-2h)}{h}$.

3. 已知 $\lim\limits_{x\to 0}\dfrac{f(1+2x)-f(1)}{x}=\dfrac{1}{2}$,求 $f'(1)$.

4. 设 $f(x)=(x-b)\varphi(x)$,其中 $\varphi(x)$ 在 $x=b$ 点处连续,求 $f'(b)$.

5. 设 $f(x)=\begin{cases}x^2-3,&\text{当 }x<1\text{ 时};\\2x-2,&\text{当 }x\geqslant 1\text{ 时}.\end{cases}$ $f(x)$ 在点 $x=1$ 处是否可导? 为什么?

6. 用导数定义求 $f(x)=\begin{cases}x,&\text{当 }x<0\text{ 时};\\\ln(1+x),&\text{当 }x\geqslant 0\text{ 时}\end{cases}$ 在点 $x=0$ 处的导数.

7. 设 $y=\dfrac{1}{x^2}$,求 $y'|_{x=2}, y'|_{x=-1}$.

8. 求曲线 $y=x^2$ 上,其切线与直线 $y=\dfrac{1}{2}x+1$ 平行的点坐标.

9. 求下列函数的导数：

(1) $y=\dfrac{x}{2}+3x^2$,　　　(2) $y=\dfrac{x^7}{7}+\dfrac{10}{x^{10}}$,　　　(3) $y=\sqrt{x^5}+8\sqrt[3]{x^4}$,

(4) $y=e^6\ln x$,　　　(5) $y=\dfrac{1}{1-x}$,　　　(6) $y=7^x+x^7$,

(7) $y=9^x-9^9$,　　　(8) $y=\dfrac{1}{1+\sqrt{x}}+\dfrac{1}{1-\sqrt{x}}$.

10. 求下列函数的导数：

(1) $y=x^3 \cdot 3^x$,　　　(2) $y=(x-3) \cdot 3^x$,　　　(3) $y=\dfrac{e^x}{1+x}$,

(4) $y=\dfrac{1}{x+\ln x}$,　　　(5) $y=\dfrac{x}{\ln x}$,　　　(6) $y=x \cdot \ln x \cdot \sin x$,

(7) $y=\dfrac{x^3-1}{x^3+1}$,　　　(8) $y=3^x\log_3 x$,　　　(9) $y=(1+2x^2)(1-3x^3)$,

(10) $y=(x+1)(x+3)(x+5)$.

11. 求下列函数的导数：

(1) $y=\sin 2x \cdot \sin x^2$,　　　　　　(2) $y=\sin 3^x \cdot \sin^2 x$,

(3) $y=x^3 \cdot \cot x$,　　　　　　(4) $y=\csc x$,

(5) $y=\dfrac{\sin x}{x}$,　　　　　　(6) $y=\dfrac{\sin x}{1+\cos x}$.

12. 求下列函数的导数：

(1) $y=x \arcsin x$,　　　　　　(2) $y=\dfrac{\arccos x}{1-x^3}$,

(3) $y=(1+x^3)\arctan x$,　　　　　　(4) $y=\arctan x-\operatorname{arccot} x$.

13. 求下列函数的导数：

(1) $y=\arctan x^2$,　　　　　　(2) $y=(\arctan x)^2$,

(3) $y=\arcsin \dfrac{1}{x}$,　　　　　　(4) $y=\arcsin(1-\sqrt{x})$,

(5) $y=e^{\tan x}$,　　　　　　(6) $y=\dfrac{\arcsin x}{\sqrt{1-x^2}}$,

(7) $y=\arctan \dfrac{x^2}{1+x}$,　　　　　　(8) $y=2^{\sin(x^2-x^3)}$.

14. 求下列函数的导数：

(1) $y=\ln \sin \sqrt{x}$,　　　　　　(2) $y=\sin e^{\frac{1}{x}}$,

(3) $y=\ln \ln x$,　　　　　　(4) $y=\dfrac{1}{e^{2x}+1}$,

(5) $y=e^{\sqrt{1-x}}$,　　　　　　(6) $y=2^{\sin(x^2+1)}$,

(7) $y=\sin \ln(x+e^x)$,　　　　　　(8) $y=2^{2^x}+e^{x^2}$.

15. 由下列方程确定 y 是 x 的函数，求 y'_x：

(1) $x^3+2xy-y^3=0$,　　　　　　(2) $x=\sin(x+y)$,

(3) $x^y=y^x$,　　　　　　(4) $\arctan \dfrac{y}{x}=\ln \sqrt{x^2+y^2}$.

16. 利用对数求导法求下列函数的导数：

(1) $y=x^{\sqrt{x}}$,

(2) $y=(\cos x)^x$,

(3) $y=x^2 \cdot \sqrt{\dfrac{1+x}{1-x}}$ $(0<x<1)$,

(4) $y=\sqrt[3]{\dfrac{(x-1)(x^2+1)}{(2x+1)(x^2-7)}}$ $(x>\sqrt{7})$.

17. 已知 $f(x)$ 可导,求下列函数的导数：

(1) $y=f(\sqrt[3]{x})$,

(2) $y=f(e^x+\arccos x)$,

(3) $y=\sin f(3x)$,

(4) $y=e^{x^2} \cdot f(x)$.

18. 证明：(1) 可导的偶函数的导数是奇函数；(2) 可导的奇函数的导数是偶函数.

19. 求导数：(1) 已知 $f(x)=\cos x$,求 $f'[f(x)]$;(2) 已知 $f(x)=x^3$,求 $f[f'(x)]$.

20. 求下列函数的 n 阶导数：

(1) $y=\sin(ax+b)$,　　(2) $y=\ln(a+bx)$,　　(3) $y=\dfrac{\ln x}{x}$.

21. 证明当 $|x|$ 很小时,下列各近似公式成立：

(1) $\sin x \approx x$,　　(2) $\tan x \approx x$,　　(3) $e^x \approx 1+x$,

(4) $\ln(1+x) \approx x$.

22. 求下列各式的近似值：

(1) $\cos 60°20'$,　　(2) $\sqrt[3]{8.02}$.

23. 讨论 $f(x)=\begin{cases} x^\alpha \sin\dfrac{1}{x}, & \text{当 } x\neq 0 \text{ 时；} \\ 0, & \text{当 } x=0 \text{ 时} \end{cases}$ 的可导性(α 为常数).

24. 已知函数 $f(x)$ 在点 $x=4$ 处的导数 $f'(4)=1$,求 $\lim\limits_{x\to 2}\dfrac{f(2x)-f(4)}{x-2}$.

25. 已知 $y=f(\arcsin x)$, $f'(x)=\dfrac{1-x}{1+x}$,求 $y'|_{x=0}$.

26. 已知 $f'(e^x)=e^{-x}$,求 $[f(e^x)]'$, $f''(e^x)$ 及 $[f'(e^x)]'$.

27. 求函数 $f=e^x(e^x-1)(e^x-2)\cdots(e^x-50)$ 在点 $x=0$ 处的导数值 $f'(0)$.

28. 求下列隐函数的导数：

(1) $x-y+\dfrac{1}{2}\sin y=0$,求 $\dfrac{d^2y}{dx^2}$;

(2) $y=f(x+y)$,且 f 可导,求 y'_x.

29. 设 $\mu=f[\varphi(x)+y^2]$,其中 x,y 满足方程 $y+e^y=x$,且 $f(x),\varphi(x)$ 均可导,求 $\dfrac{d\mu}{dx}$.

30. 求过原点与曲线 $y=e^x$ 相切的直线方程.

31. $y=f(\ln x)e^{f(x)}$,其中 f 可微,求 dy.

32. 设 $x^2y-e^{2y}=\sin y$,求 dy.

33. 设函数 $F(x)=\max\{f_1(x),f_2(x)\}$ 的定义域为 $(-1,1)$,其中 $f_1(x)=x+1$, $f_2(x)=(x+1)^2$,试讨论 $F(x)$ 在点 $x=0$ 处连续性与可导性.

(B)

1. $f(x)$ 在点 x_0 处有极限,是它在 x_0 处可导的(　　).

A. 充分条件　　　　B. 必要条件　　　　C. 充要条件　　　　D. 以上都不是

2. 若 $f(x)$ 为可微函数,则当 $\Delta x \to 0$ 时, $f(x)$ 在点 x 处的 $\Delta y - \mathrm{d}y$ 是关于 Δx 的(　　).

A. 等阶无穷小　　B. 高阶无穷小　　C. 低阶无穷小　　D. 以上都不是

3. 下列函数中,在 $x=0$ 处可导的是(　　).

A. $f(x)=|x+2|$

B. $f(x)=|x|$

C. $f(x)=|\tan x|$

D. $f(x)=\begin{cases} x^2, & \text{当 } x \leqslant 0 \text{ 时}; \\ x, & \text{当 } x > 0 \text{ 时} \end{cases}$

4. 设 $y=x(x-1)(x-2)(x-3)(x-4)$,则 $y'|_{x=0}=($　　$)$.

A. 0　　　　　　B. 4!　　　　　　C. -12　　　　　　D. 16

5. 设函数 $f(x)$ 在点 x_0 及其邻近有定义,且有

$$f(x_0+\Delta x)-f(x_0)=a\Delta x+b(\Delta x)^2+c(\Delta x)^3 \quad (a,b,c \text{ 均为常数}),$$

则有(　　).

A. $f(x)$ 在点 $x=x_0$ 处连续

B. $f'(x_0)=a$

C. $\mathrm{d}f(x_0)=a\mathrm{d}x$

D. $f(x_0+\Delta x) \approx f(x_0)+a\Delta x$ (当 Δx 充分小时)

6. 已知 $f(x)=\dfrac{|x|}{x}$,则 $f(x)$ 是(　　).

A. 非奇非偶函数

B. 有界函数

C. 在有定义的区间内是严格单调减函数

D. 在有定义的区间内处处可导的函数

7. 设对于任意的 x,都有 $f(-x)=f(x)$, $f'(-x_0)=-k\neq 0$,则 $f'(x_0)=($　　$)$.

A. k　　　　　　B. $-k$　　　　　　C. $\dfrac{1}{k}$　　　　　　D. $-\dfrac{1}{k}$

8. 若 $f(u)$ 可导,且 $y=f(\mathrm{e}^{\sin x})$,则有(　　).

A. $\mathrm{d}y=f'(\mathrm{e}^{\sin x})\mathrm{d}\mathrm{e}^{\sin x}$

B. $\mathrm{d}y=f'(\mathrm{e}^{\sin x})\mathrm{e}^{\sin x} \cdot \cos x \cdot \mathrm{d}x$

C. $\mathrm{d}y=f'(\mathrm{e}^{\sin x})\mathrm{d}x$

D. $\mathrm{d}y=[f(\mathrm{e}^{\sin x})]'\mathrm{d}\mathrm{e}^{\sin x}$

9. 分段函数 $f(x)=\begin{cases} x^3-x+3, & \text{当 } x<1 \text{ 时}; \\ 2x+1, & \text{当 } x \geqslant 1 \text{ 时} \end{cases}$ 在分界点 $x=1$ 处(　　).

A. 不可导

B. 可导且 $f'(1)=1$

C. 可导且 $f'(1)=2$

D. 可导且 $f'(1)=0$

10. 已知 $f(0)=0$,若 $\lim\limits_{x \to 0}\dfrac{f(2x)}{x}=4$,则 $f'(0)=($　　$)$.

A. $\dfrac{1}{2}$　　　　　B. 1　　　　　C. 4　　　　　D. 2

11. 方程 $\dfrac{x^2}{a^2}+\dfrac{y^2}{b^2}=1$ $(a>0,b>0)$ 确定 y 为 x 的函数,则导数 $\dfrac{\mathrm{d}y}{\mathrm{d}x}=($　　$)$.

A. $-\dfrac{b}{a}\dfrac{y}{x}$　　　B. $-\dfrac{b^2}{a^2}\dfrac{x}{y}$　　　C. $-\dfrac{a}{b}\dfrac{y}{x}$　　　D. $-\dfrac{a^2}{b^2}\dfrac{y}{x}$

12. 下列函数中(　　)在点 $x=0$ 处连续但不可导.

　　A. $y=\dfrac{1}{x^2}$ 　　　　　　　　　　　B. $y=|x|$

　　C. $y=a^{-x}(a>0,a\neq 1)$ 　　　　　D. $y=\log_a x(a>0,a\neq 1)$

13. 已知 $f(x+1)=x^2+3x+1$，则 $f'(x)=(\quad)$.

　　A. $2x+1$ 　　　　B. $2x-1$ 　　　　C. $2x$ 　　　　D. $-2x$

14. 已知，$y=\cos x$ 则 $y^{(10)}=(\quad)$.

　　A. $\cos x$ 　　　　B. $-\cos x$ 　　　　C. $\sin x$ 　　　　D. $-\sin x$

15. 已知，$y=\ln x$ 则 $y^{(7)}=(\quad)$.

　　A. $-\dfrac{8!}{x^8}$ 　　　　B. $\dfrac{6!}{x^7}$ 　　　　C. $-\dfrac{6!}{x^7}$ 　　　　D. $\dfrac{8!}{x^8}$

16. 设 $f(x)$ 为不恒等于零的奇函数，且 $f'(0)$ 存在，则 $g(x)=\dfrac{f(x)}{x}(\quad)$.

　　A. 在 $x=0$ 处左极限不存在 　　　　B. 有跳跃间断点 $x=0$

　　C. 在 $x=0$ 处右极限不存在 　　　　D. 有可去间断点 $x=0$

17. 设函数 $f(x)$ 在点 $x=a$ 处可导，则函数 $|f(x)|$ 在点 $x=a$ 处不可导的充分条件是(　　).

　　A. $f(a)=0$ 且 $f'(a)=0$ 　　　　B. $f(a)=0$ 且 $f'(a)\neq 0$

　　C. $f(a)>0$ 且 $f'(a)>0$ 　　　　D. $f(a)<0$ 且 $f'(a)<0$

18. 设函数 $f(x)=|x^3-1|\varphi(x)$，其中 $\varphi(x)$ 在 $x=1$ 处连续，则 $\varphi(1)=0$ 是 $f(x)$ 在 $x=1$ 处可导的(　　).

　　A. 必要充分条件 　　B. 必要但非充分 　　C. 充分但非必要 　　D. 既非充分也非必要

(C)

1. 设 $y=x^2+x^3\sqrt{\dfrac{(x-1)(x-2)}{(x-3)(x-4)}}\ (x>4)$，求 y'.

2. 求椭圆 $\begin{cases} x=a\cos t,\\ y=b\sin t \end{cases}$ 在 $t=\dfrac{\pi}{4}$ 处的切线方程.

3. 求垂直于直线 $2x-6y+1=0$ 且与曲线 $y=x^3+3x^2-5$ 相切的直线方程.

4. 证明：若函数 $f(x)$ 在点 $x=a$ 处连续，且 $f(a)\neq 0$，而函数 $[f(x)]^2$ 在点 $x=a$ 处可导，则 $f(x)$ 在点 $x=a$ 处也可导.

5. 设 $f'(a)$ 存在，$f(a)>0$，求 $\lim\limits_{n\to\infty}\left[\dfrac{f\left(a+\dfrac{1}{n}\right)}{f\left(a-\dfrac{1}{n}\right)}\right]^n$，其中 n 为正整数.

6. 讨论函数 $f(x)=\begin{cases} \sqrt{|x|}\sin\dfrac{1}{x^2}, & \text{当 } x\neq 0 \text{ 时};\\ 0, & \text{当 } x=0 \text{ 时} \end{cases}$ 在 $x=0$ 处的连续性与可导性.

7. 设 $f(x)=3x^3+x^2|x|$，求使 $f^{(n)}(0)$ 存在的最高阶数 n.

8. 若 $f(x)$ 存在二阶导数，求函数 $y=f(\ln x)$ 的二阶导数.

9. 已知函数 $y=x\ln x$，求 $y^{(n)}$.

10. 已知 $\dfrac{\mathrm{d}}{\mathrm{d}x}f\left(\dfrac{1}{x^2}\right)=\dfrac{1}{x}$，求 $f'\left(\dfrac{1}{2}\right)$.

11. 设 $f(x)=\mathrm{e}^{-\frac{1}{x}}$，求 $\lim\limits_{\Delta x\to0}\dfrac{f'(2-\Delta x)-f'(2)}{\Delta x}$.

12. 设 $f(x)=\begin{cases}\sin x, & \text{当 } x\leqslant\dfrac{\pi}{4}\text{ 时;}\\[2mm] ax+b, & \text{当 } x>\dfrac{\pi}{4}\text{ 时.}\end{cases}$ 确定 a,b 的值，使 $f(x)$ 在 $x=\dfrac{\pi}{4}$ 处可导，并求 $f'(x)$.

13. 设 $g(x)=\begin{cases}x^2\arctan\dfrac{1}{x}, & \text{当 } x\neq0\text{ 时;}\\[2mm] 0, & \text{当 } x=0\text{ 时.}\end{cases}$ $f(x)$ 处处可导，求 $f[g(x)]$ 的导数.

14. 设 $f(x)$ 为单调函数且二阶可导，其反函数为 $g(x)$，又 $f(1)=2,f'(1)=-\dfrac{1}{\sqrt{3}},f''(1)=1$，求 $g'(2),g''(2)$.

15. 设函数 $x=f(y)$，反函数 $y=f^{-1}(x)$ 及 $f'(f^{-1}(x)),f''(f^{-1}(x))$ 都存在，且 $f'(f^{-1}(x))\neq0$，证明 $\dfrac{\mathrm{d}^2f^{-1}(x)}{\mathrm{d}x^2}=-\dfrac{f''(f^{-1}(x))}{[f'(f^{-1}(x))]^3}$.

3 中值定理与导数应用

3.1 微分中值定理

微分中值定理是导数应用的理论基础,在整个微分学的理论体系中占有很重要的地位,它包括:罗尔中值定理、拉格朗日中值定理以及柯西中值定理,其中罗尔定理是基础,拉格朗日定理是核心.

3.1.1 罗尔定理

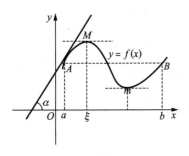

图 3 - 1

现在我们考查曲线 $y=f(x)$,见图 3-1,如果函数 $f(x)$ 在闭区间 $[a,b]$ 上连续,在开区间 (a,b) 内可导,且在端点的函数值相等,即 $f(a)=f(b)$.这时我们注意:过曲线弧 $\overparen{AB}$ 上的各点的切线是否都存在以及这些切线位置的变化情况.

由于 $f(x)$ 在闭区间 $[a,b]$ 上连续,且在开区间 (a,b) 内可导,所以曲线 $y=f(x)$ 在闭区间 $[a,b]$ 上不断开,在开区间 (a,b) 内每一点都存在切线且切线不垂直于 x 轴,并且随着曲线 $y=f(x)$ 上的点向右移动,过这些点的切线位置也连续变动;由于 $f(a)=f(b)$,所以曲线 $y=f(x)$ 在两个端点

A,B 的高度相等,即弦 AB 平行于 x 轴,这样,我们就可以看出:由于切线的位置连续变动,从而切线的倾斜角随之连续变化,而弦 AB 又平行于 x 轴,故必在曲线 $y=f(x)$ 上至少能找到一点 M,使过点 M 的切线平行于弦 AB,即平行于 x 轴,也就是该切线的斜率为零,即函数 $f(x)$ 在点 M 横坐标 ξ 处的导数等于零.

定理 3.1(罗尔定理) 如果函数 $f(x)$ 满足条件:

① 在闭区间 $[a,b]$ 上连续;② 在开区间 (a,b) 内可导;③ 在区间上两个端点处的函数值相等,即 $f(a)=f(b)$,则至少存在一点 $\xi\in(a,b)$,使得 $f'(\xi)=0$.

证明:因为 $f(x)$ 在闭区间 $[a,b]$ 上连续,根据闭区间上连续函数的性质知,$f(x)$ 在 $[a,b]$ 上能取得最大值 M 和最小值 m.

如果 $m=M$,则 $f(x)$ 在 $[a,b]$ 上恒等于常数,故在整个区间 (a,b) 内都有 $f'(x)=0$,从而在 (a,b) 内的每一点都可取作 ξ,即定理成立.

如果 $m<M$,由 $f(a)=f(b)$,因此 m 与 M 中至少有一个不等于端点的函数值 $f(a)$,否则,若 $m=f(a)$,$M=f(b)$,则 $m=M=f(a)$ 矛盾.现不妨设 $M\neq f(a)$,即在 (a,b) 内至少有一点 ξ,使得 $f(\xi)=M$,下面证明 $f'(\xi)=0$.

因为 $f(\xi)=M$ 是最大值,所以无论 Δx 为正为负,都恒有

$$f(\xi+\Delta x)-f(\xi)\leqslant 0 \quad \xi+\Delta x\in(a,b)$$

当 $\Delta x>0$ 时, $\dfrac{f(\xi+\Delta x)-f(\xi)}{\Delta x}\leqslant 0$,

当 $\Delta x<0$ 时, $\dfrac{f(\xi+\Delta x)-f(\xi)}{\Delta x}\geqslant 0$,

由 $f'(\xi)$ 存在以及极限的保号性知:

$$f'_{+}(\xi)=\lim_{\Delta x\to 0^{+}}\frac{f(\xi+\Delta x)-f(\xi)}{\Delta x}\leqslant 0$$

$$f'_{-}(\xi)=\lim_{\Delta x\to 0^{-}}\frac{f(\xi+\Delta x)-f(\xi)}{\Delta x}\geqslant 0$$

故 $\qquad\qquad\qquad\qquad f'(\xi)=f'_{+}(\xi)=f'_{-}(\xi)=0$

例 3.1　已知 $f(x)=\begin{cases}1, & \text{当 } x=0 \text{ 时;}\\ x, & \text{当 } 0<x\leqslant 1 \text{ 时.}\end{cases}$　显然 $f(x)$ 满足罗尔定理中的第②条和第③条,但不满足第①条. 因为 $\lim\limits_{x\to 0^{+}}f(x)=\lim\limits_{x\to 0^{+}}x=0\neq 1=f(0)$,即 $f(x)$ 在左端点 $x=0$ 处间断.

由图 3-2 知,该图形没有水平切线,即在 $(0,1)$ 内找不到 ξ,使得 $f'(\xi)=0$.

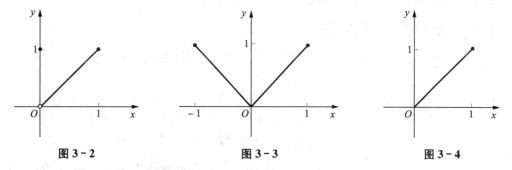

图 3-2　　　　　　　　　　图 3-3　　　　　　　　　　图 3-4

例 3.2　已知 $f(x)=|x|,x\in[-1,1]$,显然 $f(x)$ 满足罗尔定理中的第①条和第③条,但不满足第②条,因为 $f'_{+}(0)=\lim\limits_{x\to 0^{+}}\dfrac{x-0}{x}=1\neq -1=\lim\limits_{x\to 0^{-}}\dfrac{-x-0}{x}=f'_{-}(0)$,即 $f(x)$ 在点 $x=0$ 处不可导.

由图 3-3 知,该图形也没有水平切线,即在 $(-1,1)$ 内找不到 ξ,使得 $f'(\xi)=0$.

例 3.3　已知 $f(x)=x,\quad x\in[0,1]$,显然 $f(x)$ 满足罗尔定理中的第①条和第②条,但不满足第③条,因为 $f(0)=0\neq 1=f(1)$,即 $f(x)$ 在该区间的端点的函数值不相等.

由图 3-4 知,该图形也没有水平切线,即在 $(0,1)$ 内找不到 ξ,使得 $f'(\xi)=0$.

以上三个例子说明,罗尔定理的三个条件都是十分重要的,如果有一个不满足,则定理的结论就有可能不成立.

[注]　若罗尔定理中的三个条件都成立,则结论一定成立,这只是说明这三个条件是该结论的充分条件,但并未说明这三个条件是该结论的必要条件.

例 3.4　已知 $f(x)=\begin{cases}\sin x, & \text{当 } 0\leqslant x<\pi \text{ 时;}\\ 1, & \text{当 } x=\pi \text{ 时.}\end{cases}$　显然 $f(x)$ 不满足罗尔定理第③条,即 $f(0)=0\neq 1=f(\pi)$,但在 $(0,\pi)$ 内存在一点 $\xi=\dfrac{\pi}{2}$,使得 $f'(\xi)=0$,见图 3-5.

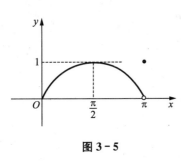

图 3-5

[注] (1)罗尔定理的几何意义:如果函数 $y=f(x)$ 满足罗尔定理的条件,则在区间 (a,b) 内至少存在一点 ξ,使得曲线 $y=f(x)$ 上相应点 $(\xi,f(\xi))$ 处的切线平行于 x 轴.

(2)罗尔定理中的一种特殊情况,即 $f(a)=f(b)=0$ 的情况下,此时称点 a 和 b 为函数 $f(x)$ 的零点,由罗尔定理的结论知:在 (a,b) 内至少存在一点 ξ,使得 $f'(\xi)=0$,即在可微函数 $f(x)$ 的两个零点之间至少有导函数 $f'(x)$ 的一个零点.

例 3.5 不求导数,判断函数 $f(x)=(x-5)(x-6)(x-7)$ 的导函数 $f'(x)$ 有几个实根,以及其所在范围.

解: 因为 $f(5)=f(6)=f(7)=0$,且 $f(x)$ 是多项式函数,

所以 $f(x)$ 在 $[5,6]$,$[6,7]$ 上满足罗尔定理的条件,

所以 $(5,6)$ 内至少存在一点 ξ_1,使得 $f'(\xi_1)=0$,ξ_1 是 $f'(x)$ 的一个实根;

$(6,7)$ 内至少存在一点 ξ_2,使 $f'(\xi_2)=0$,ξ_2 也是 $f'(x)$ 的一个实根;

又因为 $f'(x)$ 为二次多项式,最多只能有两个实根,

故 $f'(x)$ 有两个实根,并分别在 $(5,6)$ 及 $(6,7)$ 内.

3.1.2 拉格朗日中值定理

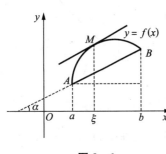

图 3-6

在罗尔定理中,如果去掉端点函数值 $f(a)=f(b)$,会有什么结果呢? 见图 3-6.

根据前面关于罗尔定理结论的分析,我们容易看出:在函数曲线 $y=f(x)$ 上至少能找到一点 M,使得点 M 处的切线平行于弦 AB,而弦 AB 所在直线的斜率为

$\tan\alpha=\dfrac{f(b)-f(a)}{b-a}$,即函数曲线 $y=f(x)$ 上点 M 处的

切线斜率等于 $\dfrac{f(b)-f(a)}{b-a}$.

定理 3.2(拉格朗日定理) 若函数 $f(x)$ 满足条件:

① 在闭区间 $[a,b]$ 上连续;② 在开区间 (a,b) 内可导;则至少存在一点 $\xi\in(a,b)$,使得 $f'(\xi)=\dfrac{f(b)-f(a)}{b-a}$,

即 $\qquad\qquad f(b)-f(a)=f'(\xi)(b-a)\qquad \xi\in(a,b)$.

在证明之前,我们作如下分析:

第一,考查弦 $\overset{\frown}{AB}$ 所在直线方程:$y-f(a)=\dfrac{f(b)-f(a)}{b-a}(x-a)$(点斜式),由此得函数

式 $y=f(a)+\dfrac{f(b)-f(a)}{b-a}(x-a)$,显然它有以下特征:

① $y(a)=f(a),y(b)=f(b)$,即在区间 $[a,b]$ 的端点处,它与函数 $f(x)$ 有相同的函数值.

② $y(x)$ 是多项式函数,当然它在 $[a,b]$ 上连续,在 (a,b) 内可导.

③ 对 $\forall x \in (a,b)$，都有 $y'(x) = \dfrac{f(b)-f(a)}{b-a}$.

第二，正因为 $y(x)$ 具有以上三个特征，我们会自然想到

$$f(x) - y(x) \underline{\text{记作}} F(x)$$

则区间 $[a,b]$ 的两个端点都是 $F(x)$ 的零点，且 $F(x)$ 在 $[a,b]$ 上连续，在 (a,b) 内可导，即满足罗尔定理的三个条件，于是可直接根据罗尔定理得出结论.

证明: 作辅助函数 $F(x) = f(x) - \left[f(a) + \dfrac{f(b)-f(a)}{b-a}(x-a) \right]$，显然 $F(x)$ 满足罗尔定理的三个条件，故至少存在一点 $\xi \in (a,b)$，使得 $f'(\xi) = 0$，

即 $f'(\xi) = \dfrac{f(b)-f(a)}{b-a}$ 　即 $f(b)-f(a) = f'(\xi)(b-a)$ 　$\xi \in (a,b)$.

由此定理知，罗尔定理是拉格朗日中值定理当 $f(a)=f(b)$ 时的特殊情况.

推论 1 若函数 $f(x)$ 在区间 (a,b) 内可微，且 $f'(x) \equiv 0$，则 $f(x)$ 在 (a,b) 内是一个常数.

证明: 对 $\forall x_1, x_2 \in (a,b)$，且 $x_1 < x_2$，则 $f(x)$ 在 $[x_1, x_2]$ 上连续，在 (x_1, x_2) 内可导，因此在闭区间 $[x_1, x_2]$ 上由拉格朗日定理得

$$f(x_1) - f(x_2) = f'(\xi)(x_1 - x_2) \quad \xi \in (x_1, x_2)$$

又因为 $f'(\xi) = 0$ 　所以 $f(x_2) = f(x_1)$，根据 x_1, x_2 的任意性知

$f(x)$ 在 (a,b) 内是一个常数.

推论 2 若 $f(x)$ 和 $g(x)$ 在 (a,b) 内每一点的导数 $f'(x)$ 和 $g'(x)$ 都相等，则这两个函数在 (a,b) 内至多相差一个常数.

证明: 对 $\forall x \in (a,b)$ 有：

$$[f(x) - g(x)]' = f'(x) - g'(x) = 0$$

由推论 1 知：函数 $f(x) - g(x)$ 在区间 (a,b) 内是一个常数，

即 $\qquad\qquad f(x) - g(x) = C_0 \quad (C_0 \text{ 为常数})$

故 $\qquad\qquad f(x) = g(x) + C_0 \quad (C_0 \text{ 为常数})$

[**注**] (1) 拉格朗日定理的结论有三种表示形式：

第一，$\dfrac{f(b)-f(a)}{b-a} = f'(\xi) \quad \xi \in (a,b)$

第二，$f(b)-f(a) = f'(\xi)(b-a) \quad \xi \in (a,b)$

第三，由于 $\xi \in (a,b)$ 　因此 $0 < \dfrac{\xi-a}{b-a} < 1$

令 $\theta = \dfrac{\xi-a}{b-a}$，则 $0 < \theta < 1$，且 $\xi = a + \theta(b-a)$

故 $\qquad\qquad f(b)-f(a) = f'[a+\theta(b-a)](b-a) \quad \theta \in (0,1)$

另外，若 $\Delta x = b-a$，则 $f(b)-f(a) = \Delta y$

从而有 $\qquad\qquad \Delta y = f'(\xi)\Delta x, \quad \xi \in (a, a+\Delta x)$

(2) 从证明拉格朗日定理的过程中可知，构造辅助函数既是重点，也是难点，它是解决

高等数学中有关问题的常用的有效方法. 一般来说, 如何构造恰当的辅助函数, 主要根据命题的特征与需要, 经过推敲与不断修正而构造出来的, 而且一般不是唯一的.

例如 根据拉格朗日定理的结论

$$\frac{f(b)-f(a)}{b-a}=f'(\xi)$$

因为左边是一个已知常数, 而右边是 $f'(x)|_{x=\xi}$,

所以上式可转化为 $\left[\frac{f(b)-f(a)}{b-a}x-f(x)\right]'\Big|_{x=\xi}=0.$

故可构造辅助函数

$$F(x)=\frac{f(b)-f(a)}{b-a}x-f(x)$$

显然 $F(x)$ 也满足罗尔定理的第①条和第②条, 且 $F(a)=F(b)=\frac{af(b)-bf(a)}{b-a}$, 于是根据罗尔定理, 同样得出所要求的结论.

3.1.3　柯西定理

若函数 $f(x)$ 与 $g(x)$ 满足条件:

① 在闭区间 $[a,b]$ 上连续;

② 在开区间 (a,b) 内可导, 并对 $\forall x\in(a,b)$ 有 $g'(x)\neq 0$; 则至少存在一点 $\xi\in(a,b)$,

使得: $\frac{f(b)-f(a)}{g(b)-g(a)}=\frac{f'(\xi)}{g'(\xi)}$

证明: 因为 $g'(x)\neq 0$ 所以必有 $g(b)-g(a)\neq 0$, 否则, 若 $g(b)-g(a)=0$, 则 $g(x)$ 满足罗尔定理的三个条件, 因而至少存在一点 $\xi\in(a,b)$, 使得 $g'(\xi)=0$, 这与 $g'(x)\neq 0$ 矛盾. 作辅助函数

$$F(x)=f(x)-f(a)-\frac{f(b)-f(a)}{g(b)-g(a)}\left[g(x)-g(a)\right]$$

易知 $F(x)$ 满足罗尔定理的全部条件, 并且

$$f'(x)=f'(x)-\frac{f(b)-f(a)}{g(b)-g(a)}g'(x)$$

根据罗尔定理, 至少存在一点 $\xi\in(a,b)$, 使得

$$f'(\xi)=f'(\xi)-\frac{f(b)-f(a)}{g(b)-g(a)}g'(\xi)=0,\quad 即 \quad \frac{f(b)-f(a)}{g(b)-g(a)}=\frac{f'(\xi)}{g'(\xi)}$$

容易看出拉格朗日定理是柯西定理当 $g(x)=x$ 时的特殊情况.

微积分中值定理在研究函数的性质方面起着重要的作用, 它如同一座"桥梁", 建立了函数的改变量与导数之间的联系, 从而使我们可以根据导数的符号去推断函数的形态.

例 3.6 验证函数 $f(x)=\sqrt[3]{8x-x^2}$ 在区间 $[0,8]$ 上满足罗尔定理的条件, 并求出罗尔定理结论中的 ξ 值.

解:因为 $f(x)=\sqrt[3]{8x-x^2}$ 是一个初等函数,且区间 $[0,8]$ 包含在它的定义域内,所以 $f(x)$ 在区间 $[0,8]$ 上连续,又 $f(x)$ 在 $(0,8)$ 内可导,并且 $f(0)=f(8)=0$,故 $f(x)$ 在 $[0,8]$ 上满足罗尔定理的条件,由于

$$f'(x)=\frac{8-2x}{3\sqrt[3]{(8x-x^2)^2}}$$

令 $f'(x)=0$,即 $\dfrac{8-2x}{3\sqrt[3]{(8x-x^2)^2}}=0$ 得到 $x=4$,

即在区间 $(0,8)$ 内存在一点 $\xi=4$,使得 $f'(\xi)=0$

例3.7 验证函数 $f(x)=x^3-6x^2+11x-6$ 在区间 $[0,3]$ 上满足拉格朗日定理的条件,并求出拉格朗日中值定理结论中的 ξ 值.

解:因为 $f(x)=x^3-6x^2+11x-6$ 是一个初等函数,区间 $[0,3]$ 包含在它的定义域内,所以 $f(x)$ 在区间 $[0,3]$ 上连续,在 $(0,3)$ 内可导,故 $f(x)$ 在 $[0,3]$ 上满足拉格朗日定理的条件,于是有 $\dfrac{f(3)-f(0)}{3-0}=f'(\xi)\quad \xi\in(0,3)$

即 $\dfrac{0-(-6)}{3-0}=3\xi^2-12\xi+11$

即 $\xi^2-4\xi+3=0$

解得 $\xi=1\quad(\xi=3$ 舍去$)$

即在区间 $(0,3)$ 内存在一点 $\xi=1$,使得

$$\frac{f(3)-f(0)}{3-0}=f'(\xi)\ \text{成立}$$

例3.8 验证 $f(x)=\sin x$ 与 $g(x)=\cos x$ 在区间 $\left[0,\dfrac{\pi}{2}\right]$ 上满足柯西定理的条件,并求出柯西中值定理结论中的 ξ 值.

解:因为 $f(x)=\sin x$ 与 $g(x)=\cos x$ 都是初等函数,所以它们在有定义的区间 $\left[0,\dfrac{\pi}{2}\right]$ 上连续,其导数 $f'(x)=\cos x,g'(x)=-\sin x$ 在开区间 $\left(0,\dfrac{\pi}{2}\right)$ 内有意义,即其在开区间 $\left(0,\dfrac{\pi}{2}\right)$ 内可导,且 $g'(x)\neq0$ 故 $f(x),g(x)$ 在 $\left[0,\dfrac{\pi}{2}\right]$ 上满足柯西定理的条件,于是有

$$\frac{f\left(\frac{\pi}{2}\right)-f(0)}{g\left(\frac{\pi}{2}\right)-g(0)}=\frac{f'(\xi)}{g'(\xi)}\quad \text{即}\quad \frac{\sin\frac{\pi}{2}-\sin 0}{\cos\frac{\pi}{2}-\cos 0}=\frac{\cos\xi}{-\sin\xi}\quad \xi\in\left(0,\frac{\pi}{2}\right)$$

即 $\cot\xi=1$,解得 $\xi=\dfrac{\pi}{4}$,即在区间 $\left(0,\dfrac{\pi}{2}\right)$ 内存在一点 $\xi=\dfrac{\pi}{4}$,使得:

$$\frac{f\left(\frac{\pi}{2}\right)-f(0)}{g\left(\frac{\pi}{2}\right)-g(0)}=\frac{f'\left(\frac{\pi}{4}\right)}{g'\left(\frac{\pi}{4}\right)}\ \text{成立}$$

例3.9 设 $f(x)$ 在 $[a,b](0<a<b)$ 上连续,在 (a,b) 内可导,且 $f(a)=b,f(b)=a$,

证明在 (a,b) 内至少存在一点 ξ，使得 $f'(\xi)=-\dfrac{f(\xi)}{\xi}$．

分析：要证 $\xi f'(\xi)+f(\xi)=0$，即证 $[xf'(x)+f(x)]|_{x=\xi}=0$，即 $[xf(x)]'|_{x=\xi}=0$．

证明：令 $F(x)=xf(x)$，则由题意可知：$F(x)$ 在 $[a,b]$ 上连续，在 (a,b) 内可导，又 $F(a)=af(a)=bf(b)=F(b)$．

由罗尔定理知：在 (a,b) 内至少存在一点 ξ，使得 $F'(\xi)=0$，即 $f'(\xi)=-\dfrac{f(\xi)}{\xi}$．

例 3.10　设函数 $f(x)$ 在 $[a,b]$ 上具有二阶导数，且 $f(a)=f(c)=f(b)$ $(a<c<b)$，试证明在开区间 (a,b) 内至少存在一点 ξ，使得 $f''(\xi)=0$．

分析：要证 $f''(\xi)=0$，只要说明 $f'(x)$ 满足罗尔定理条件，特别是满足条件 $f'(x_2)=f'(x_1)$ 即可．

证明：由题设知，$f(x)$ 在 $[a,c]$ 和 $[c,b]$ 上均满足罗尔定理条件，故存在 $\xi_1,\xi_2,a<\xi_1<c<\xi_2<b$，使得 $f'(\xi_1)=0=f'(\xi_2)$．

又 $f'(x)$ 在 $[\xi_1,\xi_2]\subset[a,b]$ 上可导，由罗尔定理知：存在 $\xi\in(\xi_1,\xi_2)$，使 $f''(\xi)=0$．

例 3.11　证明恒等式 $\arcsin x+\arccos x=\dfrac{\pi}{2}$，$x\in[-1,1]$．

证明：设 $f(x)=\arcsin x+\arccos x-\dfrac{\pi}{2}$，则

$$f'(x)=\frac{1}{\sqrt{1-x^2}}-\frac{1}{\sqrt{1-x^2}}=0,x\in(-1,1)$$

即 $f(x)$ 在 $(-1,1)$ 内为常数，因为 $f(0)=0$，所以 $f(x)$ 在 $(-1,1)$ 内恒为 0．

又　　　　　　$f(1)=\arcsin 1+\arccos 1-\dfrac{\pi}{2}=\dfrac{\pi}{2}+0-\dfrac{\pi}{2}=0$

　　　　　　$f(-1)=\arcsin(-1)+\arccos(-1)-\dfrac{\pi}{2}=-\dfrac{\pi}{2}+\pi-\dfrac{\pi}{2}=0$

故　　　　　　　　　　$\arcsin x+\arccos x=\dfrac{\pi}{2}$，$x\in[-1,1]$

例 3.12　证明不等式 $\dfrac{x}{1+x}<\ln(1+x)<x$　$(x>0)$．

证明：要证 $\dfrac{x}{1+x}<\ln(1+x)<x$，只需证 $\dfrac{1}{1+x}<\dfrac{\ln(1+x)}{x}<1$，

即　　　　　　　　　$\dfrac{1}{1+x}<\dfrac{\ln(1+x)-\ln 1}{(1+x)-1}<1$．

设 $f(z)=\ln z$，则 $f(z)$ 在 $[1,1+x]$ 上满足拉格朗日中值定理条件，

故存在 $\xi\in(1,1+x)$，使 $\dfrac{\ln(1+x)-\ln 1}{(1+x)-1}=\dfrac{1}{\xi}$

于是 $\dfrac{1}{1+x}<\dfrac{\ln(1+x)-\ln 1}{(1+x)-1}=\dfrac{1}{\xi}<1$，即 $\dfrac{x}{1+x}<\ln(1+x)<x$　$(x>0)$．

3.2　洛必达法则

在第 1 章，我们曾给出一些求未定式极限的方法，本节我们将给出一个以导数为工具求

未定式极限的法则——洛必达法则.

3.2.1 $\dfrac{0}{0}$ 型未定式

洛必达法则 1 如果函数 $f(x)$ 与 $g(x)$ 满足下列条件：

① $\lim\limits_{x\to a}f(x)=\lim\limits_{x\to a}g(x)=0$；

② 在点 a 的某一领域内(点 a 可除外)，$f'(x)$，$g'(x)$ 都存在，且 $g'(x)\neq0$；

③ $\lim\limits_{x\to a}\dfrac{f'(x)}{g'(x)}$ 存在（或为 ∞）；

则极限 $\lim\limits_{x\to a}\dfrac{f(x)}{g(x)}$ 也存在(或为 ∞)，且 $\lim\limits_{x\to a}\dfrac{f(x)}{g(x)}=\lim\limits_{x\to a}\dfrac{f'(x)}{g'(x)}$.

证明：根据条件① $\lim\limits_{x\to a}f(x)=\lim\limits_{x\to a}g(x)=0$，可在点 $x=a$ 处补充定义：

$$f(a)=g(b)=0,$$

这样可得到函数 $f(x)$ 以及 $g(x)$ 在点 $x=a$ 处连续，在根据条件②，$f(x)$，$g(x)$ 在点 $x=a$ 某邻域内连续，且对于这个邻域内的任何一点，如设 $x>a$(或 $x<a$)，$f(x)$ 和 $g(x)$ 在区间 $[a,x]$ (或 $[x,a]$)上满足柯西定理的全部条件，故有 $\dfrac{f(x)}{g(x)}=\dfrac{f(x)-f(a)}{g(x)-g(a)}=\dfrac{f'(\xi)}{g'(\xi)}$ (ξ 在 x 与 a 之间).

再根据条件③，在上式中令 $x\to a$，并注意到 $x\to a$ 时，$\xi\to a$，从而有

$$\lim\limits_{x\to a}\dfrac{f(x)}{g(x)}=\lim\limits_{\xi\to a}\dfrac{f'(\xi)}{g'(\xi)}=\lim\limits_{x\to a}\dfrac{f'(x)}{g'(x)}$$

使用洛必达法则时，若整理(如消去公因子)后仍是未定式，并且满足法则的全部条件，则可以继续使用这个法则，依此类推，直至求出所要求的极限.

例 3.13 求 $\lim\limits_{x\to0}\dfrac{e^x-1}{5x}$.

解：$\lim\limits_{x\to0}\dfrac{e^x-1}{5x}\overset{\frac{0}{0}}{=}\lim\limits_{x\to0}\dfrac{(e^x-1)'}{(5x)'}=\lim\limits_{x\to0}\dfrac{e^x}{5}=\dfrac{1}{5}$

例 3.14 求 $\lim\limits_{x\to0}\dfrac{(1+x)^\alpha-1}{\alpha x}$ (α 为任意常数).

解：$\lim\limits_{x\to0}\dfrac{(1+x)^\alpha-1}{\alpha x}\overset{\frac{0}{0}}{=}\lim\limits_{x\to0}\dfrac{\alpha\,(1+x)^{\alpha-1}}{\alpha}=1$

例 3.15 求 $\lim\limits_{x\to0}\dfrac{e^x-e^{-x}-2x}{x-\sin x}$.

解：$\lim\limits_{x\to0}\dfrac{e^x-e^{-x}-2x}{x-\sin x}\overset{\frac{0}{0}}{=}\lim\limits_{x\to0}\dfrac{e^x+e^{-x}-2}{1-\cos x}\overset{\frac{0}{0}}{=}\lim\limits_{x\to0}\dfrac{e^x-e^{-x}}{\sin x}\overset{\frac{0}{0}}{=}\lim\limits_{x\to0}\dfrac{e^x+e^{-x}}{\cos x}=2$

洛必达法则 2 如果 $f(x)$，$g(x)$ 满足下列条件：

① $\lim\limits_{x\to\infty}f(x)=\lim\limits_{x\to\infty}g(x)=0$；

② 当 $|x|$ 充分大时，$f'(x)$，$g'(x)$ 都存在，且 $g'(x)\neq0$；

③ $\lim\limits_{x\to\infty}\dfrac{f'(x)}{g'(x)}$ 存在(或为 ∞);

则 $\lim\limits_{x\to\infty}\dfrac{f(x)}{g(x)}$ 存在(或为 ∞),且有 $\lim\limits_{x\to\infty}\dfrac{f(x)}{g(x)}=\lim\limits_{x\to\infty}\dfrac{f'(x)}{g'(x)}$.

例 3.16 求 $\lim\limits_{x\to+\infty}\dfrac{\ln\left(1+\dfrac{1}{x}\right)}{\text{arccot}\,x}$.

解: $\lim\limits_{x\to+\infty}\dfrac{\ln\left(1+\dfrac{1}{x}\right)}{\text{arccot}\,x}\overset{\frac{0}{0}}{=}\lim\limits_{x\to\infty}\dfrac{\dfrac{1}{1+\dfrac{1}{x}}\left(-\dfrac{1}{x^2}\right)}{-\dfrac{1}{1+x^2}}=\lim\limits_{x\to\infty}\dfrac{x^2+1}{x^2+x}=1$

例 3.17 求 $\lim\limits_{x\to+\infty}x\left(\dfrac{\pi}{2}-\arctan x\right)$.

解: $\lim\limits_{x\to+\infty}x\left(\dfrac{\pi}{2}-\arctan x\right)=\lim\limits_{x\to+\infty}\dfrac{\dfrac{\pi}{2}-\arctan x}{\dfrac{1}{x}}\overset{\frac{0}{0}}{=}\lim\limits_{x\to+\infty}\dfrac{-\dfrac{1}{1+x^2}}{-\dfrac{1}{x^2}}=\lim\limits_{x\to+\infty}\dfrac{x^2}{1+x^2}=1$

3.2.2 $\dfrac{\infty}{\infty}$ 型未定式

洛必达法则 3 如果 $f(x),g(x)$ 满足下列条件:

① $\lim\limits_{x\to a}f(x)=\lim\limits_{x\to a}g(x)=\infty$;

② 在点 a 的某一邻域内(点 a 可除外),$f'(x),g'(x)$ 都存在,且 $g'(x)\neq0$;

③ $\lim\limits_{x\to a}\dfrac{f'(x)}{g'(x)}$ 存在(或为 ∞);

则 $\lim\limits_{x\to a}\dfrac{f(x)}{g(x)}$ 也存在(或为 ∞),且 $\lim\limits_{x\to a}\dfrac{f(x)}{g(x)}=\lim\limits_{x\to a}\dfrac{f'(x)}{g'(x)}$.

例 3.18 求 $\lim\limits_{x\to0^+}\dfrac{\ln(\cot x)}{\ln x}$.

解: $\lim\limits_{x\to0^+}\dfrac{\ln(\cot x)}{\ln x}\overset{\frac{\infty}{\infty}}{=}\lim\limits_{x\to0^+}\dfrac{\dfrac{1}{\cot x}(-\csc^2 x)}{\dfrac{1}{x}}=\lim\limits_{x\to0^+}\dfrac{-x}{\sin x\cos x}=-1$

例 3.19 求 $\lim\limits_{x\to\frac{\pi}{2}^+}\dfrac{\ln\left(x-\dfrac{\pi}{2}\right)}{\tan x}$.

解: $\lim\limits_{x\to\frac{\pi}{2}^+}\dfrac{\ln\left(x-\dfrac{\pi}{2}\right)}{\tan x}\overset{\frac{\infty}{\infty}}{=}\lim\limits_{x\to\frac{\pi}{2}^+}\dfrac{\dfrac{1}{x-\dfrac{\pi}{2}}}{\sec^2 x}=\lim\limits_{x\to\frac{\pi}{2}^+}\dfrac{\cos^2 x}{x-\dfrac{\pi}{2}}\overset{\frac{0}{0}}{=}\lim\limits_{x\to\frac{\pi}{2}^+}(-\sin 2x)=0$

洛必达法则 4 如果 $f(x),g(x)$ 满足下列条件:

① $\lim\limits_{x\to\infty}f(x)=\lim\limits_{x\to\infty}g(x)=\infty$;

② 当 $|x|$ 充分大时,$f'(x),g'(x)$ 都存在,且 $g'(x)\neq0$;

③ $\lim\limits_{x \to \infty} \dfrac{f'(x)}{g'(x)}$ 存在(或为 ∞);

则 $\lim\limits_{x \to \infty} \dfrac{f(x)}{g(x)}$ 存在(或为 ∞),且有 $\lim\limits_{x \to \infty} \dfrac{f(x)}{g(x)} = \lim\limits_{x \to \infty} \dfrac{f'(x)}{g'(x)}$.

例 3.20 求 $\lim\limits_{x \to +\infty} \dfrac{x^n}{e^{ax}}(a > 0, n$ 为正整数).

解: $\lim\limits_{x \to +\infty} \dfrac{x^n}{e^{ax}} \stackrel{\frac{\infty}{\infty}}{=} \lim\limits_{x \to +\infty} \dfrac{nx^{n-1}}{ae^{ax}} \stackrel{\frac{\infty}{\infty}}{=} \lim\limits_{x \to +\infty} \dfrac{n(n-1)x^{n-2}}{a^2 e^{ax}} = \cdots = \lim\limits_{x \to +\infty} \dfrac{n!}{a^n e^{ax}} = 0.$

3.2.3 $1^\infty, 0 \cdot \infty, \infty - \infty, 0^0, \infty^0$ 型未定式

对于这些类型的未定式,可以通过恰当的变换将它们化为 $\dfrac{0}{0}$ 型或 $\dfrac{\infty}{\infty}$ 型未定式来计算.

例 3.21 求 $\lim\limits_{x \to e} (\ln x)^{\frac{1}{1 - \ln x}}$.

解:这是 1^∞ 型未定式,可变形为:$(\ln x)^{\frac{1}{1 - \ln x}} = e^{\frac{\ln(\ln x)}{1 - \ln x}}$

由 $\qquad \lim\limits_{x \to e} \dfrac{\ln(\ln x)}{1 - \ln x} \stackrel{\frac{0}{0}}{=} \lim\limits_{x \to e} \dfrac{\frac{1}{\ln x} \cdot \frac{1}{x}}{-\frac{1}{x}} = \lim\limits_{x \to e} \dfrac{-1}{\ln x} = -1$

得 $\qquad \lim\limits_{x \to e} (\ln x)^{\frac{1}{1 - \ln x}} = \lim\limits_{x \to e} e^{\frac{\ln(\ln x)}{1 - \ln x}} = e \exp\left(\lim\limits_{x \to e} \dfrac{\ln(\ln x)}{1 - \ln x}\right) = e^{-1}$

例 3.22 求 $\lim\limits_{x \to 1} (1 - x) \tan \dfrac{\pi}{2} x$.

解:这是 $0 \cdot \infty$ 型未定式,可变形为:$(1 - x) \tan \dfrac{\pi}{2} x = \dfrac{1 - x}{\cot \frac{\pi}{2} x}$

于是: $\qquad \lim\limits_{x \to 1} (1 - x) \tan \dfrac{\pi}{2} x = \lim\limits_{x \to 1} \dfrac{1 - x}{\cot \frac{\pi}{2} x} \stackrel{\frac{0}{0}}{=} \lim\limits_{x \to 1} \dfrac{-1}{-\csc^2 \frac{\pi}{2} x \cdot \frac{\pi}{2}} = \dfrac{2}{\pi}$

例 3.23 求 $\lim\limits_{x \to 1} \left(\dfrac{x}{x - 1} - \dfrac{1}{\ln x}\right)$.

解:这是 $\infty - \infty$ 型未定式

$$\lim\limits_{x \to 1} \left(\dfrac{x}{x - 1} - \dfrac{1}{\ln x}\right) = \lim\limits_{x \to 1} \dfrac{x \ln x - x + 1}{(x - 1) \ln x} \stackrel{\frac{0}{0}}{=} \lim\limits_{x \to 1} \dfrac{\ln x + 1 - 1}{\ln x + 1 - \frac{1}{x}}$$

$$= \lim\limits_{x \to 1} \dfrac{x \ln x}{x \ln x + x - 1} \stackrel{\frac{0}{0}}{=} \lim\limits_{x \to 1} \dfrac{\ln x + 1}{\ln x + 1 + 1} = \dfrac{1}{2}$$

例 3.24 求 $\lim\limits_{x \to +\infty} \left(\dfrac{\pi}{2} - \arctan x\right)^{\frac{1}{\ln x}}$.

解:这是 0^0 型的未定式,可变形为:$\left(\dfrac{\pi}{2} - \arctan x\right)^{\frac{1}{\ln x}} = e^{\frac{\ln\left(\frac{\pi}{2} - \arctan x\right)}{\ln x}}$,

由 $$\lim_{x\to+\infty}\frac{\ln\left(\frac{\pi}{2}-\arctan x\right)}{\ln x}\overset{\frac{\infty}{\infty}}{=}\lim_{x\to+\infty}\frac{1}{\frac{\pi}{2}-\arctan x}\cdot\frac{-x}{1+x^2}$$

$$=\lim_{x\to+\infty}\frac{\frac{1}{x}}{\frac{\pi}{2}-\arctan x}\cdot\lim_{x\to+\infty}\frac{-x^2}{1+x^2}\overset{\frac{0}{0}}{=}-\lim_{x\to+\infty}\frac{-\frac{1}{x^2}}{-\frac{1}{1+x^2}}=-1$$

得 $$\lim_{x\to+\infty}\left(\frac{\pi}{2}-\arctan x\right)^{\frac{1}{\ln x}}=e^{-1}$$

例 3.25 求 $\lim_{x\to0^+}\left(\ln\frac{1}{x}\right)^x$.

解: 这是 ∞^0 型未定式,可变形为: $\left(\ln\frac{1}{x}\right)^x=e^{x\ln\left(\ln\frac{1}{x}\right)}=e^{\frac{\ln\left(\ln\frac{1}{x}\right)}{\frac{1}{x}}}$

由 $$\lim_{x\to0^+}\frac{\ln\left(\ln\frac{1}{x}\right)}{\frac{1}{x}}\overset{\frac{\infty}{\infty}}{=}\lim_{x\to0^+}\frac{-\frac{1}{x}}{\ln\left(\frac{1}{x}\right)\cdot\left(-\frac{1}{x^2}\right)}=\lim_{x\to0^+}\frac{-x}{\ln x}=0$$

得 $$\lim_{x\to0^+}\left(\ln\frac{1}{x}\right)^x=\lim_{x\to0^+}e^{x\ln\left(\ln\frac{1}{x}\right)}=e^{\lim_{x\to0^+}\frac{\ln\left(\ln\frac{1}{x}\right)}{\frac{1}{x}}}=e^0=1$$

[注] (1) 注意洛必达法则条件③,若 $\lim_{x\to a}\frac{f'(x)}{g'(x)}$ 不存在,则说明洛必达法则失效,但不

能说 $\lim_{x\to\infty}\frac{f(x)}{g(x)}$ 不存在,例如 $\lim_{x\to0}\frac{\left(x^2\sin\frac{1}{x}\right)'}{(\sin x)'}=\lim_{x\to0}\frac{2x\sin\frac{1}{x}-\cos\frac{1}{x}}{\cos x}$,该极限不存在,但

$\lim_{x\to0}\frac{x^2\sin\frac{1}{x}}{\sin x}=\lim_{x\to0}\frac{x}{\sin x}\cdot\left(x\sin\frac{1}{x}\right)=0$.

再看一个错误的例子: $\lim_{x\to\infty}\frac{x-\sin x}{2x+\cos x}\overset{\frac{\infty}{\infty}}{\underset{洛}{=}}\lim_{x\to\infty}\frac{1-\cos x}{2-\sin x}$,由于右边极限不存在,所以左边极

限也不存在,这是错误的! 因为洛必达法则告诉我们:当极限 $\lim_{x\to\infty}\frac{f'(x)}{g'(x)}$ 存在(或为∞)时,才

有 $\lim_{x\to\infty}\frac{f(x)}{g(x)}=\lim_{x\to\infty}\frac{f'(x)}{g'(x)}$,因此上式的"等号"是不成立的.

(2) 注意洛必达法则的条件①,看一个错误的例子:

$$\lim_{x\to1}\frac{x^3-2x+1}{x^2-3x+2}\overset{\frac{0}{0}}{=}\lim_{x\to1}\frac{3x^2-2}{2x-3}=\lim_{x\to1}\frac{6x}{2}=3$$

此解两次使用洛必达法则,第一次是正确的,而第二次是错误的,因为第一次使用法则

后的极限 $\lim_{x\to1}\frac{3x^2-2}{2x-3}$ 是定式的极限问题,此时已不满足洛必达法则条件(1),这一点是往往容

易被忽视的!

正确的解法为 $\lim_{x\to1}\frac{x^3-2x+1}{x^2-3x+2}\overset{\frac{0}{0}}{=}\lim_{x\to1}\frac{3x^2-2}{2x-3}=\lim_{x\to1}\frac{3\times1^2-2}{2\times1-3}=-1$

（3）注意使用洛必达法则后的效果，例如：

$$\lim_{x\to+\infty}\frac{e^x-e^{-x}}{e^x+e^{-x}}\overset{\frac{\infty}{\infty}}{\underset{\text{洛}}{=}}\lim_{x\to+\infty}\frac{e^x+e^{-x}}{e^x-e^{-x}}\overset{\frac{\infty}{\infty}}{\underset{\text{洛}}{=}}\lim_{x\to+\infty}\frac{e^x-e^{-x}}{e^x+e^{-x}}$$

此解两次使用洛必达法则后又回到原极限，这并不能说此极限不存在，而只能说明这样使用洛必达法则无效果.

正确的解法为：$\lim\limits_{x\to+\infty}\dfrac{e^x-e^{-x}}{e^x+e^{-x}}\overset{\frac{\infty}{\infty}}{=}\lim\limits_{x\to+\infty}\dfrac{e^{2x}-1}{e^{2x}+1}\overset{\frac{\infty}{\infty}}{=}\lim\limits_{x\to+\infty}\dfrac{2e^{2x}}{2e^{2x}}=1$

3.3　导数的应用

本节我们将利用微分学理论，给出判定函数的单调性、极值、函数图形的凹凸性、拐点以及描绘函数图形的方法，这些方法与初等数学方法相比，具有既简便又有一般性的特点.

3.3.1　函数单调性的判别法

根据拉格朗日定理，容易得到如下定理：

定理3.3　设函数 $f(x)$ 在 $[a,b]$ 上连续，在 (a,b) 内可导，那么：

（1）若在 (a,b) 内 $f'(x)>0$，则 $f(x)$ 在 $[a,b]$ 上单调增加；

（2）若在 (a,b) 内 $f'(x)<0$，则 $f(x)$ 在 $[a,b]$ 上单调减少.

证明：对 $\forall x_1,x_2\in[a,b]$，且 $x_1<x_2$，由条件知，$f(x)$ 在 $[x_1,x_2]$ 上连续，在 (x_1,x_2) 内可导，于是由拉格朗日中值定理知，至少存在一点 $\xi\in(x_1,x_2)$，使得

$$f(x_1)-f(x_2)=f'(\xi)(x_1-x_2)$$

因为 $f'(\xi)>0,x_1-x_2<0$，所以 $f(x_1)-f(x_2)<0$，

即 $f(x_1)<f(x_2)$，从而 $f(x)$ 在 $[a,b]$ 上单调增加，

同理可证（2）.

例3.26　讨论函数 $f(x)=\dfrac{1}{3}x^3-x^2+\dfrac{1}{3}$ 的单调性.

解：易知 $f(x)$ 的定义域为 $(-\infty,+\infty)$，且有

$$f'(x)=x^2-2x=x(x-2)$$

令 $f'(x)=0$ 解得 $x_1=0,x_2=2$ 列表得：

x	$(-\infty,0)$	0	$(0,2)$	2	$(2,+\infty)$
$f'(x)$	+	0	−	0	+
$f(x)$	↗	1/3	↘	−1	↗

即 $f(x)$ 在区间 $(-\infty,0)$ 及 $(2,+\infty)$ 内单调上升，在区间 $(0,2)$ 内单调下降.

例3.27　证明：当 $x\neq0$ 时，$e^x>1+x$.

证明：作辅助函数 $f(x)=e^x-1-x$，因为 $f(0)=0$，所以我们只需证明：

当 $x\neq0$ 时，有 $f(x)>0$，

$f'(x)=e^x-1$，令 $f'(x)=0$，得 $x=0$，列表：

x	$(-\infty,0)$	0	$(0,+\infty)$
$f'(x)$	$-$	0	$+$
$f(x)$	$\searrow$	0	$\nearrow$

从表中可看出，$f(0)=0$ 是函数 $f(x)$ 的最小值，并且，当 $x\neq0$ 时，有 $f(x)>f(0)=0$，即当 $x\neq0$ 时，$e^x>1+x$.

此不等式说明：除了点 $(0,1)$ 之外，曲线 $y_1=e^x$ 在其他点处始终位于直线 $y=x+1$ 的上方.

[注]　如果在区间 (a,b) 内 $f'(x)\geqslant0$（或 $f'(x)\leqslant0$），但等号只在个别点处成立，则函数 $f(x)$ 在 (a,b) 内仍是单调增加（或单调减少）的，例如函数 $f(x)=x^3$，因为 $f'(x)=3x^2\geqslant0$，且只有当 $x=0$ 时，$f'(x)=0$，故 $f(x)=x^3$ 在 $(-\infty,+\infty)$ 内是单调增加的.

3.3.2　函数的极值

先看图形 3-7.

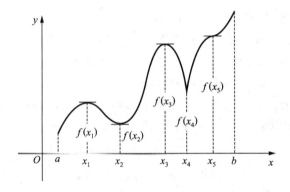

图 3-7

定义 3.1　设函数 $f(x)$ 在点 x_0 的邻域 $(x_0-\delta,x_0+\delta)$ 内有定义，若对任意 $x\in(x_0-\delta,x_0+\delta)$ 都有：$f(x)\leqslant f(x_0)$　$(f(x)\geqslant f(x_0))$，则称 $f(x_0)$ 为函数 $f(x)$ 的极大值（极小值），而点 x_0 称为 $f(x)$ 的极大值点（极小值点）.

显然极值是一个局部性概念，它只是与极值点邻近的所有点的函数值相比较而言的，并不意味着它在整个定义区间内最大或最小，如图 3-7 中所示的 $f(x)$，它在点 x_1 和 x_3 处各有极大值 $f(x_1)$ 和 $f(x_3)$，点 x_2 和 x_4 处各有极小值 $f(x_2)$ 和 $f(x_4)$，而极大值 $f(x_1)$ 还小于极小值 $f(x_4)$.

从图 3-7 还可看到，在函数取得极值处，如果曲线有切线存在，并且切线有确定的斜率，那么该切线平行于 x 轴，即切线的斜率等于 0，但是有水平切线的地方，函数不一定取得极值，例如图中 $x=x_5$ 处，曲线上有水平切线，但 $f(x_5)$ 不是极值.

定义 3.2　若 $f'(x_0)=0$，则点 x_0 称为函数 $f(x)$ 的驻点.

下面讨论函数取得极值的必要条件和充分条件.

定理 3.4(极值存在的必要条件)　如果 $f(x)$ 在点 x_0 处可导，且在点 x_0 处取得极值，则

$f'(x_0)=0.$

证明: 不妨设 $f(x_0)$ 是极大值,则存在 x_0 的某邻域,在此邻域内恒有:

$$f(x_0+\Delta x)\leqslant f(x_0)$$

当 $\Delta x>0$ 时,有 $\dfrac{f(x_0+\Delta x)-f(x_0)}{\Delta x}\leqslant 0$

因此　　　　　　$f'_+(x_0)=\lim\limits_{\Delta x\to 0^+}\dfrac{f(x_0+\Delta x)-f(x_0)}{\Delta x}\leqslant 0$

当 $\Delta x<0$ 时,有 $\dfrac{f(x_0+\Delta x)-f(x_0)}{\Delta x}\geqslant 0$

因此　　　　　　$f'_-(x_0)=\lim\limits_{\Delta x\to 0^-}\dfrac{f(x_0+\Delta x)-f(x_0)}{\Delta x}\geqslant 0$

由所设条件 $f'(x_0)$ 存在,必有 $f'(x_0)=f'_+(x_0)=f'_-(x_0)$,故 $f'(x_0)=0.$
同理可证极小值的情形.

[**注**]　(1) 上述定理表明,在可导的情况下,函数的极值点必是驻点,即驻点是极值点的必要条件,但是应注意,驻点未必是函数的极值点.例如,函数 $f(x)=x^3$ 在驻点 $x=0$ 处没有极值.

(2) 函数的极值点也可能是不可导点,但不可导点也未必就是函数的极值点,例如函数 $f(x)=x^{\frac{2}{3}}$,$f'(x)=\dfrac{2}{3}x^{-\frac{1}{3}}=\dfrac{2}{3}\dfrac{1}{x^{\frac{1}{3}}}$,$f'(0)$ 不存在,但在 $x=0$ 处取得极小值 $f(0)=0$,如图 3-8 所示;而函数 $f(x)=x^{\frac{1}{3}}$,$f'(x)=\dfrac{1}{3}x^{-\frac{2}{3}}=\dfrac{1}{3}\dfrac{1}{x^{\frac{2}{3}}}$,$f'(0)$ 不存在,但在 $x=0$ 处没有极值,如图 3-9 所示.

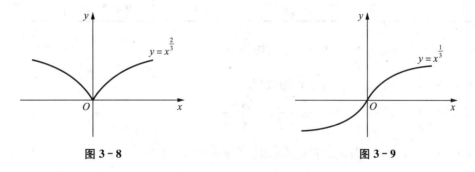

图 3-8　　　　　　　　　　　　　　　　　图 3-9

总之,函数的极值点必是函数的驻点或导数不存在的点.但反过来,驻点或导数不存在的点不一定就是函数的极值点,那么,自然要问函数取得极值的充分条件到底是什么?

定理 3.5(极值存在的第一充分条件)　设函数 $f(x)$ 在点 x_0 的邻域 $(x_0-\delta,x_0+\delta)$ 内连续并且可导(但 $f'(x_0)$ 可以不存在),

(1) 若当 $x\in(x_0-\delta,x_0)$ 时　$f'(x)<0$,而当 $x\in(x_0,x_0+\delta)$ 时 $f'(x)>0$,则函数 $f(x)$ 在点 x_0 处取得极小值 $f(x_0)$;

(2) 若当 $x\in(x_0-\delta,x_0)$ 时　$f'(x)>0$,而当 $x\in(x_0,x_0+\delta)$ 时 $f'(x)<0$,则函数 $f(x)$ 在点 x_0 处取得极大值 $f(x_0)$;

(3) 若当 $x\in(x_0-\delta,x_0)$ 和 $x\in(x_0,x_0+\delta)$ 时，$f'(x)$ 不变号，则 $f(x)$ 在点 x_0 处无极值.

证明：(1) 若当 $x\in(x_0-\delta,x_0)$ 时　$f'(x)<0$，则 $f(x)$ 在 $(x_0-\delta,x_0)$ 内单调减少，故有 $f(x_0)<f(x)$.

当 $x\in(x_0,x_0+\delta)$ 时，$f'(x)>0$，则 $f(x)$ 在 $(x_0,x_0+\delta)$ 内单调增加，故有 $f(x_0)<f(x)$，于是：

对 $\forall x\in(x_0-\delta,x_0)\bigcup(x_0,x_0+\delta)$ 都有 $f(x_0)<f(x)$，

即对 $\forall x\in(x_0-\delta,x_0+\delta)$ 都有 $f(x_0)\leqslant f(x)$，

由定义 $f(x_0)$ 是 $f(x)$ 的极小值.

同理可证(2).

(3) 因为 $(x_0-\delta,x_0+\delta)$ 内 $f'(x)$ 不变号，不妨设 $f'(x)>0$，则 $f(x)$ 在点 x_0 的左右两边都单调增加，易知 $f(x)$ 不可能在点 x_0 处取极值($f'(x)<0$，同理).

[注]　在定理 3.5 的证明过程中，并未要求 $f'(x_0)$ 一定存在，例如 $x=0$ 是函数 $f(x)=|x|$ 的极小值点，但此时 $f'(0)$ 并不存在.

例 3.28　求 $f(x)=\dfrac{1}{3}x^3-x^2+\dfrac{1}{3}$ 的极值.

解：令 $f'(x)=x^2-2x=x(x-2)=0$，得驻点 $x_1=0,x_2=2$

由于 $f'(x)$ 在区间 $(-\infty,+\infty)$ 内处处存在，故除 $x=0,2$ 外，函数没有其他的极值可疑点，列表如下：

x	$(-\infty,0)$	0	$(0,2)$	2	$(2,+\infty)$
$f'(x)$	$+$	0	$-$	0	$+$
$f(x)$	↗	极大值 1/3	↘	极小值 -1	↗

故 $f(0)=\dfrac{1}{3}$ 为极大值，$f(2)=-1$ 为极小值.

例 3.29　求 $f(x)=(x-1)\sqrt[3]{x^2}$ 的极值.

解：$f'(x)=\sqrt[3]{x^2}+(x-1)\cdot\dfrac{2}{3}\cdot\dfrac{1}{\sqrt[3]{x}}=\dfrac{5x-2}{3\sqrt[3]{x}}$

令 $y'=0$ 得 $x_1=\dfrac{2}{5}$，而 $x_2=0$ 是 $f'(x)$ 不存在的点，列表得：

x	$(-\infty,0)$	0	$\left(0,\dfrac{2}{5}\right)$	$\dfrac{2}{5}$	$\left(\dfrac{2}{5},+\infty\right)$
$f'(x)$	$+$	不存在	$-$	0	$+$
$f(x)$	↗	极大值(0)	↘	极小值 $\left(-\dfrac{3}{5}\sqrt[3]{\dfrac{4}{25}}\right)$	↗

故 $f(0)=0$ 为极大值，$f\left(\dfrac{2}{5}\right)=-\dfrac{3}{5}\sqrt[3]{\dfrac{4}{25}}$ 为极小值.

定理 3.6(极值存在的第二充分条件)　设 $f'(x_0)=0$，$f''(x_0)$ 存在，

(1) 如果 $f''(x_0)>0$，则 $f(x_0)$ 为 $f(x)$ 的极小值；

(2) 如果 $f''(x_0)<0$,则 $f(x_0)$ 为 $f(x)$ 的极大值.

证明(1):由导数定义及 $f'(x_0)=0$ 和 $f''(x_0)>0$,得

$$f''(x_0)=\lim_{x\to x_0}\frac{f'(x)-f'(x_0)}{x-x_0}=\lim_{x\to x_0}\frac{f'(x)}{x-x_0}>0$$

故由极限的保号性定理知,存在点 x_0 的某个邻域,在该邻域内恒有

$$\frac{f'(x)}{x-x_0}>0 \quad (x\neq x_0)$$

因此,当 $x<x_0$ 时,$f'(x)<0$;当 $x>x_0$ 时,$f'(x)>0$,由定理 3.5 知,$f(x_0)$ 为极小值. 同理可证(2).

例 3.30 求函数 $f(x)=x^2\mathrm{e}^{-x}$ 的极值.

解:$f'(x)=2x\mathrm{e}^{-x}-x^2\mathrm{e}^{-x}=x(2-x)\mathrm{e}^{-x}$

令 $f'(x)=0$ 得 $x_1=0,x_2=2$

$$f''(x)=(2-2x)\mathrm{e}^{-x}-(2x-x^2)\mathrm{e}^{-x}=(x^2-4x+2)\mathrm{e}^{-x}$$

由于 $f''(0)=2>0$,故在 $x=0$ 处取得极小值 $f(0)=0$,$f''(2)=-2\mathrm{e}^{-2}<0$,

故在 $x=2$ 处取得极大值 $f(2)=4\mathrm{e}^{-2}$.

[注] 当 $f'(x_0)=f''(x_0)=0$ 时,定理 3.6 失效,例如,函数 $f(x)=x^3$ 有 $f'(0)=f''(0)=0$,而点 $x=0$ 不是极值点;但函数 $f(x)=x^4$ 有 $f'(0)=f''(0)=0$,而点 $x=0$ 却是极小值点.

3.3.3 函数的最值

定义 3.3 设函数 $f(x)$ 在区间 $[a,b]$ 上连续,$f(x_0)$ 称为函数 $f(x)$ 的最大值(或最小值),是指 $x_0\in[a,b]$,且对 $\forall x\in[a,b]$,都有 $f(x_0)\geqslant f(x)$(或 $f(x_0)\leqslant f(x)$).

显然,与函数极值的局部性概念不同,最大值和最小值是整体性概念,是相对于整个区间上的函数值而言的.

一般说来,连续函数在 $[a,b]$ 上的最大值与最小值,可以由区间端点函数值 $f(a),f(b)$ 与区间内使 $f'(x)=0$ 及 $f'(x)$ 不存在的点的函数值相比较,其中最大的就是函数在 $[a,b]$ 上的最大值,最小的就是函数在 $[a,b]$ 上的最小值.

例 3.31 求函数 $f(x)=(x^2-2x)^{\frac{2}{3}}$ 在区间 $[0,3]$ 上的最大(小)值.

解:$y'=\dfrac{4(x-1)}{3(x^2-2x)^{\frac{1}{3}}}$

令 $y'=0$,得 $x=1$

当 $x=0$ 或 2 时,y' 不存在

比较 $y(0)=0,y(1)=1,y(2)=0,y(3)=\sqrt[3]{9}$ 得:

最大值为 $y(3)=\sqrt[3]{9}$,最小值为 $y(0)=y(2)=0$

关于函数的最值问题,还有以下两种情况值得注意:

(1) 若函数在闭区间上单调增加(或者单调减少),则函数在区间的左端点(或右端点)处取得最小值,在区间的右端点(或左端点)处取得最大值.

(2) 若连续函数在区间 (a,b) 内有且仅有一个极大值,而没有极小值,则此极大值就是函数在区间 $[a,b]$ 上的最大值.同样,若连续函数在区间 (a,b) 内有且仅有一个极小值,而没有极大值,则此极小值就是函数在区间 $[a,b]$ 上的最小值,许多求最大值或最小值的实际问题,就属于此种类型.

例 3.32 在半径为 r 的半圆内,作一个内接梯形,其底为半圆的直径,其他三边为半圆的弦,见图 3-10.问:如何设计才能使梯形的面积最大?

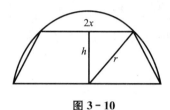

图 3-10

解:设梯形上底为 $2x$,高为 h,面积为 A,因为 $h=\sqrt{r^2-x^2}$,所以梯形的面积为

$$A(x)=\frac{2x+2r}{2}\sqrt{r^2-x^2}$$
$$=(x+r)\sqrt{r^2-x^2}\quad(0<x<r)$$

求导得: $A'(x)=\sqrt{r^2-x^2}-\dfrac{x(x+r)}{\sqrt{r^2-x^2}}=\dfrac{r^2-xr-2x^2}{\sqrt{r^2-x^2}}=\dfrac{(r-2x)(r+x)}{\sqrt{r^2-x^2}}$

令 $A'(x)=0$,解得 $x=\dfrac{r}{2}$, $x=-r$(舍去)

当 $0<x<\dfrac{r}{2}$ 时, $A'>0$;当 $\dfrac{r}{2}<x<r$ 时, $A'<0$,

所以 $x=\dfrac{r}{2}$ 时, A 取极大值.

在 $(0,r)$ 内 $x=\dfrac{r}{2}$ 是唯一的极大值点,也就是 $A(x)$ 在 $(0,r)$ 内的最大值点.

故当 $x=\dfrac{r}{2}$, $h=\dfrac{\sqrt{3}}{2}r$ 时,面积 A 最大,即梯形上底等于半圆半径时,梯形面积最大.

例 3.33 要设计一容积为 v 的有盖圆柱形贮油桶,已知侧面造价为底面造价的一半,而盖的造价又是侧面造价的一半,问贮油桶半径 r 取何值时造价最省?

解:设桶底半径为 r,则桶高 $h=\dfrac{v}{\pi r^2}$.若设盖的造价为 a 元/米^2,则油桶造价为

$$f(r)=a\pi r^2+2\pi rh2a+\pi r^2 4a$$
$$=5a\pi r^2+4a\pi r\cdot\frac{v}{\pi r^2}$$
$$=a\left(5\pi r^2+\frac{4v}{r}\right),r\in(0,+\infty)$$
$$f'(r)=a\left(10\pi r-\frac{4v}{r^2}\right)=\frac{a}{r^2}(10\pi r^3-4v)$$

令 $f'(r)=0$,得唯一驻点 $r=r_0=\sqrt[3]{\dfrac{2v}{5\pi}}$

又 $f''(r_0)=a\left(10\pi+\dfrac{8v}{r_0^3}\right)>0$,因此, $f(r_0)$ 是极小值,也是最小值.

故当 $r=\sqrt[3]{\dfrac{2v}{5\pi}}$ 时,油桶造价最省.

3.3.4　曲线的凹向与拐点

考查图 3-11,曲线 $y=f(x)$ 上的点 C 将曲线分成两段:$\overset{\frown}{AC}$ 和 $\overset{\frown}{CB}$,在曲线段 $\overset{\frown}{AC}$ 上的每一点的切线都在曲线的上方;而在曲线段 $\overset{\frown}{CB}$ 上每一点的切线都在曲线的下方. 我们称曲线 $y=f(x)$ 在 (a,c) 内是下凹的,而称曲线 $y=f(x)$ 在 (c,b) 内是上凹的. 由于点 $C(c,f(c))$ 将曲线 $y=f(x)$ 分成了上凹和下凹的两部分,就称分界点 $C(c,f(c))$ 为曲线 $y=f(x)$ 的拐点.

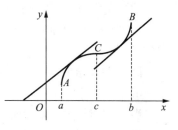

图 3-11

再考查图 3-12 和图 3-13 知:当曲线 $y=f(x)$ 在某区间上凹时,其切线斜率是增加的,即 $f'(x)$ 是一个增函数,因此它的二阶导数 $f''(x)$ 在此区间内应取正值. 对曲线 $y=f(x)$ 下凹的部分有相反的结论,所以,我们可以根据函数的二阶导数值的正负来判断曲线的凹向性.

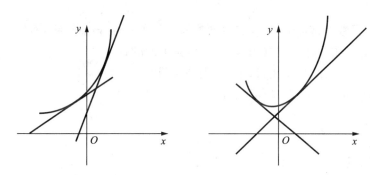

图 3-12

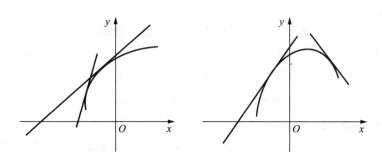

图 3-13

定理 3.7　设函数 $f(x)$ 在区间 (a,b) 内具有二阶导数,那么

(1) 若 $x\in(a,b)$ 时,恒有 $f''(x)>0$,则曲线 $y=f(x)$ 在 (a,b) 内上凹;

(2) 若 $x\in(a,b)$ 时,恒有 $f''(x)<0$,则曲线 $y=f(x)$ 在 (a,b) 内下凹.

[**注**]　(1) 拐点既然是上凹与下凹的分界点,所以在拐点左右邻近 $f''(x)$ 必然异号,因而在拐点处必有 $f''(x)=0$ 或 $f''(x)$ 不存在.

(2) 若 $f''(x)$ 不存在,此时可分为两种情况:

① 在点 x_0 处一阶导数存在,若在点 x_0 左右邻近二阶导数存在且符号相反,则

$(x_0, f(x_0))$ 是拐点,若符号相同则不是拐点;

② 在点 x_0 处函数连续,但一阶导数不存在,若在点 x_0 左右邻近二阶导数存在且符号相反,则 $(x_0, f(x_0))$ 是拐点,若符号相同则不是拐点.

(3) 若 $f''(x_0)=0$,则 $(x_0, f(x_0))$ 可能是曲线的拐点,也可能不是拐点. 例如,$y=x^6$,$y''=0$ 的解为 $x=0$,但点 $(0,0)$ 不是 $y=x^6$ 的拐点,而对于 $y=x^3$,$y''=0$ 的解也为 $x=0$,但点 $(0,0)$ 是 $y=x^3$ 的拐点.

例 3.34　求曲线 $y=xe^{-x}$ 的凹向与拐点.

解:$y'=e^{-x}-xe^{-x}$,$y''=(x-2)e^{-x}$,令 $y''=0$,得 $x=2$,

当 $x<2$ 时,$y''<0$,即曲线在 $(-\infty, 2)$ 内是下凹的;

当 $x>2$ 时,$y''>0$,即曲线在 $(2, +\infty)$ 内是上凹的.

故点 $(2, 2e^{-2})$ 是曲线 $y=xe^{-x}$ 的拐点.

例 3.35　求曲线 $y=\sqrt[3]{x-1}$ 的凹向与拐点.

解:$y'=\dfrac{1}{3}(x-1)^{-\frac{2}{3}}$,$y''=-\dfrac{2}{9}(x-1)^{-\frac{5}{3}}$,

当 $x=1$ 时,函数在该点的一阶、二阶导数都不存在,但在该点连续,而且

当 $x<1$ 时,$y''>0$,即曲线在 $(-\infty, -1)$ 内是上凹的;

当 $x>1$ 时,$y''<0$,即曲线在 $(1, +\infty)$ 内是下凹的.

故点 $(1, 0)$ 是曲线 $y=\sqrt[3]{x-1}$ 的拐点.

3.3.5　函数作图

1. 曲线渐近线

定义 3.4　如果曲线上的一点沿曲线趋于无穷远时,该点与某一直线的距离趋于零,则称此直线为曲线的渐近线.

渐近线可按其所处位置分为水平渐近线、铅直渐近线和斜渐近线.

(1) 水平与铅直渐近线的求法.

① 若 $\lim\limits_{x\to\infty} f(x)=b$,则称曲线 $y=f(x)$ 有水平渐近线 $y=b$;

② 若 $\lim\limits_{x\to a} f(x)=\infty$,则称曲线 $y=f(x)$ 有铅直渐近线 $x=a$.

(2) 斜渐近线的求法.

若 $\lim\limits_{x\to\infty}[f(x)-(ax+b)]=0$ 成立,则称直线 $y=ax+b$ 是曲线 $y=f(x)$ 的一条斜渐近线.

定理 3.8　直线 $y=ax+b$ 是曲线 $y=f(x)$ 的渐近线的充要条件是:

$$\lim_{x\to\infty}\frac{f(x)}{x}=a,\quad \lim_{x\to\infty}[f(x)-ax]=b.$$

证明:必要性. 由定义知,若直线 $y=ax+b$ 是曲线 $y=f(x)$ 的渐近线

$$\Rightarrow \lim_{x\to\infty}[f(x)-(ax+b)]=0$$

$$\Rightarrow \lim_{x\to\infty} x\left[\frac{f(x)}{x}-a-\frac{b}{x}\right]=0$$

$$\Rightarrow \lim_{x\to\infty}\left[\frac{f(x)}{x}-a-\frac{b}{x}\right]=\lim_{x\to\infty}\left[\frac{f(x)}{x}-a\right]=0$$

即 $\lim\limits_{x\to\infty}\dfrac{f(x)}{x}=a$，求出 a 后，代入 $\lim\limits_{x\to\infty}[f(x)-(ax+b)]=0$ 得

$$b=\lim_{x\to\infty}[f(x)-ax]$$

充分性. 显然.

例 3.36 求曲线 $f(x)=\dfrac{x^3}{(x-1)^2}$ 的渐近线.

解：因为 $\lim\limits_{x\to1}f(x)=\lim\limits_{x\to1}\dfrac{x^3}{(x-1)^2}=\infty$，故 $x=1$ 是曲线的一条铅直渐近线.

当 $x\to\infty$ 时，$f(x)\to\infty$，故曲线无水平渐近线.

又因为

$$\lim_{x\to\infty}\frac{f(x)}{x}=\lim_{x\to\infty}\frac{x^3}{x\ (x-1)^2}=1,$$

$$\lim_{x\to\infty}[f(x)-ax]=\lim_{x\to\infty}\left[\frac{x^3}{(x-1)^2}-x\right]=2$$

所以 $y=x+2$ 是曲线的一条渐近线.

2. 函数图形的作法

函数作图的主要步骤如下：

(1) 求函数的定义域，讨论它的奇偶性、有界性以及周期性；

(2) 求函数的一阶导数及二阶导数，然后求出这函数的驻点及一阶导数不存在的点，再求出二阶导数为零的点及二阶导数不存在的点，这些点将定义域分成若干个小区间；

(3) 列表讨论，根据一阶导数、二阶导数的符号，讨论函数的单调性、极值、凹向性及拐点；

(4) 求渐近线，若有，则画出渐近线；

(5) 描点作图，在直角坐标平面上，画出曲线上的一些具有代表性的点，再用光滑曲线连接起来.

例 3.37 作出函数 $f(x)=x^3-x^2-x+1$ 的图形.

解：(1) 定义域为 $(-\infty,+\infty)$，

(2) $f'(x)=3x^2-2x-1=(3x+1)(x-1)$，$f''(x)=6x-2=2(3x-1)$

令 $f'(x)=0$，解得 $x_1=-\dfrac{1}{3}$，$x_2=1$. 令 $f''(x)=0$，解得 $x=\dfrac{1}{3}$.

将点 $x=-\dfrac{1}{3}$，$x=\dfrac{1}{3}$，$x=1$ 从小到大排列，把定义域分为 4 个区间.

(3) 列表 3-1.

(4) 当 $x\to-\infty$ 时，$y\to-\infty$；当 $x\to+\infty$ 时，$y\to+\infty$，函数 $f(x)$ 无渐近线.

(5) 计算 $f\left(-\dfrac{1}{3}\right)=\dfrac{32}{27}$，$f\left(\dfrac{1}{3}\right)=\dfrac{16}{27}$，$f(1)=0$，补充计算

$$f(-1)=0,f(0)=1,f\left(\frac{3}{2}\right)=\frac{5}{8}$$

表 3 - 1

x	$\left(-\infty,-\dfrac{1}{3}\right)$	$-\dfrac{1}{3}$	$\left(-\dfrac{1}{3},\dfrac{1}{3}\right)$	$\dfrac{1}{3}$	$\left(\dfrac{1}{3},1\right)$	1	$(1,+\infty)$
$f'(x)$	$+$	0	$-$		$-$	0	$+$
$f''(x)$	$-$		$-$	0	$+$		$+$
$f(x)$	⌢↗	极大值	⌢↘	$\dfrac{16}{27}$拐点	⌣↘	极小值	⌣↗

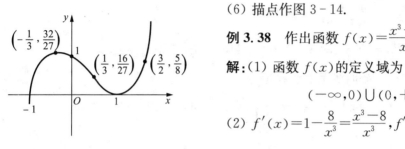

图 3 - 14

（6）描点作图 3 - 14.

例 3.38　作出函数 $f(x)=\dfrac{x^3+4}{x^2}$ 的图形.

解:（1）函数 $f(x)$ 的定义域为

$$(-\infty,0)\bigcup(0,+\infty)$$

（2）$f'(x)=1-\dfrac{8}{x^3}=\dfrac{x^3-8}{x^3}$, $f''(x)=\dfrac{24}{x^4}$

令 $f'(x)=0$,解得

$$x=2,f''(x)>0$$

当 $x=0$ 时,$f(x),f'(x),f''(x)$ 都不存在.

（3）因为 $\lim\limits_{x\to 0}\dfrac{x^3+4}{x^2}=\infty$,所以 $x=0$ 是它的一条铅直渐近线,

又　　　　　　$\lim\limits_{x\to\infty}\dfrac{f(x)}{x}=\lim\limits_{x\to\infty}\dfrac{x^3+4}{x^3}=1,\lim\limits_{x\to\infty}\left(\dfrac{x^3+4}{x^2}-x\right)=0$

所以 $y=x$ 是它的一条渐近线.

（4）令 $f(x)=\dfrac{x^3+4}{x^2}=0$,得 $x=-\sqrt[3]{4}$ 且 $\lim\limits_{x\to\infty}f(x)=\lim\limits_{x\to\infty}\dfrac{x^3+4}{x^2}=\infty$,列表 3 - 2.

表 3 - 2

x	$(-\infty,0)$	0	$(0,2)$	2	$(2,+\infty)$
$f'(x)$	$+$		$-$	0	$+$
$f''(x)$	$+$		$+$		$+$
$f(x)$	⌣↗	间断	⌣↘	极小值 3	⌣↗

（5）综合以上各点,可描绘草图 3 - 15.

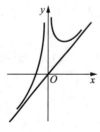

图 3 - 15

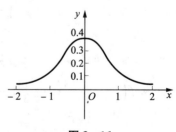

图 3 - 16

例 3.39　作函数 $f(x)=\dfrac{1}{\sqrt{2\pi}}e^{-\frac{x^2}{2}}$ 的图形.

解:(1) 定义域:$(-\infty,+\infty)$

对称性:因 $f(-x)=f(x)$,故 $f(x)$ 是偶函数,其图形关于 y 轴对称

(2) $f'(x)=-\dfrac{x}{\sqrt{2\pi}}e^{-\frac{x^2}{2}}$,$f''(x)=\dfrac{(x+1)(x-1)}{\sqrt{2\pi}}e^{-\frac{x^2}{2}}$

令 $f'(x)=0$ 得 $x=0$;令 $f''(x)=0$ 得 $x_1=-1,x_2=1$,列表 3-3.

表 3-3

x	$(-\infty,-1)$	-1	$(-1,0)$	0	$(0,1)$	1	$(1,+\infty)$
$f'(x)$	+		+	0	−		−
$f''(x)$	+	0	−		−	0	+
$f(x)$	⌣↗	$\dfrac{1}{\sqrt{2\pi e}}$拐点	⌢↗	$\dfrac{1}{\sqrt{2\pi}}$极大	⌢↘	$\dfrac{1}{\sqrt{2\pi e}}$拐点	⌣↘

(3) 渐近线:因 $\lim\limits_{x\to\infty}f(x)=\lim\limits_{x\to\infty}\dfrac{1}{\sqrt{2\pi}}e^{-\frac{x^2}{2}}=0$,故 $y=0$ 是它的一条水平渐近线.

(4) 综合以上各点,可描绘草图 3-16.

此函数在概率论与数理统计中有很重要的应用.

3.4　导数在经济问题中的应用

3.4.1　边际分析

1. 边际函数

定义 3.5　设函数 $y=f(x)$ 在点 x 处可导,则导函数 $f'(x)$ 称为函数 $f(x)$ 的边际函数.函数 $y=f(x)$ 在点 $x=x_0$ 处的导数 $f'(x_0)$ 也称为函数 $f(x)$ 在点 x_0 处的边际函数值.

我们已经知道,当函数 $y=f(x)$ 的自变量的改变量 Δx 很小时有

$$\Delta y\approx dy=f'(x_0)\Delta x$$

当 $\Delta x=1$(单位)时(这里指 x 改变的"单位"很小,或 x 的"一个单位"与 x_0 值相比很小),有 $\Delta y\approx f'(x_0)$.

也就是说,在 $x=x_0$ 处,当 x 改变一个单位时,函数 y 近似地改变了 $f'(x_0)$ 个单位. 在应用问题中解释边际函数值的具体意义时,常常略去"近似"二字.

值得注意的是,x 变化一个单位有两种含义:x 增加一个单位或 x 减少一个单位.

2. 经济学中常见的边际函数

(1) 边际成本函数.

设 C 为总成本,C_0 为固定成本,C_1 为可变成本,$\overline{C}$ 为平均成本,C' 为边际成本,Q 为产量,则有:

总成本函数　　　　　　　　$C=C(Q)=C_0+C_1(Q)$,

平均成本函数　　　　　　$\overline{C} = \overline{C}(Q) = \dfrac{C(Q)}{Q} = \dfrac{C_0}{Q} + \dfrac{C_1(Q)}{Q}$

边际成本函数　　　　　　　　　　$C' = C'(Q)$

例 3.40　某产品的总成本函数为 $C = C(Q) = 900 + \dfrac{Q^2}{100}$，求：

（1）当 $Q = 100$ 时的总成本和平均成本.

（2）当 $Q = 100$ 到 $Q = 200$ 时的总成本的平均变化率.

（3）当 $Q = 100$，$Q = 200$ 时的边际成本并解释其经济意义.

解：（1）$C(Q) = 900 + \dfrac{Q^2}{100}$，　$\overline{C}(Q) = \dfrac{900}{Q} + \dfrac{Q}{100}$

$$C(100) = 900 + \frac{100^2}{100} = 1\ 000,\quad \overline{C}(100) = \frac{900}{100} + \frac{100}{100} = 10$$

（2）$\dfrac{\Delta C}{\Delta Q} = \dfrac{C(200) - C(100)}{100} = \dfrac{1\ 300 - 1\ 000}{100} = 3$

（3）$C'(Q) = \dfrac{Q}{50}$，　$C'(100) = \dfrac{100}{50} = 2$，　$C'(200) = \dfrac{200}{50} = 4$

由（1）说明：在产量为 100 的水平上，均摊在每个产品上的成本为 10；

由（3）说明：生产第 101 个单位产品的成本为 2；生产第 201 个单位产品的成本为 4；生产第 201 个单位产品比生产第 101 个单位产品的成本要多 2 个单位.

（2）边际收益.

设 R 表示总收益，$\overline{R}$ 表示平均收益，R' 表示边际收益，P 表示商品价格，Q 表示商品数量，则：总收益函数 $R = R(Q)$，平均收益函数 $\overline{R} = \overline{R}(Q) = \dfrac{R(Q)}{Q}$，边际收益函数 $R' = R'(Q)$

例 3.41　设某产品的价格与销售量的关系为 $P = 18 - \dfrac{Q}{4}$，求销售量为 20 个单位时的总收益、平均收益与边际收益.

解：$R = R(Q) = Q \cdot P(Q) = 18Q - \dfrac{Q^2}{4}$

$$R(20) = 18 \times 20 - \frac{20^2}{4} = 260$$

$$\overline{R}(20) = \frac{R(20)}{20} = \frac{260}{20} = 13$$

$$R'(Q) = 18 - \frac{Q}{2},\ R'(20) = 18 - \frac{20}{2} = 8$$

（3）边际需求.

设需求函数为 $Q = f(P)$，则 $Q' = f'(P)$（价格为自变量）称为边际需求函数.

例 3.42　设某个商品的需求函数为 $Q = f(P) = 100e^{-\frac{P}{2}}$，求 $P = 10$ 时的边际需求，并说明其经济意义.

解：$Q' = -50e^{-\frac{P}{2}}$，当 $P = 10$ 时的边际需求为 $Q'(10) = -50e^{-5}$.

其经济意义为：当价格 $P = 10$ 时，价格上涨（或下降）一个单位，需求量将减少（或增加）$50e^{-5}$ 个单位.

(4) 边际利润.

设 L 表示产量为 Q 个单位时的总利润, $R(Q)$ 为总收益函数, $C(Q)$ 为总成本函数,则 $L=L(Q)=R(Q)-C(Q)$,边际利润 $L'(Q)=R'(Q)-C'(Q)$.

例 3.43 某企业生产某种产品,每天的总利润 L (单位:元)与产量 Q (单位:t)的函数关系为 $L(Q)=180Q-5Q^2$,求当每天生产 10 t,18 t,20 t 时的边际利润,并说明其经济意义.

解: $L'(Q)=180-10Q$

$L'(10)=80,L'(18)=0,L'(20)=-20$

其经济意义:

$L'(10)=80$,表示当每天产量在 10 t 的基础上再增加 1 t 时,总利润将增加 80 元;

$L'(18)=0$,表示当每天产量在 18 t 的基础上再增加 1 t 时,总利润不变;

$L'(20)=-20$,表示当每天产量在 20 t 的基础上再增加 1 t 时,总利润将减少 20 元.

3. 最大利润问题与最低成本问题

(1) 最大利润原则.

总利润 $L(Q)=R(Q)-C(Q)$

为求总利润最大,令一阶导数等于零,即

$$L'(Q)=R'(Q)-C'(Q)$$

即 $L(Q)$ 取最大值的必要条件为

$$L'(Q)=0 \quad 或 \quad R'(Q)=C'(Q)$$

即边际收益等于边际成本.

$L(Q)$ 取最大值的充分条件为 $L''(Q)<0$,即 $R''(Q)<C''(Q)$

即边际收益的变化率小于边际成本的变化率.

例 3.44 已知某商品的销售价格 P 与批量 Q 的关系为 $5Q+P-28=0$,每批生产该商品的平均单位成本为 $\overline{C}(Q)=Q+4+\dfrac{10}{Q}$,问批量为多少时,每批商品全部销售后获得的总利润 $L(Q)$ 为最大?并验证是否符合最大利润原则.

解: 由 $5Q+P-28=0$ 得 $P=28-5Q$

$R(Q)=Q \cdot P(Q)=Q(28-5Q)=28Q-5Q^2$

$C(Q)=Q \cdot \overline{C}(Q)=Q\left(Q+4+\dfrac{10}{Q}\right)=Q^2+4Q+10$

$L(Q)=R(Q)-C(Q)=(28Q-5Q^2)-(Q^2+4Q+10)=-6Q^2+24Q-10$

因 $Q>0,P>0$,所以 $L(Q)$ 的定义域为: $0<Q<\dfrac{28}{5}$

又 $L'(Q)=24-12Q$,令 $L'(Q)=0$ 得 $Q=2$,且 $L''(2)=-12<0$

故当 $Q=2\in\left(0,\dfrac{28}{5}\right)$ 时,总利润最大.

此时 $R'(2)=8,C'(2)=8$,即 $R'(2)=C'(2)$

$R''(2)=-10,C''(2)=2$,即 $R''(2)<C''(2)$

所以符合最大利润原则.

例 3.45　设某种商品的需求量 Q 是单价 P（单位：千元）的函数：$Q=120-8P$. 商品的固定成本为 25（千元），每多生产 1 单位产品，成本增加 5（千元）. 试求使销售利润最大的商品单价和最大销售利润.

解：由题意，总成本函数 $C(Q)=25+5Q$

于是总利润 $L=R-C=PQ-C=P(120-8P)-25-5(120-8P)$

$$=-8P^2+160P-625$$

因 $P>0$, $Q>0$, 得 $L(P)$ 的定义域为：$0<P<15$

$$L'(P)=-16P+160$$

令 $L'(P)=0$ 得 $P=10\in(0,15)$

由 $L''(P)=-16<0$ 及唯一性知，当 $P=10$（千元）时，总销售利润最大，最大销售利润为 $L(10)=-8\times10^2+160\times10-625=175$（千元）.

（2）最低成本问题.

为了研究问题的方便，假定价格不随产量变化，则由前面的论述有：

$C=C(Q)$　C 为成本，Q 为产量，平均成本 $\overline{C}(Q)=\dfrac{C(Q)}{Q}$

$C'=C'(Q)$　C' 为边际成本

由 $C(Q)=Q\cdot\overline{C}(Q)$ 得：$C'(Q)=\overline{C}(Q)+Q\overline{C}'(Q)$

由极值存在的必要条件知，使平均成本为最小的生产量 Q_0 应满足 $\overline{C}'(Q_0)=0$.

于是有 $C'(Q_0)=\overline{C}(Q_0)$，由此得结论：使平均成本为最小的生产水平（生产量 Q_0）是使边际成本等于平均成本的生产水平.

例 3.46　已知某商品的成本函数为 $C=C(Q)=100+\dfrac{Q^2}{4}$，问当 Q 等于多少时，可使平均成本最低，并求此最低平均成本值.

解：由 $\overline{C}(Q)=\dfrac{100}{Q}+\dfrac{Q}{4}$，　$\overline{C}'(Q)=-\dfrac{100}{Q^2}+\dfrac{1}{4}$

令 $\overline{C}'(Q)=0$，得 $Q=20$　又 $\overline{C}''(Q)=\dfrac{200}{Q^3}>0$

故 $Q=20$ 为极小值点. 由其唯一性知，当 $Q=20$ 时，平均成本最小，最小值为：

$$\overline{C}_{\min}=\dfrac{100}{20}+\dfrac{20}{4}=10$$

此时　$C'(20)=\dfrac{20}{2}=10$，即 $C'(20)=\overline{C}(20)$.

3.4.2　弹性分析

1. 弹性函数

前面讨论的自变量增量 Δx，函数增量 Δy 以及函数的导数 $f'(x)$ 分别称为自变量的绝对改变量，函数的绝对改变量以及函数 $f(x)$ 的绝对变化率. 实践告诉我们，仅仅研究绝对改变量和绝对变化率是不够的.

例如商品甲每单位价格 10 元,涨价 1 元;商品乙每单位价格 1 000 元,也涨价 1 元. 此时,两种商品价格的绝对增量都是 1 元,但与其原价相比,两者涨价的百分比却有很大不同,前者涨价了 10%,而后者仅涨了 0.1%,因此,我们有必要进一步研究函数的相对改变量和相对变化率.

对于函数 $y=f(x)$,称 $\dfrac{\Delta x}{x_0}$ 为从点 x_0 到点 $x_0+\Delta x$ 两点间的自变量相对改变量,称 $\dfrac{\Delta y}{y_0}=\dfrac{f(x_0+\Delta x)-f(x_0)}{f(x_0)}$ 为函数 $y=f(x)$ 从点 x_0 到点 $x_0+\Delta x$ 两点间的函数相对改变量.

例如函数 $y=x^2$,当 x 从 10 改变到 11 时,y 由 100 改变到 121,此时,自变量 x 的绝对改变量为 $\Delta x=1$,函数 y 的绝对改变量为 $\Delta y=21$,而 $\dfrac{\Delta x}{x_0}=\dfrac{1}{10}=10\%$,$\dfrac{\Delta y}{y_0}=\dfrac{21}{100}=21\%$,即当 x 从 10 改变到 11 时,x 产生了 10% 的改变,y 产生了 21% 的改变,这就是两点间的相对改变量.

显然,$\dfrac{\Delta y}{y_0} \Big/ \dfrac{\Delta x}{x_0}=\dfrac{21\%}{10\%}=2.1$ 表示在 $(10,11)$ 内,从 $x=10$ 起,x 改变 1% 时,y 平均改变 2.1%,我们就称它为函数 $y=x^2$ 从 $x=10$ 到 $x=11$ 这两点间的平均相对变化率.

定义 3.6 设函数 $y=f(x)$ 在点 x_0 处可导,函数的相对改变量 $\dfrac{\Delta y}{y_0}=\dfrac{f(x_0+\Delta x)-f(x_0)}{f(x_0)}$ 与自变量的相对改变量 $\dfrac{\Delta x}{x_0}$ 之比 $\dfrac{\Delta y}{y_0} \Big/ \dfrac{\Delta x}{x_0}$ 称为函数 $f(x)$ 从 $x=x_0$ 到 $x=x_0+\Delta x$ 两点间的相对变化率,或称为两点间的弹性. 当 $\Delta x \to 0$ 时,$\dfrac{\Delta y}{y_0} \Big/ \dfrac{\Delta x}{x_0}$ 的极限称为 $f(x)$ 在点 $x=x_0$ 处的相对变化率,也就是相对导数,或称弹性. 记作:

$$\frac{Ey}{Ex}\Big|_{x=x_0} \quad 或 \quad \frac{E}{Ex}f(x_0)$$

即

$$\frac{Ey}{Ex}\Big|_{x=x_0}=\lim_{\Delta x \to 0}\left(\frac{\Delta y}{y_0}\Big/\frac{\Delta x}{x_0}\right)=\lim_{\Delta x \to 0}\left(\frac{\Delta y}{\Delta x}\cdot\frac{x_0}{y_0}\right)=f'(x_0)\frac{x_0}{f(x_0)}$$

当 x_0 为定值时,$\dfrac{Ey}{Ex}\Big|_{x=x_0}$ 为定值.

对一般的 x,若 $f(x)$ 可导,则 $\dfrac{Ey}{Ex}=\lim_{\Delta x \to 0}\left(\dfrac{\Delta y}{y}\Big/\dfrac{\Delta x}{x}\right)=\lim_{\Delta x \to 0}\left(\dfrac{\Delta y}{\Delta x}\cdot\dfrac{x}{y}\right)=y'\dfrac{x}{y}$ 是 x 的函数,称它为 $f(x)$ 的弹性函数.

函数 $f(x)$ 在点 x 的弹性 $\dfrac{E}{Ex}f(x)$ 反映随 x 的变化,函数 $f(x)$ 变化幅度的大小,即对于自变量 x 的变化,函数 $f(x)$ 对此变化的敏感程度.

$\dfrac{E}{Ex}f(x_0)$ 表示在点 $x=x_0$ 处,当 x 产生 1% 的改变时,$f(x)$ 近似地改变 $\dfrac{E}{Ex}f(x_0)\%$.

另外,弹性数值前的符号表示了因变量和自变量的变化方向. 变化方向相同,弹性数值为正,否则为负.

例 3.47 求函数 $y=60e^{6x}$ 的弹性函数 $\dfrac{Ey}{Ex}$ 及 $\dfrac{Ey}{Ex}\Big|_{x=3}$,并解释 $\dfrac{Ey}{Ex}\Big|_{x=3}$ 的意义.

解：$y'=360e^{6x}$，$\dfrac{Ey}{Ex}=y'\dfrac{x}{y}=360e^{6x}\cdot\dfrac{x}{60e^{6x}}=6x$

$\dfrac{Ey}{Ex}\Big|_{x=3}=18$

$\dfrac{Ey}{Ex}\Big|_{x=3}=18$ 的意义是：当 x 产生 1% 的改变时，函数 $y=60e^{6x}$ 改变 18%.

例 3.48　分别求函数 $f(x)=ax+b$，$f(x)=ax^\lambda$，$f(x)=ba^{\lambda x}$，$f(x)=b\log_a x$（a,b,c,λ 为常数）的弹性函数.

解：(1) $\dfrac{Ef(x)}{Ex}=y'\cdot\dfrac{x}{f(x)}=a\cdot\dfrac{x}{ax+b}=\dfrac{ax}{ax+b}$

(2) $\dfrac{Ef(x)}{Ex}=y'\cdot\dfrac{x}{f(x)}=a\lambda x^{\lambda-1}\dfrac{x}{ax^\lambda}=\lambda$

(3) $\dfrac{Ef(x)}{Ex}=y'\cdot\dfrac{x}{f(x)}=b\lambda a^{\lambda x}\ln a\dfrac{x}{ba^{\lambda x}}=\lambda x\ln a$

(4) $\dfrac{Ef(x)}{Ex}=y'\cdot\dfrac{x}{f(x)}=\dfrac{b}{x\ln a}\cdot\dfrac{x}{b\log_a x}=\dfrac{1}{\ln x}$

从上例看出，函数 $y=ax^\lambda$ 的弹性函数为常数，即在任意点处弹性不变.

2. 需求弹性与供给弹性

(1) 需求弹性.

我们已经知道，需求函数 $Q=f(P)$ 是单调减函数，即 ΔP 与 ΔQ 异号，由于价格 P_0，需求量 Q_0 均为正数，因此 $\dfrac{\Delta Q}{Q_0}\Big/\dfrac{\Delta P}{P_0}$ 及 $f'(P_0)\dfrac{P_0}{Q_0}$ 均为负数，在经济学中为了用正数表示需求弹性，于是采用需求函数相对变化率的反号数来定义需求弹性.

定义 3.7　设某商品需求函数 $Q=f(P)$ 在 $P=P_0$ 处可导，则

$$\lim_{\Delta P\to 0}\left(-\dfrac{\Delta Q}{Q_0}\Big/\dfrac{\Delta P}{P_0}\right)=-f'(P_0)\dfrac{P_0}{f(P_0)}$$

称为该商品在 $P=P_0$ 处的需求弹性，记作

$$\eta|_{P=P_0}=\eta(P_0)=-f'(P_0)\dfrac{P_0}{f(P_0)}$$

例 3.49　设某商品需求函数为 $Q=e^{-\frac{P}{6}}$，求：

(1) 需求弹性函数；

(2) $P=3$，$P=6$，$P=9$ 时的需求函数，并说明其意义.

解：(1) $Q'=-\dfrac{1}{6}e^{-\frac{P}{6}}$

$$\eta(P)=+\dfrac{1}{6}e^{-\frac{P}{6}}\cdot\dfrac{P}{e^{-\frac{P}{6}}}=\dfrac{P}{6}$$

(2) $\eta(3)=\dfrac{3}{6}=0.5$，　$\eta(6)=\dfrac{6}{6}=1$，　$\eta(9)=\dfrac{9}{6}=1.5$

$\eta(3)=0.5<1$，说明当 $P=3$ 时，需求变动的幅度小于价格变动的幅度. 即当 $P=3$ 时，价格上涨（下降）1%，需求只减少（增加）0.5%.

$\eta(6)=1$,说明当 $P=6$ 时,价格与需求的变动幅度相同。即当 $P=6$ 时,价格上涨(下降)1%,需求减少(增加)1%.

$\eta(9)=1.5>1$,说明当 $P=9$ 时,需求变动的幅度大于价格变动的幅度. 即当 $P=9$ 时,价格上涨(下降)1%,需求将减少(增加)1.5%.

(2) 供给弹性.

由于供给函数是单调增函数,因此 $\dfrac{\Delta P}{P_0}$ 与 $\dfrac{\Delta Q}{Q_0}$ 同号,因而有下面的定义.

定义 3.8 设某商品供给函数 $Q=\varphi(P)$ 在 $P=P_0$ 处可导,$\lim\limits_{\Delta P \to 0}\left(\dfrac{\Delta Q}{Q_0}\Big/\dfrac{\Delta P}{P_0}\right)=\varphi'(P_0)\dfrac{P_0}{Q_0}$

称为该商品在 $P=P_0$ 处的供给弹性,记作 $\varepsilon|_{P=P_0}=\varepsilon(P_0)=\varphi'(P_0)\dfrac{P_0}{\varphi(P_0)}$.

例 3.50 某商品的供给函数为 $Q=\varphi(P)=9+3P$,求 $P=3$ 时的供给弹性,并说明其意义.

解:$\varepsilon(P)=\varphi'(P)\dfrac{P}{Q}=\dfrac{3P}{9+3P}$

$\varepsilon(3)=\dfrac{3P}{9+3P}\Big|_{P=3}=0.5$

说明当 $P=3$ 时,价格变化 1%,供应量同方向变化 0.5%.

3. 总收益最大问题

现在我们用需求弹性分析总收益(或市场销售总额)的变化情况.

我们知道,总收益 R 是商品价格 P 与销售量 Q 的乘积. 即

$$R=PQ=P\cdot f(P)$$

$$R'=f(P)+Pf'(P)=f(P)\left(1+f'(P)\dfrac{P}{f(P)}\right)=f(P)(1-\eta)$$

(1) 若 $\eta<1$,需求变动的幅度小于价格变动的幅度. 此时,$R'>0$,R 递增. 即价格上涨(下跌),总收益增加(减少).

(2) 若 $\eta>1$,需求变动的幅度大于价格变动的幅度. 此时,$R'<0$,R 递减. 即价格上涨(下跌),总收益减少(增加).

(3) 若 $\eta=1$,需求变动的幅度等于价格变动的幅度,此时,$R'=0$,R 取得最大值.

总之,总收益的变化与商品需求弹性的变化之间的关系如图 3-17 所示.

又由于

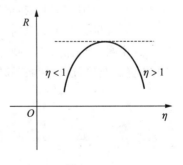

图 3-17

$$\dfrac{ER}{EP}=R'(P)\cdot\dfrac{P}{R(P)}$$

$$=f(P)(1-\eta)\cdot\dfrac{P}{Pf(P)}$$

$$=1-\eta$$

即在任何价格水平上,收益弹性与需求弹性之和都等于 1. 因此有:

(1) 若 $\eta < 1$,则收益弹性 > 0,从而价格上涨(下跌)1%,收益增加(减少)$(1-\eta)$%.

(2) 若 $\eta > 1$,则收益弹性 < 0,从而价格上涨(下跌)1%,收益减少(增加)$|1-\eta|$%.

(3) 若 $\eta = 1$,则收益弹性 $= 0$,从而价格变动 1%,但收益不变.

例 3.51 设某商品的需求函数为 $Q = f(P) = 12 - \dfrac{P}{2}$,

(1) 求需求弹性函数;

(2) 求当 $P = 6$ 时的需求弹性;

(3) 在 $P = 6$ 时,若价格上涨 1% 时,总收益增加还是减少? 将变化百分之几?

(4) 价格 P 取何值时,总收益 R 为最大? 最大的总收益是多少?

解:(1) $\eta(P) = -f'(P)\dfrac{P}{f(P)} = \dfrac{1}{2}\dfrac{P}{12-\dfrac{P}{2}} = \dfrac{P}{24-P}$

(2) $\eta(6) = \dfrac{6}{24-6} = \dfrac{1}{3}$

(3) 收益弹性 $= 1 - \eta(P) = \dfrac{2}{3} \approx 0.67$,故当 $P = 6$ 时,价格上涨 1%,收益约增加 0.67%.

(4) 因 $R = Pf(P) = P\left(12 - \dfrac{P}{2}\right) = 12P - \dfrac{P^2}{2}$,故 $R' = 12 - P$

令 $R' = 0$,得 $P = 12$,而 $R(12) = 12 \times \left(12 - \dfrac{12}{2}\right) = 72$

所以当 $P = 12$ 时,总收益最大,且最大总收益为 72.

例 3.52 设每天从甲地到乙地的飞机票的需求量 Q 为

$$Q = f(P) = 500\sqrt{900-P} \quad (0 < P < 900)$$

其中,P 为价格(单位:元).问票价在什么范围时,需求弹性 $\eta < 1$ 以及 $\eta > 1$,并确定最合理的飞机票价.

解:因

$$f'(P) = -\frac{250}{\sqrt{900-P}}$$

故

$$\eta(P) = \frac{250}{\sqrt{900-P}} \cdot \frac{P}{500\sqrt{900-P}} = \frac{P}{2(900-P)}$$

(1) 当 $0 < P < 600$ 时,$\eta < 1$;

(2) 当 $600 < P < 900$ 时,$\eta > 1$.

这说明,当票价低于 600 元时,提高票价,可使航空公司收益增加,但若票价高于 600 元时,再提高票价,反会使收益减少,可见,最合理的票价应是 600 元/张.

第 3 章习题

(A)

1. 下列函数在给定区间上是否满足罗尔定理的所有条件? 若满足就求出定理结论中的 ξ.

(1) $f(x) = x\sqrt{6-x}$,$x \in [0,6]$, (2) $f(x) = 1 - \sqrt[3]{x^2}$,$x \in [-1,1]$,

(3) $f(x) = \ln\cos x, x \in \left[-\dfrac{\pi}{6}, \dfrac{\pi}{6}\right]$, (4) $f(x) = \begin{cases} x^2, & \text{当 } 0 \leqslant x < 1 \text{ 时}; \\ 0, & \text{当 } x = 1 \text{ 时}. \end{cases}$ $x \in [0, 1]$.

2. 验证函数 $f(x) = x^3 - 3x^2 - x$ 在区间 $[-1, 1]$ 上满足拉格朗日定理,并求出定理结论中的 ξ.

3. 设函数 $f(x)$ 在 $[0, 1]$ 上连续,在 $(0, 1)$ 内可导,证明至少存在一点,$\xi \in (0, 1)$,使 $f'(\xi) = 2\xi[f(1) - f(0)]$.

4. 设 $f(x) = x(x-1)(x-2)(x-3)$,利用罗尔定理说明方程 $f'(x) = 0$ 有几个实根,并指出它们所在的区间.

5. 求二次三项式 $f(x) = px^2 + qx + r (p \neq 0)$ 在 $[a, b]$ 上的拉格朗日定理中的 ξ,并作几何解释.

6. 用拉格朗日定理证明:若 $\lim\limits_{x \to 0^-} f(x) = f(0) = 0$,且当 $x < 0$ 时 $f'(x) > 0$;当 $x < 0$ 时,$f(x) < 0$.

7. 证明:若函数 $f(x)$ 在 $[x_0 - \delta, x_0]$ 上连续,在 $(x_0 - \delta, x_0)$ 内可导,且 $\lim\limits_{x \to x_0} f'(x) = A$($A$ 为常数),则 $f(x)$ 在 x_0 处的左导数存在且等于 A.

8. 利用洛必达法则求下列极限:

(1) $\lim\limits_{x \to 1} \dfrac{x^3 - 3x + 2}{x^3 - x^2 - x + 1}$,

(2) $\lim\limits_{x \to 0} \dfrac{e^{2x} - e^{-2x}}{x^3 + x}$,

(3) $\lim\limits_{x \to 2} \dfrac{\ln(x^2 - 3)}{x^2 - 3x + 2}$,

(4) $\lim\limits_{x \to 0} \dfrac{(e^x - 1)\ln(1 + x^2)}{x e^x (1 - \cos x)}$,

(5) $\lim\limits_{x \to +\infty} \dfrac{\dfrac{\pi}{2} - \arctan x}{\sin \dfrac{1}{x}}$,

(6) $\lim\limits_{x \to +\infty} \dfrac{\ln x}{x^\alpha} (\alpha > 0)$,

(7) $\lim\limits_{x \to +\infty} \dfrac{x^\alpha}{e^x} (\alpha > 0)$,

(8) $\lim\limits_{x \to 0^+} x^\alpha \ln x (\alpha > 0)$,

(9) $\lim\limits_{x \to \frac{\pi}{2}} (\sec x - \tan x)$,

(10) $\lim\limits_{x \to \frac{\pi}{2}^-} (\tan x)^{\frac{\pi}{2} - x}$,

(11) $\lim\limits_{x \to 0} \dfrac{(x e^{2x} + x e^x - 2e^{2x} + 2e^x) \sin^3 x}{x^2 \tan x \, (e^x - 1)^3}$.

9. 求下列函数的增减区间:

(1) $f(x) = x^3 - 3x$,

(2) $f(x) = \sqrt[3]{(2x - x^2)^2}$,

(3) $f(x) = e^x \sin x$,

(4) $f(x) = \dfrac{e^x}{x}$,

(5) $f(x) = \left(1 + \dfrac{1}{x}\right)^x (x > 0)$.

10. 当 $x > 0$ 时,证明 $\arctan x + \dfrac{1}{x} > \dfrac{\pi}{2}$.

11. 证明:当 $0 \leqslant x \leqslant \dfrac{\pi}{2}$ 时,$\dfrac{2}{\pi} \leqslant \dfrac{\sin x}{x} \leqslant 1$.

12. 求下列函数的极值:

(1) $f(x) = x^2 - 4x + 5$,

(2) $f(x) = \dfrac{\ln x}{x}$,

(3) $f(x) = x - \dfrac{3}{2} \sqrt[3]{x^2}$,　　　　　　　(4) $f(x) = (x-5) \sqrt[3]{x^2}$,

(5) $f(x) = \dfrac{1}{x} \ln^2 x$,　　　　　　　(6) $f(x) = (x+1)^{\frac{2}{3}} (x-5)^2$.

13. 利用二阶导数,判断下列函数的极值:

(1) $f(x) = 2x^3 - 9x^2 + 12x - 2$,　　　　　(2) $f(x) = \sin x + \cos x$.

14. 设 $f(x) = x \sin x + k \cos x$($k$ 为常数),证明 $x = 0$ 是 $f(x)$ 的极值点,并对 k 讨论 $x = 0$ 是极大值点还是极小值点.

15. 设 $f(x)$ 在 $x = 0$ 的某个邻域内连续,且 $f(0) = 0$,$\lim\limits_{x \to 0} \dfrac{f(x)}{1 - \cos x} = 2$,问 $f(x)$ 在点 $x = 0$ 有无极值,若有,是极大值还是极小值?

16. 求下列函数在给定区间上的最大值与最小值:

(1) $f(x) = x^3 - 3x + 3, x \in [-3, 2]$,

(2) $f(x) = (x^2 - 2x)^{\frac{2}{3}}, x \in [0, 3]$,

(3) $f(x) = e^{-x^2} \sin x^2, x \in \left[0, \dfrac{\pi}{2}\right]$,

(4) $f(x) = (x-1)^{\frac{8}{3}} + \dfrac{8}{5} (x-1)^{\frac{5}{3}}, x \in [-1, 2]$.

17. 设函数 $f(x) = ax^3 - 6ax^2 + b$ 在区间 $[-1, 2]$ 上的最大值为 3,最小值为 -29,且 $a > 0$,求 a, b 的值.

18. 假设某企业某种物资的年用量为 R,单价为 P,平均一次订货费用为 C_1,年保管费用率为 I,订货批量为 Q,求(1) 最优订购批量;(2) 最优订购次数;(3) 最优订货周期和最小费用.

19. 对物体的长度进行了几次测量,得到几个数 $x_1, x_2, \cdots, x_n$,现在要确定一个量 x,使得它与测得的数值之差的平方和为最小,x 应是多少?

20. 确定下列函数的凹向与拐点:

(1) $f(x) = \dfrac{1}{3} x^3 - x^2 + \dfrac{1}{3}$,　　　　(2) $f(x) = x^4 - 6x^3 + 12x^2 - 24x + 12$,

(3) $f(x) = \sqrt[3]{x}$,　　　　　　　(4) $f(x) = x \sqrt{1 - x^2}$.

21. 求下列曲线的渐近线:

(1) $f(x) = \dfrac{x}{e^x}$,　　　　　　　(2) $f(x) = \ln(2 - x)$,

(3) $f(x) = \dfrac{e^x}{x+2}$,　　　　　　　(4) $f(x) = \dfrac{x^2}{2x+1}$,

(5) $f(x) = 1 + \dfrac{3x-1}{(x-1)^2}$,　　　　(6) $f(x) = e^{-\frac{1}{x}}$.

22. 作下列函数的图形:

(1) $y = \dfrac{x^3}{3} - x^2 + \dfrac{2}{3}$,　　　　　(2) $y = x^2 + \dfrac{1}{x}$,

(3) $y = \ln(x + \sqrt{x^2 + 1})$,　　　　(4) $y = \sin^4 x + \cos^4 x, x \in \left[-\dfrac{\pi}{4}, \dfrac{\pi}{4}\right]$,

(5) $y=(x-3)\sqrt{x}$,　　　　(6) $y=\dfrac{x}{(1-x^2)^2}$,

(7) $y=\dfrac{x^3}{2(x-1)^2}$,　　　　(8) $y=x+e^{-x}$.

23. 设某产品的总成本函数 $C(x)=400+3x+\dfrac{x^2}{2}$, 而需求函数为 $P(x)=\dfrac{100}{\sqrt{x}}$, 其中 x 为产量(假设等于需求), 单位为 t. 价格 P 和成本 C 的单位为千元. 求:

(1) 生产 4 t 时的总成本和平均单位成本;

(2) 生产从 4 t 到 9 t 时总成本的平均变化率;

(3) 生产 4 t 和 9 t 时的边际成本、边际收益和边际利润.

24. 某产品总成本 C 为月产量 x 的函数

$$C=C(x)=\frac{1}{5}x^2+4x+20$$

产品销售价格为 P, 需求函数为 $x=x(P)=160-5P$.

问:(1) 月产量为多少时,才能使得平均单位成本 $\overline{C}$ 最低? 最低平均单位成本值是多少? 此时边际成本值是多少?

(2) 销售价格 P 为多少时,才能使得每月产品全部销售后获得的总收益 R 最高? 最高收益值是多少?

25. 某旅行社组织赴某地旅游观光团,每团人数在不多于 30 人的情况下,飞机票每张收费 900 元;若每团人数多于 30 人,则可以优惠,每多 1 人,每张机票可优惠 10 元,若票价最低可至 450 元为止(每团人数不超过 75 人),且每团乘飞机旅行社需付给航空公司包机费 15 000 元,问每团多少人时可使包机利润最大?

26. 已知某厂生产 x 件产品的成本(单位:元)为:

$$C(x)=250\,000+200x+\frac{1}{4}x^2$$

若产品以每件 500 元售出,要使得利润最大,应生产多少件产品?

27. 设某商品的需求函数为 $Q=75-P^2$,

(1) 求 $P=4$ 时的边际需求,并说明其经济意义;

(2) 求 $P=4$ 时的需求弹性,并说明其经济意义;

(3) 当 P 为多少时,该商品的收益最大?

(4) 当 $P=4$ 时,若价格 P 上涨 1%,收益将变化百分之几? 是增加还是减少?

(5) 当 $P=6$ 时,若价格 P 上涨 1%,收益将变化百分之几? 是增加还是减少?

(B)

1. 下列函数在指定区间上不满足罗尔定理的有(　　).

A. $f(x)=|x|-1,(-1\leqslant x\leqslant 1)$　　B. $f(x)=x,(0\leqslant x\leqslant 1)$

C. $f(x)=x^{\frac{2}{3}},(-1\leqslant x\leqslant 1)$　　D. $f(x)=\begin{cases}x^4, & (0\leqslant x<1)\\ 0, & (x=1)\end{cases}$

2. 下列函数在给定区间上满足拉格朗日中值定理的有(　　).

　　A. $f(x)=|x-2|,x\in[-3,3]$　　　B. $f(x)=\dfrac{8x}{1+2x^2},x\in[-3,3]$

　　C. $f(x)=\ln(2+x^2),x\in[-3,3]$　　D. $f(x)=x^8+7x^3+5,x\in[-3,3]$

3. 函数 $f(x)$ 在 $[a,b]$ 上连续,在 (a,b) 内可导,$a<x_1<x_2<b$,则至少存在一点 ξ,使(　　)必然成立.

　　A. $f(b)-f(a)=f'(\xi)(b-a),\xi\in(a,b)$

　　B. $f(x_2)-f(x_1)=f'(\xi)(x_2-x_1),\xi\in(a,b)$

　　C. $f(b)-f(a)=f'(\xi)(b-a),\xi\in(x_1,x_2)$

　　D. $f(x_2)-f(x_1)=f'(\xi)(x_2-x_1),\xi\in(x_1,x_2)$

4. 若函数在区间 (a,b) 内可导,且 $a<x_1<x_2<b$,则至少存在一点 ξ,使得(　　)成立.

　　A. $f(b)-f(a)=f'(\xi)(b-a),\xi\in(a,b)$

　　B. $f(b)-f(x_1)=f'(\xi)(b-x_1),\xi\in(x_1,b)$

　　C. $f(x_2)-f(x_1)=f'(\xi)(x_2-x_1),\xi\in(x_1,x_2)$

　　D. $f(x_2)-f(a)=f'(\xi)(x_2-a),\xi\in(a,x_2)$

5. 当 $x\to0$ 时,无穷小量 $x-\ln(1+x)$ 与 x^2 比较是(　　)无穷小量.

　　A. 较高阶　　　　B. 较低阶　　　　C. 同阶但非等价　　　　D. 等价

6. 下列极限中能直接使用洛必达法则的有(　　).

　　A. $\lim\limits_{x\to\infty}\dfrac{\ln\left(1+\dfrac{k}{x}\right)}{\dfrac{1}{x}}$　　B. $\lim\limits_{x\to+\infty}\dfrac{e^x+e^{-x}}{e^x-e^{-x}}$　　C. $\lim\limits_{x\to+\infty}\dfrac{x+\sin x}{2x+\cos x}$　　D. $\lim\limits_{x\to0}\dfrac{x^2\sin\dfrac{1}{x}}{\ln(1+x)}$

7. 函数 $y=x^{\frac{2}{3}}$ 在 $[-3,2]$ 上没有(　　).

　　A. 极小值　　　　B. 极大值　　　　C. 最小值　　　　D. 最大值

8. 设函数 $y=|x^3-1|$,则 $x=1$ 是函数的(　　).

　　A. 间断点　　　　B. 驻点　　　　C. 导数不存在的点　　　　D. 非极值点

9. 如果函数 $f(x)$ 的导数 $f'(x)$ 连续,且 $\lim\limits_{x\to0}f'(x)=1$,则 $f(0)$(　　).

　　A. 一定是 $f(x)$ 的极大值　　　　　　B. 一定是 $f(x)$ 的极小值

　　C. 一定不是 $f(x)$ 的极值　　　　　　D. 不一定是 $f(x)$ 的极值

10. 函数 $y=f(x)$ 在点 $x=x_0$ 处取极大值,则必有(　　).

　　A. $f'(x_0)=0$　　　　　　　　　　　B. $f''(x_0)<0$

　　C. $f'(x_0)=0$ 且 $f''(x_0)<0$　　　　D. $f'(x_0)=0$ 或 $f'(x_0)$ 不存在

11. 条件 $f''(x_0)=0$ 是 $f(x)$ 的图形在点 $x=x_0$ 处有拐点的(　　)条件.

　　A. 必要　　　　B. 充分　　　　C. 充要　　　　D. 以上都不是

12. 若 $f(-x)=f(x),x\in R$ 在 $(-\infty,0)$ 内 $f'(x)>0$ 且 $f''(x)<0$,则 $f(x)$ 在 $(0,+\infty)$ 内有(　　).

　　A. $f'(x)>0,f''(x)<0$　　　　　　B. $f'(x)>0,f''(x)>0$

　　C. $f'(x)<0,f''(x)<0$　　　　　　D. $f'(x)<0,f''(x)>0$

13. 已知 $f(x)$ 在点 $x=0$ 的某邻域内连续,且 $f(0)=0$,$\lim\limits_{x\to0}\dfrac{f(x)}{1-\cos x}=2$,则在点 $x=0$ 处

　　$f(x)$(　　).

A. 不可导　　B. 可导,且 $f'(0)=0$　　C. 取得极大值　　D. 取得极小值

14. 设在 $[0,1]$ 上,$f''(x)>0$,则 $f'(0),f'(1),f(1)-f(0)$ 或 $f(0)-f(1)$ 的大小顺序是( ).

A. $f'(1)>f'(0)>f(1)-f(0)$　　　　B. $f'(1)>f(1)-f(0)>f'(0)$

C. $f(1)-f(0)>f'(0)>f'(1)$　　　　D. $f'(1)>f(0)-f(1)>f'(0)$

15. 设函数 $y=f(x)$ 在点 $x=0$ 的某个邻域内有连续的二阶导数,且 $f'(0)=0,\lim\limits_{x\to 0}\dfrac{f''(x)}{\sin x}=1$,则( ).

A. $f(0)$ 是 $f(x)$ 的极大值

B. $f(0)$ 是 $f(x)$ 的极小值

C. $(0,f(0))$ 是曲线 $y=f(x)$ 的拐点

D. $f(0)$ 不是 $f(x)$ 的极值,$(0,f(0))$ 也不是曲线 $y=f(x)$ 的拐点

16. 曲线 $y=x^3(x-4)$ 的拐点的个数是( ).

A. 0　　　　B. 1　　　　C. 2　　　　D. 3

17. 曲线 $y=(x+6)e^{\frac{1}{x}}$ 的渐近线有( ).

A. 1 条　　　　B. 2 条　　　　C. 3 条　　　　D. 4 条

18. 曲线 $y=x+\arccos\dfrac{1}{x}$( ).

A. 没有渐近线　　B. 有水平渐近线　　C. 有铅直渐近线　　D. 有斜渐近线

(C)

1. 设实数 $a_1,a_2,\cdots,a_n$ 满足关系式 $a_0+\dfrac{a_1}{2}+\dfrac{a_2}{3}+\cdots+\dfrac{a_n}{n+1}=0$,证明方程 $a_0+a_1x+a_2x^2+\cdots+a_nx^n=0$ 在 $(0,1)$ 内至少有一个实根.

2. 设 $f(x)$ 在 $[a,b]$ 上连续,在 (a,b) 内可导,证明在 (a,b) 内至少存在一点 ξ,使

$$\frac{b^n f(b)-a^n f(a)}{b-a}=[nf(\xi)+\xi f'(\xi)]\xi^{n-1}\ (n\geqslant 1)$$

3. 设 $f(x)$ 在 $[0,1]$ 上连续,在 $(0,1)$ 内可导,$f(0)=0$,k 为正整数,证:

(1) $\exists\xi\in(0,1)$,使 $\xi f'(\xi)+kf(\xi)=f'(\xi)$;

(2) 当 $x>0,f(x)>0$ 时,存在 $\xi\in(0,1)$,使得:

$$\frac{kf'(1-\xi)}{f(1-\xi)}=\frac{f'(\xi)}{f(\xi)}$$

4. 证明:当 $a>1,n$ 为正整数时,有不等式

$$\frac{a^{\frac{1}{n+1}}}{(n+1)^2}<\frac{a^{\frac{1}{n}}-a^{\frac{1}{n+1}}}{\ln a}<\frac{a^{\frac{1}{n}}}{n^2}$$

5. 求 $\lim\limits_{n\to\infty}n^2\left(\arctan\dfrac{\alpha}{n}-\arctan\dfrac{\alpha}{n+1}\right)$.

6. 设三次函数 $f(x)=ax^3+bx^2+cx+d(a\neq 0)$，试确定 a,b,c 应满足的条件，使：

(1) 函数 $f(x)$ 是单调增加的；　　(2) 函数 $f(x)$ 有极值.

7. 用洛必达法则求下列极限：

(1) $\lim\limits_{x\to 0}\left(\dfrac{1}{\sin x}-\dfrac{1}{x+2x^2}\right)$，

(2) $\lim\limits_{x\to 0}\left(\dfrac{a_1^x+a_2^x+\cdots+a_n^x}{n}\right)^{\frac{1}{x}}$，$(a_i>0,a_i\neq 1,i=1,2,\cdots,n,n$ 为大于或等于 2 的自然数），

(3) $\lim\limits_{x\to +\infty}\dfrac{e^x}{\left(1+\dfrac{1}{x}\right)^{x^2}}$，　　(4) $\lim\limits_{x\to 0}(\cos x)^{x^{-2}}$，　　(5) $\lim\limits_{n\to\infty}\left[\tan\left(\dfrac{\pi}{4}+\dfrac{2}{n}\right)\right]^n$.

8. 证明曲线 $y=e^x$ 与 $y=ax^2+bx+c$ 的交点不超过三个.

9. 已知点 $(1,3)$ 为曲线 $y=x^3+ax^2+bx+14$ 的拐点，试求 a,b 的值.

10. 设 $y=f(x)$ 由方程 $2y^3-2y^2+2xy-x^2=1$ 所确定，求 $y=f(x)$ 的驻点，并判断其驻点是否为极值点.

11. 求函数 $f(x)=x^3-3x^2+2$ 在区间 $[-a,a]$ 上的最大值与最小值.

12. 设某种商品的单价为 P 时，售出的商品数量 Q 可表示成

$$Q=\dfrac{a}{P+b}-c，\text{其中 } a,b,c \text{ 均为正数，且 } a>bc.$$

a) 求 P 在何范围变化时，使相应的销售额增加或减少；

b) 要使销售额最大，商品单价 P 应取何值？最大销售额是多少？

13. 设某产品的需求函数 $Q=Q(P)$ 是单调减少的，收益函数 $R=PQ$，当价格为 P_0，对应的需求量为 Q_0 时，边际收益 $\dfrac{\mathrm{d}R}{\mathrm{d}Q}\Big|_{Q=Q_0}=a>0,\dfrac{\mathrm{d}R}{\mathrm{d}P}\Big|_{P-P_0}=c<0$，需求对价格的弹性为 $\eta=\dfrac{EQ}{EP}=b>1$，求 P_0,Q_0.

14. 一商家销售某种商品的价格满足关系式 $P=(7-0.2x)$ 万元/吨，x 为销售量（单位：吨），商品的成本函数是 $C=(3x+1)$ 万元.

(1) 若每销售一吨商品，政府要征税 t 万元，求该商家获最大利润时的销售量.

(2) t 为何值时，政府税收总额最大？

4 不定积分

前面所讲的导数、微分、中值定理以及导数的应用,概括起来称为一元函数的微分学. 在微分学中,我们讨论了求已知函数的导数(或微分)问题,本章我们将讨论与其相反的问题,即已知一个函数的导数,求出这个函数,这是积分学的一个基本问题——不定积分.

4.1 原函数与不定积分的概念

定义 4.1 已知函数 $F(x)$ 在区间 D 上(D 可以是开区间,也可以是闭区间或半开半闭区间)可导,若一阶导数 $F'(x)=f(x)$,则称函数 $F(x)$ 为 $f(x)$ 在区间 D 上的一个原函数.

在满足关系式 $F'(x)=f(x)$ 的情况下,已知函数 $F(x)$ 求 $f(x)$ 是求一阶导数运算,而已知 $f(x)$ 求 $F(x)$ 是求原函数运算,于是求一阶导数与求原函数是互为逆运算.

由于 $(x^2)'=2x$, $(x^2-1)'=2x$, $(x^2-\sqrt{7})'=2x$,$\cdots$,$(x^2+C_0)'=2x(C_0$ 为常数)所以 $x^2,x^2-1,x^2-\sqrt{7},\cdots,x^2+C_0$ 等等,都是 $2x$ 的原函数.

通过这个简单的例子,我们很自然地想到以下三个问题:

(1) 一个函数如果有原函数,其原函数有多少个?

(2) 一个函数的任意两个不同的原函数之间是什么关系?

(3) 是否所有的函数都有原函数?

针对这些问题,我们有下面的定理.

定理 4.1 若函数 $F(x)$ 为 $f(x)$ 在区间 D 上的一个原函数,则 $F(x)+C(C$ 为任意常数)是 $f(x)$ 在 D 上的所有原函数.

证明:由已知 $F'(x)=f(x)$ 得 $(F(x)+C)'=F'(x)=f(x)$

所以 $F(x)+C$ 是 $f(x)$ 的原函数.

现设 $\varphi(x)$ 是 $f(x)$ 在区间 D 上的任意一个原函数,即 $\varphi'(x)=f(x)$,

又 $F'(x)=f(x)$,所以有

$$[\varphi(x)-F(x)]'=\varphi'(x)-F'(x)=f(x)-f(x)=0$$

由拉格朗日中值定理的推论知

$$\varphi(x)-F(x)=C$$

即 $\qquad \varphi(x)=F(x)+C$ （C 为任意常数）

该定理也说明了,如果一个函数有原函数,其原函数有无数个,而且同一函数的所有原函数之间只相差一个任意常数.

定理 4.2 如果函数 $f(x)$ 在某区间 D 上连续,则 $f(x)$ 在该区间 D 上必有原函数.

该定理给出了原函数存在的充分条件. 由于初等函数在其定义区间上都是连续的,因此,初等函数在定义区间上都有原函数.

定义 4.2 函数 $f(x)$ 在区间 D 上的所有原函数 $F(x)+C$ 称为函数 $f(x)$ 在 D 上的不定积分,记作: $\int f(x)\mathrm{d}x = F(x)+C$ (C 为任意常数).

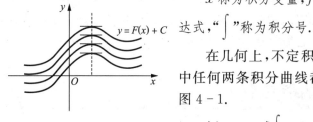

图 4-1

x 称为积分变量,$f(x)$ 称为被积函数,$f(x)\mathrm{d}x$ 称为被积表达式,"$\int$"称为积分号.

在几何上,不定积分表示一簇曲线,称为积分曲线,其中任何两条积分曲线都可以通过上下平移而完全重合,见图 4-1.

例 4.1 求 $\int x^{\alpha}\mathrm{d}x$ ($\alpha \neq -1, x > 0$).

解:因为 $(x^{\alpha+1})' = (\alpha+1)x^{\alpha}$,从而

$\left(\dfrac{1}{\alpha+1}x^{\alpha+1}\right)' = x^{\alpha}$,即 $\dfrac{1}{\alpha+1}x^{\alpha+1}$ 是 x^{α} 的一个原函数,

所以 $\int x^{\alpha}\mathrm{d}x = \dfrac{1}{\alpha+1}x^{\alpha+1}+C$.

例 4.2 求 $\int \dfrac{1}{x}\mathrm{d}x$.

解:当 $x > 0$ 时,$(\ln x)' = \dfrac{1}{x}$,

当 $x < 0$ 时,$-x > 0$,$[\ln(-x)]' = \dfrac{1}{-x} \cdot (-1) = \dfrac{1}{x}$

所以 $\ln x$ 为 $\dfrac{1}{x}$ 在 $(0, +\infty)$ 内的一个原函数;$\ln(-x)$ 为 $\dfrac{1}{x}$ 在 $(-\infty, 0)$ 内的一个原函数.

故当 $x \neq 0$ 时,$\ln|x|$ 为 $\dfrac{1}{x}$ 的一个原函数,因此 $\int \dfrac{1}{x}\mathrm{d}x = \ln|x|+C$ ($x \neq 0$).

4.2 基本积分公式与不定积分性质

4.2.1 基本积分公式

因为求不定积分是求导的逆运算,所以由基本导数公式对应地可以得到基本积分公式.

(1) $\int 0\mathrm{d}x = C$ 　　　　(2) $\int 1\mathrm{d}x = x+C$

(3) $\int x^{\alpha}\mathrm{d}x = \dfrac{1}{\alpha+1}x^{\alpha+1}+C$ ($\alpha \neq -1$) 　　(4) $\int \dfrac{1}{x}\mathrm{d}x = \ln|x|+C$

(5) $\int a^{x}\mathrm{d}x = \dfrac{1}{\ln a}a^{x}+C$ ($a>0, a \neq 1$) 　　(6) $\int \mathrm{e}^{x}\mathrm{d}x = \mathrm{e}^{x}+C$

(7) $\displaystyle\int \sin x \, \mathrm{d}x = -\cos x + C$ (8) $\displaystyle\int \cos x \, \mathrm{d}x = \sin x + C$

(9) $\displaystyle\int \sec^2 x \, \mathrm{d}x = \tan x + C$ (10) $\displaystyle\int \csc^2 x \, \mathrm{d}x = -\cot x + C$

(11) $\displaystyle\int \sec x \cdot \tan x \, \mathrm{d}x = \sec x + C$ (12) $\displaystyle\int \csc x \cdot \cot x \, \mathrm{d}x = -\csc x + C$

(13) $\displaystyle\int \frac{1}{\sqrt{1-x^2}} \mathrm{d}x = \arcsin x + C = -\arccos x + C$

(14) $\displaystyle\int \frac{1}{1+x^2} \mathrm{d}x = \arctan x + C = -\operatorname{arccot} x + C$

以上基本积分公式,读者应牢牢记住.

4.2.2 不定积分性质

性质 1 求不定积分与求导数(或微分)互为逆运算.

即
$$\left[\int f(x)\mathrm{d}x\right]' = f(x) \quad \text{或} \quad \mathrm{d}\int f(x)\mathrm{d}x = f(x)\mathrm{d}x$$

$$\int F'(x)\mathrm{d}x = F(x) + C \quad \text{或} \quad \int \mathrm{d}F(x) = F(x) + C$$

值得注意的是:如果对函数先求不定积分再求导数,那么两者的作用相互抵消,结果仍为 $f(x)$;如果对函数先求导数后求不定积分,那么两者作用相互抵消后其结果与原来的函数相差一个任意常数.

性质 2 被积函数中不为零的常数因子可以移到积分号的外面.

即
$$\int k f(x)\mathrm{d}x = k \int f(x)\mathrm{d}x \quad (k \neq 0, k \text{ 为常数})$$

这是因为
$$\left[k \int f(x)\mathrm{d}x\right]' = k\left[\int f(x)\mathrm{d}x\right]' = kf(x)$$

性质 3 两个函数代数和的积分,等于函数积分的代数和.

即
$$\int [f(x) \pm g(x)]\mathrm{d}x = \int f(x)\mathrm{d}x \pm \int g(x)\mathrm{d}x$$

这是因为
$$\left[\int f(x)\mathrm{d}x \pm \int g(x)\mathrm{d}x\right]' = \left[\int f(x)\mathrm{d}x\right]' \pm \left[\int g(x)\mathrm{d}x\right]' = f(x) \pm g(x)$$

我们在计算不定积分时,可以利用不定积分的性质,把一个比较复杂的积分化为若干个可以查积分公式表的积分,当然在计算过程中,可能还要做某些恒等变形(包括利用一些三角公式等),以便拆成几项,然后再查公式,这种方法称为分项积分法.

例 4.3 求 $\displaystyle\int \left[q^x + \frac{(x-1)^2}{\sqrt{x}}\right]\mathrm{d}x.$ $(q > 0, q \neq 1)$

解: $\displaystyle\int \left[q^x + \frac{(x-1)^2}{\sqrt{x}}\right]\mathrm{d}x = \int q^x \mathrm{d}x + \int x^{\frac{3}{2}} \mathrm{d}x - 2\int \sqrt{x}\mathrm{d}x + \int \frac{1}{\sqrt{x}}\mathrm{d}x$

$$= \frac{q^x}{\ln q} + \frac{2}{5}x^{\frac{5}{2}} - \frac{4}{3}x^{\frac{3}{2}} + 2\sqrt{x} + C$$

例 4.4 求 $\displaystyle\int \frac{x^4}{1+x^2}\mathrm{d}x.$

解: $\displaystyle\int \frac{x^4}{1+x^2}\mathrm{d}x = \int \left(x^2 - 1 + \frac{1}{1+x^2}\right)\mathrm{d}x = \frac{1}{3}x^3 - x + \arctan x + C$

例 4.5　求 $\int \cos^2 \dfrac{x}{2} dx$.

解: $\int \cos^2 \dfrac{x}{2} dx = \int \dfrac{1+\cos x}{2} dx = \dfrac{1}{2} \int dx + \dfrac{1}{2} \int \cos x \, dx = \dfrac{1}{2} x + \dfrac{1}{2} \sin x + C$

例 4.6　求 $\int \tan^2 x \, dx$.

解: $\int \tan^2 x \, dx = \int (\sec^2 x - 1) dx = \int \sec^2 x \, dx - \int dx = \tan x - x + C$

例 4.7　求 $\int \left(1 + \dfrac{1}{x} - \dfrac{1}{x^2}\right) x \sqrt{x \sqrt{x}} \, dx$.

解: $\int \left(1 + \dfrac{1}{x} - \dfrac{1}{x^2}\right) x \sqrt{x \sqrt{x}} \, dx = \int (1 + x^{-1} - x^{-2}) x^{1+\frac{1}{2}+\frac{1}{4}} \, dx$

$$= \int (1 + x^{-1} - x^{-2}) x^{\frac{7}{4}} \, dx = \int \left(x^{\frac{7}{4}} + x^{\frac{3}{4}} - x^{-\frac{1}{4}}\right) dx$$

$$= \dfrac{4}{11} x^{\frac{11}{4}} + \dfrac{4}{7} x^{\frac{7}{4}} - \dfrac{4}{3} x^{\frac{3}{4}} + C$$

例 4.8　求 $\int \dfrac{\sqrt{1+x^2}}{\sqrt{1-x^4}} dx$.

解: $\int \dfrac{\sqrt{1+x^2}}{\sqrt{1-x^4}} dx = \int \dfrac{\sqrt{1+x^2}}{\sqrt{(1-x^2)(1+x^2)}} dx = \int \dfrac{1}{\sqrt{1-x^2}} dx = \arcsin x + C$

例 4.9　求 $\int \dfrac{dx}{\sin^2 x \cdot \cos^2 x}$.

解: $\int \dfrac{dx}{\sin^2 x \cdot \cos^2 x} = \int \dfrac{\sin^2 x + \cos^2 x}{\sin^2 x \cdot \cos^2 x} dx$

$$= \int \left(\dfrac{1}{\cos^2 x} + \dfrac{1}{\sin^2 x}\right) dx = \tan x - \cot x + C$$

例 4.10　求 $\int \dfrac{\sin^2 x}{1 + \cos 2x} dx$.

解: $\int \dfrac{\sin^2 x}{1 + \cos 2x} dx = \int \dfrac{\sin^2 x}{2 \cos^2 x} dx = \dfrac{1}{2} \int (\sec^2 x - 1) dx$

$$= \dfrac{1}{2} (\tan x - x) + C$$

例 4.11　$\int (2^x - 2^{-x})^2 dx$.

解: $\int (2^x - 2^{-x})^2 dx = \int \left[4^x - 2 + \left(\dfrac{1}{4}\right)^x\right] dx$

$$= \int 4^x dx - \int 2 dx + \int \left(\dfrac{1}{4}\right)^x dx$$

$$= \dfrac{4^x}{\ln 4} - 2x + \dfrac{\left(\dfrac{1}{4}\right)^x}{\ln \dfrac{1}{4}} + C = \dfrac{4^x}{2\ln 2} - 2x - \dfrac{4^{-x}}{2\ln 2} + C$$

例 4.12　$\int \dfrac{1}{x^2 (x^2 + 1)} dx$.

解：$\displaystyle\int \frac{1}{x^2(x^2+1)}\mathrm{d}x = \int \left(\frac{1}{x^2}-\frac{1}{x^2+1}\right)\mathrm{d}x = -\frac{1}{x}-\arctan x + C$

4.3　换元积分法

利用基本积分公式与不定积分的性质，我们所能计算的不定积分是非常有限的，因此有必要寻求其他的积分方法. 本节把复合函数的微分法反过来用于求不定积分，利用中间变量的代换，得到所求不定积分的方法，称为换元积分法. 它包括第一类换元法和第二类换元法.

4.3.1　第一类换元积分法（凑微分法）

考查不定积分 $\displaystyle\int \frac{1}{\mathrm{e}^x+\mathrm{e}^{-x}}\mathrm{d}x$，显然我们不能直接从基本公式表求出该积分，但是，我们可以作适当的换元代换，将其化为某个基本积分公式的形式，然后再积分，如

$$\int \frac{1}{\mathrm{e}^x+\mathrm{e}^{-x}}\mathrm{d}x = \int \frac{\mathrm{e}^x}{1+(\mathrm{e}^x)^2}\mathrm{d}x = \int \frac{\mathrm{d}\mathrm{e}^x}{1+(\mathrm{e}^x)^2} \xrightarrow{\;\diamondsuit\, u=\mathrm{e}^x\;} \int \frac{\mathrm{d}u}{1+u^2}$$
$$= \arctan u + C = \arctan \mathrm{e}^x + C$$

可以这样做的理由可见定理 4.3.

定理 4.3（第一类换元积分法）　若 $\displaystyle\int f(u)\mathrm{d}u = F(u)+C$，又 $u=\varphi(x)$ 有连续的导数，则 $\displaystyle\int f[\varphi(x)]\varphi'(x)\mathrm{d}x = F[\varphi(x)]+C$.

证明： 由假设知 $F'(u)=f(u)$，利用复合函数求导法则，得到：

$\dfrac{\mathrm{d}}{\mathrm{d}x}F[\varphi(x)] = F'[\varphi(x)]\varphi'(x) = f[\varphi(x)]\varphi'(x)$ 即定理得证.

这种做法的好处在于：当某个不定积分 $\displaystyle\int \omega(x)\mathrm{d}x$ 不易计算时，若能将 $\omega(x)$ 写成 $\omega(x)=f[\varphi(x)]\varphi'(x)$ 这种形式，就可以作代换 $u=\varphi(x)$，从而 $\displaystyle\int f[\varphi(x)]\varphi'(x)\mathrm{d}x$ 转化为 $\displaystyle\int f(u)\mathrm{d}u$，若对新的积分变量 u 易求 $\displaystyle\int f(u)\mathrm{d}u = F(u)+C$，则将其还原后就可得所求的不定积分.

例 4.13　求 $\displaystyle\int (3x+2)^5\mathrm{d}x$.

解： 令 $3x+2=u$，则 $\mathrm{d}x=\dfrac{1}{3}\mathrm{d}u$，于是，

$$\int (3x+2)^5\mathrm{d}x = \int u^5 \times \frac{1}{3}\mathrm{d}u = \frac{1}{3}\int u^5\mathrm{d}u = \frac{1}{18}u^6 + C = \frac{1}{18}(3x+2)^6 + C$$

例 4.14　求 $\displaystyle\int x^2\mathrm{e}^{x^3}\mathrm{d}x$.

解： $\displaystyle\int x^2\mathrm{e}^{x^3}\mathrm{d}x = \frac{1}{3}\int \mathrm{e}^{x^3}\mathrm{d}x^3 = \frac{1}{3}\mathrm{e}^{x^3} + C$

例 4.15　求 $\int x\sqrt{1-x^2}\,\mathrm{d}x$.

解：$\int x\sqrt{1-x^2}\,\mathrm{d}x = -\dfrac{1}{2}\int\sqrt{1-x^2}\,\mathrm{d}(1-x^2)$

$$= -\frac{1}{2}\times\frac{2}{3}(1-x^2)^{\frac{3}{2}}+C = -\frac{1}{3}(1-x^2)^{\frac{3}{2}}+C$$

例 4.16　求 $\int\dfrac{1}{(2x-3)^2}\,\mathrm{d}x$.

解：$\int\dfrac{1}{(2x-3)^2}\,\mathrm{d}x = \dfrac{1}{2}\int\dfrac{1}{(2x-3)^2}\,\mathrm{d}(2x-3) = -\dfrac{1}{2}\times\dfrac{1}{(2x-3)}+C$

例 4.17　求 $\int\dfrac{1}{\sqrt{2+4x-4x^2}}\,\mathrm{d}x$.

解：$\int\dfrac{1}{\sqrt{2+4x-4x^2}}\,\mathrm{d}x = \int\dfrac{1}{\sqrt{3-(1-4x+4x^2)}}\,\mathrm{d}x = \int\dfrac{1}{\sqrt{3-(1-2x)^2}}\,\mathrm{d}x$

$$= -\frac{1}{2}\int\frac{\mathrm{d}(1-2x)}{\sqrt{3-(1-2x)^2}} = -\frac{1}{2}\int\frac{\mathrm{d}(1-2x)}{\sqrt{3\left[1-\left(\dfrac{1-2x}{\sqrt{3}}\right)^2\right]}}$$

$$= -\frac{1}{2}\int\frac{\mathrm{d}\dfrac{1-2x}{\sqrt{3}}}{\sqrt{1-\left(\dfrac{1-2x}{\sqrt{3}}\right)^2}}$$

$$= -\frac{1}{2}\arcsin\frac{1-2x}{\sqrt{3}}+C$$

例 4.18　求 $\int\cot x\,\mathrm{d}x$.

解：$\int\cot x\,\mathrm{d}x = \int\dfrac{\cos x}{\sin x}\,\mathrm{d}x = \int\dfrac{\mathrm{d}\sin x}{\sin x} = \ln|\sin x|+C$

例 4.19　求 $\int\dfrac{2x+3}{x^2+3x+7}\,\mathrm{d}x$.

解：$\int\dfrac{2x+3}{x^2+3x+7}\,\mathrm{d}x = \int\dfrac{\mathrm{d}(x^2+3x+7)}{x^2+3x+7} = \ln|x^2+3x+7|+C$

例 4.20　求 $\int\dfrac{\mathrm{d}x}{e^x-1}$.

解：$\int\dfrac{\mathrm{d}x}{e^x-1} = \int\dfrac{e^x-e^x+1}{e^x-1}\,\mathrm{d}x = \int\dfrac{e^x}{e^x-1}\,\mathrm{d}x - \int\mathrm{d}x$

$$= \int\frac{1}{e^x-1}\,\mathrm{d}(e^x-1) - \int\mathrm{d}x$$

$$= \ln|e^x-1|-x+C$$

例 4.21　求 $\int\dfrac{1}{a^2+x^2}\,\mathrm{d}x$.

解：$\int\dfrac{1}{a^2+x^2}\,\mathrm{d}x = \dfrac{1}{a}\int\dfrac{\mathrm{d}\left(\dfrac{x}{a}\right)}{1+\left(\dfrac{x}{a}\right)^2} = \dfrac{1}{a}\arctan\dfrac{x}{a}+C$

例 4. 22 求 $\displaystyle\int \frac{\cos x}{9+\sin^2 x}\mathrm{d}x$.

解：$\displaystyle\int \frac{\cos x}{9+\sin^2 x}\mathrm{d}x = \int \frac{\mathrm{d}\sin x}{3^2+\sin^2 x} = \frac{1}{3}\arctan\left(\frac{\sin x}{3}\right)+C$

例 4. 23 求 $\displaystyle\int \frac{1}{x^2+2x+3}\mathrm{d}x$.

解：$\displaystyle\int \frac{1}{x^2+2x+3}\mathrm{d}x = \int \frac{1}{(x+1)^2+2}\mathrm{d}x$

$$= \frac{1}{2}\int \frac{1}{1+\left(\dfrac{x+1}{\sqrt{2}}\right)^2}\mathrm{d}x = \frac{1}{\sqrt{2}}\int \frac{1}{1+\left(\dfrac{x+1}{\sqrt{2}}\right)^2}\mathrm{d}\frac{x+1}{\sqrt{2}}$$

$$= \frac{\sqrt{2}}{2}\arctan \frac{x+1}{\sqrt{2}}+C$$

例 4. 24 求 $\displaystyle\int \frac{1}{a^2-x^2}\mathrm{d}x$.

解：$\displaystyle\int \frac{1}{a^2-x^2}\mathrm{d}x = \frac{1}{2a}\int \left(\frac{1}{a+x}+\frac{1}{a-x}\right)\mathrm{d}x = \frac{1}{2a}\ln|a+x|-\frac{1}{2a}\ln|a-x|+C$

$$= \frac{1}{2a}\ln\left|\frac{a+x}{a-x}\right|+C$$

例 4. 25 求 $\displaystyle\int \sec x\,\mathrm{d}x$.

解：$\displaystyle\int \sec x\,\mathrm{d}x = \int \frac{1}{\cos x}\mathrm{d}x = \int \frac{\mathrm{d}\sin x}{\cos^2 x} = \int \frac{\mathrm{d}\sin x}{1-\sin^2 x} = \frac{1}{2}\ln\left|\frac{1+\sin x}{1-\sin x}\right|+C$

$$= \frac{1}{2}\ln\left|\frac{(1+\sin x)^2}{\cos^2 x}\right| = \ln\left|\frac{1+\sin x}{\cos x}\right| = \ln|\sec x+\tan x|+C$$

同理可得： $\displaystyle\int \csc\,\mathrm{d}x = \ln|\csc x-\cot x|+C$

4. 3. 2 第二类换元积分法

上面所讨论的第一类换元法（凑微分法），是把一个比较复杂的积分 $\displaystyle\int f[\varphi(x)]\varphi'(x)\mathrm{d}x$ 化为 $\displaystyle\int f[\varphi(x)]\mathrm{d}\varphi(x)$ 后再进行计算.

但是，有时会碰到相反的情况：虽然积分的形式是 $\displaystyle\int f(x)\mathrm{d}x$，看起来并不复杂，但实际却比较难求，此时，我们可作一个适当的代换 $x = \varphi(t)$，将积分 $\displaystyle\int f(x)\mathrm{d}x$ 转化为 $\displaystyle\int f[\varphi(t)]\mathrm{d}\varphi(t)$ 即 $\displaystyle\int f[\varphi(t)]\varphi'(t)\mathrm{d}t$，当然，前提是 $\displaystyle\int f[\varphi(t)]\varphi'(t)\mathrm{d}t$ 比较好求，最后将结果中的 t 作变量还原，即将 $t = \varphi^{-1}(x)$ 代入积分结果即可.

考查积分 $\displaystyle\int \frac{\sin\sqrt{x}}{\sqrt{x}}\mathrm{d}x$. 此积分可用第一类换元法（读者可自己练习一下），但也可以作代换 $\sqrt{x}=t$ 即 $x=t^2$，从而有 $\mathrm{d}x=2t\mathrm{d}t$. 于是，原积分化为

$$\int \frac{\sin t}{t} \cdot 2t\mathrm{d}t = 2\int \sin t\mathrm{d}t = -2\cos t + C = -2\cos\sqrt{x} + C$$

可以这样做的理由见定理 4.4.

定理 4.4(第二类换元)　设 $x = \varphi(t)$ 是单调可导函数,且 $\varphi'(t) \neq 0$,若 $\int f[\varphi(t)]\varphi'(t)\mathrm{d}t = F(t) + C$,则

$$\int f(x)\mathrm{d}x = \int f[\varphi(t)]\varphi'(t)\mathrm{d}t = F(t) + C = F[\varphi^{-1}(x)] + C$$

证明:由反函数求导法则: $\dfrac{\mathrm{d}t}{\mathrm{d}x} = \dfrac{1}{\varphi'(t)}$,于是

$$\frac{\mathrm{d}}{\mathrm{d}x}F[\varphi^{-1}(x)] = \frac{\mathrm{d}F(t)}{\mathrm{d}t} \cdot \frac{\mathrm{d}t}{\mathrm{d}x} = f[\varphi(t)] \cdot \varphi'(t) \cdot \frac{1}{\varphi'(t)} = f[\varphi(t)] = f(x)$$

故定理得证.

[注]　(1) 选择 $x = \varphi(t)$ 换元时,要求 $\int f[\varphi(t)]\varphi'(t)\mathrm{d}t$ 易计算;

(2) 用换元法求不定积分时,最后一定要作变量还原.

例 4.26　求 $\displaystyle\int \frac{x}{\sqrt{x}+1}\mathrm{d}x$.

解: 令 $u = \sqrt{x}$,则 $x = u^2$,$\mathrm{d}x = 2u\mathrm{d}u$ 于是

$$\begin{aligned}
\int \frac{x}{\sqrt{x}+1}\mathrm{d}x &= \int \frac{u^2}{u+1} \times 2u\mathrm{d}u = 2\int \frac{u^3}{u+1}\mathrm{d}u \\
&= 2\int \frac{u^3+1-1}{u+1}\mathrm{d}u = 2\int \frac{u^3+1}{u+1}\mathrm{d}u - 2\int \frac{\mathrm{d}u}{u+1} \\
&= 2\int (u^2-u+1)\mathrm{d}u - 2\int \frac{\mathrm{d}(u+1)}{u+1} \\
&= \frac{2}{3}u^3 - u^2 + 2u - 2\ln|u+1| + C \\
&= \frac{2}{3}x^{\frac{3}{2}} - x + 2x^{\frac{1}{2}} - 2\ln(\sqrt{x}+1) + C
\end{aligned}$$

例 4.27　求 $\displaystyle\int \frac{\mathrm{d}x}{\sqrt{x}+\sqrt[3]{x}}$.

解: 令 $\sqrt[6]{x} = u$(这样可使两根号都去掉),于是 $\mathrm{d}x = 6u^5\mathrm{d}u$.

$$\begin{aligned}
\int \frac{\mathrm{d}x}{\sqrt{x}+\sqrt[3]{x}} &= \int \frac{6u^5\mathrm{d}u}{u^3+u^2} = 6\int \frac{u^3}{u+1}\mathrm{d}u \\
&= 6\int \left[(u^2-u+1) - \frac{1}{u+1}\right]\mathrm{d}u \\
&= 6\left[\frac{1}{3}u^3 - \frac{1}{2}u^2 + u - \ln(u+1)\right] + C \\
&= 2\sqrt{x} - 3\sqrt[3]{x} + 6\sqrt[6]{x} - 6\ln(\sqrt[6]{x}+1) + C
\end{aligned}$$

一般地,若进行三角代换或被积函数是三角函数时,先利用三角恒等式进行变形,然后再计算积分,常用的三角公式有:

(1) $\sin^2\alpha + \cos^2\alpha = 1$

(2) $1 + \tan^2\alpha = \sec^2\alpha$

(3) $1 + \cot^2\alpha = \csc^2\alpha$

(4) $\sin^2\alpha = \dfrac{1}{2}(1 - \cos 2\alpha)$

(5) $\cos^2\alpha = \dfrac{1}{2}(1 + \cos 2\alpha)$

(6) $\sin mx \sin nx = -\dfrac{1}{2}\left[\cos(m+n)x - \cos(m-n)x\right]$

(7) $\sin mx \cos nx = \dfrac{1}{2}\left[\sin(m+n)x + \sin(m-n)x\right]$

(8) $\cos mx \cos nx = \dfrac{1}{2}\left[\cos(m+n)x + \cos(m-n)x\right]$

(9) $\sin(90° + \alpha) = \cos\alpha$　　$\cos(180° - \alpha) = -\cos\alpha$ 等

还有:正弦函数在第一、二象限内是正值;余弦函数在第一、四象限是正值;正切和余切函数在第一、三象限为正值等.

例 4.28　求 $\displaystyle\int \sqrt{a^2 - x^2}\,\mathrm{d}x$　　　$(a > 0)$.

解: 设 $x = a\sin t, |t| \leqslant \dfrac{\pi}{2}$,则 $\mathrm{d}x = a \cdot \cos t \cdot \mathrm{d}t$,于是

$$\int \sqrt{a^2 - x^2}\,\mathrm{d}x = \int a\cos t \cdot a\cos t\,\mathrm{d}t = a^2\int \cos^2 t\,\mathrm{d}t = a^2\int \frac{1 + \cos 2t}{2}\mathrm{d}t$$

$$= \frac{a^2}{2}\left(t + \frac{1}{2}\sin 2t\right) + C = \frac{a^2}{2}(t + \sin t \cdot \cos t) + C$$

$$= \frac{a^2}{2}(t + \sin t\sqrt{1 - \sin^2 t}) + C$$

$$= \frac{a^2}{2}\left(\frac{x}{a}\sqrt{1 - \left(\frac{x}{a}\right)^2} + \arcsin\frac{x}{a}\right) + C$$

$$= \frac{x}{2}\sqrt{a^2 - x^2} + \frac{a^2}{2}\arcsin\frac{x}{a} + C$$

例 4.29　求 $\displaystyle\int \dfrac{\mathrm{d}x}{\sqrt{x^2 + a^2}}$ $(a > 0)$.

解: 设 $x = a\tan t,\ |t| < \dfrac{\pi}{2}$,则 $\mathrm{d}x = a\sec^2 t\,\mathrm{d}t$,于是

$$\int \frac{\mathrm{d}x}{\sqrt{x^2 + a^2}} = \int \frac{1}{a\sec t} \times a\sec^2 t\,\mathrm{d}t = \int \sec t\,\mathrm{d}t$$

$$= \ln|\tan t + \sec t| + C_1 = \ln\left|\tan t + \sqrt{1 + \tan^2 t}\right| + C_1$$

$$= \ln\left|\sqrt{1 + \left(\frac{x}{a}\right)^2} + \frac{x}{a}\right| + C_1 = \ln\left|x + \sqrt{x^2 + a^2}\right| + C$$

例 4.30　求 $\int \dfrac{\mathrm{d}x}{\sqrt{x^2-a^2}}$　　　$(a>0)$.

解：令 $x=a\sec t$,　$0\leqslant t<\dfrac{\pi}{2}$　或　$\pi\leqslant t<\dfrac{3}{2}\pi$,

则 $\mathrm{d}x=a\sec t\cdot\tan\,\mathrm{d}t$,且 $\sqrt{x^2-a^2}=\sqrt{a^2\sec^2 t-a^2}=a\tan t$, 于是

$$\int\frac{\mathrm{d}x}{\sqrt{x^2-a^2}}=\int\frac{1}{a\tan t}\times a\sec t\cdot\tan t\,\mathrm{d}t=\int\sec t\,\mathrm{d}t=\ln|\sec t+\tan t|+C_1$$

$$=\ln\left|\frac{x}{a}+\sqrt{\left(\frac{x}{a}\right)^2-1}\right|+C_1=\ln|x+\sqrt{x^2-a^2}|+C$$

综合前面两例知：　　　　$\int\dfrac{\mathrm{d}x}{\sqrt{x^2\pm a^2}}=\ln|x+\sqrt{x^2\pm a^2}|+C$　$(a>0)$

4.4　分部积分法

前面我们介绍了换元积分法,它是一种很重要的积分方法,但有些积分,如 $\int x\ln x\mathrm{d}x$, $\int x^3\mathrm{e}^x\mathrm{d}x$ 利用换元法还是不能得到解决,为此,我们介绍另外一种积分方法——分部积分法.

定理 4.5　设 $u=u(x),v=v(x)$ 都是连续可导函数,则有分部积分公式：

$$\int u(x)v'(x)\mathrm{d}x=u(x)v(x)-\int v(x)u'(x)\mathrm{d}x$$

或简写为：　　　　　　　　　　$\int u\mathrm{d}v=uv-\int v\mathrm{d}u$

证明：由微分公式　　　$\mathrm{d}(uv)=u\mathrm{d}v+v\mathrm{d}u$ 得 $u\mathrm{d}v=\mathrm{d}(uv)-v\mathrm{d}u$

两边积分,得　　　　　$\int u(x)\mathrm{d}v(x)=u(x)v(x)-\int v(x)\mathrm{d}u(x)$

定理得证.

分部积分法常常用来解决两个函数相乘的不定积分问题,用此公式,关键是恰当地选取 u 和 $\mathrm{d}v$,选取 u 和 $\mathrm{d}v$ 一般要考虑以下两点：

(1) v 要容易求得；

(2) $\int v\mathrm{d}u$ 比 $\int u\mathrm{d}v$ 容易计算.

例 4.31　求 $\int x^2\mathrm{e}^x\mathrm{d}x$.

解：设 $u=x^2,\mathrm{d}v=\mathrm{e}^x\mathrm{d}x=\mathrm{d}\mathrm{e}^x$,则

$$\int x^2\mathrm{e}^x\mathrm{d}x=\int x^2\mathrm{d}\mathrm{e}^x=x^2\mathrm{e}^x-\int \mathrm{e}^x\mathrm{d}x^2=x^2\mathrm{e}^x-2\int x\mathrm{e}^x\mathrm{d}x$$

$$=x^2\mathrm{e}^x-2\int x\,\mathrm{d}\mathrm{e}^x=x^2\mathrm{e}^x-2\left(x\mathrm{e}^x-\int \mathrm{e}^x\mathrm{d}x\right)$$

$$= x^2 e^x - 2x e^x + 2e^x + C$$

值得注意的是,若设 $u = e^x$, $dv = x^2 dx = \dfrac{1}{3} dx^3$,则有

$$\int x^2 e^x dx = \frac{1}{3} \int e^x dx^3 = \frac{1}{3}\left(e^x x^3 - \int x^3 e^x dx\right)$$

显然这比原积分更复杂了,故这样选取 u,v 是不恰当的.

例 4.32　求 $\displaystyle\int x \ln x\, dx$.

解: $\displaystyle\int x \ln x\, dx = \frac{1}{2}\int \ln x\, dx^2 = \frac{1}{2}\left(x^2 \ln x - \int x^2 d\ln x\right)$

$$= \frac{1}{2}\left(x^2 \ln x - \int x dx\right) = \frac{1}{2}\left(x^2 \ln x - \frac{1}{2} x^2\right) + C$$

例 4.33　求 $\displaystyle\int e^x \sin x\, dx$.

解: $\displaystyle\int e^x \sin x\, dx = \int \sin x\, de^x = \sin x \cdot e^x - \int e^x d\sin x$

$$= e^x \sin x - \int \cos x \cdot e^x dx = e^x \sin x - \int \cos x\, de^x$$

$$= e^x \sin x - \left(e^x \cos x + \int e^x \sin x\, dx\right)$$

$$= e^x \sin x - e^x \cos x - \int e^x \sin x\, dx$$

移项得　　　　　$\displaystyle\int e^x \sin x\, dx = \frac{1}{2}(e^x \sin x - e^x \cos x) + C$

例 4.34　求 $\displaystyle\int x \arctan x\, dx$.

解: $\displaystyle\int x \arctan x\, dx = \frac{1}{2}\int \arctan x\, dx^2 = \frac{1}{2}\left(x^2 \arctan x - \int \frac{x^2}{1+x^2} dx\right)$

$$= \frac{1}{2} x^2 \arctan x - \frac{1}{2}\int\left(1 - \frac{1}{1+x^2}\right)dx$$

$$= \frac{1}{2} x^2 \arctan x - \frac{1}{2} x + \frac{1}{2}\arctan x + C$$

例 4.35　求 $\displaystyle\int \frac{x^2 e^x}{(x+2)^2} dx$.

解: $\displaystyle\int \frac{x^2 e^x}{(x+2)^2} dx = -\int x^2 e^x d\frac{1}{x+2} = -\left[\frac{x^2 e^x}{x+2} - \int \frac{1}{x+2} \cdot (x^2 e^x)' dx\right]$

$$= -\frac{x^2 e^x}{x+2} + \int x e^x dx = -\frac{x^2 e^x}{x+2} + \int x de^x$$

$$= -\frac{x^2 e^x}{x+2} + x e^x - e^x + C$$

例 4.36　求 $\displaystyle\int x \arcsin x\, dx$.

解: $\displaystyle\int x \arcsin x\, dx = \frac{1}{2}\int \arcsin x\, dx^2 = \frac{1}{2} x^2 \arcsin x - \frac{1}{2}\int \frac{x^2}{\sqrt{1-x^2}} dx$

设 $x=\sin t, |t| \leqslant \dfrac{\pi}{2}$，则 $\mathrm{d}x=\cos t\ \mathrm{d}t$

$$\int \frac{x^2}{\sqrt{1-x^2}}\mathrm{d}x = \int \frac{\sin^2 t}{\sqrt{1-\sin^2 t}} \cdot \cos t\ \mathrm{d}t$$

$$= \int \frac{1-\cos 2t}{2}\mathrm{d}t = \frac{1}{2}t - \frac{1}{4}\sin 2t + C$$

$$= \frac{1}{2}t - \frac{1}{2}\sin t \cdot \cos t + C$$

$$= \frac{1}{2}\arcsin x - \frac{1}{2}x\sqrt{1-x^2} + C$$

故　　　$\displaystyle\int x \arcsin x\ \mathrm{d}x = \frac{1}{2}x^2 \arcsin x - \frac{1}{4}\arcsin x + \frac{1}{4}x\sqrt{1-x^2} + C$

例 4.37　求 $\displaystyle\int \frac{x\mathrm{e}^x}{\sqrt{\mathrm{e}^x-2}}\mathrm{d}x$.

解： 设 $t=\sqrt{\mathrm{e}^x-2}$，则 $\mathrm{e}^x=t^2+2$，$x=\ln(t^2+2)$，$\mathrm{d}x=\dfrac{2t}{t^2+2}\mathrm{d}t$

于是　　　$\displaystyle\int \frac{x\mathrm{e}^x}{\sqrt{\mathrm{e}^x-2}}\mathrm{d}x = \int \frac{(t^2+2)\ln(t^2+2)}{t} \cdot \frac{2t}{t^2+2}\mathrm{d}t$

$$= 2\int \ln(t^2+2)\mathrm{d}t = 2\left(t\ln(t^2+2) - \int t \cdot \frac{2t}{t^2+2}\mathrm{d}t\right)$$

$$= 2\left(t\ln(t^2+2) - 2\int \left(1-\frac{2}{t^2+2}\right)\mathrm{d}t\right)$$

$$= 2t\ln(t^2+2) - 4t + 4\int \frac{2}{t^2+2}\mathrm{d}t$$

$$= 2t\ln(t^2+2) - 4t + 4\int \frac{1}{1+\left(\frac{t}{\sqrt{2}}\right)^2}\mathrm{d}t$$

$$= 2t\ln(t^2+2) - 4t + 4\sqrt{2}\int \frac{1}{1+\left(\frac{t}{\sqrt{2}}\right)^2}\mathrm{d}\frac{t}{\sqrt{2}}$$

$$= 2t\ln(t^2+2) - 4t + 4\sqrt{2}\arctan\frac{t}{\sqrt{2}} + C$$

$$= 2x\sqrt{\mathrm{e}^x-2} - 4\sqrt{\mathrm{e}^x-2} + 4\sqrt{2}\arctan\frac{\sqrt{\mathrm{e}^x-2}}{\sqrt{2}} + C$$

4.5　典型例题

例 4.38　若在区间 (a,b) 内有 $f'(x)=g'(x)$，则在 (a,b) 内一定有（　　）.

A. $f(x)=g(x)$ 　　　　　　　　　B. $f(x)=Kg(x)$　（K 为不为零常数）

C. $f(x)=g(x)+C$ 　　　　　　　D. $\displaystyle\int \mathrm{d}f(x)=\int \mathrm{d}g(x)$

E. $\int f(x)\mathrm{d}x = \int g(x)\mathrm{d}x$ F. $\left[\int f(x)\mathrm{d}x\right]' = \left[\int g(x)\mathrm{d}x\right]'$

解：A，B 都错．反例：$f(x)=x,g(x)=x+2$

C 正确．因 $[f(x)-g(x)]'=f'(x)-g'(x)=0,[$对一切 $x\in(a,b)]$

故 $f(x)-g(x)=C$，即 $f(x)=g(x)+C$

D 正确．原等式即 $\int f'(x)\mathrm{d}x = \int g'(x)\mathrm{d}x$

E 错．因 $f(x)=g(x)+C$

$$\int f(x)\mathrm{d}x = \int (g(x)+C)\mathrm{d}x = \int g(x)\mathrm{d}x + Cx \neq \int g(x)\mathrm{d}x \quad (当 C\neq 0 时)$$

F 错．因 $\left[\int f(x)\mathrm{d}x\right]' = f(x),\left[\int g(x)\right]' = g(x)$，但 $f(x)$ 一般不等于 $g(x)$，见 A.

例 4.39 若 $f'(x)=\dfrac{1}{\sqrt{1-x^2}}$，且 $f(1)=\dfrac{\pi}{4}$，求 $f(x)$.

解：

$$f(x) = \int \frac{1}{\sqrt{1-x^2}}\mathrm{d}x = \arcsin x + C$$

$$f(1) = \arcsin 1 + C = \frac{\pi}{4}$$

即

$$\frac{\pi}{4} = \frac{\pi}{2} + C$$

从而

$$C = -\frac{\pi}{4}$$

故

$$f(x) = \arcsin x - \frac{\pi}{4}$$

例 4.40 设 $\int f'(\tan x)\mathrm{d}x = \tan x + x + C$，求 $f(x)$.

解：等式两边对 x 求导得

$$f'(\tan x) = \sec^2 x + 1 = \tan^2 x + 2$$

即

$$f'(x) = x^2 + 2$$

故

$$f(x) = \int f'(x)\mathrm{d}x = \int (x^2+2)\mathrm{d}x = \frac{1}{3}x^3 + 2x + C$$

例 4.41 填空题

(1) $\displaystyle\int \frac{\mathrm{e}^{2x}}{3+\mathrm{e}^{4x}}\mathrm{d}x = (\quad)$ (2) $\displaystyle\int \frac{\mathrm{e}^{2x}}{3-\mathrm{e}^{4x}}\mathrm{d}x = (\quad)$

(3) $\displaystyle\int \frac{\mathrm{e}^{2x}}{\sqrt{3-\mathrm{e}^{4x}}}\mathrm{d}x = (\quad)$ (4) $\displaystyle\int \frac{\mathrm{e}^{2x}}{\sqrt{3+\mathrm{e}^{4x}}}\mathrm{d}x = (\quad)$

解：(1) $\displaystyle\int \frac{\mathrm{e}^{2x}}{3+\mathrm{e}^{4x}}\mathrm{d}x = \frac{1}{2}\int \frac{\mathrm{de}^{2x}}{3+(\mathrm{e}^{2x})^2} \xlongequal{\mathrm{e}^{2x}=t} \frac{1}{2}\int \frac{\mathrm{d}t}{3+t^2}$

$$= \frac{1}{2} \times \frac{1}{\sqrt{3}}\arctan\frac{t}{\sqrt{3}} + C$$

$$= \frac{1}{2\sqrt{3}} \arctan \frac{e^{2x}}{\sqrt{3}} + C$$

$$(2) \int \frac{e^{2x}}{3 - e^{4x}} dx = \frac{1}{2} \int \frac{de^{2x}}{3 - e^{4x}} \xlongequal{e^{2x} = t} \frac{1}{2} \int \frac{dt}{3 - t^2}$$

$$= \frac{1}{2} \cdot \frac{1}{2\sqrt{3}} \int \left(\frac{1}{\sqrt{3} - t} + \frac{1}{\sqrt{3} + t} \right) dt$$

$$= \frac{1}{4\sqrt{3}} \ln \left| \frac{\sqrt{3} + t}{\sqrt{3} - t} \right| + C$$

$$= \frac{1}{4\sqrt{3}} \ln \left| \frac{\sqrt{3} + e^{2x}}{\sqrt{3} - e^{2x}} \right| + C$$

$$(3) \int \frac{e^{2x}}{\sqrt{3 - e^{4x}}} dx \xlongequal{e^{2x} = t} \frac{1}{2} \int \frac{dt}{\sqrt{3 - t^2}}$$

$$= \frac{1}{2} \arcsin \frac{t}{\sqrt{3}} + C$$

$$= \frac{1}{2} \arcsin \frac{e^{2x}}{\sqrt{3}} + C$$

$$(4) \int \frac{e^{2x}}{\sqrt{3 + e^{4x}}} dx \xlongequal{e^{2x} = t} \frac{1}{2} \int \frac{dt}{\sqrt{3 + t^2}}$$

$$= \frac{1}{2} \ln(t + \sqrt{3 + t^2}) + C$$

$$= \frac{1}{2} \ln(e^{2x} + \sqrt{3 + e^{4x}}) + C$$

例 4.42　计算下列不定积分：

$$(1) \int \frac{\sin 2x}{a^2 \sin^2 x + b^2 \cos^2 x} dx \quad (a \neq b), \qquad (2) \int \frac{1 + 2\sqrt{x}}{\sqrt{x}(x + \sqrt{x})} dx.$$

解： $(1) \int \frac{\sin 2x}{a^2 \sin^2 x + b^2 \cos^2 x} dx$

$$= \frac{1}{a^2 - b^2} \int \frac{a^2 \sin 2x - b^2 \sin 2x}{a^2 \sin^2 x + b^2 \cos^2 x} dx$$

$$= \frac{1}{a^2 - b^2} \int \frac{d(a^2 \sin^2 x + b^2 \cos^2 x)}{a^2 \sin^2 x + b^2 \cos^2 x}$$

$$= \frac{1}{a^2 - b^2} \ln |a^2 \sin^2 x + b^2 \cos^2 x| + C$$

(2) 因 $(x + \sqrt{x})' = 1 + \frac{1}{2\sqrt{x}} = \frac{2\sqrt{x} + 1}{2\sqrt{x}}$

故
$$\int \frac{1 + 2\sqrt{x}}{\sqrt{x}(x + \sqrt{x})} dx = 2 \int \frac{1}{x + \sqrt{x}} \cdot \frac{2\sqrt{x} + 1}{2\sqrt{x}} dx$$

$$= 2 \int \frac{d(x + \sqrt{x})}{x + \sqrt{x}}$$

$$= 2\ln |x + \sqrt{x}| + C$$

例 4.43 计算下列不定积分：

(1) $\displaystyle\int \sin^2 x \cos^3 x \, \mathrm{d}x,$ (2) $\displaystyle\int \sin^2 x \cos^2 x \, \mathrm{d}x.$

解：(1) $\displaystyle\int \sin^2 x \cos^3 x \, \mathrm{d}x$

$$= \int \sin^2 x \cos^2 x \, \mathrm{d}\sin x = \int \sin^2 x (1 - \sin^2 x) \, \mathrm{d}\sin x$$

$$\xupophantom \overset{u = \sin x}{=\!=\!=\!=} \int (u^2 - u^4) \, \mathrm{d}u$$

$$= \frac{u^3}{3} - \frac{u^5}{5} + C$$

$$= \frac{\sin^3 x}{3} - \frac{\sin^5 x}{5} + C$$

(2) $\displaystyle\int \sin^2 x \cos^2 x \, \mathrm{d}x$

$$= \frac{1}{4} \int \sin^2 2x \, \mathrm{d}x = \frac{1}{4} \int \frac{1 - \cos 4x}{2} \, \mathrm{d}x$$

$$= \frac{1}{8} \left(x - \frac{\sin 4x}{4} \right) + C$$

[注] 对形如 $\displaystyle\int \sin^m x \cos^n x \, \mathrm{d}x (m, n$ 为正整数) 的积分，

(1) 当 m (或 n) 为奇数时，可设 $u = \cos x$ (或 $u = \sin x$) 进行换元；

(2) 当 m 与 n 为偶数时，利用倍角公式降幂次后再积分.

例 4.44 计算下列不定积分：

(1) $\displaystyle\int \frac{x^2}{\sqrt{4 - x^2}} \mathrm{d}x,$ (2) $\displaystyle\int \frac{1}{x^2 \sqrt{x^2 + 4}} \mathrm{d}x,$

(3) $\displaystyle\int \frac{\sqrt{x^2 - 4}}{x} \mathrm{d}x,$ (4) $\displaystyle\int \frac{1}{x(1 + \sqrt{x})} \mathrm{d}x,$

(5) $\displaystyle\int \frac{1}{\sqrt{x}(1 + \sqrt[3]{x})} \mathrm{d}x,$ (6) $\displaystyle\int \frac{1}{3 + \sqrt{x + 2}} \mathrm{d}x.$

解：(1) 令 $x = 2\sin t$，则 $\mathrm{d}x = 2\cos t \, \mathrm{d}t$，于是

$$\int \frac{x^2}{\sqrt{4 - x^2}} \mathrm{d}x = \int \frac{4 \sin^2 t}{2\cos t} \times 2\cos t \, \mathrm{d}t$$

$$= 4 \int \sin^2 t \, \mathrm{d}t = 2 \int (1 - \cos 2t) \, \mathrm{d}t$$

$$= 2 \left(t - \frac{1}{2} \sin 2t \right) + C$$

$$= 2(t - \sin t \cdot \cos t) + C$$

$$= 2\arcsin \frac{x}{2} - \frac{1}{2} x \sqrt{4 - x^2} + C$$

(2) 令 $x = 2\tan t$，则 $\mathrm{d}x = 2\sec^2 t \, \mathrm{d}t$ (见图 4-2)，于是

$$\int \frac{1}{x^2\sqrt{x^2+4}}dx = \int \frac{1}{4\tan^2 t \cdot 2\sec t} \cdot 2\sec^2 t dt$$

$$= \frac{1}{4}\int \frac{\cos t}{\sin^2 t}dt = \frac{1}{4}\int \frac{1}{\sin^2 t}d\sin t$$

$$= -\frac{1}{4\sin t}+C$$

$$= -\frac{\sqrt{4+x^2}}{4x}+C$$

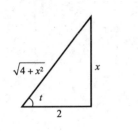

图 4 - 2

(3) 令 $x=2\sec t$, 则 $dx=2\sec t \tan t \, dt$(见图 4 - 3),

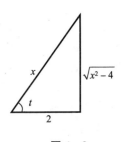

图 4 - 3

于是　　　$$\int \frac{\sqrt{x^2-4}}{x}dx = \int \frac{2\tan t}{2\sec t} \cdot 2\sec t \cdot \tan t \, dt$$

$$= 2\int \tan^2 t dt = 2\int (\sec^2 t-1)dt$$

$$= 2(\tan t-t)+C$$

$$= 2\left(\frac{\sqrt{x^2-4}}{2}-\arccos \frac{2}{x}\right)+C$$

$$= \sqrt{x^2-4}-2\arccos \frac{2}{x}+C$$

(4) 令 $t=\sqrt{x}$, 则 $x=t^2$ 　 $dx=2tdt$, 于是

$$\int \frac{1}{x(1+\sqrt{x})}dx = \int \frac{1}{t^2(1+t)} \cdot 2tdt = \int \frac{2}{t(1+t)}dt$$

$$= 2\int \left(\frac{1}{t}-\frac{1}{1+t}\right)dt - 2\ln|t|-2\ln|1+t|+C$$

$$= \ln|x|-2\ln(1+\sqrt{x})+C$$

(5) 令 $t=\sqrt[6]{x}$, 则 $x=t^6$, $dx=6t^5dt$, 于是

$$\int \frac{1}{\sqrt{x}(1+\sqrt[3]{x})}dx = \int \frac{1}{t^3(1+t^2)} \cdot 6t^5dt = 6\int \frac{t^2}{1+t^2}dt$$

$$= 6\int \left(1-\frac{1}{1+t^2}\right)dt$$

$$= 6t-6\arctan t+C$$

$$= 6\sqrt[6]{x}-6\arctan \sqrt[6]{x}+C$$

(6) 令 $t=\sqrt{x+2}$, 则 $x=t^2-2$, $dx=2t \, dt$, 于是

$$\int \frac{1}{3+\sqrt{x+2}}dx = \int \frac{2t}{3+t}dt = 2\int \left(1-\frac{3}{3+t}\right)dt$$

$$= 2(t-3\ln|3+t|+C)$$

$$= 2[\sqrt{x+2}-3\ln(3+\sqrt{x+2})]+C$$

例 4.45 求不定积分 $\displaystyle\int \frac{x+1}{\sqrt{-x^2-4x}}\mathrm{d}x$.

解法一：因 $\sqrt{-x^2-4x}=\sqrt{2^2-(x+2)^2}$,

故可令 $x+2=2\sin t$, 即 $t=\arcsin\dfrac{x+2}{2}$, 则

$$\sqrt{2^2-(x+2)^2}=\sqrt{2^2-2^2\sin^2 t}=2\sqrt{1-\sin^2 t}=2\cos t,\mathrm{d}x=2\cos t\ \mathrm{d}t$$

于是　　　　　　$\displaystyle\int \frac{x+1}{\sqrt{-x^2-4x}}\mathrm{d}x=\int \frac{2\sin t-1}{2\cos t}(2\cos t)\mathrm{d}t=-2\cos t-t+C$

$$=-2\frac{\sqrt{2^2-(x+2)^2}}{2}-\arcsin\frac{x+2}{2}+C$$

$$=-\sqrt{-x^2-4x}-\arcsin\frac{x+2}{2}+C$$

解法二：$\displaystyle\int \frac{x+1}{\sqrt{-x^2-4x}}\mathrm{d}x=-\frac{1}{2}\int \frac{-2x-4+2}{\sqrt{-x^2-4x}}\mathrm{d}x$

$$=-\frac{1}{2}\int \frac{\mathrm{d}(-x^2-4x)}{\sqrt{-x^2-4x}}-\int \frac{\mathrm{d}x}{\sqrt{-x^2-4x}}$$

$$=-\sqrt{-x^2-4x}-\int \frac{\mathrm{d}x}{\sqrt{-x^2-4x}}$$

$$=-\sqrt{-x^2-4x}-\int \frac{\mathrm{d}x}{\sqrt{2^2-(x+2)^2}}$$

$$=-\sqrt{-x^2-4x}-\arcsin\frac{x+2}{2}+C$$

例 4.46 计算不定积分 $\displaystyle\int \frac{\mathrm{d}x}{x(x^7+2)}$.

解：令 $t=\dfrac{1}{x}$, 则 $x=\dfrac{1}{t}$, $\mathrm{d}x=-\dfrac{1}{t^2}\mathrm{d}t$, 于是

$$\int \frac{\mathrm{d}x}{x(x^7+2)}=\int \frac{-\dfrac{1}{t^2}\mathrm{d}t}{\dfrac{1}{t}\left(\dfrac{1}{t^7}+2\right)}=-\int \frac{t^6}{1+2t^7}\mathrm{d}t$$

$$=-\frac{1}{14}\int \frac{1}{1+2t^7}\mathrm{d}(1+2t^7)$$

$$=-\frac{1}{14}\ln|1+2t^7|+C$$

$$=-\frac{1}{14}|x^7+2|+\frac{1}{2}\ln|x|+C$$

例 4.47 求不定积分 $\displaystyle\int x(2x-5)^5\mathrm{d}x$.

解：$\displaystyle\int x(2x-5)^5\mathrm{d}x$

$$=\frac{1}{2}\int \left[(2x-5)+5\right](2x-5)^5\mathrm{d}x$$

$$= \frac{1}{2}\left[\int \frac{1}{2}(2x-5)^6 d(2x-5)\right] + \frac{5}{4}\int \left[(2x-5)^5 d(2x-5)\right]$$

$$= \frac{1}{28}(2x-5)^7 + \frac{5}{24}(2x-5)^6 + C$$

例 4.48 求不定积分 $\int \dfrac{\arctan \sqrt{x}}{\sqrt{x}(1+x)} dx$.

解：$\displaystyle\int \frac{\arctan \sqrt{x}}{\sqrt{x}(1+x)} dx = 2\int \arctan \sqrt{x}\, \frac{d\sqrt{x}}{1+(\sqrt{x})^2} = 2\int \arctan \sqrt{x}\, d\arctan \sqrt{x}$

$$= (\arctan \sqrt{x})^2 + C$$

例 4.49 求不定积分 $\int \ln(x+\sqrt{1+x^2}) dx$.

解：$\displaystyle\int \ln(x+\sqrt{1+x^2}) dx = x\ln(x+\sqrt{1+x^2}) - \int x\, d\left[\ln(x+\sqrt{1+x^2})\right]$

$$= x\ln(x+\sqrt{1+x^2}) - \int \frac{x}{\sqrt{1+x^2}} dx$$

$$= x\ln(x+\sqrt{1+x^2}) - \int d(\sqrt{1+x^2})$$

$$= x\ln(x+\sqrt{1+x^2}) - \sqrt{1+x^2} + C$$

例 4.50 求不定积分 $\int \dfrac{\ln^2 x}{x^2} dx$.

解：$\displaystyle\int \frac{\ln^2 x}{x^2} dx = -\int \ln^2 x\, d\left(\frac{1}{x}\right) = -\frac{1}{x}\ln^2 x + \int \frac{d(\ln^2 x)}{x}$

$$= -\frac{1}{x}\ln^2 x + 2\int \frac{1}{x^2}\ln x\, dx = -\frac{1}{x}\ln^2 x - 2\int \ln x\, d\left(\frac{1}{x}\right)$$

$$= -\frac{1}{x}\ln^2 x - 2\left[\frac{1}{x}\ln x - \int \frac{1}{x} d(\ln x)\right] = -\frac{1}{x}\ln^2 x - \frac{2\ln x}{x} + 2\int \frac{dx}{x^2}$$

$$= -\frac{1}{x}\ln^2 x - \frac{2\ln x}{x} - \frac{2}{x} + C$$

$$= -\frac{1}{x}(\ln^2 x + 2\ln x + 2) + C$$

例 4.51 求不定积分 $\int \dfrac{(1+x)\arcsin x}{\sqrt{1-x^2}} dx$.

解：$\displaystyle\int \frac{(1+x)\arcsin x}{\sqrt{1-x^2}} dx$

$$= \int \frac{\arcsin x}{\sqrt{1-x^2}} dx + \int \frac{x\arcsin x}{\sqrt{1-x^2}} dx$$

$$= \int \arcsin x\, d(\arcsin x) + (-1)\int \arcsin x\, d(\sqrt{1-x^2})$$

$$= \frac{1}{2}(\arcsin x)^2 - \left[\sqrt{1-x^2}\cdot \arcsin x - \int \sqrt{1-x^2}\, d(\arcsin x)\right]$$

$$= \frac{1}{2}(\arcsin x)^2 - \sqrt{1-x^2}\cdot \arcsin x + x + C$$

例 4.52 计算下列不定积分:

(1) $\displaystyle\int \frac{\mathrm{d}x}{x(1+x^2)}$,

(2) $\displaystyle\int \frac{x\,\mathrm{d}x}{(x+1)^2(1+x+x^2)}$,

(3) $\displaystyle\int \frac{x^9\,\mathrm{d}x}{x^{10}(2+x^{10})}$,

(4) $\displaystyle\int \frac{x+5}{x^2-6x+13}\mathrm{d}x$.

解:(1) $\displaystyle\int \frac{\mathrm{d}x}{x(1+x^2)} = \int\left(\frac{1}{x}-\frac{x}{1+x^2}\right)\mathrm{d}x = \int \frac{1}{x}\mathrm{d}x - \frac{1}{2}\int \frac{\mathrm{d}(1+x^2)}{1+x^2}$

$$= \ln|x| - \frac{1}{2}\ln|1+x^2| + C = \ln\frac{|x|}{\sqrt{1+x^2}} + C$$

(2) $\displaystyle\int \frac{x\,\mathrm{d}x}{(x+1)^2(1+x+x^2)} = \int\left[\frac{1}{x^2+x+1}-\frac{1}{(x+1)^2}\right]\mathrm{d}x$

$$= \int \frac{\mathrm{d}x}{\left(x+\frac{1}{2}\right)^2+\frac{3}{4}} - \int \frac{\mathrm{d}x}{(x+1)^2}$$

$$= \frac{2}{\sqrt{3}}\arctan\frac{x+\frac{1}{2}}{\frac{\sqrt{3}}{2}} + \frac{1}{x+1} + C$$

$$= \frac{2}{\sqrt{3}}\arctan\frac{2x+1}{\sqrt{3}} + \frac{1}{x+1} + C$$

(3) $\displaystyle\int \frac{x^9\,\mathrm{d}x}{x^{10}(2+x^{10})} = \frac{1}{10}\int \frac{\mathrm{d}(x^{10})}{x^{10}(2+x^{10})}$

$$= \frac{1}{20}\int\left(\frac{1}{x^{10}}-\frac{1}{2+x^{10}}\right)\mathrm{d}(x^{10}) = \frac{1}{20}\left[\ln x^{10}-\ln(2+x^{10})\right] + C$$

$$= \frac{1}{2}\ln|x| - \frac{1}{20}\ln(2+x^{10}) + C$$

(4) $\displaystyle\int \frac{x+5}{x^2-6x+13}\mathrm{d}x$

$$= \int \frac{x-3+8}{x^2-6x+13}\mathrm{d}x$$

$$= \int \frac{x-3}{x^2-6x+13}\mathrm{d}x + \int \frac{8}{x^2-6x+13}\mathrm{d}x$$

$$= \frac{1}{2}\int \frac{\mathrm{d}(x^2-6x+13)}{x^2-6x+13} + \int \frac{8\mathrm{d}(x-3)}{4+(x-3)^2}$$

$$= \frac{1}{2}\ln|x^2-6x+13| + 4\arctan\frac{x-3}{2} + C$$

例 4.53 求下列不定积分:

(1) $\displaystyle\int \frac{\mathrm{d}x}{\sqrt[3]{(x+1)^2(x-1)^4}}$,

(2) $\displaystyle\int \frac{x^2}{(1+x^2)^2}\mathrm{d}x$.

解:(1) $\displaystyle\int \frac{\mathrm{d}x}{\sqrt[3]{(x+1)^2(x-1)^4}} = \int \sqrt[3]{\frac{x+1}{x-1}}\cdot\frac{\mathrm{d}x}{(x^2-1)}$

令 $t = \sqrt[3]{\dfrac{x+1}{x-1}}$,则 $x = \dfrac{t^3+1}{t^3-1}$,$\mathrm{d}x = -\dfrac{6t^2\mathrm{d}t}{(t^3-1)^2}$,于是

$$\int \frac{dx}{\sqrt[3]{(x+1)^2 (x-1)^4}} = -\int \frac{t\,(t^3-1)^2 6t^2}{4t^3\,(t^3-1)^2}dt$$

$$= -\frac{3}{2}\int dt = -\frac{3}{2}t + C$$

$$= -\frac{3}{2}\sqrt[3]{\frac{x+1}{x-1}} + C$$

(2) $\displaystyle\int \frac{x^2}{(1+x^2)^2}dx$

$$= \int x\,\frac{x\,dx}{(1+x^2)^2} = \frac{1}{2}\int x\,\frac{d(1+x^2)}{(1+x^2)^2}$$

$$= -\frac{1}{2}\int x\,d\Big(\frac{1}{1+x^2}\Big) = -\frac{1}{2}\Big(\frac{x}{1+x^2} - \int \frac{dx}{1+x^2}\Big)$$

$$= \frac{1}{2}\arctan x - \frac{x}{2(1+x^2)} + C$$

例 4.54　求下列不定积分：

(1) $\displaystyle\int \frac{\arcsin \sqrt{x}}{\sqrt{x}}dx$,　　(2) $\displaystyle\int \frac{\sqrt{x-1}\arctan \sqrt{x-1}}{x}dx$,　　(3) $\displaystyle\int \frac{dx}{1+\sin x+\cos x}$.

解：(1) 设 $u=\sqrt{x}$，则 $dx=2udu$，于是

$$\int \frac{\arcsin \sqrt{x}}{\sqrt{x}}dx = \int \frac{\arcsin u}{u}2udu$$

$$= 2\int \arcsin u\,du$$

$$= 2u\arcsin u + 2\sqrt{1-u^2} + C$$

$$= 2\sqrt{x}\arcsin \sqrt{x} + 2\sqrt{1-x} + C$$

(2) 令 $\sqrt{x-1}=t$，则 $x=t^2+1, dx=2tdt$，于是

$$\int \frac{\sqrt{x-1}\arctan \sqrt{x-1}}{x}dx$$

$$= 2\int \frac{t^2\arctan t}{t^2+1}dt = 2\Big(\int \arctan t\,dt - \frac{\arctan t}{t^2+1}dt\Big)$$

$$= 2\Big[t\arctan t - \int \frac{t}{t^2+1}dt - \frac{1}{2}(\arctan t)^2\Big] + C$$

$$= 2\sqrt{x-1}\arctan \sqrt{x-1} - \ln x - (\arctan \sqrt{x-1})^2 + C$$

(3) $\displaystyle\int \frac{dx}{1+\sin x+\cos x} = \int \frac{dx}{2\sin \frac{x}{2}\cos \frac{x}{2} + 2\cos^2 \frac{x}{2}}$

$$= \frac{1}{2}\int \frac{dx}{\cos^2 \frac{x}{2}\Big(1+\tan \frac{x}{2}\Big)}$$

$$= \int \frac{\mathrm{d}\left(1 + \tan \frac{x}{2}\right)}{1 + \tan \frac{x}{2}}$$

$$= \ln \left| 1 + \tan \frac{x}{2} \right| + C$$

例 4.55　计算 $I = \int \dfrac{1}{x(x^n + \alpha)} \mathrm{d}x$　（α 为实数）.

解: 当 $\alpha = 0$ 时,$I = \int \dfrac{1}{x^{n+1}} \mathrm{d}x = -\dfrac{1}{nx^n} + C$

当 $\alpha \neq 0$ 时,$I = \dfrac{1}{\alpha} \int \dfrac{(x^n + \alpha) - x^n}{x(x^n + \alpha)} \mathrm{d}x$

$$= \frac{1}{\alpha} \left(\int \frac{1}{x} \mathrm{d}x - \int \frac{x^{n-1}}{x^n + \alpha} \mathrm{d}x \right)$$

$$= \frac{1}{\alpha} \left[\ln |x| - \frac{1}{n} \int \frac{1}{x^n + \alpha} \mathrm{d}(x^n + \alpha) \right]$$

$$= \frac{1}{\alpha} \left(\ln |x| - \frac{1}{n} \ln |x^n + \alpha| \right) + C$$

[注]　当被积函数中含有参数时,应对参数进行讨论.

例 4.56　计算 $\int f(x) \mathrm{d}x$,其中,$f(x) = \begin{cases} \mathrm{e}^x, & \text{当 } x \geqslant 0 \text{ 时;} \\ x^2 + 1, & \text{当 } x < 0 \text{ 时.} \end{cases}$

解: 先分段计算原函数得:

$$F(x) = \int f(x) \mathrm{d}x = \begin{cases} \mathrm{e}^x + C_1, & \text{当 } x \geqslant 0 \text{ 时;} \\ \dfrac{x^3}{3} + x + C_2, & \text{当 } x < 0 \text{ 时.} \end{cases}$$

由于 $F(x)$ 在 $x = 0$ 处可导,故 $F(x)$ 在 $x = 0$ 处必连续.

而　　　　　　　　　$F(0-0) = C_2,\quad F(0+0) = 1 + C_1$

由于 $F(0-0) = F(0+0) = F(0)$,得 $C_2 = 1 + C_1$,记 $C = C_1$,得

$$\int f(x) \mathrm{d}x = \begin{cases} \mathrm{e}^x + C, & \text{当 } x \geqslant 0 \text{ 时;} \\ \dfrac{x^3}{3} + x + 1 + C, & \text{当 } x < 0 \text{ 时.} \end{cases}$$

[注]　求分段函数的不定积分(或原函数)时,应先分别求出函数的各分段在相应区间内的原函数,然后考虑函数在分段点处的连续性.

例 4.57　设 $\int x f(x) \mathrm{d}x = \arcsin x + C$,求 $\int \dfrac{1}{f(x)} \mathrm{d}x$.

解: 由 $\int x f(x) \mathrm{d}x = \arcsin x + C$,得

$$x f(x) = (\arcsin x + C)' = \frac{1}{\sqrt{1 - x^2}}, \quad \text{即} \quad f(x) = \frac{1}{x \sqrt{1 - x^2}}, \text{于是}$$

$$\int \frac{1}{f(x)} \mathrm{d}x = \int x \sqrt{1-x^2} \mathrm{d}x$$

$$= -\frac{1}{2} \int (1-x^2)^{\frac{1}{2}} \mathrm{d}(1-x^2)$$

$$= -\frac{1}{3} (1-x^2)^{\frac{3}{2}} + C$$

例 4.58　设 $f(\ln x) = \dfrac{\ln(1+x)}{x}$，求不定积分 $\int f(x) \mathrm{d}x$.

解: 设 $\ln x = t$，则 $x = \mathrm{e}^t$，$f(t) = \dfrac{\ln(1+\mathrm{e}^t)}{\mathrm{e}^t}$，于是

$$\int f(x) \mathrm{d}x = \int \frac{\ln(1+\mathrm{e}^x)}{\mathrm{e}^x} \mathrm{d}x = -\int \ln(1+\mathrm{e}^x) \mathrm{d}(\mathrm{e}^{-x})$$

$$= -\mathrm{e}^{-x} \ln(1+\mathrm{e}^x) + \int \frac{1}{1+\mathrm{e}^x} \mathrm{d}x$$

$$= -\mathrm{e}^{-x} \ln(1+\mathrm{e}^x) + \int \left(1 - \frac{\mathrm{e}^x}{1+\mathrm{e}^x}\right) \mathrm{d}x$$

$$= -\mathrm{e}^{-x} \ln(1+\mathrm{e}^x) + x - \ln(1+\mathrm{e}^x) + C$$

$$= x - (1+\mathrm{e}^{-x}) \ln(1+\mathrm{e}^x) + C$$

例 4.59　设 $I_n = \int \dfrac{\mathrm{d}x}{\sin^n x} \ (n=2,3,\cdots)$，试导出递推公式

$$I_n = -\frac{\cos x}{(n-1)\sin^{n-1} x} + \frac{n-2}{n-1} I_{n-2}$$

解: $I_n = \int \dfrac{\sin^2 x + \cos^2 x}{\sin^n x} \mathrm{d}x = I_{n-2} - \dfrac{1}{n-1} \int \cos x \, \mathrm{d} \dfrac{1}{\sin^{n-1} x}$

$$= I_{n-2} - \frac{1}{n-1}\left[\frac{\cos x}{\sin^{n-1} x} + \int \frac{1}{\sin^{n-2} x} \mathrm{d}x\right] = -\frac{\cos x}{(n-1)\sin^{n-1} x} + \frac{n-2}{n-1} I_{n-2}$$

第 4 章习题

（A）

1. 已知 $f(x)$ 的原函数族为 $\sin(2x^3+5)+C$，求 $f(x)$.

2. 已知一个函数在区间 $\left[-\dfrac{\pi}{6}, \dfrac{\pi}{6}\right]$ 上可导，其导数为 $f(x) = \sec^2 x$，且当 $x=0$ 时，此函数值等于 6，求这个函数.

3. 已知 $f'(\sin^2 x) = 2\cos^2 x + \tan^2 x$，当 $0 < x < 1$ 时，求 $f(x)$.

4. 求下列不定积分:

(1) $\displaystyle\int (3^x + x^3) \mathrm{d}x$,　　　　　　　　　　(2) $\displaystyle\int \sqrt{x}(x-3) \mathrm{d}x$,

(3) $\displaystyle\int (3-x^2)^3 \mathrm{d}x$,　　　　　　　　　　(4) $\displaystyle\int x^2 (5-x)^4 \mathrm{d}x$,

(5) $\displaystyle\int \dfrac{\sqrt{x^4+x^{-4}+2}}{x^3}\mathrm{d}x,$

(6) $\displaystyle\int \dfrac{x^2}{1-x^2}\mathrm{d}x,$

(7) $\displaystyle\int \dfrac{x^2+3}{x^2-1}\mathrm{d}x,$

(8) $\displaystyle\int \dfrac{\sqrt{1+x^2}+\sqrt{1-x^2}}{\sqrt{1-x^4}}\mathrm{d}x,$

(9) $\displaystyle\int \dfrac{\sqrt{x^2+1}-\sqrt{x^2-1}}{\sqrt{x^4-1}}\mathrm{d}x,$

(10) $\displaystyle\int (2^x+3^x)^2\mathrm{d}x,$

(11) $\displaystyle\int \dfrac{\mathrm{e}^{3x}+1}{\mathrm{e}^x+1}\mathrm{d}x,$

(12) $\displaystyle\int (1+\sin x+\cos x)\mathrm{d}x,$

(13) $\displaystyle\int \cot^2 x\,\mathrm{d}x.$

5. 求下列不定积分：

(1) $\displaystyle\int \dfrac{\mathrm{d}x}{\sqrt{2-5x}},$

(2) $\displaystyle\int \dfrac{\sqrt[5]{1-2x+x^2}}{1-x}\mathrm{d}x,$

(3) $\displaystyle\int \dfrac{\mathrm{d}x}{2+3x^2},$

(4) $\displaystyle\int \dfrac{\mathrm{d}x}{2-3x^2},$

(5) $\displaystyle\int \dfrac{\mathrm{d}x}{\sqrt{3x^2-2}},$

(6) $\displaystyle\int \dfrac{\mathrm{d}x}{4x^2+4x+5},$

(7) $\displaystyle\int \dfrac{\mathrm{d}x}{x^2+x-2},$

(8) $\displaystyle\int \dfrac{\mathrm{d}x}{(x^2-2)(x^2+3)},$

(9) $\displaystyle\int \dfrac{x\mathrm{d}x}{(x+2)(x+3)},$

(10) $\displaystyle\int \dfrac{x\mathrm{d}x}{x^4+3x^2+2},$

(11) $\displaystyle\int \dfrac{\mathrm{d}x}{\sqrt{5-2x-x^2}},$

(12) $\displaystyle\int \sin\left(2x-\dfrac{\pi}{6}\right)\cos\left(3x+\dfrac{\pi}{4}\right)\mathrm{d}x,$

(13) $\displaystyle\int \dfrac{x^3\mathrm{d}x}{x^8-2},$

(14) $\displaystyle\int \dfrac{\mathrm{d}x}{\sqrt{x}(1+x)},$

(15) $\displaystyle\int \dfrac{\mathrm{d}x}{x\cdot\sqrt{(x^2-1)}},$

(16) $\displaystyle\int \dfrac{x\mathrm{d}x}{(x^2-1)^{\frac{3}{2}}},$

(17) $\displaystyle\int \dfrac{x^2\mathrm{d}x}{(8x^3+27)^{\frac{2}{3}}},$

(18) $\displaystyle\int \dfrac{\mathrm{d}x}{\sqrt{x(1+x)}},$

(19) $\displaystyle\int \dfrac{\mathrm{d}x}{\sqrt{1+\mathrm{e}^{2x}}},$

(20) $\displaystyle\int \dfrac{\mathrm{d}x}{x\ln x\ln(\ln x)}\ (x>1),$

(21) $\displaystyle\int \dfrac{\mathrm{d}x}{\sin^2 x+2\cos^2 x},$

(22) $\displaystyle\int \dfrac{x^{14}}{(x^5+1)^4}\mathrm{d}x,$

(23) $\displaystyle\int \dfrac{\cos x}{\sqrt{2+\cos 2x}}\mathrm{d}x,$

(24) $\displaystyle\int \dfrac{x^2}{(1-x)^{100}}\mathrm{d}x,$

(25) $\displaystyle\int \dfrac{\mathrm{d}x}{\sqrt{x+1}+\sqrt{x-1}},$

(26) $\displaystyle\int x\sqrt{2-5x}\mathrm{d}x,$

(27) $\displaystyle\int \dfrac{\mathrm{d}x}{\mathrm{e}^x+\mathrm{e}^{-x}},$

(28) $\displaystyle\int \sin^3 x\,\mathrm{d}x,$

(29) $\displaystyle\int \cos^5 x\,\mathrm{d}x,$

(30) $\displaystyle\int \dfrac{\mathrm{d}x}{\sin^4 x},$

$(31) \int \cot^3 x \, \mathrm{d}x.$

6. 求下列不定积分：

$(1) \int x \sqrt[4]{2x+3} \, \mathrm{d}x,$

$(2) \int \dfrac{\mathrm{d}x}{\sqrt{2x-3}+1},$

$(3) \int \dfrac{\mathrm{d}x}{1+\sqrt[3]{1+x}},$

$(4) \int \dfrac{\sqrt[3]{x}\,\mathrm{d}x}{x(\sqrt{x}+\sqrt[3]{x})},$

$(5) \int \dfrac{\mathrm{d}x}{\sqrt{1+\mathrm{e}^x}},$

$(6) \int \dfrac{\arctan\sqrt{x}}{\sqrt{x}} \cdot \dfrac{\mathrm{d}x}{1+x},$

$(7) \int \dfrac{\mathrm{d}x}{(1-x^2)^{\frac{3}{2}}},$

$(8) \int \dfrac{x^3\,\mathrm{d}x}{(1+x^2)^{\frac{3}{2}}},$

$(9) \int \dfrac{\sqrt{x^2-a^2}}{x^4}\,\mathrm{d}x\,(a>0),$

$(10) \int \dfrac{x\,\mathrm{d}x}{(x^2+1)\sqrt{1-x^2}},$

$(11) \int \dfrac{\sin x \cos^3 x}{1+\cos^2 x}\,\mathrm{d}x,$

$(12) \int \dfrac{\mathrm{d}x}{\mathrm{e}^x(1+\mathrm{e}^{2x})},$

$(13) \int \dfrac{2^x\,\mathrm{d}x}{1+2^x+4^x},$

$(14) \int \dfrac{x^2+x+1}{(x-1)^{20}}\,\mathrm{d}x.$

7. 求下列不定积分：

$(1) \int \ln x \, \mathrm{d}x,$

$(2) \int \left(\dfrac{\ln x}{x}\right)^2 \mathrm{d}x,$

$(3) \int x^n \ln x \, \mathrm{d}x,$

$(4) \int x\mathrm{e}^{-x}\,\mathrm{d}x,$

$(5) \int x^3 \mathrm{e}^{-x^2}\,\mathrm{d}x,$

$(6) \int x \sin^2 x \, \mathrm{d}x,$

$(7) \int \mathrm{e}^{\sqrt{x}}\,\mathrm{d}x,$

$(8) \int \dfrac{\ln \sin x}{\cos^2 x}\,\mathrm{d}x,$

$(9) \int \sin\sqrt{x}\,\mathrm{d}x,$

$(10) \int x^2 \mathrm{e}^{3x}\,\mathrm{d}x,$

$(11) \int \dfrac{\ln x}{x^3}\,\mathrm{d}x,$

$(12) \int \dfrac{\arcsin x}{\sqrt{x+1}}\,\mathrm{d}x,$

$(13) \int \arctan\dfrac{1}{x}\,\mathrm{d}x,$

$(14) \int \sin(\ln x)\,\mathrm{d}x,$

$(15) \int \mathrm{e}^{\alpha x}\sin\beta x\,\mathrm{d}x\,(\alpha^2+\beta^2\neq 0).$

8. 求 $I_n = \int x^n \mathrm{e}^x \mathrm{d}x$ 的递推公式（n 为自然数），并计算 I_2 的值.

9. 设 $f(x) = \begin{cases} 0, & \text{当 } x<0 \text{ 时;} \\ x+2, & \text{当 } 0\leqslant x\leqslant 1 \text{ 时;} \\ 3x^2, & \text{当 } x>1 \text{ 时.} \end{cases}$ 求 $\int f(x)\mathrm{d}x.$

10. 设生产某产品 x 个单位的总成本 C 是 x 的函数 $C(x)$. 固定成本 $C(0)1\,000$ 元，边际成本函数 $C'(x)=2x+50$(元/单位)，求成本函数 $C(x)$.

(B)

1. 若函数 $f(x)$ 的一个原函数为 $\ln x$，则一阶导数 $f'(x)=$（　　）.

A. $\dfrac{1}{x}$　　　　B. $-\dfrac{1}{x^2}$　　　　C. $\ln x$　　　　D. $x\ln x$

2. 已知函数 $(x+1)^2$ 为 $f(x)$ 的一个原函数，则下列函数中（　　）为 $f(x)$ 的原函数.

A. x^2-1　　　B. x^2+1　　　C. x^2-2x　　　D. x^2+2x

3. 若 $F(x)$ 可导,且 $F'(x) = f(x)$,则不定积分 $\int f(e^x)e^x \, dx = ($ 　　$)$.

A. $F(x) + C$　　　B. $F(x)e^x + C$　　　C. $F(e^x) + C$　　　D. $F(e^x)e^x + C$

4. 若函数 $\dfrac{\ln x}{x}$ 为 $f(x)$ 的一个原函数,则不定积分 $\int xf(x) \, dx = ($ 　　$)$.

A. $\ln x + C$　　　B. $\dfrac{\ln x}{x} + C$　　　C. $\dfrac{1}{2}\ln^2 x + C$　　　D. $\ln x - \dfrac{1}{2}\ln^2 x + C$

5. 若 $\int f(x) \, dx = F(x) + C$,则 $\int \dfrac{1}{x^2}f\left(\dfrac{3}{x}\right) dx = ($ 　　$)$.

A. $\dfrac{1}{3}F\left(\dfrac{3}{x}\right) + C$　　B. $-\dfrac{1}{3}F\left(\dfrac{3}{x}\right) + C$　　C. $F\left(\dfrac{3}{x}\right) + C$　　D. $F\left(\dfrac{3}{x}\right)\dfrac{1}{x} + C$

6. 下列各式正确的是(　　).

A. $\displaystyle\int \dfrac{dx}{x} = \ln x + C$

B. $\displaystyle\int x^\alpha \, dx = \dfrac{1}{1+\alpha}x^{1+\alpha} + C$

C. 设 $\displaystyle\int f(x) \, dx = F(x) + C, x \in \mathbf{R}$,常数 $a \neq 0$,则 $\displaystyle\int f(ax) \, dx = F(ax) + C$

D. 设 $\displaystyle\int f(x) \, dx = F(x) + C, x \in \mathbf{R}$, 则 $\displaystyle\int f(\tan x) \cdot \dfrac{1}{\cos^2 x} dx = F(\tan x) + C$,

　　$x \in \left(-\dfrac{\pi}{2}, \dfrac{\pi}{2}\right)$

7. $\displaystyle\int \sin x\cos x \, dx$ 不等于(　　).

A. $\dfrac{1}{2}\sin^2 x + C$　　　　　　　　B. $\dfrac{1}{2}\sin^2 2x + C$

C. $-\dfrac{1}{4}\cos 2x + C$　　　　　　　　D. $-\dfrac{1}{2}\cos^2 x + C$

8. 设 e^x 是 $f(x)$ 的一个原函数,则 $\displaystyle\int xf(x) \, dx = ($ 　　$)$.

A. $e^x(1+x) + C$　　B. $e^x(1-x) + C$　　　C. $e^x(x-1) + C$　　D. $-e^x(x+1) + C$

9. 如果 $\displaystyle\int d f(x) = \int dg(x)$,则一定有(　　).

A. $f(x) = g(x)$　　　　　　　　　　　B. $f'(x) = g'(x)$

C. $df(x) = dg(x)$　　　　　　　　　　D. $d\displaystyle\int f'(x) \, dx = d\displaystyle\int g'(x) \, dx$

10. 若 $\displaystyle\int f(x) \, dx = F(x) + C$,则 $\displaystyle\int e^{-x}f(e^{-x}) \, dx = ($ 　　$)$.

A. $F(e^x) + C$　　B. $-F(e^{-x}) + C$　　　C. $F(e^{-x}) + C$　　　D. $\dfrac{F(e^{-x})}{x} + C$

11. 设 $f(x) = e^{-x}$,则 $\displaystyle\int \dfrac{f'(\ln x)}{x} \, dx = ($ 　　$)$.

A. $-\dfrac{1}{x} + C$　　　B. $-\ln x + C$　　　C. $\dfrac{1}{x} + C$　　　D. $\ln x + C$

12. 设 $f(x)$ 的一个原函数为 $\dfrac{e^x}{x}$，则 $\displaystyle\int xf'(2x)\mathrm{d}x = (\qquad)$.

    A. $\dfrac{(x+1)e^{2x}}{4x} + C$　　　　　　　　B. $\dfrac{(x-1)e^{2x}}{4x} + C$

    C. $\dfrac{(x-1)e^{2x}}{8x} + C$　　　　　　　　D. $\dfrac{(x+1)e^{2x}}{8x} + C$

（C）

1. 填空题：

    (1) 已知 $f(x)$ 的一个原函数为 $\ln^2 x$，则 $\displaystyle\int xf'(x)\mathrm{d}x = (\qquad\qquad)$

    (2) $\displaystyle\int \dfrac{\arcsin\sqrt{x}}{\sqrt{x}}\mathrm{d}x = (\qquad\qquad)$

    (3) $\displaystyle\int \dfrac{\ln x - 1}{x^2}\mathrm{d}x = (\qquad\qquad)$

    (4) $\displaystyle\int e^{\sqrt{2x-1}}\mathrm{d}x = (\qquad\qquad)$

    (5) $\displaystyle\int \dfrac{\arctan e^x}{e^x}\mathrm{d}x = (\qquad\qquad)$

2. 求不定积分 $\displaystyle\int \dfrac{\mathrm{d}x}{x(\sqrt{\ln x + a} - \sqrt{\ln x + b})}$　$(a \neq b)$.

3. 求不定积分 $\displaystyle\int \dfrac{2^x \times 3^x}{9^x + 4^x}\mathrm{d}x$.

4. 求不定积分 $\displaystyle\int \dfrac{\mathrm{d}x}{(\sin x + 5\cos x)^2}$.

5. 求不定积分 $\displaystyle\int \dfrac{\mathrm{d}x}{\sin x - \cos x - 5}$.

6. 求不定积分 $\displaystyle\int \dfrac{\mathrm{d}x}{x(1-x)\sqrt{x(1-x)}}$.

7. 求不定积分 $\displaystyle\int \sqrt{\dfrac{e^x - 1}{e^x + 1}}\mathrm{d}x$.

8. 求不定积分 $\displaystyle\int \dfrac{\ln x}{(1+x^2)^{\frac{3}{2}}}\mathrm{d}x$.

9. 设 $F(x)$ 为 $f(x)$ 的原函数，且当 $x \geqslant 0$ 时，$f(x) \cdot F(x) = \dfrac{xe^x}{2(1+x)^2}$，已知 $F(0) = 1$，$F(x) > 0$，求 $f(x)$.

10. 求 $I_n = \displaystyle\int \dfrac{1}{(x^2 + a^2)^n}\mathrm{d}x$ 的递推公式（n 为自然数，且 $n \geqslant 2$）.

5 定积分及其应用

5.1 定积分的概念

前面,我们从变速直线运动的速度或从曲线的切线斜率引出了微积分的第一个重要概念——导数,现在,我们可以通过计算曲线所围成的平面图形的面积等实际问题来引出微积分的第二个重要概念——定积分.

5.1.1 曲边梯形的面积

由于任意曲线所围成的平面图形的面积的计算,可以归结为曲边梯形的面积的计算,因此,我们先研究曲边梯形的面积的计算问题.

所谓曲边梯形是指由连续曲线 $y = f(x)$(暂假定 $f(x) \geqslant 0$),直线 $x = a, x = b$ 及 x 轴所围成的平面图形,如图 5-1 所示.

由于曲边梯形有一条边是曲线,即底边上各点的高 $f(x)$ 在 $[a,b]$ 上是变化的,因此,无法按矩形面积公式或其他初等数学中计算面积的方法来计算它的面积,为了解决这个问题,下面介绍的思维方法是很有用的.

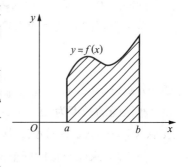

图 5-1

第一步:分割.把区间 $[a,b]$ 任意分成几个小区间.设分点为:

$$a = x_0 < x_1 < x_2 < \cdots < x_{i-1} < x_i < \cdots < x_n = b$$

小区间为:$[x_0,x_1],[x_1,x_2],\cdots,[x_{i-1},x_i],\cdots,[x_{n-1},x_n]$

小区间的长度为:$\Delta x_i = x_i - x_{i-1}, i = 1,2,\cdots,n$

又过每个分点作平行于 y 轴的平行线,将原来的曲边梯形分成几个小曲边梯形,并记它们的面积分别为 $\Delta S_1,\Delta S_2,\cdots,\Delta S_i,\cdots,\Delta S_n$,于是,原来曲边梯形的面积

$$S = \Delta S_1 + \Delta S_2 + \cdots + \Delta S_i + \cdots + \Delta S_n$$

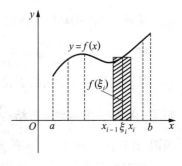

图 5-2

第二步:代替.由于 $y = f(x)$ 是连续函数,因此我们可以在每一个小区间 $[x_{i-1},x_i]$ 上任取一点 $\xi_i(x_{i-1} \leqslant \xi_i \leqslant x_i)$.用以 $f(\xi_i)$ 为高,以 Δx_i 为底的小矩形面积来近似代替同底的小曲边梯形的面积,即 $\Delta S_i \approx f(\xi_i)\Delta x_i,(i = 1,2,\cdots,n)$,见图 5-2.

第三步:求面积S的近似值. 将n个小矩形的面积加起来. 就得原来曲边梯形面积S的一个近似值,即$S = \sum_{i=1}^{n} \Delta S_i \approx \sum_{i=1}^{n} f(\xi_i)\Delta x_i = S_n$

第四步:求面积S的精确值. 很显然和数S_n依赖于区间$[a,b]$的分割以及区间$[x_{i-1}, x_i]$上点$\xi_i(i = 1, 2, \cdots, n)$的选取. 然而,当我们把区间$[a,b]$分得足够细时,不论点$\xi_i$怎样选取,和数$S_n$都可以任意地接近原曲边梯形的面积$S$. 因此,为了求得$S$的精确值,可以把区间$[a,b]$无限地细分下去,使得每个小区间的长度$\Delta x_i(i = 1, 2, \cdots, n)$都趋于零.

用$\Delta x = \max\{\Delta x_i\}$表示所有小区间中最大区间的长度. 于是,当分点数$n$无限增大而$\Delta x$趋于零时,和数$S_n$的极限就是曲边梯形的面积$S$,即$S = \lim\limits_{\Delta x \to 0} \sum_{i=1}^{n} f(\xi_i)\Delta x_i$

总之,上述的思维方法就是:先在局部上"以直代曲",求得面积S的一个近似值,然后,通过取极限,求得S的精确值,即用极限方法解决了求曲边梯形的面积问题.

5.1.2 一段时间间隔内的产品产量

已知产品总产量在任意时刻t的瞬时变化率为连续函数$q(t)$,现计算从时刻a到b这一段时间间隔内的产品产量Q. 我们所采用的方法如下:

第一步:分割. 在时间间隔$[a,b]$内任意插入$n-1$个分点$t_1, t_2, \cdots, t_{n-1}$,且

$$a = t_0 < t_1 < t_2 < \cdots < t_{i-1} < t_i < \cdots < t_n = b$$

这些分点将区间$[a,b]$分成了n个小区间:$[t_0, t_1], [t_1, t_2], \cdots, [t_{i-1}, t_i], \cdots, [t_{n-1}, t_n]$.

小区间的长度为:$\Delta t_i = t_i - t_{i-1}, (i - 1, 2, \cdots, n)$,这$n$个小时间段上的产量分别记为:$\Delta Q_1, \Delta Q_2, \cdots, \Delta Q_i, \cdots, \Delta Q_n$,从而有:$Q = \Delta Q_1 + \Delta Q_2 + \cdots + \Delta Q_i + \cdots + \Delta Q_n$

第二步:求每小段时间上产量的近似值. 任取$\tau_i \in [t_{i-1}, t_i]$. 将$[t_{i-1}, t_i]$上产量的瞬时变化率用$q(\tau_i)$近似代替. 这样得到时间间隔$[t_{i-1}, t_i]$上产量的近似值为:

$$\Delta Q_i \approx q(\tau_i)\Delta t_i (i = 1, 2, \cdots, n)$$

第三步:求时间段$[a,b]$上产量的近似值. 即:$Q = \sum_{i=1}^{n} \Delta Q_i \approx \sum_{i=1}^{n} q(\tau_i)\Delta t_i = Q_n$

第四步:求时间段$[a,b]$上产量的精确值.

即 $$Q = \lim\limits_{\Delta t \to 0} \sum_{i=1}^{n} q(\tau_i)\Delta t_i, \quad \text{其中 } \Delta t = \max\{\Delta t_i\}$$

从上述两个实例可以看出,不管是求曲边梯形的面积,还是求产品的产量,在数量上都归结为对某一个函数施行结构相同的数学运算 —— 确定一种特殊的和$(\sum_{i=1}^{n} f(\xi_i)\Delta x_i)$的极限,并且这个极限与区间的分法及点$\xi_i$的选取无关.

现在我们抽去实际问题中的几何或经济内容,只保留其数学的结构,于是便得到微积分的第二个重要概念 —— 定积分.

5.1.3　定积分的定义

定义 5.1　设函数 $f(x)$ 在区间 $[a,b]$ 上有定义,用分点:$a = x_0 < x_1 < x_2 < \cdots < x_{n-1} < x_n = b$ 将区间 $[a,b]$ 任意分成 n 个小区间,每个小区间的长度为 $\Delta x_i = x_i - x_{i-1}$,$(i = 1,2,\cdots,n)$,记 $\Delta x = \max\{\Delta x_i\}$,任取 $\xi_i \in [x_{i-1},x_i]$,作乘积 $f(\xi_i)\Delta x_i$,$(i = 1,2,\cdots,n)$,将这些乘积相加,得和式:$S_n = \sum_{i=1}^{n} f(\xi_i)\Delta x_i$,这个和称为函数 $f(x)$ 在区间 $[a,b]$ 上的积分和. 令 $\Delta x \to 0$,若积分和 S_n 有极限 I,且这个极限值 I 与 $[a,b]$ 的分法以及 ξ_i 的取法无关,则称函数 $f(x)$ 在区间 $[a,b]$ 上可积,并称此极限值为函数 $f(x)$ 在区间 $[a,b]$ 上的定积分,记作:

$$I = \lim_{\Delta x \to 0} \sum_{i=1}^{n} f(\xi_i)\Delta x_i = \int_a^b f(x)\mathrm{d}x$$

其中 $f(x)$ 称为被积函数,x 称为积分变量,$f(x)\mathrm{d}x$ 称为被积表达式,$[a,b]$ 称为积分区间,a 称为积分下限,b 称为积分上限.

例 5.1　用定义计算定积分 $\int_{-1}^{5} (x-4)\mathrm{d}x$.

解:$\Delta x = \dfrac{5-(-1)}{n} = \dfrac{6}{n}$,$x_i = -1 + i\dfrac{6}{n}$,$i = 1,2,\cdots,n$,取 $\xi_i = x_{i-1} = -1 + (i-1)\dfrac{6}{n}$,

$$f(\xi_i) = \xi_i - 4 = -1 + (i-1)\frac{6}{n} - 4 = -5 + \frac{6(i-1)}{n}$$

$$\sum_{i=1}^{n} f(\xi_i)\Delta x_i = \left[-5 + \left(-5 + \frac{6}{n}\right) + \left(-5 + \frac{12}{n}\right) + \cdots + \left(-5 + \frac{6(n-1)}{n}\right)\right] \cdot \frac{6}{n}$$

$$= \left[-5n + \frac{6}{n}(1 + 2 + \cdots + (n-1))\right] \cdot \frac{6}{n}$$

$$= -30 + \frac{36}{n^2} \cdot \frac{(n-1)n}{2} = -12 - \frac{18}{n}$$

从而 $\int_{-1}^{5} (x-4)\mathrm{d}x = \lim_{n \to \infty}\left(-12 - \frac{18}{n}\right) = -12$

思考:见图 5-3,曲线 $y = x-4$ 与 x 轴以及直线 $x = -1$,$x = 5$ 所围成的区域的面积可表示成两个三角形面积之和. 等于 $\dfrac{25}{2} + \dfrac{1}{2} = 13$,它不等于 $\int_{-1}^{5} (x-4)\mathrm{d}x$,这是为什么?若计算 $\int_{-1}^{5} |x-4|\mathrm{d}x$,其结果将如何呢?

[注]　(1) 当 $f(x) \geqslant 0$ 时,$\int_a^b f(x)\mathrm{d}x$ 表示以 $y = f(x)$ 为曲边的曲边梯形的面积 S(见图 5-4),即:$S = \int_a^b f(x)\mathrm{d}x = \lim_{\Delta x \to 0}\sum_{i=1}^{n} f(\xi_i)\Delta x_i$;当 $f(x) \leqslant 0$ 时,有 $-f(x) \geqslant 0$,从而以 $y = f(x)$ 为曲边的曲边梯形的面积 S(见图 5-5),即

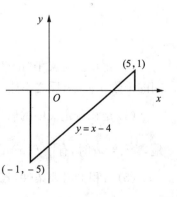

图 5-3

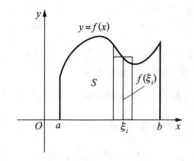

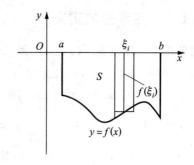

图 5 - 4　　　　　　　　　　　　　　　图 5 - 5

$$S = \lim_{\Delta x \to 0} \sum_{i=1}^{n} \left[- f(\xi_i) \right] \Delta x_i$$

$$= - \lim_{\Delta x \to 0} \sum_{i=1}^{n} f(\xi_i) \Delta x_i = - \int_a^b f(x) \, \mathrm{d}x$$

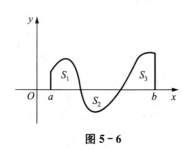

图 5 - 6

于是有　　　　　　　　　$\int_a^b f(x) \, \mathrm{d}x = - S$

同理,当 $y = f(x)$ 在区间上有正有负时(见图 5 - 6),由曲线 $y = f(x)$,直线 $x = a, x = b, y = 0$ 所围成区域的面积

$$S = S_1 + S_2 + S_3$$

而　　　　　　　　　$\int_a^b f(x) \, \mathrm{d}x = S_1 - S_2 + S_3$

特别地,在区间 $[a,b]$ 上 $f(x) \equiv 1$ 时,有

$$\int_a^b 1 \mathrm{d}x = \lim_{\Delta x \to 0} \sum_{i=1}^{n} 1 \cdot \Delta x_i$$

$$= \lim_{\Delta x \to 0} [x_1 - x_0 + x_2 - x_1 + \cdots + x_n - x_{n-1}] = b - a$$

(2) 定积分与不定积分是两个完全不同的概念:不定积分是微分的逆运算,函数 $f(x)$ 的不定积分是无穷多个函数. 而定积分是一种特殊的和的极限,它是由被积函数 $f(x)$ 及积分区间 $[a,b]$ 所完全确定的一个值,当然它与积分变量采用什么字母表示是无关的,即

$$\int_a^b f(x) \, \mathrm{d}x = \int_a^b f(t) \, \mathrm{d}t$$

(3) 定积分定义中"lim"下的 $\Delta x \to 0$ 表示所有小区间的长度都趋于零,此时,必有小区间的个数 $n \to \infty$;反之不然.

(4) 定积分定义中的假定是 $a < b$,若 $a > b$,我们规定: $\int_b^a f(x) \, \mathrm{d}x = - \int_a^b f(x) \, \mathrm{d}x$. 特别地,当 $a = b$ 时,有 $\int_a^b f(x) \, \mathrm{d}x = 0$.

(5) 可积的必要条件:若被积函数 $f(x)$ 在区间 $[a,b]$ 上无界时,我们总可以选取点 ξ_i,使得和式 $\sum_{i=1}^{n} f(\xi_i) \Delta x_i$ 成为无穷大,所以和式的极限不存在,故无界函数是不可积的,从而说明函数有界是可积的必要条件.

(6) 可积的充分条件:见如下的重要定理.

定理 5.1 若 $f(x)$ 在有限区间 $[a,b]$ 上连续,则 $f(x)$ 在 $[a,b]$ 上可积.

此存在定理的证明超出本书的范围,证明略.

由此定理不难看出,有限区间上只有有限个间断点的有界函数也是可积的.

5.2 定积分的基本性质

在下面的讨论中,我们假定函数在所给的区间上都是可积的.

性质 1 函数的代数和的积分等于积分的代数和,即:

$$\int_a^b \left[f(x) \pm g(x) \right] \mathrm{d}x = \int_a^b f(x) \mathrm{d}x \pm \int_a^b g(x) \mathrm{d}x$$

证明:由定积分的定义,我们有

$$\int_a^b \left[f(x) \pm g(x) \right] \mathrm{d}x = \lim_{\Delta x \to 0} \sum_{i=1}^n \left[f(\xi_i) \pm g(\xi_i) \right] \Delta x_i$$
$$= \lim_{\Delta x \to 0} \sum_{i=1}^n f(\xi_i) \Delta x_i \pm \lim_{\Delta x \to 0} \sum_{i=1}^n g(\xi_i) \Delta x_i$$
$$= \int_a^b f(x) \mathrm{d}x \pm \int_a^b g(x) \mathrm{d}x$$

性质 2 被积函数的常数因子可以提到积分号外,即:$\int_a^b k f(x) \mathrm{d}x = k \int_a^b f(x) \mathrm{d}x$(证明略)

由性质 1,2 容易得到:设 $a_k (k=1,2,\cdots,n)$ 为任意常数,则

$$\int_a^b \sum_{i=1}^n a_k f_k(x) \mathrm{d}x = \sum_{i=1}^n a_k \int_a^b f_k(x) \mathrm{d}x,$$

上述性质称为定积分的线性性质.

性质 3 当 $a < c < b$ 时,有 $\int_a^b f(x) \mathrm{d}x = \int_a^c f(x) \mathrm{d}x + \int_c^b f(x) \mathrm{d}x$(证明略)

值得注意的是:不论 a,b,c 三点在 x 轴上的位置如何,上式总是成立的.

例如,$c < a < b$ 时,有:$\int_c^b f(x) \mathrm{d}x = \int_c^a f(x) \mathrm{d}x + \int_a^b f(x) \mathrm{d}x$

从而 $\int_a^b f(x) \mathrm{d}x = \int_c^b f(x) \mathrm{d}x - \int_c^a f(x) \mathrm{d}x$
$$= \int_a^c f(x) \mathrm{d}x + \int_c^b f(x) \mathrm{d}x$$

例 5.2 由曲线 $y = f(x)$ 及直线 $x = a, x = b, x$ 轴所围成的平面图形的面积为 $S = \int_a^b |f(x)| \mathrm{d}x$,见图 5-7.事实上,

$$S = S_1 + S_2 + S_3$$

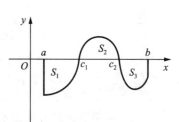

图 5-7

$$= -\int_a^{c_1} f(x)\mathrm{d}x + \int_{c_1}^{c_2} f(x)\mathrm{d}x - \int_{c_2}^b f(x)\mathrm{d}x$$

$$= \int_a^{c_1} [-f(x)]\mathrm{d}x + \int_{c_1}^{c_2} f(x)\mathrm{d}x + \int_{c_2}^b [-f(x)]\mathrm{d}x$$

$$= \int_a^{c_1} |f(x)|\mathrm{d}x + \int_{c_1}^{c_2} |f(x)|\mathrm{d}x + \int_{c_2}^b |f(x)|\mathrm{d}x = \int_a^b |f(x)|\mathrm{d}x$$

性质 4　如果 $f(x), g(x)$ 在 $[a,b]$ 上满足 $f(x) \leqslant g(x)$，则 $\int_a^b f(x)\mathrm{d}x \leqslant \int_a^b g(x)\mathrm{d}x$（证明略），特别地，若在 $[a,b]$ 上 $f(x) \geqslant 0$，则 $\int_a^b f(x)\mathrm{d}x \geqslant 0$.

性质 5　函数 $f(x)$ 在 $[a,b]$ 上的定积分的绝对值不超过函数 $f(x)$ 的绝对值在 $[a,b]$ 上的定积分，即：$\left| \int_a^b f(x)\mathrm{d}x \right| \leqslant \int_a^b |f(x)|\mathrm{d}x$（证明略）

性质 6　设 m, M 分别是 $f(x)$ 在 $[a,b]$ 上的最小值和最大值，则：

$$m(b-a) \leqslant \int_a^b f(x)\mathrm{d}x \leqslant M(b-a).$$

证明： 因为 $m \leqslant f(x) \leqslant M$，由性质 4 得

$$\int_a^b m\ \mathrm{d}x \leqslant \int_a^b f(x)\mathrm{d}x \leqslant \int_a^b M\ \mathrm{d}x，再由性质 2 得$$

$$m(b-a) \leqslant \int_a^b f(x)\mathrm{d}x \leqslant M(b-a)$$

性质 7（积分中值定理）　如果 $f(x)$ 在 $[a,b]$ 上连续，则在 $[a,b]$ 上至少存在一点 ξ，使得 $\int_a^b f(x)\mathrm{d}x = f(\xi)(b-a).$

证明： 因为 $f(x)$ 在 $[a,b]$ 上连续，由闭区间上连续函数的性质定理知，$f(x)$ 在 $[a,b]$ 上必有最大值 M 和最小值 m，再由性质 6 得

$$m(b-a) \leqslant \int_a^b f(x)\mathrm{d}x \leqslant M(b-a)$$

两边同除以 $(b-a)$ 得，$m \leqslant \dfrac{\int_a^b f(x)\mathrm{d}x}{b-a} \leqslant M$

再根据闭区间上连续函数的介值定理知，至少存在一点 $\xi \in [a,b]$，使得

$$\frac{\int_a^b f(x)\mathrm{d}x}{b-a} = f(\xi)$$

从而得　　　　　　　　　$$\int_a^b f(x)\mathrm{d}x = f(\xi)(b-a)$$

积分中值定理的几何意义是：在 $[a,b]$ 上至少存在一点 ξ，使得以 $[a,b]$ 为底边，以曲线 $y = f(x)$ 为曲边的曲边梯形的面积等于以 $[a,b]$ 为底，$f(\xi)$ 为高的矩形的面积，如图 5-8 所示.

$$f(\xi) = \frac{1}{b-a} \int_a^b f(x)\,\mathrm{d}x$$

称为函数 $f(x)$ 在 $[a,b]$ 上的积分平均值.

例 5.3 根据积分中值定理判定积分 $\int_{\frac{1}{5}}^{1} x^8 \ln x\,\mathrm{d}x$ 的符号.

解：因为 $f(x) = x^8 \ln x$ 在 $\left[\frac{1}{5}, 1\right]$ 上连续,

故由积分中值定理知,至少存在一点 $\xi \in \left[\frac{1}{5}, 1\right]$,使得

$$\int_{\frac{1}{5}}^{1} x^8 \ln x\,\mathrm{d}x = \xi^8 \ln \xi \cdot \frac{4}{5} \leqslant 0$$

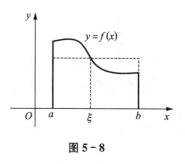

图 5-8

5.3　微积分基本公式

前面我们从计算曲线所围成的平面图形的面积等实际问题引入了定积分的概念,并且明确指出了不定积分和定积分的概念是从两个完全不同的角度引进来的. 现在要问的是:定积分与不定积分(或原函数)之间是否有关系?如果有,是什么样的关系呢?为了回答这个问题,揭示它们两者之间的内在联系,我们先介绍积分上限的函数的概念及其基本性质,最后导出微积分基本公式,从而可以把对定积分的计算化为不定积分的计算,这对于简化定积分的计算,扩大定积分的使用价值起到重要的作用.

5.3.1　积分上限的函数及其基本性质

设函数 $f(x)$ 在区间 $[a,b]$ 上连续,x 为区间 $[a,b]$ 上的任意一点,则定积分 $\int_a^x f(t)\,\mathrm{d}t$ 有唯一确定值与 x 对应,因此 $\int_a^x f(t)\,\mathrm{d}t$ 在 $[a,b]$ 上确定了一个 x 的函数,被称为积分上限的函数,记作 $p(x)$,即

$$p(x) = \int_a^x f(t)\,\mathrm{d}t$$

函数 $p(x)$ 具有如下基本性质(定理 5.2):

定理 5.2　如果函数 $f(x)$ 在区间 $[a,b]$ 上连续,则积分上限的函数 $p(x) = \int_a^x f(t)\,\mathrm{d}t$ 在 $[a,b]$ 上可导,并且 $p'(x) = \left[\int_a^x f(t)\,\mathrm{d}t\right]' = f(x)$.

证明：对 $\forall x \in [a,b]$,给 x 一个改变量 Δx,使得 $x + \Delta x \in [a,b]$,见图 5-9,由定积分的可加性,有

$$\begin{aligned}
\Delta p &= p(x + \Delta x) - p(x) \\
&= \int_a^{x+\Delta x} f(t)\,\mathrm{d}t - \int_a^x f(t)\,\mathrm{d}t
\end{aligned}$$

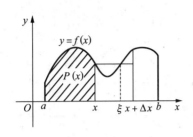

图 5 - 9

$$= \int_x^a f(t)\mathrm{d}t + \int_a^{x+\Delta x} f(t)\mathrm{d}t$$

$$= \int_x^{x+\Delta x} f(t)\mathrm{d}t$$

再由积分中值定理,有

$$\Delta p = \int_x^{x+\Delta x} f(t)\mathrm{d}t = f(\xi)\cdot\Delta x$$

其中 $\xi \in [x, x+\Delta x]$.

令 $\Delta x \to 0$,则 $x+\Delta x \to x$,从而 $\xi \to x$,由函数 $f(x)$ 的连续性,有

$$\lim_{\Delta x \to 0}\frac{\Delta p}{\Delta x} = \lim_{\xi \to x} f(\xi) = f(x)$$

由导数定义知:$p'(x) = f(x)$

由此得原函数存在定理.

定理 5.3 如果函数 $f(x)$ 在区间 $[a,b]$ 上连续,则函数 $p(x) = \int_a^x f(t)\mathrm{d}t$ 是函数 $f(x)$ 在区间 $[a,b]$ 上的一个原函数.

例 5.4 求 $\dfrac{\mathrm{d}}{\mathrm{d}x}\left(\int_0^x \mathrm{e}^{\sin^2 t}\mathrm{d}t\right)$.

解:根据定理 5.2,有 $\dfrac{\mathrm{d}}{\mathrm{d}x}\left(\int_0^x \mathrm{e}^{\sin^2 t}\mathrm{d}t\right) = \mathrm{e}^{\sin^2 x}$

例 5.5 求 $\dfrac{\mathrm{d}}{\mathrm{d}x}\left(\int_x^a \mathrm{e}^{\sin^2 t}\mathrm{d}t\right)$.

解:$\dfrac{\mathrm{d}}{\mathrm{d}x}\left(\int_x^a \mathrm{e}^{\sin^2 t}\mathrm{d}t\right) = \dfrac{\mathrm{d}}{\mathrm{d}x}\left(-\int_a^x \mathrm{e}^{\sin^2 t}\mathrm{d}t\right) = -\mathrm{e}^{\sin^2 x}$

例 5.6 求 $\dfrac{\mathrm{d}}{\mathrm{d}x}\left(\int_a^{x^3} \mathrm{e}^{\sin^2 t}\mathrm{d}t\right)$.

解:因 $\int_a^{x^3} \mathrm{e}^{\sin^2 t}\mathrm{d}t$ 是上限 $u=x^3$ 的函数,故 $\int_a^{x^3} \mathrm{e}^{\sin^2 t}\mathrm{d}t$ 可看成有 $\int_a^u \mathrm{e}^{\sin^2 t}\mathrm{d}t$, $u=x^3$ 复合而成,按复合函数求导法则有

$$\frac{\mathrm{d}}{\mathrm{d}x}\left(\int_a^{x^3} \mathrm{e}^{\sin^2 t}\mathrm{d}t\right) = \frac{\mathrm{d}}{\mathrm{d}u}\left(\int_a^u \mathrm{e}^{\sin^2 t}\mathrm{d}t\right)\frac{\mathrm{d}u}{\mathrm{d}x} = \mathrm{e}^{\sin^2 u}\cdot 3x^2 = 3x^2\cdot \mathrm{e}^{\sin^2 x^3}$$

由此易知:

(1) 设 $g(x)$ 在 $[a,b]$ 上可导,则 $\left(\int_a^{g(x)} f(t)\mathrm{d}t\right)' = f[g(x)]\cdot g'(x)$

(2) 设 $h(x)$,$g(x)$ 均在 $[a,b]$ 上可导,则

$$\left(\int_{h(x)}^{g(x)} f(t)\mathrm{d}t\right)' = f[g(x)]\cdot g'(x) - f[h(x)]\cdot h'(x)$$

例 5.7 求下列极限:

(1) $\lim\limits_{x \to 0}\dfrac{\int_0^{2x} \tan t^3\,\mathrm{d}t}{x^4}$,

(2) $\lim\limits_{x \to +\infty}\dfrac{\int_0^x \arctan t\,\mathrm{d}t}{x}$.

解：(1) 当 $x \to 0$ 时，此极限为 $\frac{0}{0}$ 型，利用洛必达法则有

$$\lim_{x \to 0} \frac{\int_0^{2x} \tan t^3 \, \mathrm{d}t}{x^4} = \lim_{x \to 0} \frac{\tan(2x)^3 \cdot 2}{4x^3} = 4 \lim_{x \to 0} \frac{\tan(2x)^3}{(2x)^3} = 4$$

(2) 当 $x \to +\infty$ 时，此极限为 $\frac{\infty}{\infty}$ 型，利用洛必达法则有

$$\lim_{x \to +\infty} \frac{\int_0^x \arctan t \, \mathrm{d}t}{x} = \lim_{x \to +\infty} \frac{\arctan x}{1} = \frac{\pi}{2}$$

例 5.8　设 $f(x) = \int_0^{1-\cos x} \sin^2 t \, \mathrm{d}t$，$g(x) = \frac{x^5}{5} + \frac{x^6}{6}$，则当 $x \to 0$ 时，$f(x)$ 是 $g(x)$ 的

(　　).

A. 低阶无穷小　　　　　　　　　　　　B. 高阶无穷小

C. 等价无穷小　　　　　　　　　　　　D. 同阶但不等价的无穷小

解：$\lim\limits_{x \to 0} \dfrac{f(x)}{g(x)} = \lim\limits_{x \to 0} \dfrac{\int_0^{1-\cos x} \sin t^2 \, \mathrm{d}t}{\dfrac{x^5}{5} + \dfrac{x^6}{6}} \overset{\frac{0}{0}}{=\!=\!=} \lim\limits_{x \to 0} \dfrac{\sin(1-\cos x)^2 \cdot \sin x}{x^4 + x^5}$，

由 $x \to 0$ 时，$(1-\cos x)^2 \to 0$，$\sin(1-\cos x)^2 \sim (1-\cos x)^2$，且 $1-\cos \sim \dfrac{x^2}{2}$，

于是　　　　　$\lim\limits_{x \to 0} \dfrac{f(x)}{g(x)} \overset{\frac{0}{0}}{=\!=\!=} \lim\limits_{x \to 0} \dfrac{\sin(1-\cos x)^2 \cdot \sin x}{x^4 + x^5}$

$$= \lim_{x \to 0} \frac{(1-\cos x)^2 \cdot x}{x^4 + x^5} = \lim_{x \to 0} \frac{\left(\dfrac{x^2}{2}\right)^2}{x^3 + x^4} = 0$$

故应选 B.

5.3.2　微积分基本定理(牛顿-莱布尼茨公式)

定理 5.4　设 $f(x)$ 在区间 $[a,b]$ 上连续，$F(x)$ 是 $f(x)$ 在区间 $[a,b]$ 上的任一原函数，即 $F'(x) = f(x)$，则有：$\int_a^b f(x)\mathrm{d}x = F(b) - F(a) \overset{\text{记作}}{=\!=\!=} F(x) \Big|_a^b$

证明：由定理 5.3 知 $\int_a^x f(t)\mathrm{d}t$ 是 $f(x)$ 的一个原函数，又 $F(x)$ 也是 $f(x)$ 的一个原函数，由拉格朗日中值定理推论知，这两个原函数最多相差一个常数. 即

$$\int_a^x f(t)\mathrm{d}t - F(x) = C$$

令 $x = a$ 得 $C = -F(a)$，从而 $\int_a^x f(t)\mathrm{d}t = F(x) - F(a)$，

再令 $x = b$，得 $\int_a^b f(t)\mathrm{d}t = F(b) - F(a)$

即
$$\int_a^b f(x)\mathrm{d}x = F(b)-F(a)$$

该公式把定积分的计算归结为求原函数的问题,它揭示了不定积分与定积分在计算上的联系,这个公式称为牛顿-莱布尼茨公式.

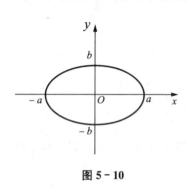

图 5 - 10

例 5.9　求椭圆 $\dfrac{x^2}{a^2}+\dfrac{y^2}{b^2}=1\,(a>b>0)$ 所围的面积(见图 5 - 10).

解: 由椭圆的对称性知,椭圆的面积

$$\begin{aligned}
S &= 4\int_0^a \frac{b}{a}\sqrt{a^2-x^2}\,\mathrm{d}x \\
&= 4\frac{b}{a}\left(\frac{x}{2}\sqrt{a^2-x^2}+\frac{a^2}{2}\arcsin\frac{x}{a}\right)\Big|_0^a \\
&= \frac{4b}{a}\cdot\frac{a^2}{2}(\arcsin 1 - \arcsin 0) \\
&= ab\pi
\end{aligned}$$

特殊地,当 $a=b$ 时,得圆的面积 $S=\pi a^2$.

例 5.10　设 $f(x)=\begin{cases}2x+1, & \text{当}\,|x|\leqslant 2\,\text{时};\\ 1+x^2, & \text{当}\,2<x\leqslant 4\,\text{时}.\end{cases}$ 求 k 的值,使 $\displaystyle\int_k^3 f(x)\mathrm{d}x=\frac{40}{3}$.

解: 由定积分可加性知 $\displaystyle\int_k^3 f(x)\mathrm{d}x = \int_k^2 (2x+1)\mathrm{d}x + \int_2^3 (1+x^2)\mathrm{d}x$

$$= (x^2+x)\Big|_k^2 + \left(x+\frac{x^3}{3}\right)\Big|_2^3 = 6-(k^2+k)+\frac{22}{3}$$

即
$$\frac{40}{3}-(k^2+k)=\frac{40}{3},\ k^2+k=0,\ \text{解得}\ k=0\ \text{或} -1.$$

请读者画出图形,并说明为什么 k 可以取两个值.

例 5.11　求 $\displaystyle\int_{-\frac{\pi}{2}}^{\frac{\pi}{2}}\sqrt{1-\cos x}\,\mathrm{d}x$.

解: 原式 $=\displaystyle\int_{-\frac{\pi}{2}}^{\frac{\pi}{2}}\sqrt{2\sin^2\frac{x}{2}}\,\mathrm{d}x = \sqrt{2}\int_{-\frac{\pi}{2}}^{\frac{\pi}{2}}\left|\sin\frac{x}{2}\right|\mathrm{d}x$

$$= \sqrt{2}\int_{-\frac{\pi}{2}}^0 \left(-\sin\frac{x}{2}\right)\mathrm{d}x + \sqrt{2}\int_0^{\frac{\pi}{2}}\left(\sin\frac{x}{2}\right)\mathrm{d}x$$

$$= -2\sqrt{2}\left(-\cos\frac{x}{2}\right)\Big|_{-\frac{\pi}{2}}^0 + 2\sqrt{2}\left(-\cos\frac{x}{2}\right)\Big|_0^{\frac{\pi}{2}} = 4(\sqrt{2}-1)$$

例 5.12　设 $f(x)$ 在 $[0,1]$ 上连续,且 $f(x)=\dfrac{1}{1+x^2}+x\displaystyle\int_0^1 f(x)\mathrm{d}x$,求 $\displaystyle\int_0^1 f(x)\mathrm{d}x$.

解: 等式两边积分得

$$\int_0^1 f(x)\mathrm{d}x = \int_0^1 \frac{1}{1+x^2}\mathrm{d}x + \int_0^1\left[x\int_0^1 f(x)\mathrm{d}x\right]\mathrm{d}x$$

$$= \arctan x\Big|_0^1 + \int_0^1 f(x)\mathrm{d}x\cdot\int_0^1 x\,\mathrm{d}x$$

$$= \frac{\pi}{4} + \int_0^1 f(x)\mathrm{d}x \cdot \left(\frac{x^2}{2}\right)\Big|_0^1$$

$$= \frac{\pi}{4} + \frac{1}{2}\int_0^1 f(x)\mathrm{d}x \quad .$$

故 $\quad \frac{1}{2}\int_0^1 f(x)\mathrm{d}x = \frac{\pi}{4}$, 即 $\quad \int_0^1 f(x)\mathrm{d}x = \frac{\pi}{2}$

[注] 使用该公式时要注意公式的条件,例如 $\int_0^1 \mathrm{e}^{-x^2}\mathrm{d}x, \int_1^2 \frac{\sin x}{x}\mathrm{d}x$ 不能利用此公式,因为 e^{-x^2} 和 $\frac{\sin x}{x}$ 的原函数不是初等函数形式,又如 $\int_{-1}^1 \frac{1}{x^2}\mathrm{d}x, \int_0^1 \ln x\,\mathrm{d}x$ 也都不能直接使用该公式,因为被积函数在积分区间上不连续.

5.4 定积分的计算

5.4.1 定积分的换元法

定理 5.5 设函数 $f(x)$ 在区间 $[a,b]$ 上连续,令 $x = \varphi(t)$,如果

(1) $\varphi(t)$ 在区间 $[\alpha,\beta]$ 上有连续的导数 $\varphi'(t)$;

(2) 当 t 从 α 变到 β 时,$\varphi(t)$ 从 $\varphi(\alpha) = a$ 单调地变到 $\varphi(\beta) = b$,则有

$$\int_a^b f(x)\mathrm{d}x = \int_\alpha^\beta f[\varphi(t)]\varphi'(t)\mathrm{d}t$$

该公式就称为定积分的换元公式.

证明:因为 $f(x)$ 在区间 $[a,b]$ 上连续,所以它在 $[a,b]$ 上的原函数必存在. 设 $F(x)$ 是 $f(x)$ 的一个原函数,又由已知,$f[\varphi(t)]\varphi'(t)$ 在区间 $[\alpha,\beta]$ 上连续,由复合函数微分法,容易证明 $F[\varphi(t)]$ 是它的一个原函数,即

$$\frac{\mathrm{d}}{\mathrm{d}t}F[\varphi(t)] = \frac{\mathrm{d}F(x)}{\mathrm{d}x} \cdot \frac{\mathrm{d}x}{\mathrm{d}t} = F'(x)\varphi'(t) = f(x)\varphi'(t) = f[\varphi(t)]\varphi'(t)$$

由牛顿-莱布尼茨公式得

$$\int_\alpha^\beta f[\varphi(t)]\varphi'(t)\mathrm{d}t = F[\varphi(\beta)] - F[\varphi(\alpha)] = F(b) - F(a) = \int_a^b f(x)\mathrm{d}x$$

[注] (1) 与运用不定积分换元相似,可以从左到右或从右到左地使用定积分的换元公式.

(2) 虽然该公式与不定积分的换元公式很类似,但是在运用定积分换元时,要把积分的上、下限作相应地改变,然后计算变换后的新变量之下的定积分即可,不必像不定积分那样再代回原变量.

(3) 在使用换元法时,要注意该定理的条件,否则就会出错,例如 $\int_{-1}^2 x^2\mathrm{d}x$

正确解答为：$\int_{-1}^{2} x^2 \mathrm{d}x = \frac{1}{3}x^3\Big|_{-1}^{2} = 3$，若用换元法，令 $x^2 = t$，$x = \sqrt{t}$，$\mathrm{d}x = \frac{1}{2\sqrt{t}}\mathrm{d}t$，且当

$x = -1$ 时，$t = 1$；$x = 2$ 时，$t = 4$，于是：$\int_{-1}^{2} x^2 \mathrm{d}x = \int_{1}^{4} t \cdot \frac{1}{2\sqrt{t}}\mathrm{d}t = \frac{1}{3}t^{\frac{3}{2}}\Big|_{1}^{4} = \frac{7}{3}$

此处的错误就在于 $x^2 = t$，$x = \pm\sqrt{t}$ 不是单调函数，若用换元法，则应按单调区间分开，即

$\int_{-1}^{2} x^2 \mathrm{d}x = \int_{-1}^{0} x^2 \mathrm{d}x + \int_{0}^{2} x^2 \mathrm{d}x$，再进行计算.

例 5.13　求定积分 $\int_{1}^{2} \frac{\sqrt{(x-1)^3}}{x}\mathrm{d}x$.

解：令 $t = \sqrt{x-1}$，即 $x = t^2 + 1 (t > 0)$，$\mathrm{d}x = 2t\mathrm{d}t$

当 $x = 1$ 时，$t = 0$；当 $x = 2$ 时，$t = 1$. 于是

$$原式 = \int_{0}^{1} \frac{t^3}{t^2+1} \cdot 2t\mathrm{d}t = 2\int_{0}^{1} \frac{(t^4-1)+1}{t^2+1}\mathrm{d}t = 2\int_{0}^{1}\left(t^2 - 1 + \frac{1}{t^2+1}\right)\mathrm{d}t$$

$$= 2\left(\frac{1}{3}t^3 - t + \arctan t\right)\Big|_{0}^{1} = 2\left[\left(-\frac{2}{3} + \frac{\pi}{4}\right) - 0\right] = \frac{\pi}{2} - \frac{4}{3}$$

例 5.14　证明：(1) 若 $f(x)$ 在 $[-a, a]$ 上是连续的偶函数，则有

$$\int_{-a}^{a} f(x)\mathrm{d}x = 2\int_{0}^{a} f(x)\mathrm{d}x;$$

(2) 若 $f(x)$ 在 $[-a, a]$ 上是连续的奇函数，则有

$$\int_{-a}^{a} f(x)\mathrm{d}x = 0.$$

证明：
$$\int_{-a}^{a} f(x)\mathrm{d}x = \int_{-a}^{0} f(x)\mathrm{d}x + \int_{0}^{a} f(x)\mathrm{d}x$$

对定积分 $\int_{-a}^{0} f(x)\mathrm{d}x$，令 $x = -t$，则 $\mathrm{d}x = -\mathrm{d}t$，

当 $x = -a$ 时，$t = a$；$x = 0$ 时，$t = 0$，

于是　　　　　　　$\int_{-a}^{0} f(x)\mathrm{d}x = \int_{a}^{0} -f(-t)\mathrm{d}t = \int_{0}^{a} f(-t)\mathrm{d}t$

(1) 因 $f(x)$ 是偶函数，即 $f(-t) = f(t)$，故

$$\int_{-a}^{0} f(x)\mathrm{d}x = \int_{0}^{a} f(-t)\mathrm{d}t = \int_{0}^{a} f(t)\mathrm{d}t = \int_{0}^{a} f(x)\mathrm{d}x$$

从而　　　　　　　$\int_{-a}^{a} f(x)\mathrm{d}x = 2\int_{0}^{a} f(x)\mathrm{d}x$

(2) 因 $f(x)$ 是奇函数，即 $f(-t) = -f(t)$，故

$$\int_{-a}^{0} f(x)\mathrm{d}x = \int_{0}^{a} -f(t)\mathrm{d}t = -\int_{0}^{a} f(t)\mathrm{d}t = -\int_{0}^{a} f(x)\mathrm{d}x$$

从而　　　　　　　$\int_{-a}^{a} f(x)\mathrm{d}x = 0$

例 5. 15　设 $f(x) = \begin{cases} x\mathrm{e}^{-x^2}, & \text{当 } x \geqslant 0 \text{ 时;} \\ \dfrac{1}{1+\cos x}, & \text{当 } x < 0 \text{ 时.} \end{cases}$　求 $\displaystyle\int_1^4 f(x-2)\mathrm{d}x.$

解： 令 $x-2=t$，则 $\mathrm{d}x=\mathrm{d}t$，当 $x=1$ 时，$t=-1$；当 $x=4$ 时，$t=2$.

于是，原式 $= \displaystyle\int_{-1}^2 f(t)\mathrm{d}t = \int_{-1}^0 \frac{1}{1+\cos t}\mathrm{d}t + \int_0^2 t\mathrm{e}^{-t^2}\mathrm{d}t$

$\qquad = \displaystyle\int_{-1}^0 \frac{\mathrm{d}t}{2\cos^2 \dfrac{t}{2}} - \frac{1}{2}\int_0^2 \mathrm{e}^{-t^2}\mathrm{d}(-t^2) = \int_{-1}^0 \sec^2 \frac{t}{2}\, \mathrm{d}\left(\frac{t}{2}\right) - \frac{1}{2}\mathrm{e}^{-t^2}\Big|_0^2$

$\qquad = \tan \dfrac{t}{2}\Big|_{-1}^0 - \dfrac{1}{2}\mathrm{e}^{-4} + \dfrac{1}{2} = \tan \dfrac{1}{2} - \dfrac{1}{2}\mathrm{e}^{-4} + \dfrac{1}{2}$

例 5. 16　求下列定积分：

(1) $\displaystyle\int_0^a x^2 \sqrt{a^2-x^2}\mathrm{d}x$　$(a>0)$，　　　(2) $\displaystyle\int_0^1 \frac{x^2}{(1+x^2)^2}\mathrm{d}x.$

解： (1) 令 $x = a\sin t$，则 $\mathrm{d}x = a\cos t\, \mathrm{d}t$，当 $x=0$ 时，$t=0$；当 $x=a$ 时，$t=\dfrac{\pi}{2}$.

于是，原式 $= \displaystyle\int_0^{\frac{\pi}{2}} a^2 \sin^2 t \sqrt{a^2 - a^2\sin^2 t} \cdot a\cos t\, \mathrm{d}t$

$\qquad = a^4 \displaystyle\int_0^{\frac{\pi}{2}} \sin^2 t \cdot \cos^2 t\, \mathrm{d}t = \frac{a^4}{4}\int_0^{\frac{\pi}{2}} \sin^2 2t\, \mathrm{d}t$

$\qquad = \dfrac{a^4}{8} \displaystyle\int_0^{\frac{\pi}{2}} (1-\cos 4t)\mathrm{d}t = \frac{a^4}{8}\left(t - \frac{1}{4}\sin 4t\right)\Big|_0^{\frac{\pi}{2}} = \frac{\pi a^4}{16}$

(2) 令 $x = \tan t$，则 $\mathrm{d}x = \sec^2 t\, \mathrm{d}t$，当 $x=0$ 时，$t=0$；当 $x=1$ 时，$t=\dfrac{\pi}{4}$.

于是，原式 $= \displaystyle\int_0^{\frac{\pi}{4}} \frac{\tan^2 t \cdot \sec^2 t}{\sec^4 t}\mathrm{d}t = \int_0^{\frac{\pi}{4}} \sin^2 t\, \mathrm{d}t$

$\qquad = \dfrac{1}{2}\displaystyle\int_0^{\frac{\pi}{4}} (1-\cos 2t)\mathrm{d}t = \frac{1}{2}\left(t - \frac{\sin 2t}{2}\right)\Big|_0^{\frac{\pi}{4}}$

$\qquad = \dfrac{1}{2}\left(\dfrac{\pi}{4} - \dfrac{1}{2}\right) = \dfrac{\pi}{8} - \dfrac{1}{4}$

例 5. 17　求定积分 $\displaystyle\int_{-\frac{\pi}{2}}^{\frac{\pi}{2}} \sqrt{\cos x - \cos^3 x}\,\mathrm{d}x.$

解： 由于 $\sqrt{\cos x - \cos^3 x} = \sqrt{\cos x(1-\cos^2 x)} = |\sin x| \cdot \sqrt{\cos x}$

当 $x \in \left[-\dfrac{\pi}{2}, 0\right]$ 时，$|\sin x| = -\sin x$；当 $x \in \left[0, \dfrac{\pi}{2}\right]$ 时，$|\sin x| = \sin x$.

于是，原式 $= \displaystyle\int_{-\frac{\pi}{2}}^{\frac{\pi}{2}} |\sin x| \sqrt{\cos x}\mathrm{d}x = \int_{-\frac{\pi}{2}}^0 -\sqrt{\cos x}\sin x\, \mathrm{d}x + \int_0^{\frac{\pi}{2}} \sqrt{\cos x}\sin x\, \mathrm{d}x$

$\qquad = \displaystyle\int_{-\frac{\pi}{2}}^0 \sqrt{\cos x}\mathrm{d}(\cos x) - \int_0^{\frac{\pi}{2}} \sqrt{\cos x}\mathrm{d}(\cos x)$

$\qquad = \dfrac{2}{3}(\cos x)^{\frac{3}{2}}\Big|_{-\frac{\pi}{2}}^0 - \dfrac{2}{3}(\cos x)^{\frac{3}{2}}\Big|_0^{\frac{\pi}{2}} = \dfrac{4}{3}$

例 5. 18　$f(x), g(x)$ 在区间 $[-a, a]$ $(a>0)$ 上连续，$g(x)$ 为偶函数且 $f(x)$ 满足条件

$f(x)+f(-x)=A$　（A 为常数）.

(1) 证明 $\int_{-a}^{a} f(x)g(x)\mathrm{d}x = A\int_{0}^{a} g(x)\mathrm{d}x$;

(2) 利用(1) 计算 $\int_{-\frac{\pi}{2}}^{\frac{\pi}{2}} |\sin x| \cdot \arctan \mathrm{e}^x \mathrm{d}x$.

证明：(1) $\int_{-a}^{a} f(x)g(x)\mathrm{d}x = \int_{-a}^{0} f(x)g(x)\mathrm{d}x + \int_{0}^{a} f(x)g(x)\mathrm{d}x$

$$\xlongequal{\text{令}x=-t} \int_{a}^{0} f(-t)g(-t)\mathrm{d}(-t) + \int_{0}^{a} f(x)g(x)\mathrm{d}x$$

$$= \int_{0}^{a} f(-t)g(t)\mathrm{d}(t) + \int_{0}^{a} f(x)g(x)\mathrm{d}x$$

$$= \int_{0}^{a} [f(-x)+f(x)]g(x)\mathrm{d}x = A\int_{0}^{a} g(x)\mathrm{d}x$$

(2) $|\sin x|$ 为 $\left[-\dfrac{\pi}{2}, \dfrac{\pi}{2}\right]$ 上的偶函数，且在 $\left[-\dfrac{\pi}{2}, \dfrac{\pi}{2}\right]$ 上，

$$(\arctan \mathrm{e}^x + \arctan \mathrm{e}^{-x})' = \frac{\mathrm{e}^x}{1+\mathrm{e}^{2x}} + \frac{-\mathrm{e}^{-x}}{1+\mathrm{e}^{-2x}} = \frac{\mathrm{e}^x}{1+\mathrm{e}^{2x}} - \frac{\mathrm{e}^x}{\mathrm{e}^{2x}+1} = 0$$

故 $\arctan \mathrm{e}^x + \arctan \mathrm{e}^{-x} = A$　（A 为某个常数）

而 $\arctan \mathrm{e}^0 + \arctan \mathrm{e}^{-0} = \dfrac{\pi}{2}$，从而在 $\left[-\dfrac{\pi}{2}, \dfrac{\pi}{2}\right]$ 上，$\arctan \mathrm{e}^x + \arctan \mathrm{e}^{-x} = \dfrac{\pi}{2}$

由此令 $g(x) = |\sin x|, f(x) = \arctan \mathrm{e}^x$

由(1) 结论知：$\int_{-\frac{\pi}{2}}^{\frac{\pi}{2}} |\sin x| \cdot \arctan \mathrm{e}^x \mathrm{d}x = \dfrac{\pi}{2} \cdot \int_{0}^{\frac{\pi}{2}} \sin x \mathrm{d}x = \dfrac{\pi}{2}$

5.4.2　定积分的分部积分法

定理 5.6　设 $u=u(x), v=v(x)$ 在区间 $[a,b]$ 上有连续的导数，则有

$$\int_{a}^{b} u\mathrm{d}v = uv \Big|_{a}^{b} - \int_{a}^{b} v\mathrm{d}u$$

证明：由 $\mathrm{d}(uv) = u\mathrm{d}v + v\mathrm{d}u$，得
$u\mathrm{d}v = \mathrm{d}(uv) - v\mathrm{d}u$，两边在 $[a,b]$ 上积分得

$$\int_{a}^{b} u\mathrm{d}v = \int_{a}^{b} \mathrm{d}(uv) - \int_{a}^{b} v\mathrm{d}u$$

即
$$\int_{a}^{b} u\mathrm{d}v = uv \Big|_{a}^{b} - \int_{a}^{b} v\mathrm{d}u$$

例 5.19　求定积分 $\int_{0}^{\frac{\pi}{2}} \mathrm{e}^x \sin x \mathrm{d}x$.

解：原式 $= \int_{0}^{\frac{\pi}{2}} \sin x \mathrm{d}(\mathrm{e}^x) = \mathrm{e}^x \sin x \Big|_{0}^{\frac{\pi}{2}} - \int_{0}^{\frac{\pi}{2}} \mathrm{e}^x \mathrm{d}(\sin x)$

$$= \mathrm{e}^{\frac{\pi}{2}} - \int_{0}^{\frac{\pi}{2}} \mathrm{e}^x \cos x \mathrm{d}x = \mathrm{e}^{\frac{\pi}{2}} - \int_{0}^{\frac{\pi}{2}} \cos x \mathrm{d}(\mathrm{e}^x)$$

$$= \mathrm{e}^{\frac{\pi}{2}} - \mathrm{e}^x \cos x \Big|_{0}^{\frac{\pi}{2}} + \int_{0}^{\frac{\pi}{2}} \mathrm{e}^x \mathrm{d}(\cos x)$$

$$= e^{\frac{\pi}{2}} + 1 - \int_0^{\frac{\pi}{2}} e^x \sin x \, dx$$

移项得
$$\int_0^{\frac{\pi}{2}} e^x \sin x \, dx = \frac{1}{2} (1 + e^{\frac{\pi}{2}})$$

例 5. 20 求下列定积分:

$(1) \displaystyle\int_0^{\sqrt{\ln 2}} x^3 e^{x^2} \, dx,$ $\qquad\qquad (2) \displaystyle\int_0^1 e^{\sqrt{1-x}} \, dx,$

$(3) \displaystyle\int_0^{\frac{\pi}{4}} x \sec^2 x \, dx,$ $\qquad\qquad (4) \displaystyle\int_0^{\ln 2} e^x (1 + e^x)^2 \, dx.$

解: (1) 原式 $= \displaystyle\int_0^{\sqrt{\ln 2}} \frac{1}{2} x^2 \, de^{x^2} \x!=\!=\!\overset{\text{令 } x^2 = u}{=\!=\!=} \frac{1}{2} \int_0^{\ln 2} u \, de^u = \frac{1}{2} \left(u e^u \Big|_0^{\ln 2} - \int_0^{\ln 2} e^u \, du \right)$

$\qquad\qquad = \dfrac{1}{2} \left(2\ln 2 - e^u \Big|_0^{\ln 2} \right) = \ln 2 - \dfrac{1}{2}$

(2) 令 $t = \sqrt{1-x}$,

原式 $= -\displaystyle\int_1^0 e^t \cdot 2t \, dt = 2 \int_0^1 t \, de^t = 2 \left(t \, e^t \Big|_0^1 - \int_0^1 e^t \, dt \right)$

$\qquad = 2 \left(e - e^t \Big|_0^1 \right) = 2$

(3) 原式 $= \displaystyle\int_0^{\frac{\pi}{4}} x \, d\tan x = x \tan x \Big|_0^{\frac{\pi}{4}} - \int_0^{\frac{\pi}{4}} \tan x \, dx$

$\qquad = \dfrac{\pi}{4} + \displaystyle\int_0^{\frac{\pi}{4}} \frac{1}{\cos x} \, d\cos x = \frac{\pi}{4} + \ln \cos x \Big|_0^{\frac{\pi}{4}}$

$\qquad = \dfrac{\pi}{4} - \dfrac{1}{2} \ln 2$

(4) 原式 $= \displaystyle\int_0^{\ln 2} (1 + e^x)^2 \, d(1 + e^x) = \frac{1}{3} (1 + e^x)^3 \Big|_0^{\ln 2} = \frac{19}{3}$

例 5. 21 已知 $f(\pi) = 1$, 且 $\displaystyle\int_0^\pi [f(x) + f''(x)] \sin x \, dx = 3$, 求 $f(0)$.

解: 由 $\displaystyle\int_0^\pi f''(x) \sin x \, dx = \int_0^\pi \sin x \, df'(x) = \sin x \cdot f'(x) \Big|_0^\pi - \int_0^\pi f'(x) \cos x \, dx$

$\qquad\qquad = -\displaystyle\int_0^\pi \cos x \, df(x) = -\cos x \cdot f(x) \Big|_0^\pi - \int_0^\pi f(x) \sin x \, dx$

$\qquad\qquad = f(0) + f(\pi) - \displaystyle\int_0^\pi f(x) \sin x \, dx$

移项得:
$$\int_0^\pi [f(x) + f''(x)] \sin x \, dx = f(0) + f(\pi) = 3$$

又 $f(\pi) = 1$, 故 $f(0) = 2$.

例 5. 22 求定积分 $I_n = \displaystyle\int_0^{\frac{\pi}{2}} \sin^n x \, dx = \int_0^{\frac{\pi}{2}} \cos^n x \, dx, n = 1, 2, 3, \cdots$

解: 令 $x = \dfrac{\pi}{2} - t$, 则 $t = \dfrac{\pi}{2} - x$, $dt = -dx$, 于是

$$\int_0^{\frac{\pi}{2}} \sin^n x \, dx = \int_{\frac{\pi}{2}}^0 \left(-\sin^n \left(\frac{\pi}{2} - t \right) \right) dt = \int_0^{\frac{\pi}{2}} \cos^n t \, dt = \int_0^{\frac{\pi}{2}} \cos^n x \, dx$$

对 $\int_0^{\frac{\pi}{2}} \sin^n x \, dx$，求其递推公式

$$I_0 = \int_0^{\frac{\pi}{2}} \sin^0 x \, dx = \frac{\pi}{2}, I_1 = \int_0^{\frac{\pi}{2}} \sin x \, dx = 1, I_2 = \int_0^{\frac{\pi}{2}} \sin^2 x \, dx = \int_0^{\frac{\pi}{2}} \frac{1 - \cos 2x}{2} dx = \frac{\pi}{4}$$

当 $n > 2$ 时，$I_n = \int_0^{\frac{\pi}{2}} \sin^n x \, dx = \int_0^{\frac{\pi}{2}} \sin^{n-1} x \, d(-\cos x)$

$$= -\cos x \cdot \sin^{n-1} x \Big|_0^{\frac{\pi}{2}} + \int_0^{\frac{\pi}{2}} \cos x \, d \sin^{n-1} x$$

$$= (n-1) \int_0^{\frac{\pi}{2}} \cos x \cdot \sin^{n-2} x \cdot \cos x \, dx$$

$$= -(n-1) \int_0^{\frac{\pi}{2}} (\sin^2 x - 1) \sin^{n-2} x \, dx$$

$$= -(n-1) \int_0^{\frac{\pi}{2}} (\sin^n x - \sin^{n-2} x) dx$$

$$= (n-1) I_{n-2} - (n-1) I_n$$

从而得到 $$I_n = \frac{n-1}{n} I_{n-2}$$

当分别令 $n = 2m$ 和 $n = 2m - 1$，可求得

$$I_n = \begin{cases} \dfrac{(n-1)!!}{n!!} \cdot \dfrac{\pi}{2}, & n \text{ 为偶数}; \\ \dfrac{(n-1)!!}{n!!}, & n \text{ 为奇数} \end{cases}$$

例如：$\int_0^{\frac{\pi}{2}} \sin^3 x \, dx = \dfrac{2!!}{3!!} = \dfrac{2}{1 \times 3} = \dfrac{2}{3}, \int_0^{\frac{\pi}{2}} \sin^4 x \, dx = \dfrac{3!!}{4!!} \cdot \dfrac{\pi}{2} = \dfrac{1 \times 3}{2 \times 4} \cdot \dfrac{\pi}{2} = \dfrac{3}{16} \pi$

5.5　广义积分与 Γ 函数

前面的定积分也称为常义积分，它满足：① 积分区间 $[a, b]$ 是有限的；② 被积函数在该积分区间上是有界函数. 但在一些实际问题中，我们会遇到积分区间是无限的或被积函数无界的积分，我们称这类积分为广义积分.

5.5.1　无限区间上的广义积分

例 5.23　求曲线 $y = e^{-x}$，x 轴及 y 轴所围成的右侧"开口曲边梯形"的面积，见图 5-11.

解：任意取一个数 $b > 0$，则在区间 $[0, b]$ 上由曲线 $y = e^{-x}$ 围成的曲边梯形的面积为

$$\int_0^b e^{-x} dx = -e^{-x} \Big|_0^b = 1 - e^{-b} \quad (\text{此是常义积分})$$

显然，当 b 改变时，曲边梯形的面积也随之改变，特别是当 b 增大时，曲边梯形的面积也增大.

如果 $\lim\limits_{b\to+\infty}\int_0^b e^{-x}dx$ 存在，我们可以理解为：该"开口曲边梯形"的面积存在，而且其面积就等于此极限的值，如果上述极限不存在，则此"开口曲边梯形"的面积不是有限的. 这里

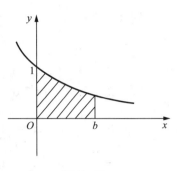

图 5 - 11

$$\lim\limits_{b\to+\infty}\int_0^b e^{-x}dx = \lim\limits_{b\to+\infty}(-e^{-x})\Big|_0^b = \lim\limits_{b\to+\infty}(1-e^{-b})=1,$$ 故该

"开口曲边梯形"的面积存在，且等于 1. 习惯上，把极限 $\lim\limits_{b\to+\infty}\int_0^b e^{-x}dx$ 写成一个定积分（广义）的形式，即

$$\lim\limits_{b\to+\infty}\int_0^b e^{-x}dx = \int_0^{+\infty} e^{-x}dx.$$

定义 5.2　设函数 $f(x)$ 在区间 $[a,+\infty)$ 上有定义，且对任意实数 $b(b>a)$，$f(x)$ 在 $[a,b]$ 上可积，则称 $\int_a^{+\infty} f(x)dx = \lim\limits_{b\to+\infty}\int_a^b f(x)dx$ 为 $f(x)$ 在无穷区间 $[a,+\infty)$ 上的无穷积分.

若极限 $\lim\limits_{b\to+\infty}\int_a^b f(x)dx$ 存在，则称无穷积分 $\int_a^{+\infty} f(x)dx$ 收敛，并定义此极限为无穷积分的值；若极限不存在，则称无穷积分发散.

通过定义可知求广义积分 $\int_a^{+\infty} f(x)dx$ 的步骤：

(1) 先求定积分（常义的）$\int_a^b f(x)dx\ (b>a)$；

(2) 然后求极限 $\lim\limits_{b\to+\infty}\int_a^b f(x)dx$.

平行地给出下面两个定义：

定义 5.3　设函数 $f(x)$ 在 $(-\infty,b]$ 上有定义，且对任意实数 $a(b>a)$，$f(x)$ 在 $[a,b]$ 上可积，则称 $\int_{-\infty}^b f(x)dx = \lim\limits_{a\to-\infty}\int_a^b f(x)dx$ 为 $f(x)$ 在无穷区间 $(-\infty,b]$ 上的无穷积分.

若极限 $\lim\limits_{a\to-\infty}\int_a^b f(x)dx$ 存在，则称无穷积分 $\int_{-\infty}^b f(x)dx$ 收敛，其极限值为无穷积分的值；若极限不存在，则称无穷积分发散.

定义 5.4　设 $f(x)$ 在 $(-\infty,+\infty)$ 内有定义，若对任意实数 C，定义

$$\int_{-\infty}^{+\infty} f(x)dx = \int_{-\infty}^C f(x)dx + \int_C^{+\infty} f(x)dx$$

若无穷积分 $\int_{-\infty}^C f(x)dx$ 与 $\int_C^{+\infty} f(x)dx$ 都收敛，则称 $\int_{-\infty}^{+\infty} f(x)dx$ 收敛；否则称无穷积分 $\int_{-\infty}^{+\infty} f(x)dx$ 发散.

例 5.24　讨论下列无穷积分的收敛性：

(1) $\int_0^{+\infty} x\,e^{-x^2}\,dx$，　　　　(2) $\int_1^{+\infty} x\,e^{-x}\,dx$，　　　　(3) $\int_1^{+\infty} \dfrac{\arctan x}{1+x^2}dx$，

(4) $\int_{-\infty}^{+\infty} \sin x\,dx$，　　　　(5) $\int_{-\infty}^{+\infty} \dfrac{x^3}{1+x^4}dx$.

解：(1) $\displaystyle\lim_{b\to+\infty}\int_0^b xe^{-x^2}\mathrm{d}x=\lim_{b\to+\infty}\left[-\frac{1}{2}\int_0^b e^{-x^2}\mathrm{d}(-x^2)\right]=\lim_{b\to+\infty}\left[-\frac{1}{2}e^{-x^2}\right]\Big|_0^b$

$$=\lim_{b\to+\infty}\frac{1}{2}(1-e^{-b^2})=\frac{1}{2}$$

故广义积分 $\displaystyle\int_0^{+\infty}xe^{-x^2}\mathrm{d}x$ 收敛，其值为 $\dfrac{1}{2}$.

(2) $\displaystyle\lim_{b\to+\infty}\int_1^b xe^{-x}\mathrm{d}x=\lim_{b\to+\infty}\left[-xe^{-x}\Big|_1^b+\int_1^b e^{-x}\mathrm{d}x\right]$

$$=\lim_{b\to+\infty}\left(\frac{2}{e}-\frac{b+1}{e^b}\right)=\frac{2}{e}-\lim_{b\to+\infty}\frac{1}{e^b}=\frac{2}{e}$$

故广义积分 $\displaystyle\int_1^{+\infty}xe^{-x}\mathrm{d}x$ 收敛，其值为 $\dfrac{2}{e}$.

(3) $\displaystyle\lim_{b\to+\infty}\int_1^b \frac{\arctan x}{1+x^2}\mathrm{d}x=\lim_{b\to+\infty}\int_1^b \arctan x\,\mathrm{d}(\arctan x)=\lim_{b\to+\infty}\frac{\arctan^2 x}{2}\Big|_1^b$

$$=\frac{1}{2}\lim_{b\to+\infty}(\arctan^2 b-\arctan^2 1)$$

$$=\frac{1}{2}\left[\left(\frac{\pi}{2}\right)^2-\left(\frac{\pi}{4}\right)^2\right]=\frac{3}{32}\pi^2$$

故广义积分 $\displaystyle\int_1^{+\infty}\frac{\arctan x}{x^2}\mathrm{d}x$ 收敛，其值为 $\dfrac{3}{32}\pi^2$.

(4) $\displaystyle\int_{-\infty}^{+\infty}\sin x\,\mathrm{d}x=\int_{-\infty}^0\sin x\,\mathrm{d}x+\int_0^{+\infty}\sin x\,\mathrm{d}x=\lim_{a\to-\infty}\int_a^0\sin x\,\mathrm{d}x+\int_0^{+\infty}\sin x\,\mathrm{d}x$

$$=\lim_{a\to-\infty}(-\cos x)\Big|_a^0+\int_0^{+\infty}\sin x\,\mathrm{d}x$$

$$=\lim_{a\to-\infty}(\cos a-1)+\int_0^{+\infty}\sin x\,\mathrm{d}x$$

显然 $\displaystyle\lim_{a\to-\infty}(\cos a-1)$ 不存在，故广义积分 $\displaystyle\int_{-\infty}^{+\infty}\sin x\,\mathrm{d}x$ 发散.

(5) $\displaystyle\int_{-\infty}^{+\infty}\frac{x^3}{1+x^4}\mathrm{d}x=\int_{-\infty}^0\frac{x^3}{1+x^4}\mathrm{d}x+\int_0^{+\infty}\frac{x^3}{1+x^4}\mathrm{d}x$

而　　　$\displaystyle\int_0^{+\infty}\frac{x^3}{1+x^4}\mathrm{d}x=\lim_{b\to+\infty}\int_0^b\frac{x^3}{1+x^4}\mathrm{d}x=\lim_{b\to+\infty}\frac{1}{4}\int_0^b\frac{1}{1+x^4}\mathrm{d}(1+x^4)$

$$=\lim_{b\to+\infty}\frac{1}{4}\ln(1+x^4)=+\infty$$

故广义积分 $\displaystyle\int_{-\infty}^{+\infty}\frac{x^3}{1+x^4}\mathrm{d}x$ 发散.

例 5.25　讨论下列广义积分的收敛性和数 p 的关系：

(1) $\displaystyle\int_1^{+\infty}\frac{\mathrm{d}x}{x^p}$,　　　　　　　　　　(2) $\displaystyle\int_e^{+\infty}\frac{\mathrm{d}x}{x(\ln x)^p}$.

解：(1) ① 当 $p=1$ 时，$\displaystyle\int_1^{+\infty}\frac{\mathrm{d}x}{x^p}=\int_1^{+\infty}\frac{\mathrm{d}x}{x}=\ln x\Big|_1^{+\infty}=\lim_{x\to+\infty}\ln x=+\infty$

所以 $p=1$ 时发散.

注意：为书写方便，式中 $\ln x\Big|_1^{+\infty}$ 表示 $\displaystyle\lim_{b\to+\infty}\ln x\Big|_1^b$，即对上限求极限，对下限求数值.

② 当 $p < 1$ 时，$\int_1^{+\infty} \dfrac{\mathrm{d}x}{x^p} = \dfrac{1}{1-p} x^{1-p} \Big|_1^{+\infty} = \lim\limits_{x \to +\infty} \dfrac{1}{1-p} x^{1-p} - \dfrac{1}{1-p} = +\infty$

故 $p < 1$ 时积分发散.

③ 当 $p > 1$ 时，

$$\int_1^{+\infty} \dfrac{\mathrm{d}x}{x^p} = \dfrac{1}{1-p} x^{1-p} \Big|_1^{+\infty} = \lim\limits_{x \to +\infty} \dfrac{1}{1-p} x^{1-p} - \dfrac{1}{1-p} = 0 + \dfrac{1}{p-1} = \dfrac{1}{p-1}$$

故 $p > 1$ 时积分收敛.

结论：
$$\int_1^{+\infty} \dfrac{\mathrm{d}x}{x^p} = \begin{cases} +\infty, & \text{当 } p \leqslant 1 \text{ 时}; \\ \dfrac{1}{p-1}, & \text{当 } p > 1 \text{ 时}. \end{cases}$$

(2) $\int_e^{+\infty} \dfrac{\mathrm{d}x}{x\,(\ln x)^p} \xlongequal{t = \ln x} \int_1^{+\infty} \dfrac{\mathrm{d}t}{t^p} = \begin{cases} +\infty, & \text{当 } p \leqslant 1 \text{ 时}; \\ \dfrac{1}{p-1}, & \text{当 } p > 1 \text{ 时}. \end{cases}$

即当 $p \leqslant 1$ 时，该广义积分发散；当 $p > 1$ 时，该广义积分收敛于 $\dfrac{1}{p-1}$.

5.5.2　无界函数的广义积分(瑕积分)

例 5.26　求曲线 $y = \dfrac{1}{\sqrt{x}}$，直线 $x = 0, x = 1$ 与 x 轴所围成的"开口曲边梯形"的面积，见图 5 - 12.

解：因当 $x \to 0^+$ 时，$\dfrac{1}{\sqrt{x}} \to +\infty$，故函数 $y = \dfrac{1}{\sqrt{x}}$ 在点 $x = 0$ 处是无穷大的，该函数是无界函数.

现给定很小的数 $\varepsilon > 0$，则在区间 $[\varepsilon, 1]$ 上由曲线 $y = \dfrac{1}{\sqrt{x}}$ 所围成的曲边梯形面积为

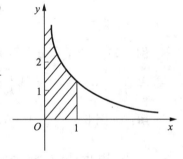

图 5 - 12

$$\int_\varepsilon^1 \dfrac{1}{\sqrt{x}} \mathrm{d}x = 2\sqrt{x} \Big|_\varepsilon^1 = 2 - 2\sqrt{\varepsilon},$$

如果 $\lim\limits_{\varepsilon \to 0^+} \int_\varepsilon^1 \dfrac{1}{\sqrt{x}} \mathrm{d}x$ 存在，我们可以理解为该"开口曲边梯形"的面积存在，而且其面积就等于此极限的值. 如果上述极限不存在，则此"开口曲边梯形"的面积不存在. 这里 $\lim\limits_{\varepsilon \to 0^+} \int_\varepsilon^1 \dfrac{1}{\sqrt{x}} \mathrm{d}x = \lim\limits_{\varepsilon \to 0^+}(2 - 2\sqrt{\varepsilon}) = 2$，故该"开口曲边梯形"的面积存在，且等于 2.

习惯上，把极限 $\lim\limits_{\varepsilon \to 0^+} \int_\varepsilon^1 \dfrac{1}{\sqrt{x}} \mathrm{d}x$ 写成一个定积分(广义)的形式，即

$$\lim\limits_{\varepsilon \to 0^+} \int_\varepsilon^1 \dfrac{1}{\sqrt{x}} \mathrm{d}x = \int_0^1 \dfrac{1}{\sqrt{x}} \mathrm{d}x$$

定义 5.5　设函数 $f(x)$ 在 $(a,b]$ 上连续，在 $x=a$ 点右邻域内无界，即 $\lim\limits_{x \to a^+} f(x) = \infty$. 又设 ε 是任意小的正数，若 $\lim\limits_{\varepsilon \to 0^+} \int_{a+\varepsilon}^b f(x)\mathrm{d}x$ 存在，则称瑕点为 a 的瑕积分 $\int_a^b f(x)\mathrm{d}x$ 收敛或存在，且 $\int_a^b f(x)\mathrm{d}x = \lim\limits_{\varepsilon \to 0^+} \int_{a+\varepsilon}^b f(x)\mathrm{d}x$；若极限不存在，则称瑕积分发散或不存在.

由定义知，求瑕点为 a 的瑕积分 $\int_a^b f(x)\mathrm{d}x$ 的步骤为：

(1) 先求广义积分 $\int_{a+\varepsilon}^b f(x)\mathrm{d}x$；

(2) 后求极限 $\lim\limits_{\varepsilon \to 0^+} \int_{a+\varepsilon}^b f(x)\mathrm{d}x$.

类似地，我们有：

定义 5.6　如果 $f(x)$ 在 $[a,b)$ 上连续，在 $x=b$ 点左邻域内无界，即 $\lim\limits_{x \to b^-} f(x) = \infty$，设 ε 是任意小的正数，如果 $\lim\limits_{\varepsilon \to 0^+} \int_a^{b-\varepsilon} f(x)\mathrm{d}x$ 存在，则称瑕点为 b 的瑕积分 $\int_a^b f(x)\mathrm{d}x$ 收敛域存在，且 $\int_a^b f(x)\mathrm{d}x = \lim\limits_{\varepsilon \to 0^+} \int_a^{b-\varepsilon} f(x)\mathrm{d}x$.

定义 5.7　设函数 $f(x)$ 在 $[a,b]$ 上除点 c 外均连续，且 $\lim\limits_{x \to c} f(x) = \infty$，则当两个瑕积分 $\int_a^c f(x)\mathrm{d}x$ 与 $\int_c^b f(x)\mathrm{d}x$ 都收敛时，称瑕积分 $\int_a^b f(x)\mathrm{d}x$ 收敛，且 $\int_a^b f(x)\mathrm{d}x = \int_a^c f(x)\mathrm{d}x + \int_c^b f(x)\mathrm{d}x = \lim\limits_{\varepsilon_1 \to 0^+} \int_a^{c-\varepsilon_1} f(x)\mathrm{d}x + \lim\limits_{\varepsilon_2 \to 0^+} \int_{c+\varepsilon_2}^b f(x)\mathrm{d}x$（其中 $\varepsilon_1, \varepsilon_2$ 相互独立），否则瑕积分 $\int_a^b f(x)\mathrm{d}x$ 发散.

例 5.27　以下积分中不是广义积分的是（　　）.

A. $\int_0^1 \frac{1}{x^3}\mathrm{d}x$　　　　B. $\int_0^1 \ln x\,\mathrm{d}x$　　　　C. $\int_{-1}^1 \frac{1}{\sin x}\mathrm{d}x$　　　　D. $\int_0^{n\pi} \cos^m x\,\mathrm{d}x$

解：A. 因 $\lim\limits_{x \to 0^+} \frac{1}{x^3} = +\infty$，故 $\frac{1}{x^3}$ 在 $(0,1]$ 上为无界函数，故 $\int_0^1 \frac{1}{x^3}\mathrm{d}x$ 为广义积分；

B. 因 $\lim\limits_{x \to 0^+} \ln x = -\infty$，故 $\int_0^1 \ln x\,\mathrm{d}x$ 为广义积分；

C. 因 $\lim\limits_{x \to 0^+} \frac{1}{\sin x} = \infty$，故 $\int_{-1}^1 \frac{1}{\sin x}\mathrm{d}x$ 为广义积分；

D. 因 $|\cos^m x| \leqslant 1, x \in (-\infty, +\infty)$，所以 $\cos^m x$ 在 $[0, n\pi]$ 上有界，故 $\int_0^{n\pi} \cos^m x\,\mathrm{d}x$ 为广义积分.

故选 D.

例 5.28　讨论下列瑕积分的收敛性：

(1) $\int_{-1}^1 x^{-\frac{4}{3}}\mathrm{d}x$，　　　　(2) $\int_0^1 \ln x\,\mathrm{d}x$，　　　　(3) $\int_0^1 \frac{1}{\sqrt[3]{(x-1)^2}}\mathrm{d}x$.

解：(1) $\int_{-1}^1 x^{-\frac{4}{3}}\mathrm{d}x = \int_{-1}^0 x^{-\frac{4}{3}}\mathrm{d}x + \int_0^1 x^{-\frac{4}{3}}\mathrm{d}x$

而 $\displaystyle\int_0^1 x^{-\frac{4}{3}}\mathrm{d}x = \lim_{\varepsilon\to 0^+}\int_\varepsilon^1 x^{-\frac{4}{3}}\mathrm{d}x = \lim_{\varepsilon\to 0^+}\frac{x^{-\frac{1}{3}}}{-\frac{1}{3}}\bigg|_\varepsilon^1 = -3\lim_{\varepsilon\to 0^+}\left[1-\frac{1}{\varepsilon^{\frac{1}{3}}}\right] = +\infty$

故 $\displaystyle\int_{-1}^1 x^{-\frac{4}{3}}\mathrm{d}x$ 发散.

读者不要犯这样的错误: $\displaystyle\int_{-1}^1 x^{-\frac{4}{3}}\mathrm{d}x = \frac{x^{-\frac{1}{3}}}{-\frac{1}{3}}\bigg|_{-1}^1 = -3[1-(-1)] = -6$

(2) $\displaystyle\int_0^1 \ln x\,\mathrm{d}x = \lim_{\varepsilon\to 0^+}\int_\varepsilon^1 \ln x\,\mathrm{d}x = \lim_{\varepsilon\to 0^+}\left[x\ln x\bigg|_\varepsilon^1 - \int_\varepsilon^1 x\cdot\frac{1}{x}\mathrm{d}x\right]$

$\qquad\qquad = \lim_{\varepsilon\to 0^+}\left[-\varepsilon\ln\varepsilon - (1-\varepsilon)\right]$

$\qquad\qquad = -1 - \lim_{\varepsilon\to 0^+}\frac{\ln\varepsilon}{\frac{1}{\varepsilon}} = -1 - \lim_{\varepsilon\to 0^+}\frac{\varepsilon^{-1}}{-\varepsilon^{-2}} = -1$

故该积分收敛,其值为 -1.

(3) $\displaystyle\int_0^1 \frac{1}{\sqrt[3]{(x-1)^2}}\mathrm{d}x = \lim_{\varepsilon\to 0^+}\int_0^{1-\varepsilon}(x-1)^{-\frac{2}{3}}\mathrm{d}(x-1) = \lim_{\varepsilon\to 0^+}3(x-1)^{\frac{1}{3}}\bigg|_0^{1-\varepsilon}$

$\qquad\qquad = \lim_{\varepsilon\to 0^+}3(-\varepsilon)^{\frac{1}{3}} + 3 = 3$

故该积分收敛,其值为 3.

例 5.29 讨论瑕积分 $\displaystyle\int_0^1 \frac{\mathrm{d}x}{x^p}$ 的收敛性与数 p 的关系.

解: 当 $p = 1$ 时, $\displaystyle\int_0^1 \frac{1}{x}\mathrm{d}x = \lim_{\varepsilon\to 0^+}\int_\varepsilon^1 \frac{1}{x}\mathrm{d}x = \lim_{\varepsilon\to 0^+}\ln x\bigg|_\varepsilon^1 = 0 - \lim_{\varepsilon\to 0^+}\ln\varepsilon = +\infty$,发散.

当 $p > 1$ 时, $\displaystyle\int_0^1 \frac{1}{x^p}\mathrm{d}x = \lim_{\varepsilon\to 0^+}\int_\varepsilon^1 \frac{1}{x^p}\mathrm{d}x = \lim_{\varepsilon\to 0^+}\frac{1}{1-p}x^{1-p}\bigg|_\varepsilon^1$

$\qquad\qquad = \frac{1}{1-p} - \lim_{\varepsilon\to 0^+}\frac{1}{1-p}\varepsilon^{1-p} = +\infty$

当 $p < 1$ 时, $\displaystyle\int_0^1 \frac{1}{x^p}\mathrm{d}x = \frac{1}{1-p} - \lim_{\varepsilon\to 0^+}\frac{1}{1-p}\varepsilon^{1-p} = \frac{1}{1-p}$.

总之, $\displaystyle\int_0^1 \frac{\mathrm{d}x}{x^p} = \begin{cases} +\infty, & \text{当 } p\geqslant 1 \text{ 时;} \\ \dfrac{1}{1-p}, & \text{当 } p < 1 \text{ 时.} \end{cases}$

例 5.30 计算广义积分 $\displaystyle\int_1^{+\infty}\frac{1}{x\sqrt{x-1}}\mathrm{d}x$.

解: $\displaystyle\int_1^{+\infty}\frac{1}{x\sqrt{x-1}}\mathrm{d}x = \int_1^2\frac{1}{x\sqrt{x-1}}\mathrm{d}x + \int_2^{+\infty}\frac{1}{x\sqrt{x-1}}\mathrm{d}x$

$\qquad\qquad = \lim_{\varepsilon\to 0^+}\int_{1+\varepsilon}^2\frac{1}{x\sqrt{x-1}}\mathrm{d}x + \lim_{b\to +\infty}\int_2^b\frac{1}{x\sqrt{x-1}}\mathrm{d}x$

$\qquad\qquad \xlongequal{t=\sqrt{x-1}} \lim_{\varepsilon\to 0^+}\int_{\sqrt{\varepsilon}}^1\frac{2t\mathrm{d}t}{(t^2+1)t} + \lim_{b\to +\infty}\int_1^{\sqrt{b-1}}\frac{2t\mathrm{d}t}{(t^2+1)t}$

$$= \lim_{\varepsilon \to 0^+} 2 \arctan t \Big|_{\sqrt{\varepsilon}}^{1} + \lim_{b \to +\infty} 2 \arctan t \Big|_{1}^{\sqrt{b-1}}$$

$$= \lim_{b \to +\infty} 2 \arctan \sqrt{b-1} - \lim_{\varepsilon \to 0^+} 2 \arctan \sqrt{\varepsilon} = 2 \cdot \frac{\pi}{2} = \pi$$

5.5.3　Γ 函数

定义 5.8　含参数变量 $r(r > 0)$ 的广义积分 $\Gamma(r) = \int_0^{+\infty} x^{r-1} \mathrm{e}^{-x} \mathrm{d}x$ 称为 Γ 函数.

Γ 函数是一个重要的广义积分,可以证明当 $r > 0$ 时,该积分是收敛的.

下面我们介绍 Γ 函数的几个重要性质.

性质 1　$\Gamma(1) = 1$.

事实上,$\Gamma(1) = \int_0^{+\infty} x^{1-1} \mathrm{e}^{-x} \mathrm{d}x = \int_0^{+\infty} \mathrm{e}^{-x} \mathrm{d}x = -\mathrm{e}^{-x} \Big|_0^{+\infty} = 1$

性质 2　$\Gamma(r+1) = r\Gamma(r)$.

证明: $\Gamma(r+1) = \int_0^{+\infty} x^r \mathrm{e}^{-x} \mathrm{d}x = -\int_0^{+\infty} x^r \mathrm{d}(\mathrm{e}^{-x})$

$$= -x^r \mathrm{e}^{-x} \Big|_0^{+\infty} + \int_0^{+\infty} \mathrm{e}^{-x} \mathrm{d}(x^r) = 0 + r\int_0^{+\infty} x^{r-1} \mathrm{e}^{-x} \mathrm{d}x = r \cdot \Gamma(r)$$

性质 3　当 $r = n$ 时,$\Gamma(n+1) = n!$

证明: $\Gamma(n+1) = n\Gamma(n) = n(n-1)\Gamma(n-1) = \cdots = n(n-1)(n-2)\cdots 2 \cdot \Gamma(1)$

$$= n(n-1)(n-2)\cdots 2 \cdot 1 = n!$$

性质 4　$\Gamma(r)\Gamma(1-r) = \dfrac{\pi}{\sin(\pi r)}$　$(0 < r < 1)$.

这个公式称为余元公式,这里我们不作证明.

特别地,当 $r = \dfrac{1}{2}$ 时,得到 $\Gamma\left(\dfrac{1}{2}\right) = \sqrt{\pi}$.

另外,在 $\Gamma(r) = \int_0^{+\infty} x^{r-1} \mathrm{e}^{-x} \mathrm{d}x$ 中,作代换 $x = u^2$,得 $\Gamma(r) = 2\int_0^{+\infty} \mathrm{e}^{-u^2} u^{2r-1} \mathrm{d}u$.

特别地,令 $r = \dfrac{1}{2}$,得 $\Gamma\left(\dfrac{1}{2}\right) = 2\int_0^{+\infty} \mathrm{e}^{-u^2} \mathrm{d}u = \sqrt{\pi}$,上式积分是在概率中常用的积分.

例 5.31　计算下列各值:

(1) $\dfrac{\Gamma(6)}{2\Gamma(3)}$,　　　　　(2) $\dfrac{\Gamma\left(\dfrac{5}{2}\right)}{\Gamma\left(\dfrac{1}{2}\right)}$.

解: (1) $\Gamma(6) = 5\Gamma(5) = 5 \times 4 \times \Gamma(4) = 5 \times 4 \times 3 \times \Gamma(3)$

故　　　　　　　　　　　$\dfrac{\Gamma(6)}{2\Gamma(3)} = \dfrac{5 \times 4 \times 3}{2} = 30$

(2) $\Gamma\left(\dfrac{5}{2}\right) = \Gamma\left(\dfrac{3}{2} + 1\right) = \dfrac{3}{2}\Gamma\left(\dfrac{3}{2}\right) = \dfrac{3}{2}\Gamma\left(\dfrac{1}{2} + 1\right) = \dfrac{3}{2} \times \dfrac{1}{2} \times \Gamma\left(\dfrac{1}{2}\right)$

故　　　　　　　　　　　$\dfrac{\Gamma\left(\dfrac{5}{2}\right)}{\Gamma\left(\dfrac{1}{2}\right)} = \dfrac{3}{2} \times \dfrac{1}{2} = \dfrac{3}{4}$

例 5.32 计算：

$(1) \int_0^{+\infty} x^4 e^{-x} dx,$ $\qquad (2) \int_0^{+\infty} x^{r-1} e^{-\lambda x} dx (\lambda > 0),$ $\qquad (3) \int_0^1 \frac{\ln x}{\sqrt{x}} dx.$

解：(1) 原式 $\Gamma(5) = 4!$

(2) 原式 $= \int_0^{+\infty} \frac{1}{\lambda} x^{r-1} e^{-\lambda x} d(\lambda x) = \frac{\lambda^{1-r}}{\lambda} \int_0^{+\infty} (\lambda x)^{r-1} e^{-\lambda x} d(\lambda x)$

$\qquad = \frac{1}{\lambda^r} \int_0^{+\infty} y^{r-1} e^{-y} dy = \frac{1}{\lambda^r} \Gamma(r)$

(3) 令 $y = \ln x$，则 $x = e^y, dx = e^y dy$，于是

$\qquad$ 原式 $= \int_{-\infty}^0 y e^{-\frac{y}{2}} e^y dy = \int_{-\infty}^0 y e^{\frac{y}{2}} dy$

$\qquad\qquad = -4 \int_0^{-\infty} \left(-\frac{y}{2} e^{-\left(-\frac{y}{2}\right)} \right) d\left(-\frac{y}{2} \right) = -4 \int_0^{+\infty} t e^{-t} dt = -4 \Gamma(2) = -4$

例 5.33 证明 $\frac{1}{a\sqrt{2\pi}} \int_{-\infty}^{+\infty} e^{-\frac{(x-u)^2}{2a^2}} dx = 1$ $\quad (a > 0)$.

证明： 令 $\omega = \frac{x-u}{\sqrt{2}a}$，则 $dx = \sqrt{2}a d\omega$，于是

上式左端 $= \frac{1}{a\sqrt{2\pi}} \int_{-\infty}^{+\infty} e^{-\omega^2} \cdot \sqrt{2}a d\omega$

$\qquad = \frac{1}{\sqrt{\pi}} \int_{-\infty}^{+\infty} e^{-\omega^2} d\omega \quad (e^{-\omega^2} \text{ 为偶函数})$

$\qquad = \frac{2}{\sqrt{\pi}} \int_0^{+\infty} e^{-\omega^2} d\omega = \frac{2}{\sqrt{\pi}} \times \frac{\sqrt{\pi}}{2} = 1$

这个等式在概率论研究中非常重要.

5.6 定积分的应用

定积分的应用是非常广泛的，为了便于处理应用问题，本节首先把定积分处理问题的思想归纳为微元法，然后用这种方法来解决某些实际问题，如平面图形的面积、旋转体体积等.

回顾用定积分求曲边梯形的面积时所用的方法，概括起来就是：先把整体进行分割，然后在局部范围内"以直代曲"求出整体量在局部范围内的近似值，再求和，取极限，最后得到整体量的精确值，具体步骤为：

第一步：选取一个变量，并取微分小段. 根据实际问题，选取一个变量 x，并确定它的变化范围 $[a, b]$. 将区间 $[a, b]$ 分割为若干小区间，任取其中一个小区间为 $[x, x+dx]$.

第二步：表示微元. 通过以直代曲，以常量代替变量等方法求整体量 Q 对应于小区间 $[x, x+dx]$ 上的局部量 ΔQ 的近似值，并设法找出一个函数 $f(x)$，使 ΔQ 可近似地表示为 $f(x)dx$，记作 dQ，称 $dQ = f(x)dx$ 为整体量 Q 的微元.

第三步：用定积分表示所求的整体量. 把这些微元相加，取极限就得到整体量的定积分表达式.

$$Q = \int_a^b f(x)\,\mathrm{d}x$$

用以上步骤解决实际问题的方法称为微元法.

5.6.1　平面图形的面积

例 5.34　设 $y = f(x), y = g(x)$ 在区间 $[a,b]$ 上连续,且在 $[a,b]$ 上,恒有 $g(x) \leqslant f(x)$,求由曲线 $y = f(x), y = g(x)$ 及直线 $x = a, x = b$ 所围成的图形(图 5-13)的面积.

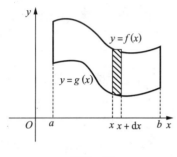

图 5-13

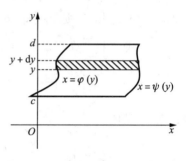

图 5-14

解:方法一,用微元法推出公式

(1) 在区间 $[a,b]$ 上任取一小区间 $[x, x+\mathrm{d}x]$;

(2) 设此小区间上的面积为 ΔS,则 ΔS 近似于高为 $f(x) - g(x)$,底为 $\mathrm{d}x$ 的小矩形面积,从而得到面积微元

$$\mathrm{d}S = [f(x) - g(x)]\mathrm{d}x$$

(3) 以 $[f(x) - g(x)]\mathrm{d}x$ 为被积表达式,在区间 $[a,b]$ 上作定积分就是所求图形的面积

$$S = \int_a^b [f(x) - g(x)]\mathrm{d}x$$

方法二:所围图形面积看作两曲边梯形面积之差,故可以直接用计算曲边梯形面积公式推出

$$\begin{aligned}
S &= \int_a^b f(x)\,\mathrm{d}x - \int_a^b g(x)\,\mathrm{d}x \\
&= \int_a^b [f(x) - g(x)]\mathrm{d}x
\end{aligned}$$

同理可得:设 $x = \varphi(y), x = \psi(y)$ 在区间 $[c,d]$ 上连续,且在 $[c,d]$ 上恒有 $\varphi(y) \leqslant \psi(y)$,则由曲线 $x = \varphi(y), x = \psi(y)$ 及直线 $y = c, y = d$ 所围成的图形(图 5-14)的面积为 $S = \int_c^d [\psi(y) - \varphi(y)]\mathrm{d}y$.

例 5.35　求由曲线 $y = x^2, 4y = x^2$ 及直线 $y = 1$ 所围成的图形的面积.

解:见图 5-15,注意图形的对称性,

由 $\begin{cases} y = 1, \\ y = x^2 \end{cases}$ 得交点 $(1,1), (-1,1)$;

由 $\begin{cases} y=1. \\ y=\dfrac{x^2}{4} \end{cases}$ 得交点 $(2,1),(-2,1)$；

于是 $S = 2\left[\displaystyle\int_0^1 \left(x^2 - \dfrac{x^2}{4}\right)\mathrm{d}x + \int_1^2 \left(1 - \dfrac{x^2}{4}\right)\mathrm{d}x\right]$

$\qquad = 2\left[\dfrac{x^3}{4}\Big|_0^1 + \left(x - \dfrac{x^3}{12}\right)\Big|_1^2\right] = \dfrac{4}{3}$

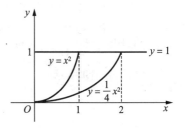

图 5 - 15

或 $S = 2\displaystyle\int_0^1 (2\sqrt{y} - \sqrt{y})\mathrm{d}y = 2\int_0^1 \sqrt{y}\,\mathrm{d}y = 2 \times \dfrac{2}{3}y^{\frac{3}{2}}\Big|_0^1 = \dfrac{4}{3}$

值得注意的是：

(1) 若在 $[a,b]$ 上，既有 $f(x) \geqslant g(x)$，又有 $f(x) \leqslant g(x)$，如图 5 - 16 所示，则由曲线 $y = f(x), y = g(x)$ 及直线 $x = a, x = b$ 所围成图形的面积为

$$S = \int_a^b |f(x) - g(x)|\,\mathrm{d}x$$

(2) 若在 $[c,d]$ 上，既有 $\psi(y) \geqslant \varphi(y)$，又有 $\psi(y) \leqslant \varphi(y)$，如图 5 - 17 所示，则由曲线 $x = \varphi(y), x = \psi(y)$ 及直线 $y = c, y = d$ 所围成图形的面积为

$$S = \int_c^d |\psi(y) - \varphi(y)|\,\mathrm{d}y$$

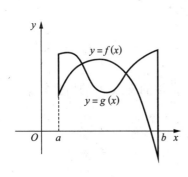

图 5 - 16

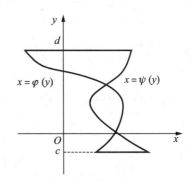

图 5 - 17

例 5.36   求由曲线 $y = x^2 - 8$ 与直线 $2x + y + 8 = 0$，$y = -4$ 所围成图形的面积.

解：如图 5 - 18 所示，

由 $\begin{cases} y = x^2 - 8, \\ 2x + y + 8 = 0, \end{cases}$ 得 $\begin{cases} x_1 = -2, \\ y_1 = -4, \end{cases} \begin{cases} x_2 = 0, \\ y_2 = -8 \end{cases}$

$S = \displaystyle\int_{-8}^{-4} \left(\sqrt{y+8} + \dfrac{y}{2} + 4\right)\mathrm{d}y$

$\quad = \left[\dfrac{2}{3}(y+8)^{\frac{3}{2}} + \dfrac{y^2}{4} + 4y\right]\Big|_{-8}^{-4}$

$\quad = 9\dfrac{1}{3}$

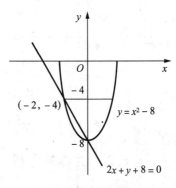

图 5 - 18

例 5.37　分别求介于抛物线 $y^2 = 2x$ 与圆 $y^2 = 4x - x^2$ 之间的三块图形的面积.

解：由 $\begin{cases} y^2 = 2x \\ y^2 = 4x - x^2 \end{cases}$ 得 $\begin{cases} x_1 = 0 \\ y_1 = 0 \end{cases}$, $\begin{cases} x_2 = 2 \\ y_2 = 2 \end{cases}$, $\begin{cases} x_3 = 2 \\ y_3 = -2 \end{cases}$

如图 5-19 所示：

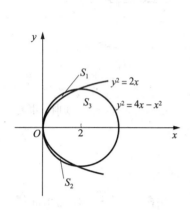

图 5-19

$$S_1 = \int_0^2 (\sqrt{4x - x^2} - \sqrt{2x}) \mathrm{d}x$$
$$= \int_0^2 \sqrt{4 - (2-x)^2} \mathrm{d}x - \int_0^2 \sqrt{2x} \mathrm{d}x$$
$$\xrightarrow{t = 2-x} \int_0^2 \sqrt{4 - t^2} \mathrm{d}t - \int_0^2 \sqrt{2x} \mathrm{d}x$$
$$= \left(\frac{t}{2} \sqrt{4 - t^2} + 2\arcsin \frac{t}{2} \right) \Big|_0^2 - \sqrt{2} \times \frac{2}{3} x^{\frac{3}{2}} \Big|_0^2$$
$$= \pi - \frac{8}{3}$$

$$S_2 = \pi - \frac{8}{3}$$

$$S_3 = \pi \cdot 2^2 - 2S_1 = 2\pi + \frac{16}{3}$$

例 5.38　求由曲线 $y = x^2$，x 轴以及这条曲线的与 x 轴成 $60°$ 角的切线所围成图形的面积.

解：设切点 $M_0(x_0, y_0)$，由题设 $y'\big|_{x=x_0} = \tan 60°$，即 $2x_0 = \sqrt{3}$ 得 $x_0 = \frac{\sqrt{3}}{2}$，$y_0 = \frac{3}{4}$.

于是切线的方程为 $y - \frac{3}{4} = \sqrt{3}\left(x - \frac{\sqrt{3}}{2}\right)$，切线与 x 轴的交点 A 的横坐标 $x = \frac{\sqrt{3}}{4}$，见图 5-20.

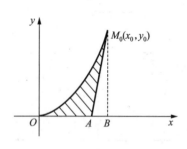

图 5-20

所求面积 $S = \int_0^{\frac{3}{4}} \left[\frac{\sqrt{3}}{12}(4y + 3) - \sqrt{y} \right] \mathrm{d}y$
$$= \left[\frac{\sqrt{3}}{12}(2y^2 + 3y) - \frac{2}{3} y^{\frac{3}{2}} \right] \Big|_0^{\frac{3}{4}}$$
$$= \frac{\sqrt{3}}{32}$$

[**注**]　也可用曲边三角形 OBM_0 的面积与直角三角形 ABM_0 的面积之差得到所求面积，即

$$S = \int_0^{\frac{\sqrt{3}}{2}} x^2 \mathrm{d}x - \frac{1}{2}\left[\frac{\sqrt{3}}{2} - \frac{\sqrt{3}}{4} \right] \times \frac{3}{4} = \frac{\sqrt{3}}{32}$$

5.6.2　立体的体积

1. 旋转体的体积

例 5.39　求由连续曲线 $y = f(x)$，直线 $x = a$，$x = b(a < b)$ 及 x 轴所围成的曲边梯

形绕 x 轴旋转一周的旋转体的体积,如图 5-21 所示.

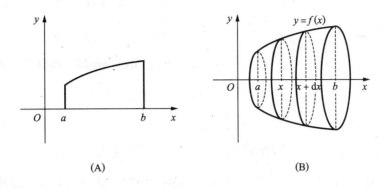

(A)　　　　　　　　　　　(B)

图 5-21

解: 取 x 为积分变量,它的变化区间为 $[a,b]$,

(1) 在区间 $[a,b]$ 上任取一小区间 $[x,x+\mathrm{d}x]$,

(2) 设与此小区间对应的那部分旋转体的体积为 ΔV,则 ΔV 近似于以 $f(x)$ 为底半径,此 $\mathrm{d}x$ 为高的圆柱体的体积,从而得体积微元为

$$\mathrm{d}V = \pi\left[f(x)\right]^2\mathrm{d}x$$

(3) 以 $\pi\left[f(x)\right]^2\mathrm{d}x$ 为被积表达式,在区间 $[a,b]$ 上作定积分,就是所求的旋转体的体积. 记为 $V_x = \pi\displaystyle\int_a^b\left[f(x)\right]^2\mathrm{d}x = \pi\displaystyle\int_a^b y^2\mathrm{d}x$.

同理知:由连续曲线 $x=\varphi(y)$,直线 $y=c$ 及 $y=d(c<d)$ 及 y 轴所围成的曲边梯形绕 y 轴旋转一周所成的旋转体的体积为: $V_y = \pi\displaystyle\int_c^d\left[\varphi(y)\right]^2\mathrm{d}y = \pi\displaystyle\int_c^d x^2\mathrm{d}y$,如图 5-22 所示.

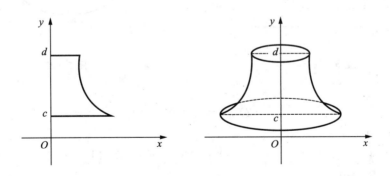

图 5-22

[注] (1) 对于由图 5-21(A) 中的曲边梯形绕 y 轴旋转一周所成的旋转体的体积,由微元法推导有

$$\Delta V = \pi(x+\mathrm{d}x)^2 f(x) - \pi x^2 f(x)$$
$$= \pi f(x)\left[x^2 + 2x\,\mathrm{d}x + (\mathrm{d}x)^2 - x^2\right]$$

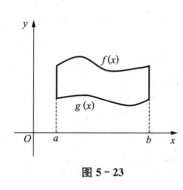

图 5 − 23

$$= \pi f(x)\left[2x\,\mathrm{d}x + (\mathrm{d}x)^2\right]$$
$$\approx 2\pi x f(x)\,\mathrm{d}x$$

故　　　　　　$V_y = 2\pi\displaystyle\int_a^b x f(x)\,\mathrm{d}x$

（2）由图 5−23 中的曲边梯形绕 x 轴旋转一周后的旋转体的体积 $V_x = \pi\displaystyle\int_a^b\left[f^2(x) - g^2(x)\right]\mathrm{d}x$.

（3）由图 5−24 中的曲边梯形绕 y 轴旋转一周后的旋转体的体积 $V_y = \pi\displaystyle\int_c^d\left[\psi^2(y) - \varphi^2(y)\right]\mathrm{d}y$.

例 5.40　求椭圆 $\dfrac{x^2}{a^2} + \dfrac{y^2}{b^2} = 1(a>b>0)$ 所围成的图形分别绕 x 轴，y 轴旋转一周所成的旋转体的体积（图 5−25）.

解：（1）由椭圆方程得 $y^2 = \dfrac{b^2}{a^2}(a^2 - x^2)$

旋转椭球体可看作上半椭圆 $y = \dfrac{b}{a}\sqrt{(a^2 - x^2)}$ 与 x 轴所围成图形绕 x 轴旋转而成.

$$V_x = \pi\int_{-a}^a y^2\,\mathrm{d}x = \pi\int_{-a}^a \frac{b^2}{a^2}(a^2 - x^2)\,\mathrm{d}x = \frac{4}{3}\pi ab^2$$

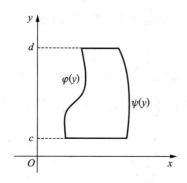

图 5 − 24

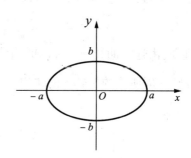

图 5 − 25

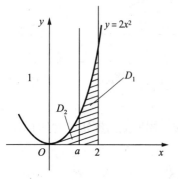

图 5 − 26

（2）$x^2 = \dfrac{a^2}{b^2}(b^2 - y^2)$

$$V_y = \pi\int_{-b}^b x^2\,\mathrm{d}x = \pi\int_{-b}^b \frac{a^2}{b^2}(b^2 - y^2)\,\mathrm{d}y$$
$$= \frac{4}{3}\pi a^2 b$$

当 $a = b = R$ 时，得球的体积 $V_球 = \dfrac{4}{3}\pi R^3$.

例 5.41　设 D_1 是由抛物线 $y = 2x^2$ 和直线 $x = a$，$x = 2$ 及 $y = 0$ 所围成的平面区域；D_2 是由抛物线 $y = 2x^2$ 和直线 $y = 0$，$x = a$ 所围成的平面区域，其中 $0 < a < 2$，如图 5−26

所示.

(1) 试求 D_1 绕 x 轴旋转而成的旋转体的体积 V_1，D_2 绕 y 轴旋转而成的旋转体的体积 V_2；

(2) 问当 a 为何值时，$V_1 + V_2$ 取得最大值? 并求此最大值.

解：(1) $V_1 = \pi \int_a^2 (2x^2)^2 \mathrm{d}x = \frac{4\pi}{5} x^5 \Big|_a^2 = \frac{4\pi}{5} (32 - a^5)$

$$V_2 = 2\pi \int_0^a x \cdot 2x^2 \mathrm{d}x = 4\pi \int_0^a x^3 \mathrm{d}x = \pi x^4 \Big|_0^a = \pi a^4$$

(2) $V(a) = V_1(a) + V_2(a) = \frac{4\pi}{5}(32 - a^5) + \pi a^4$

令 $V'(a) = -4\pi a^4 + 4\pi a^3 = 4\pi a^3(1-a) = 0$，得 $a = 1$，它是 $(0,2)$ 中唯一的驻点，且 $V''(a) = 12\pi a^2 - 16\pi a^3$，$V''(1) = -4\pi < 0$.

故当 $a = 1$ 时，$V(a)$ 取最大值，最大值 $V(1) = \frac{4}{5}(32-1)\pi + \pi = \frac{129}{5}\pi$.

2. 平行截面面积为已知的立体的体积

例 5.42　设一立体，它被垂直于某直线(设为 x 轴)的截面所截的面积 $S(x)$ 是 x 的连续函数，且此立体的位置在 $x = a$ 与 $x = b (a < b)$ 之间，见图 5-27，求此立体的体积.

解：用微元法推导体积公式

(1) 取 x 为积分变量，它的变化区间为 $[a,b]$，在区间 $[a,b]$ 上任取一小区间 $[x, x+\mathrm{d}x]$.

(2) 设与此小区间相对应的那部分立体的体积为 ΔV，则 ΔV 近似于以 $S(x)$ 为底，以 $\mathrm{d}x$ 为高的柱体的体积，从而得体积微元为

$$\mathrm{d}V = S(x)\mathrm{d}x$$

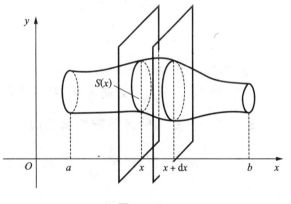

图 5-27

(3) 以 $S(x)\mathrm{d}x$ 为被积表达式，在区间 $[a,b]$ 上作定积分，就是所求的立体的体积，即 $V_x = \int_a^b S(x)\mathrm{d}x$.

5.7　定积分在经济学中的应用

5.7.1　已知总产量的变化率求总产量

已知总产量 Q 对时间 t 的变化率 $f(t)$，则总产量 Q 表示为 t 的函数为

$$Q = Q(t) = \int f(t)\mathrm{d}t \qquad ①$$

或
$$Q = Q(t) = \int_0^t f(x)\,\mathrm{d}x \qquad\qquad ②$$

确定公式 ① 积分常数的条件一般是 $Q(0) = 0$.

由时刻 t_1 到 t_2 时刻这段时间内,总产量的改变量为 $\int_{t_2}^{t_1} f(t)\,\mathrm{d}t$.

例 5.43 已知某钢铁厂,钢铁产量的变化率是时间 t(年) 的函数 $f(t) = 4t - 5(t \geqslant 0)$ (万吨),

(1) 求第一个五年计划该厂钢铁的产量;

(2) 求第 n 个五年计划期间钢铁的总产量;

(3) 问该厂将在第几个五年计划期间钢铁的总产量达到 800(万吨)?

解:(1) 第一个五年计划期间总产量为
$$\begin{aligned}
Q(5) &= \int_0^5 Q'(t)\,\mathrm{d}t = \int_0^5 f(t)\,\mathrm{d}t \\
&= \int_0^5 (4t - 5)\,\mathrm{d}t = (2t^2 - 5t)\Big|_0^5 \\
&= 25(\text{万吨})
\end{aligned}$$

(2) 第 n 个五年计划期间总产量为
$$\begin{aligned}
\Delta Q &= Q(5n) - Q(5n - 5) = \int_{5n-5}^{5n} (4t - 5)\,\mathrm{d}t \\
&= (2t^2 - 5t)\Big|_{5n-5}^{5n} = 100n - 75(\text{万吨})
\end{aligned}$$

(3) 设第 n 个五年计划期间总产量达到 800 万吨,则 $100n - 75 = 800$ 万吨,解得 $n = 8.75$(年),即第 9 个五年计划期间钢铁的总产量可达到 800 万吨.

5.7.2　已知边际函数求总量函数

已知边际成本函数 $MC = \dfrac{\mathrm{d}C}{\mathrm{d}Q}$,边际收益函数 $MR = \dfrac{\mathrm{d}R}{\mathrm{d}Q}$,则总成本函数、总收益函数可以表示为

$$C(Q) = \int (MC)\,\mathrm{d}Q \qquad ① \qquad\qquad R(Q) = \int (MR)\,\mathrm{d}Q \qquad ②$$

或 $\qquad C(Q) = \int_0^Q (MC)\,\mathrm{d}x + C_0 \qquad ③ \qquad\qquad R(Q) = \int_0^Q (MR)\,\mathrm{d}x \qquad ④$

用公式 ① 或公式 ②,尚需知道一个确定积分常数的条件,对于公式 ①,常给出的条件是 $C(0) = C_0$,即产量为 0 时,总成本等于固定成本 C_0;对于公式 ②,条件是 $R(0) = 0$,即销量为 0 时,总收益为 0,这个条件题中一般不给出.

由式 ③ 和式 ④ 可得到总利润函数
$$L(Q) = \int_0^Q (MR - MC)\,\mathrm{d}x - C_0 \qquad\qquad ⑤$$

其中,公式 ③ 和公式 ⑤ 中的 C_0 是固定成本.

产量(或销量)由 a 个单位改变到 b 个单位,总成本的改变量,总收益的改变量用下式计算: $\int_a^b MC\,\mathrm{d}Q, \int_a^b MR\,\mathrm{d}Q.$

例 5.44 已知某产品的边际成本是产量 Q 的函数 $C'(Q) = Q^2 - 4Q + 6$(万元 / 吨),边际收入也是产量 Q 的函数 $R'(Q) = 30 - 2Q$(万元 / 吨).

(1) 求产量由 6 吨增加到 9 吨时总成本与总收入各增加多少?

(2) 固定成本 $C(0) = 5$(万元),分别求总成本、总收入及总利润函数.

(3) 产量为多少时,总利润最大?

(4) 求总利润最大时的总成本,总收入及总利润.

解:(1) 总成本增量

$$\begin{aligned}
\Delta C &= C(9) - C(6) \\
&= \int_6^9 C'(Q)\,\mathrm{d}Q = \int_6^9 (Q^2 - 4Q + 6)\,\mathrm{d}Q \\
&= \left(\frac{Q^3}{3} - 2Q^2 + 6Q\right)\Big|_6^9 \\
&= 99(\text{万元}) \\
\Delta R &= R(9) - R(6) \\
&= \int_6^9 R'(Q)\,\mathrm{d}Q = \int_6^9 (30 - 2Q)\,\mathrm{d}Q \\
&= (30Q - Q^2)\Big|_6^9 \\
&= 45(\text{万元})
\end{aligned}$$

(2) 总成本 = 固定成本 + 可变成本

即

$$\begin{aligned}
C(Q) &= C(0) + \int_0^Q C'(x)\,\mathrm{d}x = 5 + \int_0^Q (x^2 - 4x + 6)\,\mathrm{d}x \\
&= \frac{Q^3}{3} - 2Q^2 + 6Q + 5
\end{aligned}$$

总收入 $R(Q) = R(0) + \int_0^Q (30 - 2x)\,\mathrm{d}x = 0 + 30Q - Q^2 = 30Q - Q^2$

总利润

$$\begin{aligned}
L(Q) &= R(Q) - C(Q) \\
&= -\frac{Q^3}{3} + Q^2 + 24Q - 5
\end{aligned}$$

(3) 令 $L'(Q) = -Q^2 + 2Q + 24 = 0$ 得:$Q_1 = 6, Q_2 = -4$(舍去),

又 $L''(Q) = -2Q + 2, L''(6) = -10 < 0$

所以 $Q = 6$ 为极大值点,也是最大值点.

故当 $Q = 6$ 吨时,总利润最大.

(4) 由以上知,当 $Q = 6$ 吨时,总利润最大,因此:

总利润最大时的总成本

$$C(Q) = \frac{Q^3}{3} - 2Q^2 + 6Q + 5$$

$$= \frac{6^3}{3} - 2 \times 6^2 + 6 \times 6 + 5 = 41(万元)$$

总利润最大时的总收入

$$R(Q) = 30Q - Q^2 = 30 \times 6 - 6^2 = 144(万元)$$

总利润最大时的总利润：

$$L(Q) = C(Q) - R(Q) = 144 - 41 = 103(万元)$$

例 5.45 若边际消费倾向函数在收入为 Y 时为 $\frac{3}{2}Y^{-\frac{1}{2}}$，且当收入为零时总消费支出 $C_0 = 70$.

（1）求消费函数 $C(Y)$；

（2）求收入由 100 增加到 196 时消费支出的增加数.

解：（1）由题设知 $\frac{\mathrm{d}C(Y)}{\mathrm{d}Y} = \frac{3}{2}Y^{-\frac{1}{2}}$

故　　　　$C(Y) = \int_0^Y \frac{3}{2}t^{-\frac{1}{2}}\mathrm{d}t + C_0 = 3t^{\frac{1}{2}}\Big|_0^Y + 70 = 3\sqrt{Y} + 70$

（2）$C(196) - C(100) = \int_{100}^{196} \frac{3}{2}Y^{-\frac{1}{2}}\mathrm{d}Y = 3Y^{\frac{1}{2}}\Big|_{100}^{196} = 12$

例 5.46 生产某商品 x 个的边际收入函数 $MR = \left[\frac{ab}{(x+b)^2} - c\right]$元／单位$(a,b,c$ 均为正常数）

（1）求生产 x 单位时的总收入函数；

（2）求该商品相应的需求函数（即平均价格是产量的函数）.

解：（1）$R(x) = \int_0^x \left[\frac{ab}{(t+b)^2} - c\right]\mathrm{d}t$

$$= \left(-\frac{ab}{t+b} - ct\right)\Big|_0^x$$

$$= \left(\frac{ax}{x+b} - cx\right)元$$

（2）因 $R(x) = Px$（P 为价格），所以 $P = \frac{R(x)}{x} = \left(\frac{a}{x+b} - c\right)$元／单位.

第 5 章习题

(A)

1. 将积分区间 n 等分，取 ε_i 为第 i 个小区间的右端点，用定积分定义计算：

（1）$\int_0^1 x\,\mathrm{d}x$，　　　　　　　　　（2）$\int_0^1 a^x\mathrm{d}x$　　$(a > 0, a \neq 1)$.

2. 利用定积分的几何意义计算下列定积分：

（1）$\int_{-\sqrt{2}}^{\sqrt{2}} \sqrt{2-x^2}\,\mathrm{d}x$，　　　　　　　（2）$\int_1^2 (1 - \sqrt{2x-x^2})\,\mathrm{d}x$.

3. 利用定积分的性质证明下列不等式:

(1) $2 \leqslant \int_{-1}^{1} \sqrt{1+x^4}\,\mathrm{d}x \leqslant \dfrac{8}{3}$,

(2) $\dfrac{1}{2} \leqslant \int_{0}^{\frac{1}{2}} \dfrac{\mathrm{d}x}{\sqrt{1-x^n}} \leqslant \dfrac{\pi}{6}$ $(n \geqslant 2)$.

4. 判断下列各题中定积分值的大小:

(1) $\displaystyle\int_{0}^{1} \mathrm{e}^{-x}\,\mathrm{d}x$ 与 $\displaystyle\int_{0}^{1} \mathrm{e}^{-x^2}\,\mathrm{d}x$,

(2) $\displaystyle\int_{\mathrm{e}}^{4} \ln x\,\mathrm{d}x$ 与 $\displaystyle\int_{\mathrm{e}}^{4} (\ln x)^2\,\mathrm{d}x$.

5. 证明下列不等式:

(1) $4 < \displaystyle\int_{1}^{3} (x^2+1)\,\mathrm{d}x < 20$,

(2) $1 \leqslant \displaystyle\int_{0}^{\frac{\pi}{2}} \dfrac{\sin x}{x}\,\mathrm{d}x \leqslant \dfrac{\pi}{2}$.

6. 求下列变限积分的导数,其中 $F(x)$ 连续:

(1) $F(x) = \displaystyle\int_{x}^{-1} t\mathrm{e}^{-t}\,\mathrm{d}t$ 求 $F'(x)$,

(2) $F(x) = \displaystyle\int_{1}^{x^2} xf(t)\,\mathrm{d}t$ 求 $F'(x)$,

(3) $F(x) = \displaystyle\int_{2x}^{\ln(x+1)} \sqrt{t}\,\mathrm{e}^t\,\mathrm{d}t$ 求 $F'(x)$,

(4) $F(x) = \displaystyle\int_{1}^{x} \left[\dfrac{1}{t} \int_{0}^{t} f(u)\,\mathrm{d}u \right]\mathrm{d}t$ 求 $F''(x)$.

7. 求下列极限:

(1) $\displaystyle\lim_{x \to +\infty} \dfrac{\left(\displaystyle\int_{0}^{x} \mathrm{e}^{t^2}\,\mathrm{d}t \right)^2}{\displaystyle\int_{0}^{x} \mathrm{e}^{2t^2}\,\mathrm{d}t}$,

(2) $\displaystyle\lim_{x \to +\infty} \dfrac{1}{x} \int_{0}^{x} (1+t^2)\mathrm{e}^{t^2-x^2}\,\mathrm{d}t$,

(3) $\displaystyle\lim_{x \to a} \dfrac{x^2}{x-a} \int_{a}^{x} f(t)\,\mathrm{d}t$,其中 $f(x)$ 为连续函数.

8. 设 $F(x) = \displaystyle\int_{0}^{x^2} \mathrm{e}^{-t^2}\,\mathrm{d}t$,求:

(1) $F(x)$ 的极值,

(2) $\displaystyle\int_{0}^{1} x^2 F'(x)\,\mathrm{d}x$.

9. 设函数 $f(x)$ 在 $[a,b]$ 上连续,在 (a,b) 内可导,且 $f'(x) \leqslant 0$,$F(x) = \dfrac{1}{x-a}\displaystyle\int_{a}^{x} f(t)\,\mathrm{d}t$,证明在 (a,b) 内 $F'(x) \leqslant 0$.

10. 计算下列积分:

(1) $\displaystyle\int_{1}^{27} \dfrac{\mathrm{d}x}{\sqrt[3]{x}}$,

(2) $\displaystyle\int_{0}^{\frac{\pi}{2}} \sin^3 x\,\mathrm{d}x$,

(3) $\displaystyle\int_{0}^{4} |t^2-3t+2|\,\mathrm{d}t$,

(4) $\displaystyle\int_{1}^{2} \dfrac{\mathrm{e}^{\frac{1}{x}}}{x^2}\,\mathrm{d}x$,

(5) $\displaystyle\int_{0}^{5} \dfrac{x^3}{x^2+1}\,\mathrm{d}x$,

(6) $\displaystyle\int_{0}^{5} \dfrac{2x^2+3x-5}{x+3}\,\mathrm{d}x$,

(7) $\displaystyle\int_{-\frac{\pi}{2}}^{\frac{\pi}{2}} \left(\dfrac{\cos x}{2+\sin x} + x^4 \sin x \right)\mathrm{d}x$,

(8) $\displaystyle\int_{0}^{\frac{1}{2}} x \ln \dfrac{x+1}{x-1}\,\mathrm{d}x$.

11. 用换元法计算下列定积分:

(1) $\displaystyle\int_1^e \frac{1}{x}(1+\ln x)\,dx,$

(2) $\displaystyle\int_0^{\ln 2} \sqrt{e^x-1}\,dx,$

(3) $\displaystyle\int_0^3 \frac{dx}{(1+x)\sqrt{x}},$

(4) $\displaystyle\int_{-2}^2 x^2\sqrt{4-x^2}\,dx.$

12. 用分部积分法求下列各积分:

(1) $\displaystyle\int_1^e \ln x\,dx,$

(2) $\displaystyle\int_1^e (\ln x)^3\,dx,$

(3) $\displaystyle\int_0^{\frac{\pi}{6}} \frac{x}{1+\cos 2x}\,dx,$

(4) $\displaystyle\int_0^{\frac{1}{2}} \arctan 2x\,dx,$

(5) $\displaystyle\int_{e^{-1}}^{e^2} \frac{|\ln x|}{\sqrt{x}}\,dx,$

(6) $\displaystyle\int_{-1}^1 (x+|x|)e^{-|x|}\,dx.$

13. 已知 $f(x)=\begin{cases} x, & \text{当 } 0\leqslant x\leqslant 1 \text{ 时}; \\ 2+x, & \text{当 } 1<x\leqslant 2 \text{ 时}. \end{cases}$ 计算:

(1) $s_0=\displaystyle\int_0^2 f(x)e^{-x}\,dx,$

(2) $s_1=\displaystyle\int_2^4 f(x-2)e^{-x}\,dx,$

(3) $s_n=\displaystyle\int_{2n}^{2n+2} f(x-2n)e^{-x}\,dx \quad (n=1,2,\cdots).$

14. 证明:

(1) 设 $f(x)$ 在区间 $[-1,1]$ 上连续,则 $\displaystyle\int_0^{\pi} xf(\sin x)\,dx=\frac{\pi}{2}\int_0^{\pi} f(\sin x)\,dx.$

(2) $\displaystyle\int_0^1 x^m(1-x)^n\,dx=\int_0^1 x^n(1-x)^m\,dx,$ 其中 m,n 为正整数.

15. 设 $f(x)=\displaystyle\int_0^x \frac{\sin t}{\pi-t}\,dt.$ 计算 $\displaystyle\int_0^{\pi} f(x)\,dx.$

16. 证明 $\displaystyle\int_0^{2\pi} f(|\cos x|)\,dx=4\int_0^{\frac{\pi}{2}} f(\cos x)\,dx.$

17. 设 $f(x)$ 是以 T 为周期的连续函数,证明:

$\displaystyle\int_a^{a+nT} f(x)\,dx=n\int_0^T f(x)\,dx,\ n\in N,$ 并计算 $\displaystyle\int_0^{100\pi} \sqrt{1-\cos 2x}\,dx.$

18. 求 $\displaystyle\lim_{n\to\infty}\left(\frac{n}{n^2+1}+\frac{n}{n^2+2^2}+\cdots+\frac{n}{n^2+n^2}\right)$(用定积分定义).

19. 求 C 的值,使 $\displaystyle\lim_{x\to\infty}\left(\frac{x+C}{x-C}\right)^x=\int_{-\infty}^C te^{2t}\,dt.$

20. 求下列定积分:

(1) $\displaystyle\int_0^{\frac{\pi}{2}} \frac{dx}{1+(\tan x)^{2\,000}},$ 提示:用代换 $x=\dfrac{\pi}{2}-t.$

(2) $\displaystyle\int_{-1}^1 \frac{dx}{1+2^{\frac{1}{x}}},$ 提示:用代换 $x=-t.$

21. 计算 $2\displaystyle\int_{-1}^1 \sqrt{1-x^2}\,dx,$ 并用此结果计算 $\displaystyle\int_{-2}^2 (x-3)\sqrt{4-x^2}\,dx.$

22. 在直角坐标系中,求由下列曲线或直线所围成平面图形的面积:

(1) $y = ax^2$ 与 $x = by^2 (a, b > 0)$,

(2) $y = 2 - x^2$ 与 $y = 2x + 2$,

(3) $y^2 = 2x$ 与 $y = x - 4$,

(4) $xy = 1, y = x$ 及 $y = 2$,

(5) $y = \sin x, y = \cos x, x = 0$ 及 $x = \pi$,

(6) $y = x^2 - 4x + 3$ 及其在点 $(0, 3)$ 与 $(3, 0)$ 的切线,

(7) $y = x + \dfrac{1}{x}, x = 2$ 及 $y = 2$.

23. 考虑函数 $y = \sin x \quad 0 \leqslant x \leqslant \dfrac{\pi}{2}$,问:

(1) t 取何值时,图中阴影部分的面积 S_1 与 S_2 之和 $S_1 + S_2 = S$ 最小?

(2) t 取何值时,面积 $S_1 + S_2 = S$ 最大?

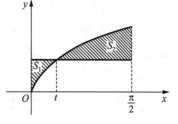

23 题图

24. 求下列各平面图形分别绕 x 轴和 y 轴旋转所得旋转体的体积 V:

(1) 由 $y = x^3, y = 0$ 及 $x = 1$ 所围成;

(2) 由 $y = 0, x = e$ 及 $y = \ln x$ 所围成;

(3) 由 $x^2 + y^2 = 1$ 与 $y^2 = \dfrac{3}{2} x$ 所围的两个图形中较小的一块.

25. 已知曲线 $y = a \sqrt{x} \quad (a > 0)$ 与曲线 $y = \ln \sqrt{x}$ 在点 (x_0, y_0) 处有公切线,求:

(1) 常数 a 及切点 (x_0, y_0);

(2) 两曲线与 x 轴围成的平面图形绕 x 轴旋转所得旋转体的体积.

26. 求下列广义积分:

(1) $\displaystyle\int_0^{+\infty} \dfrac{x}{(1+x)^3} \mathrm{d}x$,

(2) $\displaystyle\int_0^{+\infty} \mathrm{e}^{-x} \sin x \, \mathrm{d}x$,

(3) $\displaystyle\int_1^{+\infty} \dfrac{\arctan x}{x^2} \mathrm{d}x$,

(4) $\displaystyle\int_{-\infty}^{+\infty} \dfrac{\mathrm{d}x}{x^2 + 4x + 9}$,

(5) $\displaystyle\int_1^5 \dfrac{\mathrm{d}x}{\sqrt{(x-1)(5-x)}}$,

(6) $\displaystyle\int_1^2 \dfrac{\mathrm{d}x}{(x-1)^\alpha} \quad (\alpha > 0)$.

27. 利用 Γ 函数计算下列积分:

(1) $\displaystyle\int_0^{+\infty} \mathrm{e}^{-x} x^{\frac{3}{2}} \mathrm{d}x$,

(2) $\displaystyle\int_0^{+\infty} \mathrm{e}^{-x} x^2 \, \mathrm{d}x$,

(3) $\displaystyle\int_0^{+\infty} x^2 \mathrm{e}^{-2x^2} \mathrm{d}x$,

(4) $\displaystyle\int_0^1 (\ln x)^n \mathrm{d}x \quad (n \in \mathbf{N})$,

(5) $\displaystyle\int_1^{+\infty} \dfrac{\ln^3 x}{x^\alpha} \mathrm{d}x \quad (\alpha > 1)$.

28. 已知某商品总产量的变化率 $f(t) = 200 + 5t - \dfrac{1}{2} t^2$,求:

(1) 时间 t 在区间 $[2, 8]$ 上变化时,总产量的增加值 ΔQ;

(2) 总产量函数 $Q = Q(t)$;

(3) 该商品前 6 年的平均产量 $\overline{Q}$.

29. 某产品的边际成本 $C'(x) = 4 + \dfrac{x}{4}$(万元/百台),边际收益 $R'(x) = 8 - x$(万元/百台)

求:

(1) 若固定成本 $C(0) = 1$(万元),求总成本函数与总利润函数;

(2) 当产量 x 为多少时,利润最大?

(3) 求最大利润时的总成本与总收益.

(B)

1. 函数 $f(x)$ 在区间 $[a,b]$ 上连续,是该函数在 $[a,b]$ 上可积的(　　).

　　A. 必要条件　　　　　　B. 充分条件　　　　　　C. 充要条件　　　　　　D. 无关条件

2. 初等函数 $y = f(x)$ 在其定义域 $[a,b]$ 上一定(　　).

　　A. 连续　　　　　　　　B. 可导　　　　　　　　C. 可微　　　　　　　　D. 可积

3. 设函数 $f(x)$ 在区间 $[a,b]$ 上连续,则函数 $F(x) = \displaystyle\int_a^x f(t)\mathrm{d}t$ 在区间 $[a,b]$ 上一定(　　).

　　A. 连续　　　　　　　　B. 可导　　　　　　　　C. 可积　　　　　　　　D. 有界

4. 设 $f(x) = \displaystyle\int_0^{\sin x} \sin(t^2)\mathrm{d}t$,$g(x) = \sin x - x$,则当 $x \to 0$ 时,有(　　).

　　A. $f(x) \sim g(x)$　　　　　　　　　　　　B. $f(x)$ 与 $g(x)$ 同阶,但不等价

　　C. $f(x) = o(g(x))$　　　　　　　　　　　D. $g(x) = o(f(x))$

5. 下列不等式中正确的是(　　).

　　A. $\displaystyle\int_{-1}^1 x^3\mathrm{d}x > \int_{-1}^1 x^2\mathrm{d}x$　　　　　　　　B. $\displaystyle\int_{\frac{1}{2}}^{\frac{3}{4}} x^3\mathrm{d}x > \int_{\frac{1}{2}}^{\frac{3}{4}} x^2\mathrm{d}x$

　　C. $\displaystyle\int_1^2 x^3\mathrm{d}x < \int_1^2 x^2\mathrm{d}x$　　　　　　　　D. $\displaystyle\int_{\frac{1}{2}}^{\frac{5}{4}} x^3\mathrm{d}x < \int_{\frac{1}{2}}^{\frac{5}{4}} x^2\mathrm{d}x$

6. 下列广义积分收敛的是(　　).

　　A. $\displaystyle\int_e^{+\infty} \frac{\ln x}{x}\mathrm{d}x$　　　　　　　　　　B. $\displaystyle\int_e^{+\infty} \frac{\mathrm{d}x}{x\ln x}$

　　C. $\displaystyle\int_e^{+\infty} \frac{\mathrm{d}x}{x\ln^2 x}$　　　　　　　　　D. $\displaystyle\int_e^{+\infty} \frac{\mathrm{d}x}{x\sqrt{\ln x}}$

7. 函数 $F(x) = \displaystyle\int_x^{x+2\pi} e^{\sin t}\sin t\,\mathrm{d}t$(　　).

　　A. 为正数　　　　　B. 为负数　　　　　C. 恒为零　　　　　D. 不是常数

8. 设 $S_1 = \displaystyle\int_a^b f(x)\mathrm{d}x$,　$S_2 = f(b)(b-a)$,　$S_3 = \dfrac{1}{2}[f(a)+f(b)](b-a)$ 在 $[a,b]$ 上 $f(x) > 0$,$f'(x) < 0$,$f''(x) > 0$ 则(　　)成立.

　　A. $S_1 < S_2 < S_3$　　　　　　　　　　B. $S_2 < S_1 < S_3$

　　C. $S_3 < S_1 < S_2$　　　　　　　　　　D. $S_2 < S_3 < S_1$

9. 下列函数在区间 $[0,1]$ 上不可积的有(　　).

A. $f(x) = \begin{cases} \dfrac{\sin x}{x}, & \text{当 } x \neq 0 \text{ 时;} \\ 1, & \text{当 } x = 0 \text{ 时} \end{cases}$

B. $f(x) = \begin{cases} 2, & \text{当 } 0 < x < 1 \text{ 时;} \\ 0, & \text{当 } x = 0 \text{ 或 } x = 1 \text{ 时} \end{cases}$

C. $f(x) = \begin{cases} x, & \text{当 } 0 \leqslant x \leqslant \dfrac{1}{2} \text{ 时;} \\ 1 - x, & \text{当 } \dfrac{1}{2} < x \leqslant 1 \text{ 时} \end{cases}$

D. $f(x) = \begin{cases} \dfrac{1}{x-1}, & \text{当 } x \neq 1 \text{ 时;} \\ 1, & \text{当 } x = 1 \text{ 时} \end{cases}$

10. 设 $f(x) = \begin{cases} 2^x + 1, & \text{当 } -1 \leqslant x < 0 \text{ 时;} \\ \sqrt{1-x}, & \text{当 } 0 \leqslant x \leqslant 1 \text{ 时.} \end{cases}$ 则 $\displaystyle\int_{-1}^{1} f(x)\,\mathrm{d}x = ($　　$)$.

　　A. $\dfrac{1}{2\ln 2} + \dfrac{1}{3}$　　B. $\dfrac{1}{2\ln 2} + \dfrac{5}{3}$　　C. $\dfrac{1}{2\ln 2} - \dfrac{1}{3}$　　D. $\dfrac{1}{2\ln 2} - \dfrac{5}{3}$

11. 定积分 $\displaystyle\int_0^{\frac{\pi}{2}} \left| \dfrac{1}{2} - \sin x \right| \mathrm{d}x = ($　　$)$.

　　A. $\dfrac{\pi}{4} - 1$　　　B. $1 - \dfrac{\pi}{4}$　　　C. $\sqrt{3} - 1 - \dfrac{\pi}{12}$　　D. 0

12. 设 $f(x)$ 在 $[-a, a]$ 上连续,则 $\displaystyle\int_{-a}^{a} f(x)\,\mathrm{d}x$ 恒等于$($　　$)$.

　　A. $2 \displaystyle\int_0^a f(x)\,\mathrm{d}x$　　　　　　B. 0

　　C. $\displaystyle\int_0^a [f(x) + f(-x)]\,\mathrm{d}x$　　D. $\displaystyle\int_0^a [f(x) - f(-x)]\,\mathrm{d}x$

13. 下列广义积分发散的是$($　　$)$.

　　A. $\displaystyle\int_{-\infty}^{+\infty} \cos x\,\mathrm{d}x$　B. $\displaystyle\int_0^{\pi} \dfrac{1}{\cos^2 x}\,\mathrm{d}x$　　C. $\displaystyle\int_0^2 \dfrac{1}{\sqrt{2-x}}\,\mathrm{d}x$　　D. $\displaystyle\int_0^{+\infty} \mathrm{e}^{-x}\,\mathrm{d}x$

(C)

1. 求定积分 $\displaystyle\int_{-\frac{\pi}{4}}^{\frac{\pi}{4}} \mathrm{e}^{\frac{x}{2}} \dfrac{\sin x - \cos x}{\sqrt{\cos x}}\,\mathrm{d}x$.

2. 设 $f(x) = \dfrac{1}{1+x^2} + x^3 \displaystyle\int_0^1 f(x)\,\mathrm{d}x$,求 $\displaystyle\int_0^1 f(x)\,\mathrm{d}x$.

3. 设 $f(x) = \dfrac{1}{1+x^2} + \sqrt{1-x^2} \displaystyle\int_0^1 f(x)\,\mathrm{d}x$,求 $\displaystyle\int_0^1 f(x)\,\mathrm{d}x$.

4. 设 $f(x)$ 具有连续导数,证明 $\dfrac{\mathrm{d}}{\mathrm{d}x} \displaystyle\int_a^x (x-t)f'(t)\,\mathrm{d}t = f(x) - f(a)$.

5. 求定积分 $\displaystyle\int_0^1 \left(\displaystyle\int_x^{\sqrt{x}} \dfrac{\sin y}{y}\,\mathrm{d}y \right) \mathrm{d}x$.

6. 设 $f(x), g(x)$ 在 $[a, b]$ 上连续,且满足:

$$\int_a^x f(t)\,\mathrm{d}t \geqslant \int_a^x g(t)\,\mathrm{d}t, \ x \in [a,b], \ \int_a^b f(t)\,\mathrm{d}t = \int_a^b g(t)\,\mathrm{d}t,$$

证明：$\displaystyle\int_a^b x f(x)\,\mathrm{d}x \leqslant \int_a^b x g(x)\,\mathrm{d}x.$

7. 计算 $\displaystyle\int_0^{+\infty} \frac{\mathrm{d}x}{(1+x^2)^2}, \ \int_0^{+\infty} \frac{x\mathrm{e}^{-x}}{(1+\mathrm{e}^{-x})^2}\,\mathrm{d}x.$

8. 求极限 $\displaystyle\lim_{x \to +\infty} \int_x^{x+1} \left(1 + \frac{1}{2t}\right)^t \mathrm{d}t.$

9. 设 $f(x)$ 在 $(0, +\infty)$ 内连续，$f(1) = \dfrac{5}{2}$，且对所有的 $x, t \in (0, +\infty)$，满足条件：

$$\int_1^{xt} f(u)\,\mathrm{d}u = t\int_1^x f(u)\,\mathrm{d}u + x\int_1^t f(u)\,\mathrm{d}u, \ \text{求} \ f(x).$$

10. 设函数 $f(x)$ 连续，且 $\displaystyle\int_0^x t f(2x - t)\,\mathrm{d}t = \frac{1}{2}\arctan x^2$，已知 $f(1) = 1$，求 $\displaystyle\int_1^2 f(x)\,\mathrm{d}x.$

11. 过原点作曲线 $y = \ln x$ 的切线，求由切线、曲线及 x 轴所围成平面图形分别绕 x 轴、y 轴旋转所得旋转体的体积.

12. 设 $F(x) = \begin{cases} \mathrm{e}^{2x}, & \text{当 } x \leqslant 0 \text{ 时}; \\ \mathrm{e}^{-2x}, & \text{当 } x > 0 \text{ 时}. \end{cases}$ S 表示夹在 x 轴与曲线 $y = F(x)$ 之间的面积. 对于任

何 $t > 0$，$S_1(t)$ 表示矩形 $-t \leqslant x \leqslant t, 0 \leqslant y \leqslant F(t)$ 的面积，求：

(1) $S(t) = S - S_1(t)$ 的表达式；

(2) $S(t)$ 的最小值.

13. 某厂购置一台机器，该机器在时刻 t 所生产出的产品，其追加盈利（追加收益减去追加成

本）为 $E(t) = 225 - \dfrac{1}{4}t^2$（万元 / 年），在时刻 t 机器的追加维修成本为 $F(t) = 2t^2$（万

元 / 年），在不计购置成本的情况下，工厂追求最大利润：

(1) 假设在任何时刻拆除这台机器，都没有残留价值，使用这台机器可获得的最大利润是多少？

(2) 假设这台机器在时刻 t（单位：年）有残留价值 $S(t) = \dfrac{6\,480}{6+t}$（万元），那么应在何时拆

　　除这台机器，工厂就可获得最大利润.

6 多元函数

在研究多元函数之前,需要对空间解析几何有一个初步的了解.因此,接下来首先对空间解析几何的有关概念进行简要介绍.

6.1 空间解析几何简介

6.1.1 空间直角坐标系

1. 空间直角坐标系

解析几何是用代数方法研究几何问题的学科.在平面解析几何中,主要通过平面直角坐标系,将平面上的点与有序数组用方程关联,从而平面图形与方程之间建立了一一对应的关系;在空间解析几何中,则主要是通过空间直角坐标系,确定空间上的点与有序数组以及空间上的图形与方程之间的对应关系.

在空间确定一点 O,并以 O 为原点作三条相互垂直的数轴,同时按右手规则规定三条数轴的正方向,再规定一个单位长度,那么这三条数轴就形成了三个坐标轴,分别称之为 x 轴(横轴)、y 轴(纵轴)、z 轴(竖轴),而这样的三条坐标轴就构成了一个空间直角坐标系.如图6-1所示.

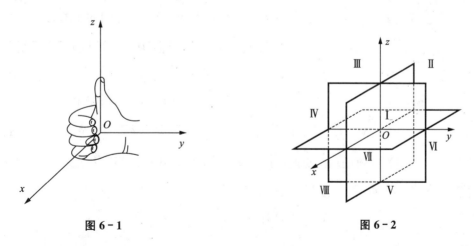

图 6-1   图 6-2

在这个空间直角坐标系中,任意两个坐标轴确定一个坐标平面,分别为 xOy 面、yOz 面和 zOx 面.这三个平面进而将整个空间分割为八个部分,每个部分称为一个卦限,其排序如图6-2所示.即含有 x 轴、y 轴和 z 轴正半轴的那个卦限称为第一卦限,其他第二、三、四卦限在 xOy 面上方,并按逆时针方向排列;第五至第八卦限在 xOy 面下方,并且第五卦限在第一卦限下方,它们也按逆时针方向排列.此八个卦限分别用罗马数字 Ⅰ,Ⅱ,Ⅲ,Ⅳ,Ⅴ,Ⅵ,Ⅶ,Ⅷ 表示.

空间直角坐标系确定之后,就可以建立空间点与数组之间的对应关系.对于空间任意一点 M,过点 M 作三个分别垂直于三个坐标轴的平面,三个平面与三个坐标轴的交点分别为 P,Q,R,如图 6-3 所示.设点 P,Q,R 在三个坐标轴上的坐标分别为 x,y,z,则点 M 唯一地确定了三元有序数组 (x,y,z);反之,对于任意一个三元有序数组 (x,y,z),在三个坐标轴上分别取三个点 P,Q,R,并使它们在三个坐标轴上的坐标分别为 x,y,z,那么过这三个点作垂直于三个坐标轴的平面,这三个平面相交于一点 M,这样由一个三元有序数组 (x,y,z) 唯一地确定了一点 M.

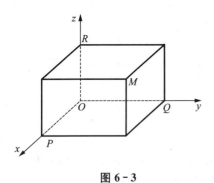

图 6-3

于是,空间任意一点 M 就和一个三元有序数组 (x,y,z) 建立了一一对应的关系,称三元有序数组为点 M 在空间直角坐标系下的坐标,x,y,z 分别为点 M 的横坐标、纵坐标和竖坐标,记为 $M(x,y,z)$.显然,原点的坐标为 $(0,0,0)$,x 轴、y 轴、z 轴上的点的坐标分别为 $(x,0,0)$、$(0,y,0)$、$(0,0,z)$,xOy 面、yOz 面和 zOx 面上的点的坐标分别为 $(x,y,0)$、$(0,y,z)$、$(x,0,z)$.

2. 空间任意两点间的距离

设 $M_1(x_1,y_1,z_1)$ 和 $M_2(x_2,y_2,z_2)$ 为空间中的任意两点.欲确定这两点间的距离,可以过此两点各作三个平面分别垂直于三个坐标轴,于是这六个平面构成一个以线段 M_1M_2 为对角线的长方体,如图 6-4 所示,显然这个对角线的长度,也即 M_1,M_2 两点间的距离为

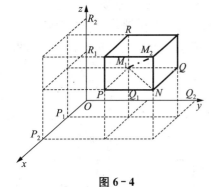

图 6-4

$$d = |M_1M_2| = \sqrt{|M_1P|^2 + |PN|^2 + |NM_2|^2}$$

由图 6-4 可知,$|M_1P| = |x_2-x_1|$,$|PN| = |y_2-y_1|$,$|NM_2| = |z_2-z_1|$,所以上式为

$$d = |M_1M_2| = \sqrt{(x_2-x_1)^2 + (y_2-y_1)^2 + (z_2-z_1)^2} \tag{6-1}$$

公式(6-1)即为空间任意两点间的距离公式.由此公式可以很容易地推出空间任意一点 M 到原点 O 的距离为

$$d = |MO| = \sqrt{x_1^2 + y_2^2 + z_2^2}$$

6.1.2 空间曲面及其方程

1. 曲面及其方程

定义 6.1 如果曲面 S 与三元方程 $F(x,y,z)=0$ 满足如下关系:

① 曲面上任一点的坐标满足方程 $F(x,y,z)=0$;

② 不在曲面上的点的坐标都不满足方程 $F(x,y,z)=0$，则称方程 $F(x,y,z)=0$ 为曲面 S 的方程，而曲面 S 为方程 $F(x,y,z)=0$ 的图形，如图 6-5 所示.

常见的空间曲面主要有平面、柱面、旋转曲面和二次曲面等.

（1）平面.

平面是最简单的空间曲面. 在空间直角坐标系中，平面的一般方程可表示为

$$Ax+By+Cz+D=0 \qquad (6-2)$$

其中，A,B,C,D 为常数，且 A,B,C 不全为零.

例 6.1　设点 $A(2,0,-2)$ 和 $B(-2,1,3)$，求线段 AB 的垂直平分面方程.

解：设所求平面上的任意一点为 $M(x,y,z)$，依题意得

$$|MA|=|MB|$$

由两点间距离公式得

$$\sqrt{(x-2)^2+y^2+(z+2)^2}=\sqrt{(x+2)^2+(y-1)^2+(z-3)^2}$$

化简得

$$4x-y-5z+3=0$$

如果平面方程式（6-2）中 A,B,C,D 都不为零，则方程可写成

$$\frac{x}{-D/A}+\frac{y}{-D/B}+\frac{z}{-D/C}=1$$

令 $a=-\dfrac{D}{A}, b=-\dfrac{D}{B}, c=-\dfrac{D}{C}$，上面方程又可写成

$$\frac{x}{a}+\frac{y}{b}+\frac{z}{c}=1 \qquad (6-3)$$

方程式（6-3）称为平面的截距式方程. 其中，a,b,c 分别是平面在三个坐标轴上的截距，见图 6-6.

（2）柱面.

设 Γ 为空间中的一条曲线，一条直线 L 与某条给定的直线 C 平行，并沿着曲线 Γ 平行移动所形成的曲面，称为柱面. 动直线 L 称为柱面的母线，曲线 Γ 称为柱面的准线，见图 6-7.

如果母线是平行于 z 轴的直线，准线是 xOy 平面上的曲线，那么柱面方程为

$$F(x,y)=0 \qquad (6-4)$$

上述方程中缺少变量 z，这是因为对于母线平行于 z 轴的柱面上的任意一点，不论第三个坐标 z 取什么值，其他两个坐标 x,y 总要满足方程 $F(x,y)=0$. 例如，方程 $x^2+y^2=R^2$，在空间直角坐标系中表示一个圆柱面，它的母线平行于 z 轴，准线为 xOy 平面上的圆 $x^2+y^2=$

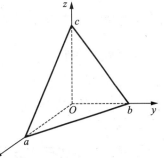

图 6-6

R^2,如图 6-8 所示.

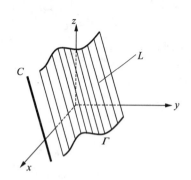

图 6-7

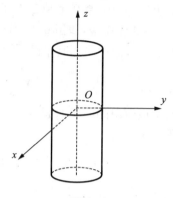

图 6-8

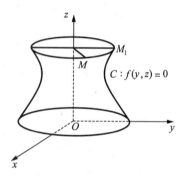

图 6-9

同理,在空间直角坐标系中,仅含有 y,z 的方程 $F(y,z)=0$ 表示母线平行于 x 轴的柱面;仅含 x,z 的方程 $F(x,z)=0$ 表示母线平行于 y 轴的柱面.

(3) 旋转面.

在一般情形下,一条平面曲线绕同一平面上一条定直线旋转一周所围成的空间曲面,称为旋转曲面,该定直线称为旋转曲面的轴.例如图 6-9 所示的曲面是由在 yOz 平面上的曲线 C,围绕 z 轴旋转一周形成的.

2. 二次曲面

在空间解析几何中,由三元二次方程所表示的曲面,统称为二次曲面.常见的二次曲面有:

球面　$x^2+y^2+z^2=r^2$;

椭球面　$\dfrac{x^2}{a^2}+\dfrac{y^2}{b^2}+\dfrac{z^2}{c^2}=1(a>0,b>0,c>0)$,如图 6-10 所示;

椭圆抛物面　$\dfrac{x^2}{2p}+\dfrac{y^2}{2q}=z(p$ 与 q 同号$)$,如图 6-11 所示;

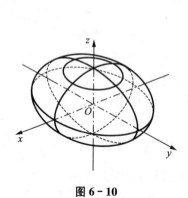

图 6-10

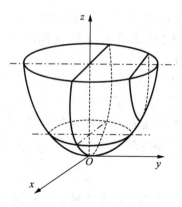

图 6-11

双曲抛物面 　　$-\dfrac{x^2}{2p}+\dfrac{y^2}{2q}=z(p$ 与 q 同号$)$，如图 $6-12$ 所示；

单叶双曲面 　　$\dfrac{x^2}{a^2}+\dfrac{y^2}{b^2}-\dfrac{z^2}{c^2}=1(a>0,b>0,c>0)$，如图 $6-13$ 所示；

双叶双曲面 　　$\dfrac{x^2}{a^2}+\dfrac{y^2}{b^2}-\dfrac{z^2}{c^2}=-1(a>0,b>0,c>0)$，如图 $6-14$ 所示.

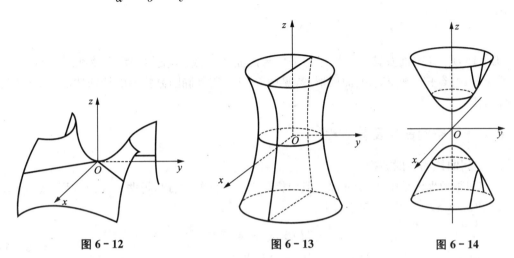

图 $6-12$ 　　　　　　　图 $6-13$ 　　　　　　　图 $6-14$

例 6.2　　已知球心坐标为 $M_0(x_0,y_0,z_0)$，半径为 r，求球面方程.

解：设球面上的任意一点为 $M(x,y,z)$，则有

$$|MM_0|=r$$

由两点间距离公式得

$$\sqrt{(x-x_0)^2+(y-y_0)^2+(z-z_0)^2}=r$$

化简得球面方程为

$$(x-x_0)^2+(y-y_0)^2+(z-z_0)^2=r^2$$

特别地，当球心和原点重合的时候，即 $x_0=y_0=z_0=0$ 时，球面的方程为

$$x^2+y^2+z^2=r^2$$

在平面直角坐标系中，考查方程所确定的曲线形状，通常可用描点的办法解决；但是在空间直角坐标系下，考查曲面方程所确定的曲面形状，采用描点法变得难以奏效. 在这种情况下，尤其是对于三元二次方程所确定的曲面形状通常用"平行截割法"（或称之为"截痕法"）来讨论. 这种方法是用平行于坐标面的平面去截割曲面，当平面平行移动时来观察和分析曲面的大致形状.

例 6.3　　用平行截割法确定 $z=x^2+y^2$ 的图形.

解：首先，用 xOy 平面$(z=0)$与此曲面相截，得一点$(0,0,0)$；用平行于 xOy 面的平面 $z=c(c>0)$ 与此曲面相截，其交线为平面 $z=c(c>0)$ 上的圆：

$$\begin{cases} x^2+y^2=c \\ z=c \end{cases}$$

其次，用 zOx 面($y = 0$) 与此曲面相截，其交线为 zOx 面上的抛物线：

$$\begin{cases} z = x^2 \\ y = 0 \end{cases}$$

用平面 $y = d(d \neq 0)$ 与此曲面相截，其交线为平面 $y = d$ 上的抛物线：

$$\begin{cases} z = x^2 + d^2 \\ y = d \end{cases}$$

类似地，用 yOz 面及其与之平行的平面与此曲面相截，其交线均为抛物线. 综合以上分析，可知 $z = x^2 + y^2$ 所表示的曲面形状，见图 6 - 11. 它是椭圆抛物面的特殊情形，称之为旋转抛物面.

6.1.3 空间曲线及其方程

1. 空间曲线的一般方程

在空间直角坐标系中，两个曲面一般地相交于一条曲线，所以，把两个曲面方程 $F(x, y, z) = 0$ 和 $G(x, y, z) = 0$ 联立起来，即

$$\begin{cases} F(x, y, z) = 0 \\ G(x, y, z) = 0 \end{cases} \tag{6-5}$$

就表示一条空间曲线 C，该方程组称为空间曲线 C 的一般方程. 显然，在曲线 C 上的点的坐标必满足方程组；反之，如果点不在曲线 C 上，其坐标就不满足此方程组. 见图 6 - 15.

（1）直线.

由于空间中两个互不平行的平面必交于一条直线 L，因此，当方程组式(6 - 5)中的两个曲面方程分别表示的是两个空间平面时，那么这个方程组所表示的曲线就为一条空间直线（见图 6 - 16）. 直线是最简单的空间曲线，其一般方程可表示为：

$$\begin{cases} A_1 x + B_1 y + C_1 z + D_1 = 0 \\ A_2 x + B_2 y + C_2 z + D_2 = 0 \end{cases} \tag{6-6}$$

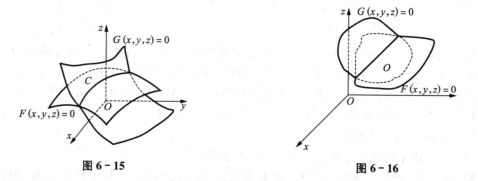

图 6 - 15　　　　　　　　　　　图 6 - 16

同样，直线 L 上任意一点的坐标必满足方程组式(6 - 6)；而不在直线上的点的坐标则不满足方程组.

由于通过一条直线的空间平面可以有无穷多个，因此直线 L 的一般方程并不是唯一的.

它可以是任意两个通过此直线的相交平面的方程所联立而得的方程组. 例如: 下面方程组 A 表示的是通过点 $(1,0,0)$ 和点 $(0,1,0)$ 的一条空间直线; 容易验证, 方程组 B 也通过点 $(1,0,0)$ 和点 $(0,1,0)$, 因此它们表示的是同一条空间直线.

$$\text{A:}\begin{cases} x+y+\dfrac{z}{2}=1 \\ x+y+\dfrac{z}{3}=1 \end{cases} \qquad \text{B:}\begin{cases} x+y+\dfrac{z}{4}=1 \\ x+y+\dfrac{z}{3}=1 \end{cases}$$

(2) 一般的空间曲线.

直线是空间曲线的一种特殊形式, 接下来, 主要举例说明一般方程所表示的曲线, 即非直线的情形.

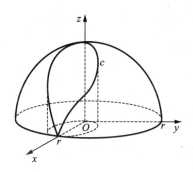

图 6 - 17

例 6.4 考查曲线的一般方程

$$\begin{cases} z=\sqrt{r^2-x^2-y^2} \\ \left(x-\dfrac{r}{2}\right)^2+y^2=\dfrac{r^2}{4} \end{cases}$$

所表示的曲线.

解: 方程组中的第一个方程表示的是球面的上半部分, 球心为 $(0,0,0)$, 半径为 r. 方程组中的第二个方程表示的是一个圆柱面, 其母线平行于 z 轴, 准线为 xOy 平面上以 $\left(\dfrac{r}{2},0,0\right)$ 为圆心, 以 $\dfrac{r}{2}$ 为半径的圆. 其交线如图 6 - 17 所示.

例 6.5 考查方程组 $\begin{cases} x^2+y^2=1 \\ 2x+3z=6 \end{cases}$ 表示什么样的曲线.

解: 方程组中第一个方程, 即 $x^2+y^2=1$ 表示的是一个母线平行于 z 轴的圆柱面. 第二个方程, 即 $2x+3z=6$ 表示的是一个平行于 y 轴的平面. 因此, 此方程组表示的是一个柱面和平面的交线, 为椭圆, 见图 6 - 18.

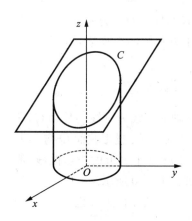

图 6 - 18

2. 空间曲线的参数方程

如果空间曲线上的任意一点的坐标 x,y,z 可以用参量 t 来表示, 即

$$\begin{cases} x=x(t) \\ y=y(t) \\ z=z(t) \end{cases} \qquad (6-7)$$

当给定 $t=t_0$ 时, 就得到曲线上的一个点 (x_0,y_0,z_0), 随着参数的变化可得到曲线上的全部点. 方程组式 $(6-7)$ 称为空间曲线的参数方程.

例 6.6 如果空间一点 $M(x,y,z)$, 在圆柱面 $x^2+y^2=r^2$ 上以角速度 ω 绕 z 轴旋转, 同时又以线速度 v 沿平行于 z 轴的正方向上升 (其中 ω,v 都是常数), 那么点 M 在圆柱面上的几何轨迹叫做螺旋线. 试建立其参数方程.

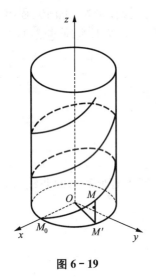

图 6 - 19

解：取时间 t 为参数，当 $t = 0$ 时，动点 M 在 $M_0(r,0,0)$ 处，经过时间 t 后，其位置在点 $M(x,y,z)$ 处. 设点 $M(x,y,z)$ 在 xOy 平面上的投影为 $M'(x,y,0)$，则依题意可知，M' 在 xOy 上转过的角度为 ωt，所以

$$\begin{cases} x = r\cos(\omega t) \\ y = r\sin(\omega t) \end{cases}$$

又由于动点 M 以线速度 v 向上运动，所以

$$z = vt$$

因此，螺旋线的参量方程为：

$$\begin{cases} x = r\cos(\omega t) \\ y = r\sin(\omega t) \\ z = vt \end{cases}$$

见图 6 - 19.

特别地，对于空间直线来讲，其参数方程一般可表示为：

$$\begin{cases} x = x_0 + mt \\ y = y_0 + nt \\ z = z_0 + pt \end{cases}$$

其中，t 为参量. 当 $t = 0$ 时，$x = x_0$，$y = y_0$，$z = z_0$，由此易知，直线必通过点 (x_0, y_0, z_0).

3. 空间曲线在坐标面上的投影曲线及其方程

设空间曲线 C 的一般方程由方程组 (6 - 5) 表示，即

$$\begin{cases} F(x,y,z) = 0 \\ G(x,y,z) = 0 \end{cases}$$

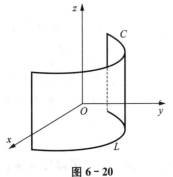

图 6 - 20

那么，以 C 为准线，以平行于 Oz 轴的直线为母线的柱面 Q，称为空间曲线 C 关于 xOy 平面的投影柱面. 投影柱面 Q 与 xOy 平面的交线 L 称为空间曲线 C 在 xOy 平面上的投影曲线，简称曲线 C 在 xOy 面上的投影，如图 6 - 20 所示.

如果在方程组中，将变量 z 消去，从而得到方程

$$Q(x,y) = 0$$

则此方程表示一个母线平行于 Oz 轴的投影柱面. 因为此方程是由方程组 (6 - 5) 而来的，因此，空间曲线上的点的坐标必满足此方程，即空间曲线 C 必在投影柱面上，显然此方程就是空间曲线 C 的投影柱面方程. 于是可以得到投影曲线的方程：

$$\begin{cases} Q(x,y) = 0 \\ z = 0 \end{cases} \tag{6 - 8}$$

方程组 (6 - 8) 是空间曲线 C 在 xOy 面上的投影曲线方程. 同理，可以得到空间曲线 C 在

xOz 面和 yOz 面上的投影曲线方程,可分别表示为:

$$\begin{cases} R(x,z) = 0 \\ y = 0 \end{cases} \quad \text{和} \quad \begin{cases} T(y,z) = 0 \\ x = 0 \end{cases}$$

其中,$R(x,z) = 0$ 是空间曲线 C 在 xOz 面上的投影柱面;$T(y,z) = 0$ 是空间曲线 C 在 yOz 面上的投影柱面.

例 6.7　求空间曲线 $C:\begin{cases} x^2 + y^2 + z^2 = r^2 \\ z = \dfrac{r}{2} \end{cases}$ 在 xOy 面上的投影曲线 L 的方程.

解:从方程组中消去 z,得到投影柱面方程

$$x^2 + y^2 = \frac{3}{4}r^2$$

于是得到投影曲线 L 的方程:

$$\begin{cases} x^2 + y^2 = \dfrac{3}{4}r^2 \\ z = 0 \end{cases}$$

此投影曲线在 xOy 面上为一条以 $(0,0)$ 为圆心,以 $\dfrac{\sqrt{3}}{2}r$ 为半径的圆周线.

例 6.8　求抛物面 $y^2 + z^2 = x$ 与平面 $x + 2y - z = 0$ 的截线在三个坐标面上的投影曲线方程.

解:截线为一条空间曲线,其方程为

$$C:\begin{cases} y^2 + z^2 = x \\ x + 2y - z = 0 \end{cases}$$

在方程组中消去 z,得到在 xOy 面上的投影柱面

$$x^2 + 5y^2 + 4xy - x = 0$$

因此,在 xOy 面上的投影曲线方程 L_{xOy} 为

$$L_{xOy}:\begin{cases} x^2 + 5y^2 + 4xy - x = 0 \\ z = 0 \end{cases}$$

同理,在 xOz 面和 yOz 面上的投影曲线方程分别为:

$$L_{xOz}:\begin{cases} x^2 + 5z^2 - 2xz - 4x = 0 \\ y = 0 \end{cases} \quad \text{和} \quad L_{yOz}:\begin{cases} y^2 + z^2 + 2y - z = 0 \\ x = 0 \end{cases}$$

6.2　多元函数的概念

前面章节中所研究的函数关系,是因变量与一个自变量之间的关系,即因变量的值仅仅依赖于一个自变量,这种函数称为一元函数.但是,在实际问题中所涉及的函数,并非都是一

元函数,而往往是因变量依赖于多个自变量的函数.例如,在现实中,某种商品的市场需求量不仅仅受到此种商品价格的影响,它还与人们的收入水平,乃至于此种商品的可替代品的价格等等因素有关.当因变量的值不仅仅依赖于一个变量,而是由几个自变量共同决定的时候,那么这种函数关系就扩展为多元函数关系了.

6.2.1 多元函数的定义

定义 6.2 设 D 为一个非空的 n 元有序数组的集合,f 是一个对应关系,如果对于 D 中任意一个有序数组 $(x_1, x_2, \cdots, x_n) \in D$,通过对应关系 f,在实数集 **R** 中总有唯一一个实数 y 与之对应,则称 f 是定义在 D 上的 n 元函数,记为

$$y = f(x_1, x_2, \cdots, x_n), \quad (x_1, x_2, \cdots, x_n) \in D$$

变量 $x_1, x_2, \cdots, x_n$ 称为自变量;y 称为因变量;集合 D 称为函数的定义域,也可以记做 $D(f)$;数集 $\{y \mid y = f(x_1, x_2, \cdots, x_n), (x_1, x_2, \cdots, x_n) \in D\}$ 称为函数的值域,记做 Z 或 $Z(f)$.

当 $n = 1$ 时,为一元函数,记为 $y = f(x), x \in D$;

当 $n = 2$ 时,为二元函数,记为 $z = f(x, y), (x, y) \in D$;二元及二元以上的函数统称为多元函数.

例 6.9 设长方体的长,宽,高分别为 x, y, z,则其体积为 $V = xyz$.在这里,对于每一个有序数组 (x, y, z) 都有唯一确定的 V 与之对应,使得 $V = xyz$.因此 $V = xyz$ 就是一个以 x, y, z 为自变量,V 为因变量的三元函数,其定义域为 $\{(x, y, z) \mid x > 0, y > 0, z > 0\}$.

例 6.10 $z = 3x + y$ 为一个以 x, y 为自变量,z 为因变量的二元函数,其定义域为 $D = \{(x, y) \mid x, y \in (-\infty, +\infty)\}$,值域为 $Z(f) = (-\infty, +\infty)$.

6.2.2 二元函数的定义域

由于二元函数 $z = f(x, y)$ 的自变量仅有两个,因此其定义域在几何上表示为一个平面区域.下面简要介绍一下平面区域的有关概念.

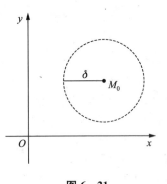

图 6 - 21

1. 邻域

设 $M_0(x_0, y_0)$ 是平面上一点,δ 为一正实数,称点集

$$U(M_0, \delta) = \{(x, y) \mid \sqrt{(x - x_0)^2 + (y - y_0)^2} < \delta\}$$

为点 M_0 的 δ 邻域,记为 $U(M_0, \delta)$,如图 6 - 21 所示.

2. 区域

设 D 为平面上的一个点集,点 $M_0 \in D$,如果存在 M_0 的一个 $\delta(\delta > 0)$ 邻域 $U(M_0, \delta) \in D$,则称 M_0 是 D 的内点(见图 6 - 22);若属于 D 的点都是其内点,那么这个平面点集称为开集.

设 D 为一个平面点集,M_1 为平面上的一个点,如果对于点 M_1 的任意邻域 $U(M_1, \delta)(\delta > 0)$ 内既有属于 D 的点,也有不属于 D 的点,则称点 M_1 为 D 的一个边界点(见图 6 - 22).D 的全体边界点所构成的集合,称为 D 的边界.

图 6 - 22   图 6 - 23

设 D 为一开集,如果对于 D 中的任意两点 M_1 和 M_2 都能用处于 D 内的一条直线或由有限条直线段组成的折线连接起来,则称 D 是连通的,连通的开集称为开区域(见图 6-23). 开区域 D 加上其边界,称为闭区域. 开区域和闭区域统称为区域.

如果区域 D 可以包含在以原点为中心,以某一常数 R 为半径的圆内,则称 D 为有界区域,否则称为无界区域.

例如,$z = \ln(x+2y)$ 的定义域为 $D = \{(x,y) \mid x+2y > 0\}$,是 xOy 平面上由直线 $x+2y = 0$ 的右上方所确定的一个无界开区域.

3. 聚点

设 D 为平面上的点集,M_0 是平面上一点,它既可能属于 D,也可能不属于 D. 如果在点 M_0 的任意邻域内总有无限多个点属于点集 D,则称 M_0 为点集 D 的聚点. 显然,如果 D 是一个区域,那么 D 的内点和边界点都是 D 的聚点.

例 6.11   求 $z = \dfrac{\sqrt{x}}{\sqrt{2-x^2-y^2}} + \ln(3y-x)$ 的定义域.

解:要使 z 有意义,自变量必须同时满足以下条件:$x \geqslant 0$,$2-x^2-y^2 > 0$,$3y-x > 0$. 其中,$x \geqslant 0$ 表示 xOy 平面上包括 y 轴的右半平面部分;$2-x^2-y^2 > 0$,即 $x^2+y^2 < 2$,表示在 xOy 平面上以原点为圆心,以 $\sqrt{2}$ 为半径的圆内部;$3y-x > 0$ 表示在 xOy 平面上直线 $3y-x = 0$ 的上方部分. 因此,三个区域的公共部分就是所求的函数定义域(见图 6-24),即 $D = \{(x,y) \mid x \geqslant 0, 3y-x > 0,\text{且 } x^2+y^2 < 2\}$.

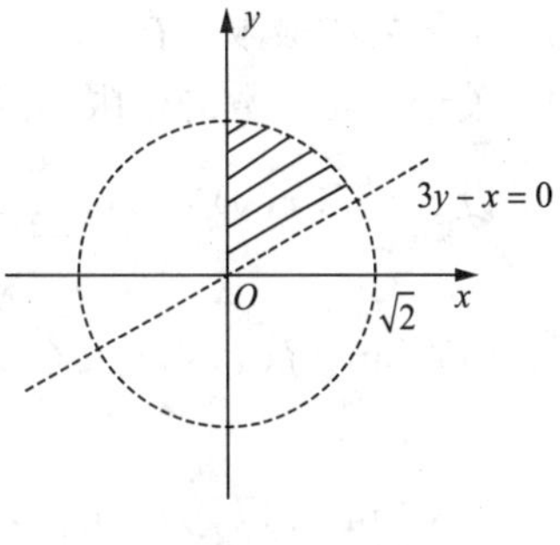

图 6 - 24

6.2.3 二元函数的几何意义

对于二元函数 $z = f(x,y)$,一般可以利用空间直角坐标系来表示它的图形. 设函数 $z = f(x,y)$ 的定义域为 xOy 坐标平面上的某一区域 D,那么对于 D 中的任一点 $P(x,y)$,必有唯一的数 z 与之对应,因此,三元有序数组 $(x,y,f(x,y))$ 在空间直角坐标系中就确定了一点 $M(x,y,z)$(其中 $z = f(x,y)$),而所有这些如此确定的点的集合就是函数 $z = f(x,y)$ 的图形.

通常,由二元函数确定的图形在空间直角坐标系中表现

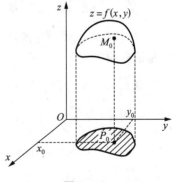

图 6 - 25

为一个曲面,其定义域 D 则表现为该曲面在 xOy 坐标平面上的投影区域,如图 $6-25$ 所示.

6.3　二元函数的极限与连续

6.3.1　二元函数的极限

定义 6.3　设函数 $z = f(x, y)$ 在区域 D 内有定义,点 $P_0(x_0, y_0)$ 是 D 的一个聚点,A 为一常数,如果对于任意给定的正数 ε,都存在正数 δ,使得满足不等式

$$0 < |PP_0| = \sqrt{(x - x_0)^2 + (y - y_0)^2} < \delta$$

的一切点 $P(x, y) \in D$,恒有 $|f(x, y) - A| < \varepsilon$ 成立,则称当 $x \to x_0, y \to y_0$ 时,函数 $z = f(x, y)$ 以 A 为极限,记为

$$\lim_{\substack{x \to x_0 \\ y \to y_0}} f(x, y) = A \quad \text{或} \quad \lim_{(x, y) \to (x_0, y_0)} f(x, y) = A$$

二元函数的极限也叫二重极限.

在上述定义中,$x \to x_0, y \to y_0$ 指的是点 $P(x, y)$ 以任何可能的方式趋于 $P_0(x_0, y_0)$ 时,函数 $f(x, y)$ 都无限接近于同一常数 A. 如果当 $P(x, y)$ 以不同的方式趋近于 $P_0(x_0, y_0)$ 时,函数 $f(x, y)$ 趋近于不同的常数,那么此函数的极限是不存在的. 这意味着,当 $P(x, y)$ 以某种特殊的方式趋近于 $P_0(x_0, y_0)$ 时,即使函数 $f(x, y)$ 无限接近某一常数,那么也不能据此判定函数的极限存在.

关于二元函数的极限,亦存在与一元函数相类似的运算法则,即:

设 $\lim\limits_{\substack{x \to x_0 \\ y \to y_0}} f(x, y) = A$, $\lim\limits_{\substack{x \to x_0 \\ y \to y_0}} g(x, y) = B$,则

(1) $\lim\limits_{\substack{x \to x_0 \\ y \to y_0}} [f(x, y) \pm g(x, y)] = A \pm B$;

(2) $\lim\limits_{\substack{x \to x_0 \\ y \to y_0}} [f(x, y) \cdot g(x, y)] = A \cdot B$;

(3) $\lim\limits_{\substack{x \to x_0 \\ y \to y_0}} \left[\dfrac{f(x, y)}{g(x, y)} \right] = \dfrac{A}{B} \quad (B \neq 0)$.

同时,在一元函数中所涉及的极限存在的两个准则以及两个重要极限在二元函数中仍然是成立的.

例 6.12　设 $f(x, y) = (x^2 + y^2) \cos \dfrac{1}{x^2 + y^2}$ $(x^2 + y^2 \neq 0)$,证明:$\lim\limits_{(x, y) \to (0, 0)} f(x, y) = 0$.

证明:因为

$$\left| (x^2 + y^2) \cos \frac{1}{x^2 + y^2} - 0 \right| = \left| (x^2 + y^2) \cos \frac{1}{x^2 + y^2} \right| \leqslant x^2 + y^2$$

因此,对于任意给定的 $\varepsilon > 0$,取 $\delta = \sqrt{\varepsilon}$,则当 $0 < \sqrt{(x - 0)^2 + (y - 0)^2} < \delta$ 时,总有

$$\left| (x^2 + y^2)\cos \frac{1}{x^2 + y^2} - 0 \right| < \varepsilon$$

所以 $\lim\limits_{(x,y)\to(0,0)} f(x,y) = 0.$

例 6.13 求极限 $\lim\limits_{(x,y)\to(0,2)} \dfrac{\sin(xy)}{x}.$

解 因为当 $(x,y) \to (0,2)$ 时, $xy \to 0$, 从而有 $\dfrac{\sin(xy)}{xy} \to 1$, 所以

$$\lim_{(x,y)\to(0,2)} \frac{\sin(xy)}{x} = \lim_{(x,y)\to(0,2)} \left[\frac{\sin(xy)}{xy} \cdot y \right]$$

$$= \lim_{(x,y)\to(0,2)} \frac{\sin(xy)}{xy} \cdot \lim_{(x,y)\to(0,2)} y = 2$$

例 6.14 求极限 $\lim\limits_{\substack{x\to\infty \\ y\to\infty}} \dfrac{x^2 + y^2}{x^4 + y^4}.$

解: 由不等式

$$0 \leqslant \frac{x^2 + y^2}{x^4 + y^4} \leqslant \frac{x^2 + y^2}{2x^2 y^2} = \frac{1}{2}\left(\frac{1}{x^2} + \frac{1}{y^2} \right)$$

及 $\lim\limits_{\substack{x\to\infty \\ y\to\infty}} \dfrac{1}{2}\left(\dfrac{1}{x^2} + \dfrac{1}{y^2} \right) = 0,$ 可得

$$\lim_{\substack{x\to\infty \\ y\to\infty}} \frac{x^2 + y^2}{x^4 + y^4} = 0.$$

例 6.15 求极限 $\lim\limits_{\substack{x\to\infty \\ y\to 1}} \left(\dfrac{1+x}{x} \right)^{\frac{x^2}{x+y}}.$

解: $\lim\limits_{\substack{x\to\infty \\ y\to 1}} \left(\dfrac{1+x}{x} \right)^{\frac{x^2}{x+y}} = \lim\limits_{\substack{x\to\infty \\ y\to 1}} \left(1 + \dfrac{1}{x} \right)^{x \cdot \frac{x}{x+y}} = \lim\limits_{\substack{x\to\infty \\ y\to 1}} \mathrm{e}^{\frac{x}{x+y} \ln \left[\left(1+\frac{1}{x} \right)^x \right]}$

$$= \mathrm{e}^{\left[\lim\limits_{\substack{x\to\infty \\ y\to 1}} \frac{x}{x+y} \right] \left\{ \lim\limits_{\substack{x\to\infty \\ y\to 1}} \ln \left[\left(1+\frac{1}{x} \right)^x \right] \right\}} = \mathrm{e}^{1\times 1} = \mathrm{e}$$

例 6.16 求极限 $\lim\limits_{\substack{x\to 0 \\ y\to 0}} \dfrac{1 - \cos(x^2 + y^2)}{x^2 + y^2}.$

解: $\lim\limits_{\substack{x\to 0 \\ y\to 0}} \dfrac{1 - \cos(x^2 + y^2)}{x^2 + y^2} = \lim\limits_{\substack{x\to 0 \\ y\to 0}} \dfrac{[1 - \cos(x^2 + y^2)][1 + \cos(x^2 + y^2)]}{(x^2 + y^2)[1 + \cos(x^2 + y^2)]}$

$$= \lim_{\substack{x\to 0 \\ y\to 0}} \frac{\sin^2(x^2 + y^2)}{(x^2 + y^2)[1 + \cos(x^2 + y^2)]}$$

$$= \lim_{\substack{x\to 0 \\ y\to 0}} \frac{\sin^2(x^2 + y^2)}{(x^2 + y^2)^2} \cdot \lim_{\substack{x\to 0 \\ y\to 0}} \frac{x^2 + y^2}{1 + \cos(x^2 + y^2)}$$

又因为

$$\lim_{\substack{x\to 0 \\ y\to 0}} \frac{\sin^2(x^2 + y^2)}{(x^2 + y^2)^2} = \left[\lim_{\substack{x\to 0 \\ y\to 0}} \frac{\sin(x^2 + y^2)}{x^2 + y^2} \right]^2 = 1$$

$$\lim_{\substack{x \to 0 \\ y \to 0}} \frac{x^2 + y^2}{1 + \cos(x^2 + y^2)} = \frac{0}{2} = 0$$

所以

$$\lim_{\substack{x \to 0 \\ y \to 0}} \frac{1 - \cos(x^2 + y^2)}{x^2 + y^2} = 1 \cdot 0 = 0.$$

例 6.17　证明 $\lim\limits_{\substack{x \to 0 \\ y \to 0}} \dfrac{x^2 y}{x^4 + y^2}$ 不存在.

解：取 $y = kx^2$，则有

$$\lim_{\substack{x \to 0 \\ y \to 0}} \frac{x^2 y}{x^4 + y^2} = \lim_{\substack{x \to 0 \\ y \to 0}} \frac{x^2 (kx^2)}{x^4 + (kx^2)^2} = \lim_{x \to 0} \frac{kx^4}{(1 + k^2) x^4} = \frac{k}{1 + k^2}.$$

其值随着 k 的不同而变化. 这意味着在点 $(0,0)$ 的邻域内，点 (x,y) 沿着某些不同的轨迹趋近于点 $(0,0)$ 时，函数 $f(x,y)$ 趋向于不同的值，故极限不存在.

6.3.2　二元函数的连续

定义 6.4　设函数 $z = f(x,y)$ 在点 $P_0(x_0, y_0)$ 的某邻域内有定义，如果

$$\lim_{\substack{x \to x_0 \\ y \to y_0}} f(x,y) = f(x_0, y_0),$$

则称函数 $f(x,y)$ 在点 $P_0(x_0, y_0)$ 连续.

如果函数 $f(x,y)$ 在点 $P_0(x_0, y_0)$ 无定义；或虽有定义，但是当 $(x,y) \to (x_0, y_0)$ 时，函数 $f(x,y)$ 的极限不存在；或虽极限存在，但极限值不等于该点的函数值，则称函数 $f(x,y)$ 在点 $P_0(x_0, y_0)$ 处间断，并称 $P_0(x_0, y_0)$ 为函数 $f(x,y)$ 的间断点.

设函数 $f(x,y)$ 的定义域 D 是开区域或闭区域，如果函数 $f(x,y)$ 在 D 上的所有内点处都连续，并且，当 D 为闭区域时，对于边界上的任意点 (x_0, y_0) 都有 $\lim\limits_{\substack{x \to x_0 \\ y \to y_0}} f(x,y) = f(x_0, y_0)$（且 $(x,y) \in D$），则称函数 $f(x,y)$ 在 D 上连续，或称 $f(x,y)$ 是 D 上的连续函数.

例 6.18　函数 $z = \dfrac{1}{\sqrt{x^2 + y^2}}$，在点 $(0,0)$ 处无定义，所以点 $(0,0)$ 为此函数的间断点.

例 6.19　证明函数

$$f(x,y) = \begin{cases} \dfrac{\tan x \cdot \sin(xy)}{x^2 y}, & \text{当 } x^2 + y^2 \neq 0 \text{ 时}; \\ 1, & \text{当 } x^2 + y^2 = 0 \text{ 时} \end{cases} \quad \text{在点 } (0,0) \text{ 处连续.}$$

证明：当 $x^2 + y^2 \neq 0$ 时，

$$\lim_{\substack{x \to 0 \\ y \to 0}} f(x,y) = \lim_{\substack{x \to 0 \\ y \to 0}} \frac{\tan x \sin(xy)}{x^2 y} = \lim_{\substack{x \to 0 \\ y \to 0}} \frac{\tan x}{x} \cdot \frac{\sin(xy)}{xy}$$

$$= \lim_{\substack{x \to 0 \\ y \to 0}} \frac{\tan x}{x} \cdot \lim_{\substack{x \to 0 \\ y \to 0}} \frac{\sin(xy)}{xy} = 1 \cdot 1 = 1,$$

即　$\lim\limits_{\substack{x \to 0 \\ y \to 0}} f(x,y) = f(0,0)$. 因此，根据函数连续的定义可知，函数 $f(x,y)$ 在点 $(0,0)$ 处连续。

例 6.20 讨论函数

$$f(x,y) = \begin{cases} \dfrac{2xy}{x^2+y^2}, & \text{当 } x^2+y^2 \neq 0 \text{ 时；} \\ 0, & \text{当 } x^2+y^2 = 0 \text{ 时} \end{cases}$$

在点(0,0)处的连续性.

解：取 $y = kx$，即当动点 $P(x,y)$ 沿通过原点的射线趋于原点时，有

$$\lim_{\substack{x\to 0 \\ y\to 0}} f(x,y) = \lim_{\substack{x\to 0 \\ y\to 0}} \frac{2xy}{x^2+y^2} = \lim_{\substack{x\to 0 \\ y\to 0}} \frac{2x(kx)}{x^2+(kx)^2} = \lim_{x\to 0} \frac{2kx^2}{(1+k^2)x^2} = \frac{2k}{1+k^2}$$

对于不同的 k 值，上式有不同的值，从而知 $\lim\limits_{\substack{x\to 0 \\ y\to 0}} f(x,y)$ 不存在. 因此，所给函数在点(0,0)是不连续的.

类似于在闭区间上一元连续函数的性质，在有界闭区域上二元连续函数具有如下性质：

(1) 最值定理：如果函数 $f(x,y)$ 在有界闭区域 D 内连续，则它在 D 内一定能取得最大值和最小值；

(2) 介值定理：如果函数 $f(x,y)$ 在有界闭区域 D 上连续，M 与 m 分别是 $f(x,y)$ 在 D 上的最大值和最小值，则对于介于 M 与 m 之间的任意数 ρ，在 D 中至少存在一点 (ξ,η)，使 $f(\xi,\eta) = \rho$.

(3) 零点定理：如果函数 $f(x,y)$ 在有界闭区域 D 上连续，且在 D 中两点 (x_1,y_1)，(x_2,y_2) 处取值异号，即 $f(x_1,y_1) \cdot f(x_2,y_2) < 0$，则在 D 中至少存在一点 (ξ,η)，使 $f(\xi,\eta) = 0$.

另外，与一元初等函数在其定义域内是连续的一样，二元初等函数在其定义域内也是连续的；并且，二元连续函数的复合函数仍然为连续函数；若 $f(x,y)$ 和 $g(x,y)$ 是区域 D 内的连续函数，则 $f(x,y) \pm g(x,y)$，$f(x,y) \cdot g(x,y)$，$f(x,y)/g(x,y)(g(x,y) \neq 0)$ 均为区域 D 内的连续函数.

6.4 偏导数

6.4.1 偏导数的概念

在一元函数中，导数的概念描述了函数对于自变量的变化率. 类似地，在多元函数中，偏导数的概念也描述了函数对于自变量的变化率，只不过多元函数的偏导数是多元函数关于其中一个自变量的变化率.

设函数 $z = f(x,y)$ 在点 $M_0(x_0,y_0)$ 的某邻域 $U(M_0,\delta)$ 内有定义，当自变量 y 在 y_0 固定不变，而自变量 x 在 x_0 有增量 Δx，并且 $(x_0+\Delta x,y_0) \in U(M_0,\delta)$ 时，函数相应的增量记为 $\Delta_x z$，即

$$\Delta_x z = f(x_0+\Delta x,y_0) - f(x_0,y_0)$$

称为函数 z 对 x 的偏增量. 类似地，可以定义函数 $f(x,y)$ 对于自变量 y 的偏增量

$$\Delta_y z = f(x_0,y_0+\Delta y) - f(x_0,y_0)$$

定义 6.5　设函数 $z = f(x, y)$ 在点 $M_0(x_0, y_0)$ 的某邻域内有定义,如果当 $\Delta x \to 0$ 时,极限

$$\lim_{\Delta x \to 0} \frac{\Delta_x z}{\Delta x} = \lim_{\Delta x \to 0} \frac{f(x_0 + \Delta x, y_0) - f(x_0, y_0)}{\Delta x}$$

存在,则称此极限值为函数 $f(x, y)$ 在点 $M_0(x_0, y_0)$ 处对 x 的偏导数. 记作

$$f_x'(x_0, y_0), \frac{\partial f(x_0, y_0)}{\partial x} \quad \text{或} \quad \frac{\partial z}{\partial x}\bigg|_{\substack{x=x_0 \\ y=y_0}}, z_x'\bigg|_{\substack{x=x_0 \\ y=y_0}}.$$

类似地,如果极限

$$\lim_{\Delta y \to 0} \frac{\Delta_y z}{\Delta y} = \lim_{\Delta y \to 0} \frac{f(x_0, y_0 + \Delta y) - f(x_0, y_0)}{\Delta y}$$

存在,则称此极限值为函数 $f(x, y)$ 在点 $M_0(x_0, y_0)$ 处对 y 的偏导数. 记作

$$f_y'(x_0, y_0), \frac{\partial f(x_0, y_0)}{\partial y} \text{ 或} \frac{\partial z}{\partial y}\bigg|_{\substack{x=x_0 \\ y=y_0}}, z_y'\bigg|_{\substack{x=x_0 \\ y=y_0}}.$$

如果函数 $z = f(x, y)$ 在区域 D 内每一点 (x, y) 处都有偏导数 $f_x'(x_0, y_0), f_y'(x_0, y_0)$,那么它们仍然为 x, y 的二元函数,称它们为 $z = f(x, y)$ 的偏导函数,简称偏导数,记作 $\frac{\partial z}{\partial x}, \frac{\partial z}{\partial y}$;或 $\frac{\partial f}{\partial x}, \frac{\partial f}{\partial y}$;或 z_x', z_y';或 $f_x'(x, y), f_y'(x, y)$.

　　由偏导数的定义知道,求多元函数对某一个自变量的偏导数时,只需将其他自变量视为常数,然后用一元函数求导法即可求得.

　　仿照二元函数偏导数的定义,可以很容易地将偏导数的概念推广到三元以及三元以上的多元函数. 例如,对于三元函数 $u = f(x, y, z)$,如果极限

$$\lim_{\Delta x \to 0} \frac{\Delta_x u}{\Delta x} = \lim_{\Delta x \to 0} \frac{f(x_0 + \Delta x, y_0, z_0) - f(x_0, y_0, z_0)}{\Delta x}$$

存在,就定义此极限为 $u = f(x, y, z)$ 在点 (x_0, y_0, z_0) 处对 x 的偏导数,记为 $f_x'(x_0, y_0, z_0)$, $\frac{\partial f(x_0, y_0, z_0)}{\partial x}$ 或 $\frac{\partial u}{\partial x}\bigg|_{\substack{x=x_0 \\ y=y_0 \\ z=z_0}}, u_x'\bigg|_{\substack{x=x_0 \\ y=y_0 \\ z=z_0}}$ 等.

　　例 6.21　求函数 $f(x, y) = 4x^3 y^2$ 的偏导数 $f_x'(x, y)$ 与 $f_y'(x, y)$,并求 $f_x'(1, 2), f_y'(3, 1)$.

　　解:把 y 看作常数,对 x 求偏导得

$$f_x'(x, y) = (4x^3 y^2)_x' = 4 \cdot 3x^2 \cdot y^2 = 12x^2 y^2,$$

于是 $f_x'(1, 2) = 12 \times 1^2 \times 2^2 = 48.$

　　把 x 看作常数,对 y 求偏导得

$$f_y'(x, y) = (4x^3 y^2)_y' = 4 \cdot x^3 \cdot 2y = 8x^3 y,$$

于是 $f_y'(3, 1) = 8 \times 3^3 \times 1 = 216.$

例 6.22 求 $z = \sin(xy)$ 的偏导数 $\dfrac{\partial z}{\partial x}$ 和 $\dfrac{\partial z}{\partial y}$.

解:$\dfrac{\partial z}{\partial x} = [\sin(xy)]'_x = \cos(xy) \cdot (xy)'_x = y\cos(xy)$;

$\qquad \dfrac{\partial z}{\partial y} = [\sin(xy)]'_y = \cos(xy) \cdot (xy)'_y = x\cos(xy)$.

例 6.23 求 $z = (x+y)^x$ 的偏导数 $\dfrac{\partial z}{\partial x}$ 和 $\dfrac{\partial z}{\partial y}$.

解:因为 $z = (x+y)^x = \mathrm{e}^{\ln(x+y)^x} = \mathrm{e}^{x\ln(x+y)}$,所以

$$\frac{\partial z}{\partial x} = [\mathrm{e}^{x\ln(x+y)}]'_x = \mathrm{e}^{x\ln(x+y)}[x\ln(x+y)]'_x$$

$$= \mathrm{e}^{x\ln(x+y)} \cdot \left[\ln(x+y) + \frac{x}{x+y}\right]$$

$$= (x+y)^x\left[\ln(x+y) + \frac{x}{x+y}\right]$$

$$\frac{\partial z}{\partial y} = [(x+y)^x]'_y = x(x+y)^{x-1}(x+y)'_y = x(x+y)^{x-1}$$

例 6.24 设 $f(x,y) = x + (y-2)\ln\left(\sqrt{\dfrac{x}{y}}\right)$,求 $f'_x(x,2)$.

解:解法一,因为

$$f'_x(x,y) = \left[x + (y-2)\ln\left(\sqrt{\frac{x}{y}}\right)\right]'_x = 1 + \frac{1}{2}\frac{(y-2)}{x}$$

所以,$f'_x(x,2) = 1 + \dfrac{1}{2}\dfrac{(2-2)}{x} = 1$.

解法二,因为 $f(x,2) = x$,所以 $f'_x(x,2) = 1$.

例 6.25 在经济学中,弹性指的是因变量的相对变化与自变量的相对变化之比. 如果商品的市场需求量 Q 是其价格 P 和消费者收入 Y 的函数,即 $Q = Q(P,Y)$,那么可以定义

(1) 需求的价格弹性(或称之为需求对价格的偏弹性) 为

$$E_P = -\frac{\partial Q}{\partial P}\frac{P}{Q}$$

(2) 需求的收入弹性(或称之为需求对收入的偏弹性) 为

$$E_Y = \frac{\partial Q}{\partial Y}\frac{Y}{Q}$$

若某商品的需求函数为 $Q = P^{-2}(Y-100)$,试确定当 $P = 10, Y = 200$ 时,此商品的需求价格弹性和需求收入弹性.

解:因为 $\dfrac{\partial Q}{\partial P} = -2P^{-3}(Y-100)$,$\dfrac{\partial Q}{\partial Y} = P^{-2}$,所以

此商品需求的价格弹性为

$$E_P = -\frac{\partial Q}{\partial P}\frac{P}{Q} = 2P^{-3}(Y-100)\frac{P}{Q} = 2P^{-3}(Y-100)\frac{P}{P^{-2}(Y-100)}$$

$$= 2$$

故有
$$E_P\Big|_{P=10,Y=200} = 2.$$

此商品需求的收入弹性为

$$E_Y = \frac{\partial Q}{\partial Y}\frac{Y}{Q} = P^{-2}\frac{Y}{Q} = P^{-2}\frac{Y}{P^{-2}(Y-100)}$$

$$= \frac{Y}{Y-100}$$

故有
$$E_Y\Big|_{P=10,Y=200} = \frac{200}{200-100} = 2$$

因此,当 $P=10, Y=200$ 时,需求的价格弹性为 2;需求的收入弹性为 2.

在一元函数中,如果某点的导数存在,那么函数在此点必定连续. 但是,在多元函数中,即使在某点处的各偏导数都存在,也不能保证函数在此点连续. 这是因为,各偏导数存在,只能保证动点 P 在沿平行于坐标轴的方向趋向于 P_0 时,函数值 $f(P)$ 趋近于 $f(P_0)$,但是并不能保证 P 按任何可能的方式趋向于 P_0 时,函数值 $f(P)$ 都趋近于 $f(P_0)$.

例如,对于二元函数 $f(x,y) = \begin{cases} \dfrac{2xy}{x^2+y^2}, & \text{当 } x^2+y^2 \neq 0 \text{ 时}; \\ 0, & \text{当 } x^2+y^2 = 0 \text{ 时}. \end{cases}$ 由偏导数的定义,易知

$$f'_x(0,0) = \lim_{\Delta x \to 0}\frac{f(0+\Delta x, 0) - f(0,0)}{\Delta x} = \lim_{\Delta x \to 0} 0 = 0$$

$$f'_y(0,0) = \lim_{\Delta y \to 0}\frac{f(0,0+\Delta y) - f(0,0)}{\Delta y} = \lim_{\Delta y \to 0} 0 = 0$$

即在点 $(0,0)$ 处,此函数的两个偏导数均存在,但是,由例 6.19 的结论知,此函数在点 $(0,0)$ 处并不连续.

反过来讲,如果多元函数在某点处连续,也不能保证其在此点的偏导数存在,这一点和一元函数相类似. 例如,对于二元函数 $z = \sqrt{x^2+y^2}$,在点 $(0,0)$ 显然是连续的. 但是,根据定义,它在 $(0,0)$ 处的两个偏导数分别为

$$\frac{\partial z}{\partial x}\Big|_{(0,0)} = \lim_{\Delta x \to 0}\frac{f(0+\Delta x, 0) - f(0,0)}{\Delta x} = \lim_{\Delta x \to 0}\frac{|\Delta x|}{\Delta x}$$

$$\frac{\partial z}{\partial y}\Big|_{(0,0)} = \lim_{\Delta y \to 0}\frac{f(0,0+\Delta y) - f(0,0)}{\Delta y} = \lim_{\Delta y \to 0}\frac{|\Delta y|}{\Delta y}$$

显然都是不存在的. 由此可知,对于二元函数,它的连续性与可导之间没有必然联系.

6.4.2　高阶偏导数

一般地,二元函数 $z = f(x,y)$ 的偏导数 $z'_x = \dfrac{\partial f(x,y)}{\partial x}$,$z'_y = \dfrac{\partial f(x,y)}{\partial y}$ 仍然为 x,y 的二元函数,如果这两个函数关于自变量 x 和 y 的偏导数也存在,则称这些偏导数为函数 $f(x,y)$

的二阶偏导数,记作

$$\frac{\partial^2 z}{\partial x^2} = \frac{\partial}{\partial x}\left(\frac{\partial z}{\partial x}\right), \frac{\partial^2 z}{\partial x \partial y} = \frac{\partial}{\partial y}\left(\frac{\partial z}{\partial x}\right)$$

$$\frac{\partial^2 z}{\partial y^2} = \frac{\partial}{\partial y}\left(\frac{\partial z}{\partial y}\right), \frac{\partial^2 z}{\partial y \partial x} = \frac{\partial}{\partial x}\left(\frac{\partial z}{\partial y}\right)$$

或 $z''_{xx}, z''_{xy}, z''_{yy}, z''_{yx}$. 其中, z''_{xy} 和 z''_{yx} 称为二阶混合偏导数.

一般地,二阶偏导数也是 x, y 的二元函数,仿此可定义出二元函数的三阶,甚至更高阶的导数. 二阶及二阶以上的偏导数称为高阶偏导数.

例 6.26　求 $z = x^3 + y^2 - 3x^2 y^3$ 的二阶偏导数.

解: $\dfrac{\partial z}{\partial x} = 3x^2 - 6xy^3, \dfrac{\partial^2 z}{\partial x^2} = 6x - 6y^3$,

$\dfrac{\partial z}{\partial y} = 2y - 9x^2 y^2, \dfrac{\partial^2 z}{\partial y^2} = 2 - 18x^2 y$,

$\dfrac{\partial^2 z}{\partial x \partial y} = (3x^2 - 6xy^3)'_y = -18xy^2, \dfrac{\partial^2 z}{\partial y \partial x} = (2y - 9x^2 y^2)'_x = -18xy^2$

例 6.27　求 $z = e^{x \sin y}$ 的二阶偏导数.

解: $\dfrac{\partial z}{\partial x} = e^{x \sin y}(x \sin y)'_x = e^{x \sin y} \sin y, \dfrac{\partial^2 z}{\partial x^2} = \sin^2 y e^{x \sin y}$,

$\dfrac{\partial z}{\partial y} = e^{x \sin y}(x \sin y)'_y = e^{x \sin y} x \cos y, \dfrac{\partial^2 z}{\partial y^2} = x e^{x \sin y}(x \cos^2 y - \sin y)$

$\dfrac{\partial^2 z}{\partial x \partial y} = (e^{x \sin y} \sin y)'_y = e^{x \sin y} \cos y(1 + x \sin y)$

$\dfrac{\partial^2 z}{\partial y \partial x} = (e^{x \sin y} x \cos y)'_x = e^{x \sin y} \cos y(1 + x \sin y)$

例 6.28　求 $z = y^x$ 的二阶偏导数.

解: 因为

$$\frac{\partial z}{\partial x} = (y^x)'_x = y^x \ln y, \frac{\partial z}{\partial y} = (y^x)'_y = xy^{x-1}$$

所以

$$\frac{\partial^2 z}{\partial x^2} = (y^x \ln y)'_x = (\ln y)^2 y^x$$

$$\frac{\partial^2 z}{\partial y^2} = (xy^{x-1})'_y = x(x-1)y^{x-2}$$

$$\frac{\partial^2 z}{\partial x \partial y} = (y^x \ln y)'_y = xy^{x-1} \ln y + y^x \frac{1}{y} = (1 + x \ln y)y^{x-1}$$

$$\frac{\partial^2 z}{\partial y \partial x} = (xy^{x-1})'_x = y^{x-1} + xy^{x-1} \ln y = (1 + x \ln y)y^{x-1}$$

在上述例子中,二阶混合偏导数 $\dfrac{\partial^2 z}{\partial x \partial y}$ 与 $\dfrac{\partial^2 z}{\partial y \partial x}$ 都相等. 但是在许多情况下,它们并不相等,即两者只有在一定条件下才是相等的.

例 6.29　设

$$f(x,y) = \begin{cases} xy\,\dfrac{x^2-y^2}{x^2+y^2}, & \text{当 } x^2+y^2 \neq 0 \text{ 时}; \\ 0, & \text{当 } x^2+y^2 = 0 \text{ 时}. \end{cases}$$

试证明：$f''_{xy}(0,0) \neq f''_{yx}(0,0)$.

证明：$f''_{xy}(0,0)$ 即函数 $f'_x(x,y)$ 在点 $(0,0)$ 处关于 x 的偏导数，因此欲求 $f''_{xy}(0,0)$，不妨先求 $f'_x(x,y)$.

当 $x^2+y^2 \neq 0$ 时，有

$$f'_x(x,y) = \left(xy\,\frac{x^2-y^2}{x^2+y^2}\right)'_x = \frac{x^4 y + 4x^2 y^3 - y^5}{(x^2+y^2)^2}$$

当 $x^2+y^2 = 0$ 时，由偏导数定义，可得

$$f'_x(0,0) = \lim_{x\to 0} \frac{f(x,0)-f(0,0)}{x-0} = \lim_{x\to 0}\frac{0-0}{x-0} = \lim_{x\to 0} 0 = 0$$

因此

$$f'_x(x,y) = \begin{cases} \dfrac{x^4 y + 4x^2 y^3 - y^5}{(x^2+y^2)^2}, & \text{当 } x^2+y^2 \neq 0 \text{ 时}; \\ 0, & \text{当 } x^2+y^2 = 0 \text{ 时}. \end{cases}$$

再由偏导数定义可得

$$f''_{xy}(0,0) = \lim_{y\to 0} \frac{f'_x(0,y)-f'_x(0,0)}{y-0} = \lim_{y\to 0}\frac{-y-0}{y-0} = -1$$

同法可求得

$$f'_y(x,y) = \begin{cases} \dfrac{x^5 - xy^4 - 4y^2 x^3}{(x^2+y^2)^2}, & \text{当 } x^2+y^2 \neq 0 \text{ 时}; \\ 0, & \text{当 } x^2+y^2 = 0 \text{ 时}. \end{cases}$$

$$f''_{yx}(0,0) = \lim_{x\to 0}\frac{f'_y(x,0)-f'_y(0,0)}{x-0} = \lim_{x\to 0}\frac{x-0}{x-0} = 1$$

即有
$$f''_{xy}(0,0) \neq f''_{yx}(0,0).$$

下面给出一个关于二阶混合偏导数的定理.

定理 6.1　设函数 $z = f(x,y)$ 在点 $M_0(x_0,y_0)$ 的某个邻域内存在二阶混合偏导数 $\dfrac{\partial^2 z}{\partial x \partial y}$ 和 $\dfrac{\partial^2 z}{\partial y \partial x}$，如果 $\dfrac{\partial^2 z}{\partial x \partial y}$ 和 $\dfrac{\partial^2 z}{\partial y \partial x}$ 都在 $M_0(x_0,y_0)$ 点连续，那么在点 M_0 处

$$\left.\frac{\partial^2 z}{\partial x \partial y}\right|_{(x_0,y_0)} = \left.\frac{\partial^2 z}{\partial y \partial x}\right|_{(x_0,y_0)}$$

证明略.

6.5 全微分

在一元函数中,当自变量在取得改变量 Δx 时,微分表示函数增量 Δy 的线性主部. 如果用微分 dy 近似代替函数增量 Δy,那么当 $\Delta x \to 0$ 时,其误差是 Δx 的高阶无穷小. 在多元函数中,类似关系也是存在的.

设二元函数 $z = f(x,y)$ 在点 (x,y) 的某邻域内有定义,当自变量 x,y 在点 (x,y) 处分别取得增量 Δx 与 Δy 时,函数的增量

$$\Delta z = f(x + \Delta x, y + \Delta y) - f(x,y)$$

称为函数 $f(x,y)$ 在点 (x,y) 对应于 $\Delta x, \Delta y$ 的全增量.

定义 6.6 设二元函数 $z = f(x,y)$ 在点 (x,y) 的某邻域内有定义,如果 $f(x,y)$ 在点 (x,y) 的全增量 $\Delta z = f(x + \Delta x, y + \Delta y) - f(x,y)$ 可表示为

$$\Delta z = A\Delta x + B\Delta y + o(\rho)$$

其中,A,B 是 x,y 的函数,而与 Δx 和 Δy 无关;$\rho = \sqrt{(\Delta x)^2 + (\Delta y)^2}$,$o(\rho)$ 是比 ρ 高阶的无穷小量(当 $\rho \to 0$ 时),则称 $A\Delta x + B\Delta y$ 为函数 $f(x,y)$ 在点 (x,y) 处的全微分. 记作 dz 或 $df(x,y)$,即

$$dz = df(x,y) = A\Delta x + B\Delta y$$

此时,也称函数 $z = f(x,y)$ 在点 (x,y) 处可微.

如果函数在区域 D 内各点处都可微,则称该函数在区域 D 内可微.

在一元函数中,如果函数在某点可微,那么函数在此点必定连续;在二元函数中,亦存在类似性质,即如果函数 $z = f(x,y)$ 在点 (x,y) 处可微,则函数 $z = f(x,y)$ 在点 (x,y) 处连续. 这是因为,由于 $\Delta z = A\Delta x + B\Delta y + o(\rho)$,所以

$$\lim_{\substack{\Delta x \to 0 \\ \Delta y \to 0}} \Delta z = \lim_{\substack{\Delta x \to 0 \\ \Delta y \to 0}} [A\Delta x + B\Delta y + o(\rho)] = 0$$

从而有

$$\lim_{\substack{\Delta x \to 0 \\ \Delta y \to 0}} f(x + \Delta x, y + \Delta y) = \lim_{\substack{\Delta x \to 0 \\ \Delta y \to 0}} [f(x,y) + \Delta z] = f(x,y)$$

即函数 $z = f(x,y)$ 在点 (x,y) 处连续.

定理 6.2 若函数 $z = f(x,y)$ 在点 (x,y) 处可微,则函数 $z = f(x,y)$ 在点 (x,y) 处的偏导数必定存在,并且

$$A = \frac{\partial z}{\partial x}, B = \frac{\partial z}{\partial y}, \quad 即 \quad dz = \frac{\partial z}{\partial x}\Delta x + \frac{\partial z}{\partial y}\Delta y.$$

证明: 因为函数 $z = f(x,y)$ 在点 (x,y) 处可微,那么对点 (x,y) 的某邻域内的任意一点 $(x + \Delta x, y + \Delta y)$,$\Delta z = A\Delta x + B\Delta y + o(\rho)$ 恒成立. 特别地,当 $\Delta y = 0$ 时,有

$$f(x+\Delta x,y)-f(x,y)=A\Delta x+o(\rho)$$

上式两边同时除以 Δx,同时注意到 $\rho=\sqrt{(\Delta x)^2}=|\Delta x|$,因此当 $\Delta x\to0$ 时,极限

$$\lim_{\Delta x\to0}\frac{f(x+\Delta x,y)-f(x,y)}{\Delta x}=A+\lim_{\Delta x\to0}\frac{o(\rho)}{\Delta x}$$

而

$$\lim_{\Delta x\to0}\frac{o(\rho)}{\Delta x}=\lim_{\Delta x\to0}\left[\frac{o(\rho)}{\rho}\cdot\frac{\rho}{\Delta x}\right]=\lim_{\Delta x\to0}\left[\frac{o(\rho)}{\rho}\cdot\frac{|\Delta x|}{\Delta x}\right]=0$$

因此有, $\frac{\partial z}{\partial x}=A$. 同理,可得 $\frac{\partial z}{\partial y}=B$.

于是得函数 $z=f(x,y)$ 在 (x,y) 处的全微分为 $\mathrm{d}z=\frac{\partial z}{\partial x}\Delta x+\frac{\partial z}{\partial y}\Delta y$.

通常,由于函数自变量的增量 $\Delta x,\Delta y$ 分别等于它们各自的微分,即 $\Delta x=\mathrm{d}x,\Delta y=\mathrm{d}y$,因此二元函数 $z=f(x,y)$ 的全微分可写为

$$\mathrm{d}z=\frac{\partial z}{\partial x}\mathrm{d}x+\frac{\partial z}{\partial y}\mathrm{d}y \tag{6-9}$$

需要注意的是,函数偏导数存在只是函数可微的必要条件,而不是充分条件. 但是,如果偏导数存在并且连续,那么函数一定是可微的. 即存在如下定理,它是二元函数可微的一个充分条件.

定理6.3　若函数 $z=f(x,y)$ 在点 (x_0,y_0) 的某一邻域内存在偏导数 $f'_x(x,y),f'_y(x,y)$,并且 $f'_x(x,y),f'_y(x,y)$ 都在点 (x_0,y_0) 处连续,则函数 $z=f(x,y)$ 在该点处可微.(证明略)

同样,二元函数关于全微分的定义以及可微的必要条件和充分条件,可以类似地推广到三元以及三元以上的多元函数.

例6.30　求函数 $z=\ln(xy)$ 在点 $(2,1)$ 处的全微分.

解:由于 $\frac{\partial z}{\partial x}=\frac{1}{xy}(xy)'_x=\frac{1}{x},\frac{\partial z}{\partial y}=\frac{1}{xy}(xy)'_y=\frac{1}{y}$,所以

$$\frac{\partial z}{\partial x}\Big|_{\substack{x=2\\y=1}}=\frac{1}{2},\frac{\partial z}{\partial y}\Big|_{\substack{x=2\\y=1}}=1$$

则 $z=\ln(xy)$ 在点 $(2,1)$ 处的全微分为 $\mathrm{d}z=\frac{1}{2}\mathrm{d}x+\mathrm{d}y$.

例6.31　求 $u=\cos(x^2+y^2+z^2)$ 的全微分.

解: $\frac{\partial u}{\partial x}=-2x\sin(x^2+y^2+z^2)$

$$\frac{\partial u}{\partial y}=-2y\sin(x^2+y^2+z^2)$$

$$\frac{\partial u}{\partial z}=-2z\sin(x^2+y^2+z^2)$$

所以

$$\mathrm{d}u = \frac{\partial u}{\partial x}\mathrm{d}x + \frac{\partial u}{\partial y}\mathrm{d}y + \frac{\partial u}{\partial z}\mathrm{d}z$$

$$= -2\sin(x^2 + y^2 + z^2)(x\mathrm{d}x + y\mathrm{d}y + z\mathrm{d}z)$$

多元函数的全微分也可以用来作近似计算. 如果函数 $z = f(x,y)$ 在点 (x_0,y_0) 可微,则由全微分的定义知,$\Delta z - \mathrm{d}z = o(\rho)$,并且 $o(\rho)$ 是一个比 ρ 高阶的无穷小量,因此有如下近似公式

$$\Delta z \approx \mathrm{d}z = f'_x(x_0,y_0)\Delta x + f'_y(x_0,y_0)\Delta y$$

或

$$f(x_0 + \Delta x, y_0 + \Delta y) \approx f(x_0,y_0) + f'_x(x_0,y_0)\Delta x + f'_y(x_0,y_0)\Delta y$$

例 6.32 计算 $2.01 \times \mathrm{e}^{1.02}$ 的近似值.

解:设函数 $f(x,y) = x\mathrm{e}^y$,显然所要计算的值就是此函数在 $x = 2.01, y = 1.02$ 时的函数值. 取 $x = 2, y = 1, \Delta x = 0.01, \Delta y = 0.02$.

由于 $f'_x(x,y) = \mathrm{e}^y, f'_y(x,y) = x\mathrm{e}^y$,因此 $f'_x(2,1) = \mathrm{e}^1 = \mathrm{e}, f'_y(2,1) = 2 \times \mathrm{e}^1 = 2\mathrm{e}$. 又 $f(2,1) = 2 \times \mathrm{e}^1 = 2\mathrm{e}$,所以有

$$2.01 \times \mathrm{e}^{1.02} \approx f(2,1) + f'_x(2,1)\Delta x + f'_y(2,1)\Delta y$$

$$= 2\mathrm{e} + \mathrm{e} \times 0.01 + 2\mathrm{e} \times 0.02$$

$$= 2.05\mathrm{e} = 5.572$$

6.6 多元复合函数微分法与隐函数微分法

6.6.1 多元复合函数微分法

函数 $z = f(u,v), u = \varphi(x,y), v = \psi(x,y)$,则函数 $z = f[\varphi(x,y),\psi(x,y)]$ 是由函数 $z = f(u,v), u = \varphi(x,y), v = \psi(x,y)$ 复合而成的复合函数,称为二元复合函数. 其中,x,y 是自变量,u,v 是中间变量,z 是因变量或函数.

定理 6.4 设函数 $u = \varphi(x,y), v = \psi(x,y)$ 在点 (x,y) 存在偏导数,而函数 $z = f(u,v)$ 在对应点 (u,v) 可微,则复合函数 $z = f[\varphi(x,y),\psi(x,y)]$ 在点 (x,y) 的两个偏导数 $\frac{\partial z}{\partial x}, \frac{\partial z}{\partial y}$ 存在,并且

$$\frac{\partial z}{\partial x} = \frac{\partial z}{\partial u}\frac{\partial u}{\partial x} + \frac{\partial z}{\partial v}\frac{\partial v}{\partial x} \tag{6-10}$$

$$\frac{\partial z}{\partial y} = \frac{\partial z}{\partial u}\frac{\partial u}{\partial y} + \frac{\partial z}{\partial v}\frac{\partial v}{\partial y} \tag{6-11}$$

证明:首先令自变量 y 保持不变,自变量 x 取得增量 Δx,则函数 $u = \varphi(x,y), v = \psi(x,y)$ 分别有偏增量,$\Delta_x u = \varphi(x + \Delta x, y) - \varphi(x,y), \Delta_x v = \psi(x + \Delta x, y) - \psi(x,y)$. 从而函数 $z = f(u,v)$ 也取得增量 $\Delta_x z$.

又因为 $z = f(u,v)$ 在对应的点 (u,v) 处可微,所以

$$\Delta_x z = \frac{\partial z}{\partial u}\Delta_x u + \frac{\partial z}{\partial v}\Delta_x v + o(\rho)\,,\text{其中}\quad \rho = \sqrt{(\Delta_x u)^2 + (\Delta_x v)^2}\,,\text{且}\lim_{\rho \to 0}\frac{o(\rho)}{\rho} = 0$$

两边同时除以 Δx，则

$$\frac{\Delta_x z}{\Delta x} = \frac{\partial z}{\partial u}\frac{\Delta_x u}{\Delta x} + \frac{\partial z}{\partial v}\frac{\Delta_x v}{\Delta x} + \frac{o(\rho)}{\Delta x}$$

由于函数 $u = \varphi(x,y)$，$v = \psi(x,y)$ 在点 (x,y) 处的偏导数存在，说明当 $\Delta x \to 0$ 时，$\Delta_x u \to 0$，$\Delta_x v \to 0$，故 $\rho \to 0$，并且有

$$\lim_{\Delta x \to 0}\frac{\Delta_x u}{\Delta x} = \frac{\partial u}{\partial x}\,,\lim_{\Delta x \to 0}\frac{\Delta_x v}{\Delta x} = \frac{\partial v}{\partial x}$$

$$\lim_{\Delta x \to 0}\left|\frac{o(\rho)}{\Delta x}\right| = \lim_{\Delta x \to 0}\left|\frac{o(\rho)}{\rho}\right| \cdot \left|\frac{\rho}{\Delta x}\right|$$

$$= \lim_{\Delta x \to 0}\left|\frac{o(\rho)}{\rho}\right| \cdot \lim_{\Delta x \to 0}\sqrt{(\Delta_x u/\Delta x)^2 + (\Delta_x v/\Delta x)^2}$$

$$= 0 \cdot \sqrt{(\partial u/\partial x)^2 + (\partial v/\partial x)^2} = 0$$

所以，
$$\lim_{\Delta x \to 0}\frac{o(\rho)}{\Delta x} = 0.$$

于是有

$$\frac{\partial z}{\partial x} = \lim_{\Delta x \to 0}\frac{\Delta_x z}{\Delta x} = \lim_{\Delta x \to 0}\left[\frac{\partial z}{\partial u}\frac{\Delta_x u}{\Delta x} + \frac{\partial z}{\partial v}\frac{\Delta_x v}{\Delta x} + \frac{o(\rho)}{\Delta x}\right]$$

$$= \frac{\partial z}{\partial u}\frac{\partial u}{\partial x} + \frac{\partial z}{\partial v}\frac{\partial v}{\partial x}$$

同理可证：
$$\frac{\partial z}{\partial y} = \frac{\partial z}{\partial u}\frac{\partial u}{\partial y} + \frac{\partial z}{\partial v}\frac{\partial v}{\partial y}.$$

例 6.33 求二元函数 $z = \ln(xy)\sin(x+y)$ 的偏导数.

解：设 $u = xy$，$v = x+y$，则 $z = \ln u \cdot \sin v$，可得

$$\frac{\partial z}{\partial u} = \frac{1}{u}\sin v\,,\frac{\partial z}{\partial v} = \ln u \cdot \cos v$$

$$\frac{\partial u}{\partial x} = y\,,\frac{\partial v}{\partial x} = 1\,;\frac{\partial u}{\partial y} = x\,,\frac{\partial v}{\partial y} = 1$$

所以

$$\frac{\partial z}{\partial x} = \frac{\partial z}{\partial u}\frac{\partial u}{\partial x} + \frac{\partial z}{\partial v}\frac{\partial v}{\partial x} = \frac{1}{u}\sin v \cdot y + \ln u \cdot \cos v \cdot 1$$

$$= \frac{1}{x}\sin(x+y) + \ln(xy)\cos(x+y)$$

$$\frac{\partial z}{\partial y} = \frac{\partial z}{\partial u}\frac{\partial u}{\partial y} + \frac{\partial z}{\partial v}\frac{\partial v}{\partial y} = \frac{1}{u}\sin v \cdot x + \ln u \cdot \cos v \cdot 1$$

$$= \frac{1}{y}\sin(x+y) + \ln(xy)\cos(x+y)$$

定理 6.4 可推广到复合函数的中间变量多于两个的情形. 例如，设 $z = f(u,v,\omega)$，$u =$

$\varphi(x,y), v = \psi(x,y), \omega = \omega(x,y)$，则有

$$\frac{\partial z}{\partial x} = \frac{\partial z}{\partial u}\frac{\partial u}{\partial x} + \frac{\partial z}{\partial v}\frac{\partial v}{\partial x} + \frac{\partial z}{\partial \omega}\frac{\partial \omega}{\partial x} \qquad (6-12)$$

$$\frac{\partial z}{\partial y} = \frac{\partial z}{\partial u}\frac{\partial u}{\partial y} + \frac{\partial z}{\partial v}\frac{\partial v}{\partial y} + \frac{\partial z}{\partial \omega}\frac{\partial \omega}{\partial y} \qquad (6-13)$$

特别的，在定理 6.4 中，如果 $z = f(u,v)$，而 $u = \varphi(x), v = \psi(x)$，则 z 就成为 x 的一元函数，此时 $z = f[u(x), v(x)]$，z 对 x 的导数称为全导数，即

$$\frac{\mathrm{d}z}{\mathrm{d}x} = \frac{\partial z}{\partial u}\frac{\mathrm{d}u}{\mathrm{d}x} + \frac{\partial z}{\partial v}\frac{\mathrm{d}v}{\mathrm{d}x}$$

如果 $z = f(x,y)$，而 $y = \varphi(x)$，则函数 $z = f[x, \varphi(x)]$ 的全导数为

$$\frac{\mathrm{d}z}{\mathrm{d}x} = \frac{\partial z}{\partial x} + \frac{\partial z}{\partial \varphi}\frac{\mathrm{d}\varphi}{\mathrm{d}x}$$

例 6.34　设 $z = f(x,y,\omega) = \mathrm{e}^{x^2+y^2}\sin\omega$，而 $\omega = xy$，求 $\dfrac{\partial z}{\partial x}$ 和 $\dfrac{\partial z}{\partial y}$.

解：$\dfrac{\partial z}{\partial x} = \dfrac{\partial f}{\partial x} + \dfrac{\partial f}{\partial \omega}\dfrac{\partial \omega}{\partial x} = \mathrm{e}^{x^2+y^2} \cdot 2x \cdot \sin\omega + \mathrm{e}^{x^2+y^2} \cdot y \cdot \cos\omega$

$\qquad = \mathrm{e}^{x^2+y^2}[2x\sin(xy) + y\cos(xy)]$

$\qquad \dfrac{\partial z}{\partial y} = \dfrac{\partial f}{\partial y} + \dfrac{\partial f}{\partial \omega}\dfrac{\partial \omega}{\partial y} = \mathrm{e}^{x^2+y^2} \cdot 2y \cdot \sin\omega + \mathrm{e}^{x^2+y^2} \cdot x \cdot \cos\omega$

$\qquad = \mathrm{e}^{x^2+y^2}[2y\sin(xy) + x\cos(xy)]$

例 6.35　设 $z = x^2 + y^3, x = \sin t, y = \cos t$，求 $\dfrac{\mathrm{d}z}{\mathrm{d}t}$.

解：t 为自变量，x, y 是中间变量，z 是 t 的复合函数，因此有

$$\frac{\mathrm{d}z}{\mathrm{d}t} = \frac{\partial z}{\partial x}\frac{\mathrm{d}x}{\mathrm{d}t} + \frac{\partial z}{\partial y}\frac{\mathrm{d}y}{\mathrm{d}t}$$

$$= 2x\cos t + 3y^2(-\sin t)$$

$$= 2\sin t\cos t - 3\cos^2 t\sin t$$

$$= \left(1 - \frac{3}{2}\cos t\right)\sin 2t$$

例 6.36　设 f 具有二阶连续偏导数，求 $z = f(x^2 + y, xy)$ 的二阶偏导数.

解：设 $u = x^2 + y, v = xy$，则 $z = f(u,v)$. 为了简便起见，引入以下记号

$$f_1' = \frac{\partial f(u,v)}{\partial u}, f_{12}'' = \frac{\partial f^2(u,v)}{\partial u\partial v}$$

这里的下标 1、2 分别表示对第一个和第二个中间变量求偏导数，类似地有 f_{11}'', f_{22}'' 等.

根据复合函数求导法则，有

$$\frac{\partial z}{\partial x} = \frac{\partial f}{\partial u} \cdot \frac{\partial u}{\partial x} + \frac{\partial f}{\partial v} \cdot \frac{\partial v}{\partial x} = 2xf_1' + yf_2'$$

这里的 f_1', f_2' 仍然是 u, v 的函数，从而仍然是关于 x, y 的复合函数，由复合函数求导法

则得

$$\frac{\partial f'_1}{\partial x} = \frac{\partial f'_1}{\partial u} \frac{\partial u}{\partial x} + \frac{\partial f'_1}{\partial v} \frac{\partial v}{\partial x} = 2x f''_{11} + y f''_{12}$$

$$\frac{\partial f'_2}{\partial x} = \frac{\partial f'_2}{\partial u} \frac{\partial u}{\partial x} + \frac{\partial f'_2}{\partial v} \frac{\partial v}{\partial x} = 2x f''_{21} + y f''_{22}$$

所以

$$\begin{aligned}
\frac{\partial^2 z}{\partial x^2} &= 2f'_1 + 2x \frac{\partial f'_1}{\partial x} + y \frac{\partial f'_2}{\partial x} \\
&= 2f'_1 + 2x(2x f''_{11} + y f''_{12}) + y(2x f''_{21} + y f''_{22}) \\
&= 2f'_1 + 4x^2 f''_{11} + 4xy f''_{12} + y^2 f''_{22}
\end{aligned}$$

类似地可以计算

$$\frac{\partial^2 z}{\partial y^2} = f''_{11} + 2x f''_{12} + x^2 f''_{22}$$

$$\frac{\partial^2 z}{\partial x \partial y} = f'_2 + 2x f''_{11} + (2x^2 + y) f''_{12} + xy f''_{22}$$

$$\frac{\partial^2 z}{\partial y \partial x} = f'_2 + 2x f''_{11} + (2x^2 + y) f''_{12} + xy f''_{22}$$

例 6.37　如果某厂商的生产函数可以表示为 $Y = f(K, L)$,其中,K 为资本的使用数量,L 为劳动力的使用数量;并且 $f(K, L)$ 为齐次函数,即满足如下条件

$$f(tK, tL) = t^{\kappa} f(K, L)$$

试证明:$Kf'_K(K, L) + Lf'_L(K, L) = \kappa f(K, L)$.

证明:将 t 视为自变量,对 $f(tK, tL) = t^{\kappa} f(K, L)$ 两边求关于 t 的导数

$$Kf'_1 + Lf'_2 = \kappa t^{\kappa-1} f(K, L)$$

即有

$$tK f'_1 + tL f'_2 = \kappa t^{\kappa} f(K, L) = \kappa f(tK, tL)$$

若记 $tK = u, tL = v$,则有

$$u f'_u + v f'_v = \kappa f(u, v)$$

即

$$Kf'_K(K, L) + Lf'_L(K, L) = \kappa f(K, L)$$

在此题中,企业的生产函数满足方程 $f(tK, tL) = t^{\kappa} f(K, L)$. 如果 $\kappa > 1$,说明企业若将劳动和资本同时扩大 t 倍,即生产规模扩大 t 倍,产出将以高于 t 倍的速度增长,这种现象在经济学中称为规模报酬递增;如果 $0 < \kappa < 1$,说明生产规模扩大 t 倍,产出将以低于 t 倍的速度增长,此时为规模报酬递减;如果 $\kappa = 1$,说明生产规模扩大 t 倍,产出也将扩大 t 倍,此时为规模报酬不变.

特别地,当 $\kappa = 1$ 时,$f(K, L) = Kf'_K(K, L) + Lf'_L(K, L)$. 此时的经济含义在于,如果将

$f'_K(K,L)$看作是单位资本对生产的边际贡献,从而等于资本的利息率(亦即对单位资本的报酬);$f'_L(K,L)$看作是单位劳动的边际贡献,从而等于劳动的工资,那么资本和劳动获得的总报酬恰好等于企业的总产出.

6.6.2 多元隐函数的微分法

与一元隐函数类似,多元隐函数也是由方程式来确定的函数.例如,$F(x,y,z)=0$可以确定z是x和y的二元函数.但是,并不是所有的方程式都能确定一个函数;或者即使确定一个函数,也不能保证这个函数就是连续和可微的.为此,有如下隐函数存在定理.

定理6.5 设函数$F(x,y,z)$在点(x_0,y_0,z_0)的某邻域内具有连续的偏导数,且$F(x_0,y_0,z_0)=0,F'_z(x_0,y_0,z_0)\neq0$,则方程$F(x,y,z)=0$在点$(x_0,y_0,z_0)$的某邻域内能唯一确定一个单值连续且具有连续偏导数的函数$z=f(x,y)$,并满足$z_0=f(x_0,y_0)$.它的偏导数为

$$\frac{\partial z}{\partial x}=-\frac{F'_x(x,y,z)}{F'_z(x,y,z)},\frac{\partial z}{\partial y}=-\frac{F'_y(x,y,z)}{F'_z(x,y,z)} \qquad (6-14)$$

证明略.

例6.38 求由方程$\sin y-x\mathrm{e}^z+x=0$所确定的隐函数$z=f(x,y)$的偏导数$\dfrac{\partial z}{\partial x}$和$\dfrac{\partial z}{\partial y}$.

解:令$F(x,y,z)=\sin y-x\mathrm{e}^z+x$,则

$$F'_x(x,y,z)=\frac{\partial F(x,y,z)}{\partial x}=1-\mathrm{e}^z,F'_y(x,y,z)=\frac{\partial F(x,y,z)}{\partial y}=\cos y,$$

$$F'_z(x,y,z)=\frac{\partial F(x,y,z)}{\partial z}=-x\mathrm{e}^z$$

显然都是连续的.所以,当$F'_z(x,y,z)=-x\mathrm{e}^z\neq0$时,由隐函数存在定理得

$$\frac{\partial z}{\partial x}=-\frac{F'_x(x,y,z)}{F'_z(x,y,z)}=\frac{1-\mathrm{e}^z}{x\mathrm{e}^z}=\frac{1}{x}(\mathrm{e}^{-z}-1)$$

$$\frac{\partial z}{\partial y}=-\frac{F'_y(x,y,z)}{F'_z(x,y,z)}=\frac{\cos y}{x\mathrm{e}^z}$$

例6.39 设$\dfrac{x}{z}=\ln\dfrac{z}{y}$确定了隐函数$z=f(x,y)$,求$\dfrac{\partial z}{\partial x}$和$\dfrac{\partial z}{\partial y}$.

解:令$F(x,y,z)=\dfrac{x}{z}-\ln\dfrac{z}{y}$,则

$$F'_x(x,y,z)=\frac{1}{z}$$

$$F'_y(x,y,z)=\frac{1}{y}$$

$$F'_z(x,y,z)=-\frac{x}{z^2}-\frac{1}{z}$$

所以

$$\frac{\partial z}{\partial x} = -\frac{F_x'(x,y,z)}{F_z'(x,y,z)} = \frac{z}{x+z}$$

$$\frac{\partial z}{\partial y} = -\frac{F_y'(x,y,z)}{F_z'(x,y,z)} = \frac{z^2}{xy+zy}$$

例 6.40 设 $f(x)$ 可微,方程 $\int_{xy}^{z} f(t)\mathrm{d}t = f(xyz)$ 确定 z 是 x,y 的二元函数,证明:
$x\dfrac{\partial z}{\partial x} = y\dfrac{\partial z}{\partial y}$.

证明: 令 $F(x,y,z) = \displaystyle\int_{xy}^{z} f(t)\mathrm{d}t - f(xyz)$,则

$$F_x'(x,y,z) = \frac{\partial F(x,y,z)}{\partial x} = -f(xy) \cdot y - f'(xyz) \cdot yz$$

$$F_y'(x,y,z) = \frac{\partial F(x,y,z)}{\partial y} = -f(xy) \cdot x - f'(xyz) \cdot xz$$

$$F_z'(x,y,z) = \frac{\partial F(x,y,z)}{\partial z} = f(z) - f'(xyz) \cdot xy$$

所以

$$\frac{\partial z}{\partial x} = -\frac{F_x'(x,y,z)}{F_z'(x,y,z)} = \frac{f(xy) \cdot y + f'(xyz) \cdot yz}{f(z) - f'(xyz) \cdot xy}$$

$$\frac{\partial z}{\partial y} = -\frac{F_y'(x,y,z)}{F_z'(x,y,z)} = \frac{f(xy) \cdot x + f'(xyz) \cdot xz}{f(z) - f'(xyz) \cdot xy}$$

因此有

$$x\frac{\partial z}{\partial x} = \frac{f(xy) \cdot xy + f'(xyz) \cdot xyz}{f(z) - f'(xyz) \cdot xy}, y\frac{\partial z}{\partial y} = \frac{f(xy) \cdot xy + f'(xyz) \cdot xyz}{f(z) - f'(xyz) \cdot xy}$$

即

$$x\frac{\partial z}{\partial x} = y\frac{\partial z}{\partial y}.$$

6.7 多元函数的极值

本节将主要以二元函数为主介绍多元函数的极值以及其求法.

定义 6.7 设函数 $z = f(x,y)$ 在点 (x_0,y_0) 的某邻域内有定义,如果对于该邻域内异于 (x_0,y_0) 的一切点 (x,y),恒有 $f(x,y) < f(x_0,y_0)$,则称函数在点 (x_0,y_0) 有极大值 $f(x_0,y_0)$;反之,如果对于该邻域内异于 (x_0,y_0) 的一切点 (x,y),恒有 $f(x,y) > f(x_0,y_0)$,则称函数在点 (x_0,y_0) 有极小值 $f(x_0,y_0)$.

函数的极大值和极小值统称为函数的极值,使函数取得极值的点 (x_0,y_0) 称为极值点.

定理6.6(极值存在的必要条件)　设函数 $z=f(x,y)$ 在点 (x_0,y_0) 具有偏导数,且在该点处有极值,则必有

$$f'_x(x_0,y_0)=0,f'_y(x_0,y_0)=0$$

证明: 不妨设函数 $z=f(x,y)$ 在点 (x_0,y_0) 处存在极大值,由极值定义可知,在点 (x_0,y_0) 某邻域内所有异于 (x_0,y_0) 点 (x,y),存在关系

$$f(x,y)<f(x_0,y_0)$$

特别地,在该邻域内取 $y=y_0$,而 $x\ne x_0$,仍有不等式

$$f(x,y_0)<f(x_0,y_0)$$

这说明,对于一元函数 $f(x,y_0)$ 在点 $x=x_0$ 处取得极大值,因此有

$$\left.\frac{\mathrm{d}f(x,y_0)}{\mathrm{d}x}\right|_{x=x_0}=0$$

即　　　　　　　　　　　　　　　$f'_x(x_0,y_0)=0.$

同理可证:　　　　　　　　　　　$f'_y(x_0,y_0)=0.$

类似可证明,当函数 $z=f(x,y)$ 在点 (x_0,y_0) 处存在极小值的情况下,仍然有关系式 $f'_x(x_0,y_0)=0,f'_y(x_0,y_0)=0$ 成立.

与一元函数的情况相类似,使 $f'_x(x_0,y_0)=0,f'_y(x_0,y_0)=0$ 同时成立的点,称为二元函数 $z=f(x,y)$ 的驻点.由定理 6.6 可知,可微分函数的极值点必是驻点,但是函数的驻点不一定是极值点,极值点也可能在二元函数的偏导数不存在的点取得.

定理6.7(极值存在的充分条件)　设函数 $f(x,y)$ 在点 (x_0,y_0) 的某一邻域内具有一阶及二阶连续偏导数,且 $f'_x(x_0,y_0)=0,f'_y(x_0,y_0)=0$.令

$$f''_{xx}(x_0,y_0)=A,f''_{xy}(x_0,y_0)=B,f''_{yy}(x_0,y_0)=C$$

则

(1) 当 $B^2-AC<0$ 时,函数 $f(x,y)$ 在点 (x_0,y_0) 处取得极值,且当 $A<0$ 时取极大值, $A>0$ 时取极小值;

(2) 当 $B^2-AC>0$ 时,函数 $f(x,y)$ 在点 (x_0,y_0) 处无极值;

(3) 当 $B^2-AC=0$ 时,函数 $f(x,y)$ 在点 (x_0,y_0) 处是否有极值不能确定,需另求它法.

证明略.

综合定理 6.6 和定理 6.7,可以将具有二阶连续偏导数的二元函数 $z=f(x,y)$ 的极值求法概括如下:

(1) 解方程组

$$\begin{cases} f'_x(x,y)=0 \\ f'_y(x,y)=0 \end{cases}$$

求出一切实数解,从而得到所有驻点;

（2）求出二阶偏导数 $f''_{xx}(x,y),f''_{xy}(x,y),f''_{yy}(x,y)$，并对每一个驻点求出 A,B 和 C；

（3）对于每一个驻点，定出 B^2-AC 的符号，并根据定理 6.7 判断其是否为极值点，是极大值还是极小值；

（4）求出极值点处的函数值，即为所求的极值.

例 6.41 求函数 $f(x,y)=y^3+2x^2-8x-3y+6$ 的极值.

解：先解方程组

$$\begin{cases} f'_x(x,y)=4x-8=0 \\ f'_y(x,y)=3y^2-3=0 \end{cases}$$

得驻点 $(2,1),(2,-1)$.

再求函数 $f(x,y)$ 的二阶偏导数

$$f''_{xx}(x,y)=4,f''_{xy}(x,y)=0,f''_{yy}(x,y)=6y$$

对于驻点 $(2,1)$，由于 $B^2-AC=0-4\times6<0$，且 $A>0$，所以函数在此点有极小值 $f(2,1)=-4$；对于驻点 $(2,-1)$，由于 $B^2-AC=0-4\times(-6)>0$，所以函数在此点无极值.

与一元函数相类似，二元函数的极值与最值也是两个不同的概念.

设函数 $z=f(x,y)$ 在区域 D 上有定义，点 $(x_0,y_0)\in D$，如果对于任意的点 $(x,y)\in D$，恒有 $f(x,y)\leqslant f(x_0,y_0)$（或 $f(x,y)\geqslant f(x_0,y_0)$），则称 $f(x_0,y_0)$ 为函数 $z=f(x,y)$ 在区域 D 上的最大值（或最小值），称点 (x_0,y_0) 为函数 $z=f(x,y)$ 在区域 D 上的最大值点（或最小值点）. 最大值与最小值统称为最值，最大值点与最小值点统称为最值点.

定义在有界闭区域上的连续函数 $z=f(x,y)$ 一定存在最值点. 与一元函数相类似，二元函数的最值点即可能在区域内部取得，也可能在区域的边界上取得. 如果函数的最值在区域的内部取得，那么这个最值一定是函数的极值. 因此得到在有界闭区域上连续的二元函数最值的一般求法：首先求出该连续函数在 D 内的所有驻点及一阶偏导数不存在的点，以及函数在该区域边界上的最值点；然后将这些点处的函数值进行比较，其最大与最小者则分别是函数在此区域内的最大值和最小值.

例 6.42 求函数 $f(x,y)=3x^2+3y^2-2x^3$ 在区域 $D:\left\{(x,y)\,\middle|\,x^2+y^2\leqslant4\right\}$ 上的最值.

解：解方程组

$$\begin{cases} f'_x(x,y)=6x-6x^2=0 \\ f'_y(x,y)=6y=0 \end{cases}$$

得到函数在区域内的所有驻点为 $(0,0)$、$(1,0)$. 此两点对应的函数值分别为 $f(0,0)=0$ 以及 $f(1,0)=1$.

再求函数 $f(x,y)$ 在区域 D 边界上的最小值点. 由于点 (x,y) 在圆周 $x^2+y^2=4$ 上变化，所以 $y^2=4-x^2(-2\leqslant x\leqslant2)$，代入 $f(x,y)$，有 $f(x,y)=12-2x^3(-2\leqslant x\leqslant2)$. 此时 $f(x,y)$ 是 x 的一元函数，容易求得当 $x=2$ 时，函数 $f(x,y)$ 取得最小值，此时 $y=0$，从而 $f(2,0)=-4$；当 $x=-2$ 时，函数 $f(x,y)$ 取得最大值，此时 $y=0$，从而

$f(-2,0) = 28.$

比较函数在点$(0,0)$、$(1,0)$、$(2,0)$、$(-2,0)$的函数值,可知在区域D内,函数$f(x,y)$的最大值为$f(-2,0) = 28$,最小值为$f(2,0) = -4$.

6.8 条件极值——拉格朗日乘数法

在上述二元函数的求极值过程中,两个自变量是相互独立的,即除了限制在函数的定义域内外,它们不受其他条件的约束,此时的极值称为无条件极值,简称极值.但是,在一些实际的极值问题中,函数的自变量有时候还受到其他条件的限制.

例如,用$U(x,y)$表示一个消费者消费两种商品A和B所获得的总效用,其中,x表示所消费的商品A的数量,y表示所消费的商品B的数量.假设消费者所消费的两种商品从市场上购得,它们的价格分别为P_A和P_B,并且消费者的总货币持有量为M,求这个消费者如何选择这两种商品的消费数量从而能获得最大的效用.这个问题实际上是在约束条件$P_A x + P_B y \leqslant M$的限制条件下,求函数$U(x,y)$的最大值问题.

像这种对自变量有约束条件的极值称作条件极值.约束条件有等式和不等式两种情况,前述例子为不等式约束条件.在本节将主要处理等式约束条件的情况.

有些条件极值问题可以转化为无条件极值问题,然后用前面求无条件极值的方法来处理.但是在很多情况下,这样做是很困难的,甚至不可行,在这种情况下可以用下面介绍的"拉格朗日乘数法"来处理.

拉格朗日乘数法   求函数$z = f(x,y)$在约束条件$\varphi(x,y) = 0$下的可能极值点,可以按如下步骤进行:

(1) 构造函数$F(x,y) = f(x,y) + \lambda\varphi(x,y)$,其中$\lambda$是一个待定常数;

(2) 求函数$F(x,y)$的偏导数,并建立方程组:

$$\begin{cases} f'_x(x,y) + \lambda\varphi'_x(x,y) = 0 \\ f'_y(x,y) + \lambda\varphi'_y(x,y) = 0 \\ \varphi(x,y) = 0 \end{cases}$$

解此方程组,求得x,y及λ,其中x,y就是可能极值点的坐标.

(3) 判别所求出的可能极值点(x,y)是否为极值点.一般可以结合具体问题的性质进行判别.

例 6.43   设某企业生产甲种产品的总产量P(吨)与所用的两种原材料A,B之间的数量x,y(吨)之间的关系式为$P(x,y) = x^{0.75}y^{0.25}$.现准备用自有资金80万元购买原材料,已知$A,B$两种原材料的每吨单价分别为1万元和2万元.问如何选择购买两种原材料的数量,才能使产量最高.

解:根据题意,此问题实际上是求在约束条件$x + 2y = 80$下的函数$P(x,y) = x^{0.75}y^{0.25}$的最大值.由此,作拉格朗日函数

$$F(x,y) = x^{0.75}y^{0.25} + \lambda(x + 2y - 80)$$

求 $F(x,y)$ 的一阶偏导数,并令其为零,得方程组

$$\begin{cases} 0.75x^{-0.25}y^{0.25} + \lambda = 0 \\ 0.25x^{0.75}y^{-0.75} + 2\lambda = 0 \\ x + 2y = 80 \end{cases}$$

解之得 $x = 60, y = 10$.

因为只有唯一的一个驻点 $(60,10)$,且实际问题中的最大值是存在的,所以驻点 $(60,10)$ 也是 $P(x,y)$. 即购进 A 原材料 60 万吨,B 原材料 10 万吨,可使生产甲种产品的总产量最高.

拉格朗日乘数法可以推广到自变量多于两个的函数以及约束条件多于一个的情形. 如求三元函数 $f(x,y,z)$ 在约束条件 $\varphi(x,y,z) = 0, \psi(x,y,z) = 0$ 下的极值. 其拉格朗日乘数法为:首先构造拉格朗日函数

$$F(x,y,z) = f(x,y,z) + \lambda_1\varphi(x,y,z) + \lambda_2\psi(x,y,z)$$

然后求 $F(x,y,z)$ 的一阶偏导数,令其为零,从而组成一个方程组. 最后解此方程组,获得 $F(x,y,z)$ 的可能极值点,判断这些可能极值点是否为函数 $f(x,y,z)$ 的极值点.

例 6.44　某企业用总面积为 24 m² 的钢板做一个长方体箱子,问长、宽、高分别为多少时可使此箱子的容积最大.

解: 设箱子的长、宽、高分别为 x,y,z(m),则箱子的容积为

$$V(x,y,z) = xyz$$

由于箱子的总表面积即钢板的面积是一定的,依题意可知,本问题实际上是在约束条件 $2(xy + yz + zx) = 24$ 下求函数 $V(x,y,z)$ 的最大值. 由此构造拉格朗日函数:

$$F(x,y,z) = xyz + \lambda[2(xy + yz + zx) - 24]$$

求 $F(x,y,z)$ 的一阶偏导数,并令其为零,得

$$\begin{cases} yz + 2\lambda(y + z) = 0 \\ xz + 2\lambda(x + z) = 0 \\ xy + 2\lambda(x + y) = 0 \\ 2(xy + yz + zx) = 24 \end{cases}$$

由于 $x > 0, y > 0, z > 0$,因此

由 $yz + 2\lambda(y + z) = 0$ 和 $xz + 2\lambda(x + z) = 0$,可得 $x = y$;

由 $xz + 2\lambda(x + z) = 0$ 和 $xy + 2\lambda(x + y) = 0$,可得 $y = z$.

所以 $x = y = z$. 再由约束条件 $2(xy + yz + zx) = 24$,可得 $x = y = z = 2$.

此时,$V(2,2,2) = 8$. 由于此解在 x,y,z 的可能取值范围内是唯一的,那么由实际问题

可知这样一个最大值是存在的,因此长、宽、高相等且为 2 m 的时候,此箱子的容积最大.

6.9 二重积分

本节将把一元函数定积分的概念及其基本性质推广到二元函数,即所谓的二重积分.

6.9.1 二重积分的基本概念

1. 曲顶柱体的体积

设函数 $z = f(x,y)$ 在有界闭区域 D 上连续,且 $f(x,y) \geqslant 0$. 在几何上,它表示一个连续的曲面. 现有一立体,它以 xOy 平面上区域 D 为底,以曲面 $z = f(x,y)$ 为顶,侧面是以 D 的边界曲线为准线,母线平行于 z 轴的柱面,则此立体就称为曲顶柱体. 见图 6 − 25.

显然,曲顶柱体的体积不能直接用平顶柱体的体积公式(即:体积 = 高 × 底面积)来计算. 这是因为曲顶柱体的高不是常数,而是变化的,这与计算曲边梯形所遇到的问题相类似. 与之类似,曲顶柱体的体积也可以采用类似的求曲边梯形面积的方法来处理,即采用如下步骤来求其体积.

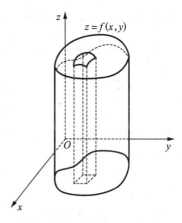

图 6 − 26

(1) 分割:将区域 D 任意分割为 n 个小区域 $D_1, D_2, \cdots, D_n$. 用 $\Delta\sigma_i$ 表示第 i 个小区域 D_i 的面积. 分别以每个小区域的边界曲线为准线,作母线平行于 z 轴的柱面. 这样,这些小柱面就将曲顶柱面分割为 n 个细长的小曲顶柱体(见图 6 − 26). 以 ΔV_i 表示以区域 D_i 为底的第 i 个小曲顶柱体的体积,则显然原曲顶柱体体积 V 为

$$V = \sum_{i=1}^{n} \Delta V_i$$

(2) 取近似:在每个小区域 $D_i (i = 1,2,3,\cdots,n)$ 内,任取一点 (ξ_i, η_i). 把以 $f(\xi_i, \eta_i)$ 为高,以 D_i 为底的平顶柱体的体积 $f(\xi_i, \eta_i) \Delta\sigma_i$ 作为 ΔV_i 的近似值. 即

$$\Delta V_i \approx f(\xi_i, \eta_i) \cdot \Delta\sigma_i, \quad (i = 1,2,3,\cdots,n)$$

(3) 求和:将所有小曲顶柱体的体积近似值相加,从而得到曲顶柱体的体积近似值.

$$V = \sum_{i=1}^{n} \Delta V_i \approx \sum_{i=1}^{n} f(\xi_i, \eta_i) \cdot \Delta\sigma_i, \quad (i = 1,2,3,\cdots,n)$$

(4) 取极限:用 λ_i 表示闭区域 $D_i (i = 1,2,3,\cdots,n)$ 内任意两点间距离的最大值,称为该区域的直径. 设 $\lambda = \max\{\lambda_1, \lambda_2, \cdots, \lambda_n\}$,如果分割得越来越细,以至于 λ 越来越小时,可以想象这时候每个小曲顶柱体将越来越接近于平顶柱体,那么以 $f(\xi_i, \eta_i) \cdot \Delta\sigma_i$ 来作为 ΔV_i 的近似值,其误差就越来越小. 当 $\lambda \to 0$ 时,如果上述和式的极限存在,则这个极限就是曲顶柱体的体积,即有

$$V = \lim_{\lambda \to 0} \sum_{i=1}^{n} f(\xi_i, \eta_i) \cdot \Delta\sigma_i$$

2. 二重积分的定义

通过上述分析可知,曲顶柱体的体积可以表示为一种和的极限. 除此之外,还有许多实际问题都可归结为上述类型的和的极限. 因此,有必要将这一类型的"和的极限"从实际问题中抽象出来,进行一般的研究,从而便引出了二重积分的概念.

定义 6.8 设 $f(x,y)$ 是定义在有界闭区域 D 上的有界二元函数. 将 D 任意分成为 n 个小闭区域 $D_1, D_2, \cdots, D_n$,并记 $\Delta\sigma_i$ 为区域 D_i 的面积($i = 1, 2, 3, \cdots, n$). 在每个小区域 D_i 上任取一点 (ξ_i, η_i),作乘积 $f(\xi_i, \eta_i)\Delta\sigma_i$,并作和

$$\sum_{i=1}^{n} f(\xi_i, \eta_i)\Delta\sigma_i$$

用 λ_i 表示闭区域 $D_i (i = 1, 2, 3, \cdots, n)$ 内任意两点间距离的最大值,并取 $\lambda = \max\{\lambda_1, \lambda_2, \cdots, \lambda_n\}$. 当 $\lambda \to 0$ 时,如果和式的极限存在,则称此极限为函数 $f(x,y)$ 在区域 D 上的二重积分,记作 $\iint\limits_{D} f(x,y)\mathrm{d}\sigma$,即

$$\iint\limits_{D} f(x,y)\mathrm{d}\sigma = \lim_{\lambda \to 0} \sum_{i=1}^{n} f(\xi_i, \eta_i)\Delta\sigma_i \tag{6-15}$$

其中,D 称为积分区域,$f(x,y)$ 称为被积函数,$f(x,y)\mathrm{d}\sigma$ 称为被积表达式,$\mathrm{d}\sigma$ 称为面积元素,x, y 称为积分变量.

根据定义,如果积分和的极限存在,那么称此极限为函数 $f(x,y)$ 在区域 D 上的二重积分,此时也称函数 $f(x,y)$ 在区域 D 上是可积的. 可以证明,如果函数 $f(x,y)$ 在有界闭区域 D 上连续,则函数在此区域上可积. 与一元函数类似,如果函数 $f(x,y)$ 在区域 D 上可积,则积分和的极限存在,且与 D 的分法无关. 如果用平行于坐标轴的直线网来分割区域 D,那么面积元素 $\mathrm{d}\sigma = \mathrm{d}x\mathrm{d}y$. 此时,在直角坐标系下,二重积分也可以记作 $\iint\limits_{D} f(x,y)\mathrm{d}x\mathrm{d}y$,其中 $\mathrm{d}x\mathrm{d}y$ 叫做直角坐标系中的面积元素.

3. 二重积分的性质

二重积分具有与定积分相类似的性质,并且它们的证明方法也类似. 下面将不加证明地直接给出二重积分的性质.

性质 1 被积函数的常数因子可以提到二重积分号的外面,即

$$\iint\limits_{D} kf(x,y)\mathrm{d}\sigma = k\iint\limits_{D} f(x,y)\mathrm{d}\sigma \quad \text{(其中 } k \text{ 为常数)} \tag{6-16}$$

性质 2 函数和(差)的二重积分等于各函数二重积分的和(差),即

$$\iint\limits_{D} [f(x,y) \pm g(x+y)]\mathrm{d}\sigma = \iint\limits_{D} f(x,y)\mathrm{d}\sigma \pm \iint\limits_{D} g(x,y)\mathrm{d}\sigma \tag{6-17}$$

性质 3 若用连续曲线将区域 D 分为两个闭子区域 D_1 和 D_2,则函数在 D 上的二重积分等于它在 D_1 和 D_2 上的二重积分的和,即

$$\iint\limits_{D} f(x,y)\mathrm{d}\sigma = \iint\limits_{D_1} f(x,y)\mathrm{d}\sigma + \iint\limits_{D_2} f(x,y)\mathrm{d}\sigma \qquad (6-18)$$

此性质表明,二重积分对于积分区域具有可加性.

性质 4　如果在积分区域 D 上,$f(x,y)=1$,A 为 D 的面积,则

$$\iint\limits_{D} f(x,y)\mathrm{d}\sigma = \iint\limits_{D}\mathrm{d}\sigma = A \qquad (6-19)$$

性质 5　如果在积分区域 D 上,$f(x,y) \leqslant g(x,y)$,则有不等式

$$\iint\limits_{D} f(x,y)\mathrm{d}\sigma \leqslant \iint\limits_{D} g(x,y)\mathrm{d}\sigma \qquad (6-20)$$

特别地有

$$\left| \iint\limits_{D} f(x,y)\mathrm{d}\sigma \right| \leqslant \iint\limits_{D} |f(x,y)|\mathrm{d}\sigma$$

性质 6　设 M,m 分别为函数 $f(x,y)$ 在闭区域 D 上的最大值和最小值,A 是 D 的面积,则有

$$mA \leqslant \iint\limits_{D} f(x,y)\mathrm{d}\sigma \leqslant MA \qquad (6-21)$$

性质 7（二重积分的中值定理）　设函数 $f(x,y)$ 在闭区域 D 上连续,A 是 D 的面积,则在 D 上至少存在一点 (ξ,η),使得

$$\iint\limits_{D} f(x,y)\mathrm{d}\sigma = f(\xi,\eta) \cdot A \qquad (6-22)$$

一般地,如果 $f(x,y) \geqslant 0$,二重积分总可以看成是以曲面 $z=f(x,y)$ 为顶,以积分区域 D 为底的曲顶柱体的体积. 如果在积分区域 D 上,函数 $f(x,y) \leqslant 0$,这时曲顶柱体位于 xOy 面的下方,二重积分的值是此曲顶柱体体积的相反数（负值）. 如果函数 $f(x,y)$ 在积分区域上是变号的,那么二重积分的值就等于位于 xOy 面上方的曲顶柱体体积与位于 xOy 面下方的曲顶柱体体积之差. 这就是二重积分的几何意义.

6.9.2　二重积分的计算

关于二重积分的计算,除由定义直接计算外,一般可根据其几何意义,将二重积分化为两次定积分,即累次积分的形式进行计算.

1. 直角坐标系下二重积分的计算

设函数 $z=f(x,y)$ 在区域 D 上连续,且 $f(x,y) \geqslant 0$. 如果积分区域 D 由直线 $x=a$, $x=b$ 与连续曲线 $y=\varphi_1(x)$,$y=\varphi_2(x)$ 所围成,见图 6-27,即

$$D = \{(x,y) \mid a \leqslant x \leqslant b, \varphi_1(x) \leqslant y \leqslant \varphi_2(x)\}$$

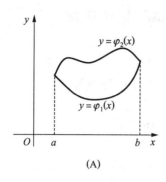 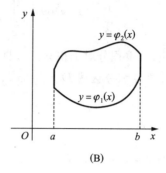

图 6 - 27

由二重积分的几何意义知,二重积分$\iint\limits_{D} f(x,y)\mathrm{d}\sigma$ 的值等于以 D 为底,以曲面 $z = f(x,y)$ 为顶的曲顶柱体的体积,见图 $6 - 28$.

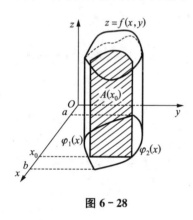

图 6 - 28

为了确定曲顶柱体的体积,在区间$[a,b]$ 上任取一点 x_0,过此点作一个平行于 yOz 的平面,此平面截曲顶柱体的截面是以$[\varphi_1(x_0),\varphi_2(x_0)]$ 为底,以曲线 $z = f(x_0,y)$ 为曲边的曲边梯形(见图 $6 - 28$). 由定积分的几何意义,可知此曲边梯形面积为

$$A(x_0) = \int_{\varphi_1(x_0)}^{\varphi_2(x_0)} f(x_0,y)\mathrm{d}y$$

因为 x_0 为区间$[a,b]$ 上的任意一点,因此,过区间$[a,b]$上任一点且平行于 yOz 面的平面所截曲顶柱体的平行截面面积一般地可表示为

$$A(x) = \int_{\varphi_1(x)}^{\varphi_2(x)} f(x,y)\mathrm{d}y$$

根据平行截面面积为 $A(x)$ 的立体体积公式,曲顶柱体的体积为

$$V = \int_a^b A(x)\mathrm{d}x = \int_a^b \left[\int_{\varphi_1(x)}^{\varphi_2(x)} f(x,y)\mathrm{d}y\right]\mathrm{d}x$$

即有

$$\iint\limits_{D} f(x,y)\mathrm{d}\sigma = \int_a^b \left[\int_{\varphi_1(x)}^{\varphi_2(x)} f(x,y)\mathrm{d}y\right]\mathrm{d}x$$

或写成

$$\iint\limits_{D} f(x,y)\mathrm{d}\sigma = \int_a^b \mathrm{d}x \int_{\varphi_1(x)}^{\varphi_2(x)} f(x,y)\mathrm{d}y$$

又因为在直角坐标系下,二重积分也可以记为$\iint\limits_{D} f(x,y)\mathrm{d}x\mathrm{d}y$,因此二重积分的计算公式通常记为

$$\iint\limits_{D} f(x,y)\mathrm{d}x\mathrm{d}y = \int_a^b \mathrm{d}x \int_{\varphi_1(x)}^{\varphi_2(x)} f(x,y)\mathrm{d}y \tag{6-23}$$

式(6-2)就是将二重积分化为二次求定积分的公式,即第一次求定积分是将 x 看作常量,首先对变量 y 计算从 $\varphi_1(x)$ 到 $\varphi_2(x)$ 的定积分;第二次求定积分是再对变量 x 计算从 a 到 b 的定积分.

类似地,由于对称性,如果积分区域 D 由直线 $y=c,y=d$ 与连续曲线 $x=\phi_1(y),x=\phi_2(y)$ 所围成(见图6-29),即

$$D = \{(x,y) \mid c\leqslant y\leqslant d, \phi_1(y)\leqslant x\leqslant \phi_2(y)\}$$

那么二重积分可以采取另一种积分次序,即先将 y 看作常量,首先计算变量 x 从 $\phi_1(y)$ 到 $\phi_2(y)$ 的定积分,然后再对变量 y 计算从 c 到 d 的定积分. 即将二重积分化为的另一种积分次序的计算公式:

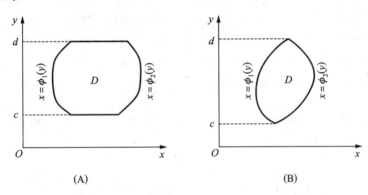

图 6-29

$$\iint\limits_{D} f(x,y)\mathrm{d}x\mathrm{d}y = \int_c^d \left[\int_{\phi_1(y)}^{\phi_2(y)} f(x,y)\mathrm{d}x\right]\mathrm{d}y$$

或

$$\iint\limits_{D} f(x,y)\mathrm{d}x\mathrm{d}y = \int_c^d \mathrm{d}y \int_{\phi_1(y)}^{\phi_2(y)} f(x,y)\mathrm{d}x \tag{6-24}$$

需要注意的是,在上述对二重积分公式的推导中,假定 $f(x,y)\geqslant 0$,实际上这个假定是可以去掉的,即对于有界闭区域 D 上任意的连续的函数 $f(x,y)$,式(6-23)及式(6-24)都是成立的.

式(6-23)和式(6-24)仅仅给出了简单区域上的二重积分计算方法.所谓简单区域指的是,它的边界曲线与平行于坐标轴的直线最多不过两个交点(见图6-29).如果积分区域 D 不是简单域,则在计算二重积分时,需要将 D 分成几个小区域,并使每个区域都是一个简单域,然后利用二重积分对积分区域的可加性(即性质3),从而可以将原二重积分化成若干个二重积分之和.

例如,对于积分区域如图6-30所示的情况,可按照如图

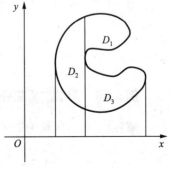

图 6-30

所示的方法,将 D 分成 D_1,D_2 和 D_3 三部分,使 D_1,D_2 和 D_3 都为简单域. 于是域 D 上的二重积分就化成了简单域 D_1,D_2 和 D_3 上的二重积分之和.

如果积分区域的边界曲线,无论与平行于 x 轴的直线还是平行于 y 轴的直线,都最多有两个交点,那么把二重积分化为累次积分进行计算时,就有两种积分顺序:先对 y 积分,后对 x 积分;或先对 x 积分,后对 y 积分. 即

$$\iint\limits_{D} f(x,y)\mathrm{d}x\mathrm{d}y = \int_a^b \mathrm{d}x \int_{\phi_1(x)}^{\phi_2(x)} f(x,y)\mathrm{d}y$$
$$= \int_c^d \mathrm{d}y \int_{\phi_1(y)}^{\phi_2(y)} f(x,y)\mathrm{d}x \qquad (6-25)$$

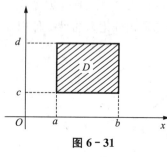

图 6 - 31

二重积分化为二次积分时,确定积分的上下限是一个关键. 积分上下限是根据积分区域 D 来确定的,并且需要根据不同的积分顺序来确定出各个单积分的上下积分限.

下面,再讨论两种特殊情况下的二重积分:

(1) 若积分区域 D 为一个矩形(见图 6 - 31),即 $D = \{(x,y) \mid a \leqslant x \leqslant b, c \leqslant y \leqslant d\}$,则二重积分计算式(6 - 23)和式(6 - 24) 变为

$$\iint\limits_{D} f(x,y)\mathrm{d}x\mathrm{d}y = \int_a^b \mathrm{d}x \int_c^d f(x,y)\mathrm{d}y = \int_c^d \mathrm{d}y \int_a^b f(x,y)\mathrm{d}x \qquad (6-26)$$

也可以记为

$$\iint\limits_{D} f(x,y)\mathrm{d}x\mathrm{d}y = \int_a^b \int_c^d f(x,y)\mathrm{d}y\mathrm{d}x = \int_c^d \int_a^b f(x,y)\mathrm{d}x\mathrm{d}y \qquad (6-27)$$

(2) 若积分区域 D 为一个矩形(见图 6-31),即 $D = \{(x,y) \mid a \leqslant x \leqslant b, c \leqslant y \leqslant d\}$,同时被积函数 $f(x,y)$ 又可分离为两个分别为 x 和 y 的单变量函数乘积的形式,即 $f(x,y) = f_1(x) \cdot f_2(y)$,那么二重积分可表示为两个定积分的乘积. 即

$$\iint\limits_{D} f(x,y)\mathrm{d}x\mathrm{d}y = \int_a^b f_1(x)\mathrm{d}x \cdot \int_c^d f_2(y)\mathrm{d}y \qquad (6-28)$$

例 6.45　计算二重积分 $\iint\limits_{D} \mathrm{e}^{x+y}\mathrm{d}x\mathrm{d}y$,其中 $D: 0 \leqslant x \leqslant 1, 0 \leqslant y \leqslant 2$.

解: 因为积分区域 D 为矩形,且 $\mathrm{e}^{x+y} = \mathrm{e}^x \cdot \mathrm{e}^y$,所以

$$\iint\limits_{D} \mathrm{e}^{x+y}\mathrm{d}x\mathrm{d}y = \int_0^1 \mathrm{e}^x\mathrm{d}x \cdot \int_0^2 \mathrm{e}^y\mathrm{d}y$$
$$= (\mathrm{e}-1)(\mathrm{e}^2-1)$$

例 6.46　计算二重积分 $\iint\limits_{D} (1+x-y)\mathrm{d}x\mathrm{d}y$,其中 D 为矩形:$-1 \leqslant x \leqslant 1, -2 \leqslant y \leqslant 2$.

解: 由于积分区域为矩形,所以直接由公式(6 - 26) 得

$$\iint\limits_{D} (1+x-y)\mathrm{d}x\mathrm{d}y = \int_{-1}^1 \mathrm{d}x \int_{-2}^2 (1+x-y)\mathrm{d}y$$

$$= \int_{-1}^{1} \left[\left(y + xy - \frac{1}{2}y^2 \right) \Big|_{y=-2}^{x=2} \right] dx$$

$$= \int_{-1}^{1} 4(1+x) dx$$

$$= 2(1+x)^2 \Big|_{-1}^{1} = 8$$

例 6.47 计算二重积分 $\iint\limits_{D} xy dx dy$,其中 D 为曲线 $y = x^2$ 与直线 $y = x$ 所围成的闭区域.

解:先画出积分区域的图形,如图 6-32 所示阴影部分. 如果先对 y 积分,后对 x 积分,则有

$$D = \{(x,y) \mid x^2 \leqslant y \leqslant x, 0 \leqslant x \leqslant 1\}$$

因此

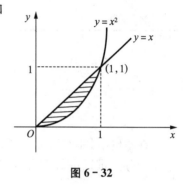

图 6-32

$$\iint\limits_{D} xy dx dy = \int_0^1 dx \int_{x^2}^{x} xy dy$$

$$= \int_0^1 \left[\left(\frac{1}{2}xy^2 \right) \Big|_{y=x^2}^{y=x} \right] dx$$

$$= \int_0^1 \left[\frac{1}{2}(x^3 - x^5) \right] dx$$

$$= \left(\frac{1}{8}x^4 - \frac{1}{12}x^6 \right) \Big|_0^1$$

$$= \frac{1}{24}$$

另外,本题也可以先对 x 积分,后对 y 积分,此时积分区域可表示为

$$D = \{(x,y) \mid y \leqslant x \leqslant \sqrt{y}, 0 \leqslant y \leqslant 1\}$$

因此

$$\iint\limits_{D} xy dx dy = \int_0^1 dy \int_{y}^{\sqrt{y}} xy dx$$

$$= \int_0^1 \left[\left(\frac{1}{2}yx^2 \right) \Big|_{x=y}^{x=\sqrt{y}} \right] dy$$

$$= \int_0^1 \frac{1}{2}(y^2 - y^3) dy$$

$$= \left(\frac{1}{6}y^3 - \frac{1}{8}y^4 \right) \Big|_0^1$$

$$= \frac{1}{24}$$

有时候,将二重积分化为累次积分时,积分顺序的不同会导致随后计算的繁简程度不同. 所以,在计算二重积分时,应当先考查一下被积函数的性质以及积分域的形状,以决定积分顺序.

例 6.48 计算二重积分 $\iint\limits_{D} x^2 e^{-y^2} dx dy$,其中 D 为直线 $x = 0, y = 1$ 及 $y = x$ 所围成的闭区域.

解:积分区域 D 如图 6-33 所示,若先对 x 积分,后对 y 积分,则积分区域可表示为

$$D = \{(x,y) \mid 0 \leqslant x \leqslant y, 0 \leqslant y \leqslant 1\}$$

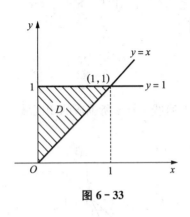

图 6 - 33

因此　　$\displaystyle\iint\limits_{D} x^2 e^{-y^2} \mathrm{d}x\mathrm{d}y = \int_0^1 \mathrm{d}y \int_0^y x^2 e^{-y^2} \mathrm{d}x$

$$= \int_0^1 \left[\left(\frac{1}{3} x^3 e^{-y^2} \right) \Big|_{x=0}^{x=y} \right] \mathrm{d}y$$

$$= \int_0^1 \frac{1}{3} y^3 e^{-y^2} \mathrm{d}y$$

$$= -\frac{1}{6} \int_0^1 y^2 \mathrm{d}e^{-y^2}$$

$$= -\frac{1}{6} \left(y^2 e^{-y^2} \Big|_0^1 - \int_0^1 e^{-y^2} \mathrm{d}y^2 \right)$$

$$= -\frac{1}{6} \left(e^{-1} + e^{-y^2} \Big|_0^1 \right)$$

$$= \frac{1}{6} - \frac{1}{3} e^{-1}$$

在本例中,如果先对 y 积分,后对 x 积分,则由于 e^{-y^2} 没有属于初等函数的原函数,因此这时积分是难以进行下去的. 这表明,本例中的二重积分化为累次积分的顺序不宜先从 y 开始.

例 6.49　计算二重积分 $\displaystyle\iint\limits_{D} (x+y)\mathrm{d}x\mathrm{d}y$,其中 D 为直线 $y=1$,$y=x$ 以及曲线 $y = \frac{1}{4}x^2$ 所围成的闭区域.

解:积分区域 D 如图 6 - 34 所示.若先对 x 积分,后对 y 积分,则积分区域可表示为

$$D = \left\{(x,y) \mid y \leqslant x \leqslant 2\sqrt{y}, 0 \leqslant y \leqslant 1\right\}$$

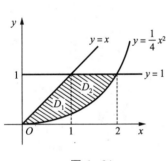

图 6 - 34

因此　　$\displaystyle\iint\limits_{D} (x+y)\mathrm{d}x\mathrm{d}y = \int_0^1 \mathrm{d}y \int_y^{2\sqrt{y}} (x+y)\mathrm{d}x$

$$= \int_0^1 \left[\left(\frac{1}{2} x^2 + yx \right) \Big|_{x=y}^{x=2\sqrt{y}} \right] \mathrm{d}y$$

$$= \int_0^1 \left(2y + 2y\sqrt{y} - \frac{3}{2} y^2 \right) \mathrm{d}y$$

$$= \left(y^2 + \frac{4}{5} y^{\frac{5}{2}} - \frac{1}{2} y^3 \right) \Big|_0^1$$

$$= \frac{13}{10}$$

在本例中,若先对 y 积分,后对 x 积分. 则当 $0 \leqslant x \leqslant 1$ 时,y 的上限是 $y = x$,下限是 $y = \frac{1}{4}x^2$;当 $1 \leqslant x \leqslant 2$ 时,y 的上限是 $y = 1$,下限是 $y = \frac{1}{4}x^2$. 因此需要将积分区域 D 化为两部分 D_1, D_2,如图 6 - 34 所示,因此

$$\iint\limits_{D} (x+y)\mathrm{d}x\mathrm{d}y = \iint\limits_{D_1} (x+y)\mathrm{d}x\mathrm{d}y + \iint\limits_{D_2} (x+y)\mathrm{d}x\mathrm{d}y$$

$$= \int_0^1 \mathrm{d}x \int_{\frac{1}{4}x^2}^x (x+y)\mathrm{d}y + \int_1^2 \mathrm{d}x \int_{\frac{1}{4}x^2}^1 (x+y)\mathrm{d}y$$

$$= \int_0^1 \left[\left(xy + \frac{1}{2}y^2\right) \Big|_{y=\frac{1}{4}x^2}^{y=x} \right]dx + \int_1^2 \left[\left(xy + \frac{1}{2}y^2\right) \Big|_{y=\frac{1}{4}x^2}^{y=1} \right]dx$$

$$= \int_0^1 \left(\frac{3}{2}x^2 - \frac{1}{4}x^3 - \frac{1}{32}x^4\right)dx + \int_1^2 \left(\frac{1}{2} + x - \frac{1}{4}x^3 - \frac{1}{32}x^4\right)dx$$

$$= \left(\frac{1}{2}x^3 - \frac{1}{16}x^4 - \frac{1}{32\times5}x^5\right)\Big|_0^1 + \left(\frac{1}{2}x + \frac{1}{2}x^2 - \frac{1}{16}x^4 - \frac{1}{32\times5}x^5\right)\Big|_1^2$$

$$= \frac{13}{10}$$

例 6.50 设

$$f(x,y) = \begin{cases} xy^3, & 1 \leqslant x \leqslant 2, 0 \leqslant y \leqslant x; \\ 0, & \text{其他}. \end{cases}$$

求二重积分 $\iint\limits_D f(x,y)\mathrm{d}x\mathrm{d}y$，其中

$$D = \{(x,y) \mid y^2 - x \geqslant 0\}.$$

解：由题设可知，积分区域 D 为无界区域，但是 $f(x,y)$ 不为零的部分则是有界闭区域，因此真正的积分区域为 $f(x,y)$ 不为零的区域与 D 的公共部分. 如图 6-35 中阴影部分所示，即

$$D_1 = \{(x,y) \mid \sqrt{x} \leqslant y \leqslant x, 1 \leqslant x \leqslant 2\}$$

因此

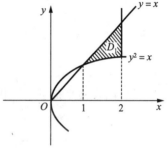

图 6-35

$$\iint\limits_D f(x,y)\mathrm{d}x\mathrm{d}y = \iint\limits_{D_1} f(x,y)\mathrm{d}x\mathrm{d}y = \int_1^2 \mathrm{d}x \int_{\sqrt{x}}^x xy^3\mathrm{d}y$$

$$= \int_1^2 \left(\frac{1}{4}xy^4 \Big|_{\sqrt{x}}^x\right)\mathrm{d}x = \int_1^2 \left(\frac{1}{4}x^5 - \frac{1}{4}x^3\right)\mathrm{d}x$$

$$= \left(\frac{1}{4}\times\frac{1}{6}x^6 - \frac{1}{4}\times\frac{1}{4}x^4\right)\Big|_1^2$$

$$= \frac{27}{16}$$

2. 极坐标系下二重积分的计算

对于某些二重积分，如果积分区域 D 是圆域或圆域的一部分时，采用极坐标计算 $\iint\limits_D f(x,y)\mathrm{d}x\mathrm{d}y$ 可能更加简单，下面简要介绍在极坐标下二重积分的计算公式.

要在极坐标下计算二重积分 $\iint\limits_D f(x,y)\mathrm{d}x\mathrm{d}y$，首先需要确定它在极坐标下的表达式.

由平面解析几何知道，平面上任意一点的极坐标与它的直角坐标的变换公式为：$x = r\cos\theta, y = r\sin\theta$. 这样，直角坐标系下二重积分中的被积函数 $f(x,y)$ 在极坐标下可表示为 $f(r\cos\theta, r\sin\theta)$. 对于积分区域，在极坐标下，其边界曲线方程仍然可以由上述转换公式来确定，从而积分区域可以由 r 和 θ 的取值范围给出. 特别地，极坐标下的简单域指的是从极

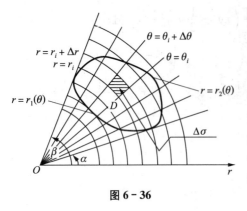

图 6 - 36

点 O 引出的射线与 D 的边界的交点不多于两个.

关于在极坐标下确定二重积分的面积元素,则可以采取如下办法处理:用一族半径间隔为 Δr,圆心在极点的同心圆以及一族夹角间隔为 $\Delta \theta$,端点在极点的射线,将区域 D 分割为若干小区域. 如图 6 - 36 所示. 除了边界曲线处的小区域之外,绝大部分小区域的都是圆弧与射线所围成的区域. 考虑由半径分别为 r 和 $r + \Delta r$ 的两条圆弧以及极角分别为 θ 和 $\theta + \Delta \theta$ 的两条射线所围成的小区域的面积 $\Delta \sigma$. 由扇形面积公式可知

$$\Delta \sigma = \frac{1}{2}(r + \Delta r)^2 \cdot \Delta \theta - \frac{1}{2}r^2 \cdot \Delta \theta = r \cdot \Delta r \cdot \Delta \theta + \frac{1}{2}(\Delta r)^2 \cdot \Delta \theta$$

当 $\Delta r \to 0$ 时,$\frac{1}{2}(\Delta r)^2 \cdot \Delta \theta$ 为 $\Delta \sigma$ 的高阶无穷小量,所以面积元素

$$\mathrm{d}\sigma = r\,\mathrm{d}r\mathrm{d}\theta$$

这样,在极坐标下二重积分可以表示为

$$\iint\limits_{D} f(x,y)\mathrm{d}x\mathrm{d}y = \iint\limits_{D} f(r\cos\theta, r\sin\theta)r\mathrm{d}r\mathrm{d}\theta \tag{6-29}$$

在极坐标下计算二重积分,也需要将其化为累次积分. 同样,也需要从积分区域入手,可分为三种基本情况:

(1) 极点 O 在区域 D 的外面.

如图 6 - 36 所示,此时,区域 D 由曲线 $r = r_1(\theta)$,$r = r_2(\theta)$ 以及射线 $\theta = \alpha$,$\theta = \beta$ 围成,即有

$$D = \{(r,\theta) \mid r_1(\theta) \leqslant r \leqslant r_2(\theta), \alpha \leqslant \theta \leqslant \beta\}$$

于是有

$$\iint\limits_{D} f(r\cos\theta, r\sin\theta)r\,\mathrm{d}r\mathrm{d}\theta = \int_{\alpha}^{\beta}\mathrm{d}\theta\int_{r_1(\theta)}^{r_2(\theta)} f(r\cos\theta, r\sin\theta)r\,\mathrm{d}r \tag{6-30}$$

(2) 极点 O 在区域 D 的边界上.

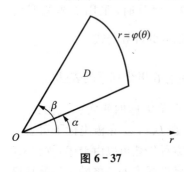

图 6 - 37

如图 6 - 37 所示,此时,区域 D 由曲线 $r = r(\theta)$ 以及射线 $\theta = \alpha$,$\theta = \beta$ 所围成,即有

$$D = \{(r,\theta) \mid 0 \leqslant r \leqslant r(\theta), \alpha \leqslant \theta \leqslant \beta\}$$

于是有

$$\iint\limits_{D} f(r\cos\theta, r\sin\theta)r\,\mathrm{d}r\mathrm{d}\theta = \int_{\alpha}^{\beta}\mathrm{d}\theta\int_{0}^{r(\theta)} f(r\cos\theta, r\sin\theta)r\,\mathrm{d}r$$

$$\tag{6-31}$$

（3）极点 O 在区域 D 的内部.

如图 6-38 所示，此时，区域 D 由曲线 $r = r(\theta)$ 所围成，或由两条封闭曲线 $r = r_1(\theta)$，$r = r_2(\theta)$ 所围成，即有

$$D = \{(r,\theta) \mid 0 \leqslant r \leqslant r(\theta), 0 \leqslant \theta \leqslant 2\pi\}$$

或

$$D = \{(r,\theta) \mid r_1(\theta) \leqslant r \leqslant r_2(\theta), 0 \leqslant \theta \leqslant 2\pi\}$$

则有

$$\iint\limits_{D} f(r\cos\theta, r\sin\theta)r\,\mathrm{d}r\mathrm{d}\theta = \int_0^{2\pi}\mathrm{d}\theta\int_0^{r(\theta)} f(r\cos\theta, r\sin\theta)r\,\mathrm{d}r \qquad (6-32)$$

或

$$\iint\limits_{D} f(r\cos\theta, r\sin\theta)r\,\mathrm{d}r\mathrm{d}\theta = \int_0^{2\pi}\mathrm{d}\theta\int_{r_1(\theta)}^{r_2(\theta)} f(r\cos\theta, r\sin\theta)r\,\mathrm{d}r \qquad (6-33)$$

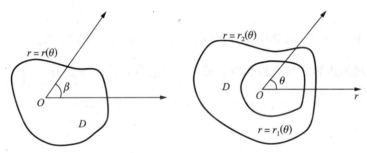

图 6-38

例 6.51　计算二重积分 $\iint\limits_{D} x\,\mathrm{d}x\mathrm{d}y$，其中积分区域 D 为：$x^2 + y^2 \leqslant 1$.

解：积分区域 D（见图 6-39）在极坐标下可表示为

$$D = \{(r,\theta) \mid 0 \leqslant r \leqslant 1, 0 \leqslant \theta \leqslant 2\pi\}$$

所以

$$\iint\limits_{D} x\,\mathrm{d}x\mathrm{d}y = \iint\limits_{D} r\cos\theta \cdot r\,\mathrm{d}r\mathrm{d}\theta$$

$$= \int_0^{2\pi}\mathrm{d}\theta\int_0^1 r^2\cos\theta\,\mathrm{d}r$$

图 6-39

$$= \int_0^{2\pi}\left[\int_0^1 r^2\cos\theta\,\mathrm{d}r\right]\mathrm{d}\theta = \int_0^{2\pi}\left[\left(\cos\theta\frac{1}{3}r^3\right)\Big|_{r=0}^{r=1}\right]\mathrm{d}\theta$$

$$= \frac{1}{3}\int_0^{2\pi}\cos\theta\,\mathrm{d}\theta$$

$$= \frac{1}{3}\sin\theta\,\Big|_0^{2\pi}$$

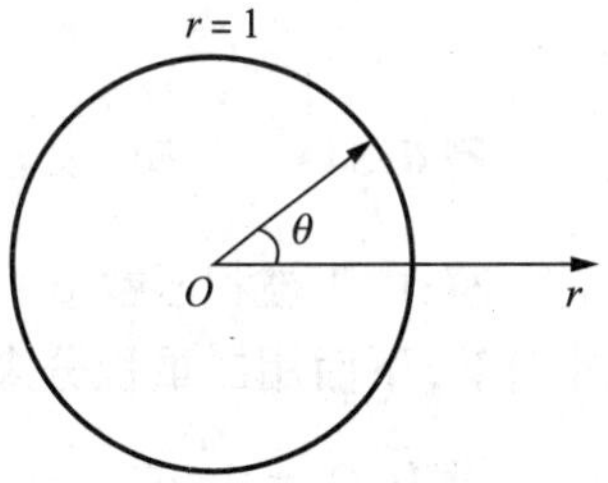

$$= 0$$

例 6.52　计算二重积分 $\iint\limits_{D}(x+2y)\sqrt{x^2+y^2}\mathrm{d}x\mathrm{d}y$，其中积分区域 D 为 $x^2 + y^2 \leqslant 2x$.

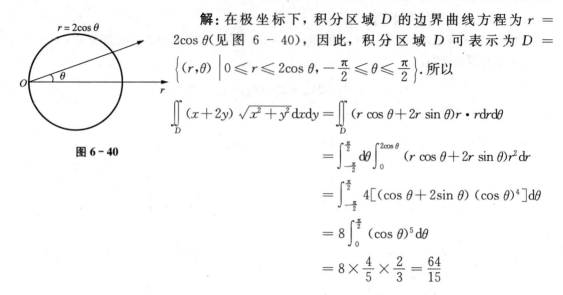

图 6 - 40

解：在极坐标下，积分区域 D 的边界曲线方程为 $r = 2\cos\theta$（见图 6 - 40），因此，积分区域 D 可表示为 $D = \left\{(r,\theta)\ \middle|\ 0 \leqslant r \leqslant 2\cos\theta, -\dfrac{\pi}{2} \leqslant \theta \leqslant \dfrac{\pi}{2}\right\}$．所以

$$
\begin{aligned}
\iint\limits_{D} (x+2y)\sqrt{x^2+y^2}\,\mathrm{d}x\mathrm{d}y &= \iint\limits_{D} (r\cos\theta + 2r\sin\theta) r \cdot r\mathrm{d}r\mathrm{d}\theta \\
&= \int_{-\frac{\pi}{2}}^{\frac{\pi}{2}} \mathrm{d}\theta \int_{0}^{2\cos\theta} (r\cos\theta + 2r\sin\theta) r^2\mathrm{d}r \\
&= \int_{-\frac{\pi}{2}}^{\frac{\pi}{2}} 4\big[(\cos\theta + 2\sin\theta)(\cos\theta)^4\big]\mathrm{d}\theta \\
&= 8\int_{0}^{\frac{\pi}{2}} (\cos\theta)^5\mathrm{d}\theta \\
&= 8 \times \frac{4}{5} \times \frac{2}{3} = \frac{64}{15}
\end{aligned}
$$

例 6.53　求 $\displaystyle\iint\limits_{D} \mathrm{e}^{-x^2-y^2}\mathrm{d}\sigma$，其中积分区域 D 为 $x^2 + y^2 \leqslant a^2 (a > 0)$．

解：积分区域的边界曲线方程在极坐标下可表示为 $r = a$，于是有

$$
D = \{(r,\theta)\ |\ 0 \leqslant r \leqslant a, 0 \leqslant \theta \leqslant 2\pi\}
$$

所以

$$
\begin{aligned}
\iint\limits_{D} \mathrm{e}^{-x^2-y^2}\mathrm{d}\sigma &= \iint\limits_{D} r\mathrm{e}^{-r^2}\mathrm{d}r\mathrm{d}\theta = \int_{0}^{2\pi}\mathrm{d}\theta \int_{0}^{a} r\mathrm{e}^{-r^2}\mathrm{d}r \\
&= 2\pi \times \frac{1}{2}(1 - \mathrm{e}^{-a^2}) \\
&= \pi(1 - \mathrm{e}^{-a^2})
\end{aligned}
$$

例 6.54　计算广义积分 $\displaystyle\int_{0}^{+\infty} \mathrm{e}^{-x^2}\mathrm{d}x$ 的值．

解：由于被积函数 e^{-x^2} 的原函数不是初等函数，所以不能直接运用牛顿-莱布尼茨定理来计算．下面用二重积分来计算．

设 $I(a) = \displaystyle\int_{0}^{a} \mathrm{e}^{-x^2}\mathrm{d}x$，其中 $a > 0$；同样有，$I(a) = \displaystyle\int_{0}^{a} \mathrm{e}^{-y^2}\mathrm{d}y$．于是有

$$
\begin{aligned}
[I(a)]^2 &= \int_{0}^{a} \mathrm{e}^{-x^2}\mathrm{d}x \cdot \int_{0}^{a} \mathrm{e}^{-y^2}\mathrm{d}y \\
&= \iint\limits_{D} \mathrm{e}^{-x^2-y^2}\mathrm{d}x\mathrm{d}y
\end{aligned}
$$

其中，二重积分的积分区域为：

$$
D = \{(x,y)\ |\ 0 \leqslant x \leqslant a, 0 \leqslant y \leqslant a\}
$$

即 D 在平面直角坐标系的第一象限内为一个正方形．另设区域

$$D_1 = \{(x,y) \mid x^2 + y^2 \leqslant a^2, x \geqslant 0, y \geqslant 0\}$$
$$D_2 = \{(x,y) \mid x^2 + y^2 \leqslant 2a^2, x \geqslant 0, y \geqslant 0\}$$

如图 6-41 所示,显然 $D_1 \subset D \subset D_2$. 因为被积函数 $\mathrm{e}^{-x^2-y^2}$ 恒为正,所以必有

$$\iint\limits_{D_1} \mathrm{e}^{-x^2-y^2}\mathrm{d}x\mathrm{d}y \leqslant \iint\limits_{D} \mathrm{e}^{-x^2-y^2}\mathrm{d}x\mathrm{d}y \leqslant \iint\limits_{D_2} \mathrm{e}^{-x^2-y^2}\mathrm{d}x\mathrm{d}y$$

利用例 6.51 的结果,易知

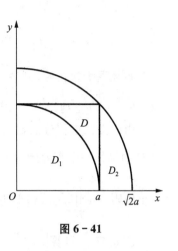

图 6-41

$$\iint\limits_{D_1} \mathrm{e}^{-x^2-y^2}\mathrm{d}x\mathrm{d}y = \frac{\pi}{4}(1 - \mathrm{e}^{-a^2})$$

$$\iint\limits_{D_2} \mathrm{e}^{-x^2-y^2}\mathrm{d}x\mathrm{d}y = \frac{\pi}{4}(1 - \mathrm{e}^{-2a^2})$$

于是有

$$\frac{\pi}{4}(1 - \mathrm{e}^{-a^2}) \leqslant \iint\limits_{D} \mathrm{e}^{-x^2-y^2}\mathrm{d}x\mathrm{d}y \leqslant \frac{\pi}{4}(1 - \mathrm{e}^{-2a^2})$$

即

$$\sqrt{\frac{\pi}{4}(1 - \mathrm{e}^{-a^2})} \leqslant I(a) \leqslant \sqrt{\frac{\pi}{4}(1 - \mathrm{e}^{-2a^2})}$$

因为 $\int_0^{+\infty} \mathrm{e}^{-x^2}\mathrm{d}x = \lim\limits_{a \to +\infty} I(a)$,且 $\lim\limits_{a \to +\infty} \sqrt{\frac{\pi}{4}(1 - \mathrm{e}^{-a^2})} = \lim\limits_{a \to +\infty} \sqrt{\frac{\pi}{4}(1 - \mathrm{e}^{-2a^2})} = \frac{\sqrt{\pi}}{2}$,所以

$$\int_0^{+\infty} \mathrm{e}^{-x^2}\mathrm{d}x = \lim\limits_{a \to +\infty} I(a) = \frac{\sqrt{\pi}}{2}$$

另外,因为 e^{-x^2} 为偶函数,所以必有 $\int_{-\infty}^{+\infty} \mathrm{e}^{-x^2}\mathrm{d}x = 2\int_0^{+\infty} \mathrm{e}^{-x^2}\mathrm{d}x = \sqrt{\pi}$. 通常称积分 $\int_{-\infty}^{+\infty} \mathrm{e}^{-x^2}\mathrm{d}x$ 为泊松(Poisson)积分,它在概率论中有重要的应用.

6.9.3 广义二重积分

上述二重积分中,积分区域 D 都是有界区域,并且被积函数 $f(x,y)$ 也都是有界函数. 实际上,类似于一元函数的广义积分,在二重积分中,也存在积分区域是无界的,或者被积函数是无界函数的广义二重积分. 下面只研究无界区域上的二重积分的计算方法.

定义 6.9 设 D 是平面上的一个无界区域,函数 $f(x,y)$ 在 D 上有定义并且是有界的二元函数. D_0 是 D 上的任意一个闭区域,若 D_0 以任何方式无限扩展且趋于 D 时,均有

$$\lim\limits_{D_0 \to D} \iint\limits_{D_0} f(x,y)\mathrm{d}x\mathrm{d}y = I$$

则称此极限值 I 为 $f(x,y)$ 在无界区域 D 上的二重积分,并记作

$$\iint\limits_{D} f(x,y)\mathrm{d}x\mathrm{d}y = \lim_{D_0 \to D}\iint\limits_{D_0} f(x,y)\mathrm{d}x\mathrm{d}y \qquad (6-34)$$

当极限 I 存在时,则称 $f(x,y)$ 在 D 上的广义二重积分 $\iint\limits_{D} f(x,y)\mathrm{d}x\mathrm{d}y$ 收敛;否则,称 $f(x,y)$ 在 D 上的广义二重积分发散.

由广义二重积分的定义知,要计算 $f(x,y)$ 在无界区域 D 上的广义二重积分,只需首先在 D 中寻找一个有界闭区域 D_0,并计算 $f(x,y)$ 在 D_0 上的二重积分 $\iint\limits_{D_0} f(x,y)\mathrm{d}x\mathrm{d}y$;然后求二重极限 $\lim\limits_{D_0 \to D}\iint\limits_{D_0} f(x,y)\mathrm{d}x\mathrm{d}y$ 即可.

例 6.55　计算 $\iint\limits_{D} \mathrm{e}^{-x^2-y^2}\mathrm{d}x\mathrm{d}y$,其中积分区域 D 为整个 xOy 平面,即 $-\infty < x < +\infty$, $-\infty < y < +\infty$.

解: 这是一个广义二重积分. 在极坐标下,积分区域可表示为

$$D = \{(r,\theta) \mid 0 \leqslant r < +\infty, 0 \leqslant \theta \leqslant 2\pi\}$$

在 D 内取区域 $D_0 \in D$,并且令 $D_0 = \{(r,\theta) \mid 0 \leqslant r \leqslant b, 0 \leqslant \theta \leqslant 2\pi\}$,因此有

$$\iint\limits_{D} \mathrm{e}^{-x^2-y^2}\mathrm{d}x\mathrm{d}y = \lim_{D_0 \to D}\iint\limits_{D_0} \mathrm{e}^{-r^2} r\, \mathrm{d}r\mathrm{d}\theta$$

而

$$\iint\limits_{D_0} \mathrm{e}^{-r^2} r\, \mathrm{d}r\mathrm{d}\theta = \int_0^{2\pi} \mathrm{d}\theta \int_0^b \mathrm{e}^{-r^2} r\mathrm{d}r = 2\pi \times \frac{1}{2}\int_0^b -\mathrm{e}^{-r^2}\mathrm{d}(-r^2)$$

$$= \pi(1 - \mathrm{e}^{-b^2})$$

所以

$$\iint\limits_{D} \mathrm{e}^{-x^2-y^2}\mathrm{d}x\mathrm{d}y = \lim_{D_0 \to D}\iint\limits_{D_0} \mathrm{e}^{-r^2} r\, \mathrm{d}r\mathrm{d}\theta = \lim_{D_0 \to D}\left[\pi(1 - \mathrm{e}^{-b^2})\right]$$

$$= \lim_{b \to +\infty}\left[\pi(1 - \mathrm{e}^{-b^2})\right] = \pi$$

例 6.56　计算 $I = \displaystyle\int_{-\infty}^{+\infty} \mathrm{e}^{-x^2}\mathrm{d}x$.

解: 由例 6.52 知,这是泊松(Poisson)积分,其值为 $\sqrt{\pi}$. 下面,用广义二重积分的方法计算.

由于 $I = \displaystyle\int_{-\infty}^{+\infty} \mathrm{e}^{-x^2}\mathrm{d}x = \int_{-\infty}^{+\infty} \mathrm{e}^{-y^2}\mathrm{d}y$,所以

$$I^2 = \int_{-\infty}^{+\infty} \mathrm{e}^{-x^2}\mathrm{d}x \cdot \int_{-\infty}^{+\infty} \mathrm{e}^{-y^2}\mathrm{d}y = \int_{-\infty}^{+\infty}\int_{-\infty}^{+\infty} \mathrm{e}^{-x^2-y^2}\mathrm{d}x\mathrm{d}y$$

由例 6.53 的结果知 $\displaystyle\int_{-\infty}^{+\infty}\int_{-\infty}^{+\infty} \mathrm{e}^{-x^2-y^2}\mathrm{d}x\mathrm{d}y = \pi$

所以 $I = \displaystyle\int_{-\infty}^{+\infty} \mathrm{e}^{-x^2}\mathrm{d}x = \sqrt{\pi}$

若在泊松积分中,令 $x = \dfrac{1}{\sqrt{2}}t$,则 $\displaystyle\int_{-\infty}^{+\infty} \frac{1}{\sqrt{2}}\mathrm{e}^{-\frac{t^2}{2}}\mathrm{d}t = \sqrt{\pi}$,即有

$$\int_{-\infty}^{+\infty} \frac{1}{\sqrt{2\pi}} e^{-\frac{t^2}{2}} \, dt = 1$$

上式中的被积函数 $\varphi(t) = \dfrac{1}{\sqrt{2\pi}} e^{-\frac{t^2}{2}}$ 是统计学中经常用到的标准正态分布的概率密度函数.

第 6 章习题

（A）

1. 根据下列条件,确定点 B 的未知坐标:

(1) $A(2,3,1)$,$B(4,-6,z)$,$|AB| = 11$;

(2) $A(-2,2,5)$,$B(x,-3,5)$,$|AB| = 5$.

2. 求满足下列条件的平面方程:

(1) 过点 $(2,-3,-2)$、点 $(1,2,-3)$ 以及点 $(-3,1,0)$;

(2) 在 x 轴,y 轴和 z 轴上的截距分别为 $3,4$ 和 1;

(3) 通过点 $(3,4,-2)$,且与三个坐标轴的截距相等.

3. 试求到定点 $A(0,0,-2)$ 与 $B(0,0,2)$ 距离之和为 6 的点的轨迹方程,并说明曲面类型.

4. 证明下列两直线相交,并求交点坐标.

$$l_1 : \begin{cases} x = 2t - 1 \\ y = 3t - 4 \\ z = -4t + 3 \end{cases} \qquad l_2 : \begin{cases} x = t - 2 \\ y = 2t - 6 \\ z = -t + 4 \end{cases}$$

5. 求下列函数的定义域:

(1) $z = \sqrt{y} \, \ln(x + y)$,

(2) $z = \sqrt{\dfrac{x^2 + y^2 - y}{2y - x^2 - y^2}}$,

(3) $z = \ln(y - x^2) + \sqrt{2 - x^2 - y^2}$,

(4) $z = \sqrt{x} + \sqrt{y}$,

(5) $z = \dfrac{1}{x^2 + y^2}$.

6. 求下列各极限:

(1) $\lim\limits_{\substack{x \to 0 \\ y \to 0}} \dfrac{\sqrt{xy + 1} - 1}{xy}$,

(2) $\lim\limits_{\substack{x \to 2 \\ y \to 0}} \dfrac{\tan(x^2 y)}{xy}$,

(3) $\lim\limits_{\substack{x \to 2 \\ y \to 0}} \dfrac{\ln(y + e^x)}{\sqrt{x^2 + y^2}}$.

(4) $\lim\limits_{\substack{x \to \infty \\ y \to \infty}} \dfrac{x + y}{x^2 - xy + y^2}$,

(5) $\lim\limits_{\substack{x \to 2 \\ y \to +\infty}} \dfrac{xy - 1}{y + 1}$.

7. 讨论函数

$$f(x,y) = \begin{cases} \dfrac{\sin(x^2 y)}{y}, & \text{当 } y \neq 0 \text{ 时}; \\ x^2, & \text{当 } y = 0 \text{ 时}. \end{cases}$$

的连续性.

8. 已知二元函数 $f(x,y) = \dfrac{x^2}{x^2 - y}$，求：

(1) $f(\sqrt{2}, 3)$ ，

(2) $f(3, \sqrt{2})$，

(3) $f(x+y, x-y)$，

(4) $f(\sqrt{x} - y, 2)$.

9. 求下列函数的一阶偏导数：

(1) $z = x^3 - 4xy^2$，

(2) $z = \ln \dfrac{x}{y}$，

(3) $z = 3y^2 \sin x$，

(4) $z = \dfrac{1}{x^2 - y^2}$，

(5) $z = \mathrm{e}^x \sin y$.

10. 求下列函数的偏导数：

(1) $z = xy + \dfrac{y}{x}$，求 $\dfrac{\partial z}{\partial x}, \dfrac{\partial z}{\partial y}$；

(2) $z = y\ln(x+y)$，求 $\dfrac{\partial z}{\partial x}, \dfrac{\partial z}{\partial y}, \dfrac{\partial^2 z}{\partial x \partial y}$；

(3) $z = x^y$，求 $\dfrac{\partial z}{\partial x}, \dfrac{\partial z}{\partial y}$；

(4) $z = \mathrm{e}^{xy}$，求 $\dfrac{\partial z}{\partial x}, \dfrac{\partial z}{\partial y}, \dfrac{\partial^2 z}{\partial x \partial y}$.

11. 求下列函数的全微分：

(1) $z = \mathrm{e}^{\frac{x}{y}}$，

(2) $z = \sin(xy)$，

(3) $u = \ln(x^2 + y^2 + z^2)$，

(4) $z = x^{yx}$.

12. 求 $z = \sqrt{x^3 + y^3}$，当 $x = 1, y = 2, \Delta x = 0.02, \Delta y = -0.03$ 时，全微分的值.

13. 求下列函数的导数：

(1) 设 $z = \sin(\mathrm{e}^x + \mathrm{e}^y), y = x^2$，求 $\dfrac{\mathrm{d}z}{\mathrm{d}x}$；

(2) 设 $z = x^2 y - xy^2, x = \mathrm{e}^t, y = 1 - \mathrm{e}^{2t}$，求 $\dfrac{\mathrm{d}z}{\mathrm{d}t}$；

(3) 设 $z = \mathrm{e}^{\sin(u+v)}, u = \ln x, v = x^2$，求 $\dfrac{\mathrm{d}z}{\mathrm{d}x}$；

(4) 设 $z = \dfrac{x^2 + y}{x - y}, y = 3x - 2$，求 $\dfrac{\mathrm{d}z}{\mathrm{d}x}$.

14. 求下列隐函数的导数：

(1) $\cos x + \mathrm{e}^y - yx^2 = 0$，求 $\dfrac{\mathrm{d}y}{\mathrm{d}x}$；

(2) $xy + x + y = 1$，求 $\dfrac{\mathrm{d}y}{\mathrm{d}x}$；

(3) $\mathrm{e}^z - xyz = 0$，求 $\dfrac{\partial z}{\partial x}, \dfrac{\partial z}{\partial y}$；

(4) $\ln \sqrt{x^2 + y^2} = \arctan \dfrac{x}{y}$，求 $\dfrac{\mathrm{d}y}{\mathrm{d}x}$.

15. 求下列函数的极值：

(1) $z = x^2 + xy + y^2 - 3x - 6y + 10$，

(2) $z = x + y - \mathrm{e}^x - \mathrm{e}^y$，

(3) $z = \dfrac{1}{2}(x^2 + y^2) - \ln x - \ln y$,

(4) $z = \sin x + \cos y + \cos(x - y)(0 \leqslant x \leqslant \dfrac{\pi}{2}, 0 \leqslant y \leqslant \dfrac{\pi}{2})$.

16. 已知一开顶的长方体铁皮箱,容积为 V,求当长、宽、高分别为多少时,其表面积最小.

17. 已知矩形的周长为 $2p$,将它绕其一边旋转而构成一个圆柱体,求当矩形的长和宽分别为多少时,此圆柱体体积最大.

18. 设某企业的生产函数为 $Q = 8 K^{0.25} L^{0.75}$,其中,Q 为产量,K, L 分别为生产此种产品所需要的两种生产要素的投入量. 已知,产品的市场价格为 $P = 4$ 元／每单位,两种生产要素的单位价格为 $P_K = 8$ 元／每单位,$P_L = 4$ 元／每单位;企业欲用 8 000 元的资金来组织生产. 求企业如何确定购置这两种生产要素的数量以达到最大的利润.

19. 求从 y 轴上的点 $(0, b)$ 到抛物线 $x^2 - 4y = 0$ 的最短距离.

20. 计算下列各题:

(1) 设 $z = f(x^2 - y^2, \mathrm{e}^{xy})$,且 f 可微,求 $\dfrac{\partial z}{\partial x}, \dfrac{\partial z}{\partial y}$;

(2) 设 $u = f(x, xy, xyz)$,且 u 可微,求 $\dfrac{\partial u}{\partial x}, \dfrac{\partial u}{\partial y}, \dfrac{\partial u}{\partial z}$;

(3) 设方程 $F(xyz, x^2 + y^2 + z^2) = 0$ 确定函数 $z = f(x, y)$,求 $\dfrac{\partial z}{\partial x}, \dfrac{\partial z}{\partial y}$;

(4) 设 $z = \cos(x + y) + \varphi\left(\sin x, \dfrac{x}{y}\right)$,其中 φ 有二阶连续偏导数,求 $\dfrac{\partial^2 z}{\partial x \partial y}$.

21. 设函数 $z = f(x, y)$ 由方程 $F(x + zy^{-1}, y + zx^{-1}) = 0$ 所确定,其中 F 是可微函数,证明:
$$x \dfrac{\partial z}{\partial x} + y \dfrac{\partial z}{\partial y} = z - xy.$$

22. 设 $z = f(x^2 + y^2)$,f 是可微的函数,证明:$y \dfrac{\partial z}{\partial x} - x \dfrac{\partial z}{\partial y} = 0$.

23. 将下列二重积分化为二次积分(分别写出两种积分次序):

(1) $\displaystyle\iint\limits_{D} f(x, y)\mathrm{d}\sigma$,$D$ 是由 $y = 2x, y^2 = 4x$ 所围成的区域;

(2) $\displaystyle\iint\limits_{D} f(x, y)\mathrm{d}\sigma$,$D$ 是环形区域 $1 \leqslant x^2 + y^2 \leqslant 4$;

(3) $\displaystyle\iint\limits_{D} f(x, y)\mathrm{d}\sigma$,$D = \{(x, y) \mid |x| \leqslant 1, 1 \leqslant y \leqslant 2\}$;

(4) $\displaystyle\iint\limits_{D} f(x, y)\mathrm{d}\sigma$,$D = \left\{(x, y) \left| \dfrac{x^2}{4} + \dfrac{y^2}{9} \leqslant 1\right.\right\}$.

24. 交换下面二重积分的次序:

(1) $\displaystyle\int_0^2 \mathrm{d}x \int_x^{2x} f(x, y)\mathrm{d}y$,

(2) $\displaystyle\int_1^{\mathrm{e}} \mathrm{d}y \int_0^{\ln y} f(x, y)\mathrm{d}x$,

(3) $\displaystyle\int_1^2 \mathrm{d}x \int_{\sqrt{x}}^{x} f(x, y)\mathrm{d}y$,

(4) $\int_1^2 \mathrm{d}x \int_1^{x^2} f(x,y)\mathrm{d}y + \int_1^2 \mathrm{d}x \int_1^{3-x} f(x,y)\mathrm{d}y,$

(5) $\int_0^\pi \mathrm{d}x \int_0^{\sin x} f(x,y)\mathrm{d}y.$

25. 计算下列二重积分(注意选用恰当的坐标系):

(1) $\iint\limits_D (x^2 + y^2 - x)\mathrm{d}\sigma, D$ 是由直线 $y=2, y=x$ 以及 $y=2x$ 所围成的面积;

(2) $\iint\limits_D y\mathrm{e}^{xy}\mathrm{d}\sigma, D = \{(x,y) \mid 1 \leqslant x \leqslant 2, 0 \leqslant y \leqslant 1\};$

(3) $\iint\limits_D \dfrac{x}{(1+x^2+y^2)^{3/2}}\mathrm{d}\sigma, D = \{(x,y) \mid 0 \leqslant x \leqslant 1, 0 \leqslant y \leqslant 1\};$

(4) $\iint\limits_D (x+y)^2\mathrm{d}\sigma, D = \{(x,y) \mid 0 \leqslant x \leqslant 1, 0 \leqslant y \leqslant 2\};$

(5) $\iint\limits_D \dfrac{y^2}{x^2}\mathrm{d}\sigma, D$ 是由直线 $x=2, y=x$ 与双曲线 $xy=1$ 所围之区域;

(6) $\iint\limits_D x^2\mathrm{d}\sigma, D$ 是 $x^2+y^2 \leqslant 4$ 的上半部分;

(7) $\iint\limits_D y\mathrm{e}^{xy}\mathrm{d}\sigma, D$ 是由 $x=1, x=2, y=2, xy=1$ 所围之区域;

(8) $\iint\limits_D \dfrac{\sin x}{x}\mathrm{d}\sigma, D$ 是由直线 $y=x$ 及抛物线 $y=x^2$ 所围之区域;

(9) $\iint\limits_D \sqrt{4-x^2-y^2}\mathrm{d}\sigma, D$ 为圆域: $x^2+y^2 \leqslant 4;$

(10) $\iint\limits_D \sqrt{x^2+y^2}\mathrm{d}\sigma, D$ 为圆域: $x^2+y^2 \leqslant a^2;$

(11) $\iint\limits_D \ln(1+x^2+y^2)\mathrm{d}\sigma, D = \{(x,y) \mid 1 \leqslant x^2+y^2 \leqslant 4\};$

(12) $\iint\limits_D \sin\sqrt{x^2+y^2}\mathrm{d}\sigma, D = \{(x,y) \mid \pi^2 \leqslant x^2+y^2 \leqslant 4\pi^2\}.$

26. 利用二重积分计算下列曲线所围成的面积:

(1) $y = \sin x, y = \cos x, x = \dfrac{\pi}{4}, x = \pi;$

(2) $(x^2+y^2)^2 = 2(x^2-y^2),$ 且 $x^2+y^2 \geqslant 1.$

27. 利用二重积分计算下列立体的体积:

(1) 由平面 $x=0, y=0, x=1, y=1$ 所围成,被平面 $z=0$ 及 $2x+3y+z=6$ 所截得的立体.

(2) 由平面 $x=0, y=0, x+y=1$ 所围成,并被平面 $z=0$ 及 $z=1+x+y$ 所截得的立体.

(3) 由抛物面 $z=x^2+y^2,$ 柱面 $y=x^2$ 及平面 $y=1, z=0$ 所围成的体积.

(B)

1. 在球 $x^2+y^2+z^2-2z=0$ 内部的点有(　　　).

A. $(0,0,2)$ B. $(0,0,-2)$ C. $\left(0,0,\dfrac{1}{2}\right)$ D. $\left(\dfrac{1}{2},\dfrac{1}{2},\dfrac{1}{4}\right)$

2. 点（　　）在平面 $x+2y=1$ 上.

     A. $(1,0,2)$ B. $(1,2,0)$ C. $(1,1,1)$ D. $\left(\dfrac{1}{2},0,4\right)$

3. 函数 $z=\dfrac{1}{\sqrt{x-y}}+\dfrac{1}{\ln(x+y)}$ 的定义域是（　　）.

     A. $x-y>0$

     B. $x+y>0$ 且 $x+y\neq 1$

     C. $\{(x,y)\mid x+y\neq 1,-x<y<x\}$

     D. $x>0,0<y<x$

4. 二元函数 $z=f(x,y)$ 在点 (x_0,y_0) 处连续,是它在此点处偏导数存在的（　　）.

     A. 充分条件而非必要条件   B. 必要条件而非充分条件

     C. 充分必要条件   D. 既非充分也非必要条件

5. 点（　　）是二元函数 $z=x^3-y^3+3x^2+3y^2-9x+1$ 的极小值点.

     A. $(1,0)$ B. $(1,2)$ C. $(-3,0)$ D. $(-3,2)$

6. 二元函数 $z=f(x,y)$ 的两个偏导数存在,且 $\dfrac{\partial z}{\partial x}<0,\dfrac{\partial z}{\partial y}>0$,则（　　）.

     A. 当 y 保持不变时,$f(x,y)$ 是随 x 的增加而单调增加的

     B. 当 y 保持不变时,$f(x,y)$ 是随 x 的增加而单调减少的

     C. 当 x 保持不变时,$f(x,y)$ 是随 y 的增加而单调增加的

     D. 当 x 保持不变时,$f(x,y)$ 是随 y 的增加而单调减少的

7. 已知 $(1+ax\sin y+3x^2y^2)\mathrm{d}x+(byx^3-x^2\cos y)\mathrm{d}y$ 为某一函数 $f(x,y)$ 的全微分,则 a,b 的值分别为（　　）.

     A. -2 和 2 B. 2 和 -2 C. -3 和 3 D. 3 和 -3

8. 在点 $M_0(x_0,y_0)$,对函数 $f(x,y)$,下述结论成立的是（　　）.

     A. 如果连续则偏导数必存在   B. 若两个偏导数存在则必连续

     C. 两个偏导数可能都存在但不一定连续   D. 两个偏导数或都存在,或都不存在

9. 设 $u=\dfrac{y}{x}$,而 $x=\mathrm{e}^t,y=1-\mathrm{e}^t$,则 $\dfrac{\mathrm{d}u}{\mathrm{d}t}$ 为（　　）.

     A. $\mathrm{e}^t+\mathrm{e}^{-t}$ B. $-\mathrm{e}^t+\mathrm{e}^{-t}$ C. $-\mathrm{e}^t-\mathrm{e}^{-t}$ D. $-\mathrm{e}^{-t}$

10. $\displaystyle\iint\limits_{x^2+y^2\leqslant 1}\ln\sqrt{x^2+y^2}\,\mathrm{d}\sigma$（　　）.

     A. $\geqslant 0$ B. $\leqslant 0$ C. $=0$ D. 以上都不对

11. 设区域 $D_1=\{(x,y)\mid -1\leqslant x\leqslant 1,-2\leqslant y\leqslant 2\}$;$D_2=\{(x,y)\mid 0\leqslant x\leqslant 1,0\leqslant y\leqslant 2\}$. 又 $I_1=\displaystyle\iint\limits_{D_1}(x^2+y^2)^3\mathrm{d}\sigma,I_2=\displaystyle\iint\limits_{D_2}(x^2+y^2)^3\mathrm{d}\sigma$,则结论正确的是（　　）.

     A. $I_1\geqslant 4I_2$ B. $I_1\leqslant 4I_2$ C. $I_1=4I_2$ D. $I_1=2I_2$

（C）

1. 由下列已知条件求 $f(x,y)$.

     (1) $f(x+y,x-y)=\dfrac{2x}{x^2-y^2}$

(2) $f(x+y, xy) = 2x^2 + xy + 2y^2$

2. 证明函数 $u = \ln \sqrt{(x-a)^2 + (y-b)^2}$ (a, b 为常数)，满足方程 $\dfrac{\partial^2 u}{\partial x^2} + \dfrac{\partial^2 u}{\partial y^2} = 0$.

3. 设 $f(u, v)$ 具有二阶连续偏导数，且满足 $\dfrac{\partial^2 f}{\partial u^2} + \dfrac{\partial^2 f}{\partial v^2} = 1$，又 $g(x, y) = f\left[xy, \dfrac{1}{2}(x^2 - y^2)\right]$，求 $\dfrac{\partial^2 g}{\partial x^2} + \dfrac{\partial^2 g}{\partial y^2}$.

4. 设函数 $g(r)$ 有二阶导数，$f(x, y) = g(r), r = \sqrt{x^2 + y^2}$，证明：

$$\frac{\partial^2 f}{\partial x^2} + \frac{\partial^2 f}{\partial y^2} = g''(r) + \frac{1}{r} g'(r).$$

5. 设函数 $f(x)$ 在 $[a, b]$ 上连续，且 $f(x) > 0$，证明：$\displaystyle\int_a^b f(x)\mathrm{d}x \cdot \int_a^b \frac{\mathrm{d}x}{f(x)} \geqslant (b-a)^2$.

6. 设 $f(u)$ 有二阶连续导数，且 $g(x, y) = f\left(\dfrac{y}{x}\right) + yf\left(\dfrac{x}{y}\right)$，求 $x^2 \dfrac{\partial^2 g}{\partial x^2} - y^2 \dfrac{\partial^2 g}{\partial y^2}$.

7. 求 $\displaystyle\iint\limits_D (\sqrt{x^2 + y^2} + y)\mathrm{d}\sigma$，其中 D 是由圆 $x^2 + y^2 = 4$ 和 $(x+1)^2 + y^2 = 1$ 所围成的平面区域.

8. 设函数 $f(x)$ 在 $[a, b]$ 上连续，证明：$\displaystyle\int_0^a f(x)\mathrm{d}x \int_x^a f(y)\mathrm{d}y = \frac{1}{2}\left[\int_0^a f(x)\mathrm{d}x\right]^2$.

9. 设 $u = f(x, y, z)$ 有连续的一阶偏导数，又函数 $y = (x)$ 及 $z = z(x)$ 分别由下列两式确定：$\mathrm{e}^{xy} - xy = 2, \mathrm{e}^x = \displaystyle\int_0^{x-z} \frac{\sin t}{t}\mathrm{d}t$. 求 $\dfrac{\mathrm{d}u}{\mathrm{d}x}$.

10. 计算二重积分 $I = \displaystyle\iint\limits_D \mathrm{e}^{-(x^2+y^2-\pi)} \sin(x^2 + y^2)\mathrm{d}x\mathrm{d}y$，其中积分区域

$$D = \{(x, y) \mid x^2 + y^2 \leqslant \pi\}.$$

11. 设闭区域 $D: x^2 + y^2 \leqslant y, x \geqslant 0, f(x, y)$ 为 D 上的连续函数，且

$$f(x, y) = \sqrt{1 - x^2 - y^2} - \frac{8}{\pi}\iint\limits_D f(u, v)\mathrm{d}u\mathrm{d}v.$$

求 $f(x, y)$.

7 无穷级数

7.1 无穷级数的概念及其基本性质

7.1.1 无穷级数的概念

定义 7.1 设给定一个数列 $u_1, u_2, u_3, \cdots, u_n, \cdots$，则由此数列构成的表达式

$$u_1 + u_2 + \cdots + u_n + \cdots$$

叫做（常数项）无穷级数，简称（常数项）级数，记为 $\sum\limits_{n=1}^{\infty} u_n$，即

$$\sum_{n=1}^{\infty} u_n = u_1 + u_2 + \cdots + u_n + \cdots \tag{7-1}$$

其中，第 n 项 u_n 称为级数的通项或一般项.

级数前 n 项的和

$$S_n = u_1 + u_2 + \cdots + u_n \tag{7-2}$$

称为第 n 次部分和. 当 n 依次取值 $1, 2, 3, \cdots$ 时，部分和 $S_1, S_2, S_3, \cdots$ 构成一个新的序列. 根据这个序列有没有极限，可以引进无穷级数式（7-1）的发散与收敛概念.

定义 7.2 当 $n \to \infty$ 时，若级数式（7-1）的部分和构成的数列 S_n 有极限 S，即 $\lim\limits_{n \to \infty} S_n = S$，则称级数式（7-1）收敛，并称 S 为级数式（7-1）的和. 记为

$$S = \sum_{n=1}^{\infty} u_n = u_1 + u_2 + \cdots + u_n + \cdots$$

如果 S_n 没有极限，则称级数式（7-1）发散.

当级数收敛时，其和 S 与部分和 S_n 的差

$$R_n = S - S_n = u_{n+1} + u_{n+2} + \cdots$$

称为级数的余项（或第 n 项以后的余和）. 如果用 S_n 作为 S 的近似值，则所产生的误差就是余项的绝对值 $|R_n|$.

例 7.1 无穷等比级数（也称几何级数）可表示为

$$\sum_{n=1}^{\infty} \alpha q^{n-1} = \alpha + \alpha q + \alpha q^2 + \cdots + \alpha q^{n-1} + \cdots$$

其中，$\alpha \neq 0, q$ 为级数的公比. 现讨论其收敛性与发散性.

解:(1) 如果 $|q| \neq 1$,则等比级数的部分和

$$S_n = \alpha + \alpha q + \alpha q^2 + \cdots + \alpha q^{n-1} = \frac{\alpha - \alpha q^n}{1-q}$$

$$= \frac{\alpha}{1-q} - \frac{\alpha q^n}{1-q}.$$

当 $|q| < 1$ 时,$\lim\limits_{n \to \infty} S_n = \frac{\alpha}{1-q}$,因此,此时等比级数收敛,其和为 $\frac{\alpha}{1-q}$.

当 $|q| > 1$ 时,$\lim\limits_{n \to \infty} S_n = \infty$,因此,此时,等比级数发散.

(2) 如果 $|q| = 1$,则当 $q = 1$ 时,$S_n = \alpha + \alpha + \alpha + \cdots + \alpha = n\alpha$,显然 $\lim\limits_{n \to \infty} S_n = \infty$,因此,此时级数发散;当 $q = -1$ 时,级数变为 $\alpha - \alpha + \alpha - \alpha + \cdots + \alpha - \alpha + \cdots$,于是有

$$S_n = \begin{cases} \alpha, & \text{当 } n \text{ 为奇数时}; \\ 0, & \text{当 } n \text{ 为偶数时}. \end{cases}$$

因而 $\lim\limits_{n \to \infty} S_n$ 不存在,所以此时级数发散.

综合上述讨论可知,对于等比级数 $\sum\limits_{n=1}^{\infty} \alpha q^{n-1}$,当 $|q| < 1$ 时,级数收敛,其和为 $\frac{\alpha}{1-q}$;当 $|q| \geqslant 1$ 时,级数发散.

例 7.2 判断级数

$$\frac{1}{1 \times 4} + \frac{1}{4 \times 7} + \cdots + \frac{1}{(3n-2)(3n+1)} + \cdots$$

的敛散性.

解:由于

$$S_n = \frac{1}{1 \times 4} + \frac{1}{4 \times 7} + \cdots + \frac{1}{(3n-2)(3n+1)}$$

$$= \sum_{k=1}^{n} \frac{1}{(3k-2)(3k+1)}$$

$$= \frac{1}{3} \sum_{k=1}^{n} \left(\frac{1}{3k-2} - \frac{1}{3k+1} \right)$$

$$= \frac{1}{3} \left(1 - \frac{1}{3n+1} \right)$$

所以 $\lim\limits_{n \to \infty} S_n = \frac{1}{3}$,即级数收敛,其和为 $\frac{1}{3}$.

例 7.3 判断级数 $\sum\limits_{n=1}^{\infty} \ln\left(1 + \frac{1}{n}\right)$ 的敛散性.

解:由于

$$S_n = \sum_{k=1}^{n} \ln\left(1 + \frac{1}{k}\right)$$

$$= \ln 2 + \ln \frac{3}{2} + \ln \frac{4}{3} + \cdots + \ln \frac{n+1}{n}$$

$$= \ln 2 + (\ln 3 - \ln 2) + (\ln 4 - \ln 3) + \cdots + [\ln(n+1) - \ln n]$$
$$= \ln(n+1)$$

所以有 $\lim\limits_{n\to\infty} S_n = \infty$，即级数发散.

7.1.2　常数项级数的基本性质

性质 1　如果两个级数 $\sum\limits_{n=1}^{\infty} u_n$ 和 $\sum\limits_{n=1}^{\infty} v_n$ 都收敛，并且其和分别为 S 与 W，那么级数

$$\sum_{n=1}^{\infty}(u_n \pm v_n) = (u_1 \pm v_2) + (u_2 \pm v_2) + \cdots + (u_n \pm v_n) + \cdots$$

也收敛，并且其和为 $S \pm W$.

证明：设

$\sum\limits_{n=1}^{\infty} u_n$ 的部分和为 S_n，即 $S_n = u_1 + u_2 + \cdots + u_n$，则有 $\lim\limits_{n\to\infty} S_n = S$;

$\sum\limits_{n=1}^{\infty} v_n$ 的部分和为 W_n，即 $W_n = v_1 + v_2 + \cdots + v_n$，则有 $\lim\limits_{n\to\infty} W_n = W$.

设级数 $\sum\limits_{n=1}^{\infty}(u_n \pm v_n)$ 的部分和为 T_n，则 $T_n = (u_1 \pm v_1) + (u_2 \pm v_2) + \cdots + (u_n \pm v_n) = S_n \pm W_n$. 因此：$\lim\limits_{n\to\infty} T_n = \lim\limits_{n\to\infty}(S_n \pm W_n) = S \pm W$，所以级数 $\sum\limits_{n=1}^{\infty}(u_n \pm v_n)$ 收敛，且其和为 $S \pm W$.

性质 2　若级数 $\sum\limits_{n=1}^{\infty} u_n$ 收敛，其和为 S，C 为常数，则级数

$$\sum_{n=1}^{\infty} Cu_n = Cu_1 + Cu_2 + \cdots + Cu_n + \cdots$$

也收敛，并且其和为 CS. 若级数 $\sum\limits_{n=1}^{\infty} u_n$ 发散，C 为不等于零的常数，则级数 $\sum\limits_{n=1}^{\infty} Cu_n$ 也发散.

证明：令 $S_n = \sum\limits_{k=1}^{n} u_k$，$W_n = \sum\limits_{k=1}^{n} Cu_k$，则有 $W_n = CS_n$. 级数 $\sum\limits_{n=1}^{\infty} u_n$ 收敛，其和为 S，表明 $\lim\limits_{n\to\infty} S_n = S$，因此有 $\lim\limits_{n\to\infty} W_n = \lim\limits_{n\to\infty} CS_n = C\lim\limits_{n\to\infty} S_n = CS$. 这就表明 $\sum\limits_{n=1}^{\infty} Cu_n$ 也收敛，并且其和为 CS.

如果级数 $\sum\limits_{n=1}^{\infty} u_n$ 发散，即其部分和 S_n 没有极限，则由关系式 $W_n = CS_n$，且 $C \neq 0$ 可知，W_n 也没有极限，那么此时级数 $\sum\limits_{n=1}^{\infty} Cu_n$ 必发散.

性质 3　在一个级数的前面去掉（或加上）有限项，级数的敛散性不变.

证明：设有级数

$$\sum_{n=1}^{\infty} u_n = u_1 + u_2 + \cdots + u_k + u_{k+1} + \cdots + u_n + \cdots$$

将其前 k 项去掉,则可得到一个新的级数

$$\sum_{n=k+1}^{\infty} u_n = u_{k+1} + u_{k+2} + \cdots + u_{k+n} + \cdots$$

其部分和 $S_n = u_{k+1} + u_{k+2} + \cdots + u_{k+n} = S_{k+n} - S_k$. 其中,$S_{k+n}$ 为原级数的前 $k+n$ 项部分和,S_k 为去掉的 k 项和. 显然,S_k 为常数,所以当 $n \to \infty$ 时,S_n 和 S_{k+n} 或同时有极限,或同时没有极限. 因此,在一个级数的前面去掉有限项,级数的敛散性不变.

同理可证明,在级数的前面加上有限项,级数的敛散性也不变.

性质 4　如果一个级数收敛,那么加括弧后所成的级数也收敛,并且与原来的级数具有相同的和.

证明:设级数 $\sum_{n=1}^{\infty} u_n$ 收敛,且其和为 S,即有

$$u_1 + u_2 + \cdots + u_n + \cdots = S$$

将级数按某一规律加括弧后所成的级数设为

$$(u_1 + u_2 + \cdots + u_{k_1}) + (u_{k_1+1} + \cdots + u_{k_2}) + \cdots + (u_{k_{n-1}+1} + \cdots + u_{k_n}) + \cdots$$

将这个级数记为:

$$v_1 + v_2 + \cdots + v_n + \cdots$$

其中,$v_1 = (u_1 + u_2 + \cdots + u_{k_1})$;$v_2 = (u_{k_1+1} + \cdots + u_{k_2})$;$v_n = (u_{k_{n-1}+1} + \cdots + u_{k_n})$;$\cdots$. 此级数的部分和 $W_n = v_1 + v_2 + \cdots + v_n$. 显然,$W_1 = v_1 = S_{k_1}$,$W_2 = v_1 + v_2 = S_{k_2}$,$\cdots$,$W_n = v_1 + v_2 + \cdots + v_n = S_{k_n}$(其中,$S_{k_n}$ 为级数 $\sum_{n-1}^{\infty} u_n$ 的前 k_n 项部分和),并且 $n < k_n$,所以,当 $n \to \infty$ 时,必有 $k_n \to \infty$. 于是有 $\lim_{n \to \infty} W_n = \lim_{k_n \to \infty} S_{k_n} = S$,即收敛级数加括弧后的新级数仍然收敛,并且与原级数具有相同的和.

另外,由性质 4 可知,如果加括弧后所成的级数发散,则原级数也必发散. 此点结论,可用反证法证明. 假设原级数不是发散的,即原级数收敛,那么根据性质 4,加括弧后的级数也收敛,这与前提矛盾,所以原级数必然发散.

需要注意的是,发散级数在加括弧后也有可能收敛,即一个级数如果加括弧后收敛并不说明这个级数本身也是收敛的. 例如发散级数

$$1 - 1 + 1 - 1 + \cdots + (-1)^{n-1} + \cdots$$

相邻两项加括弧后变成和为零的收敛级数

$$(1-1) + (1-1) + \cdots + (1-1) + \cdots = 0$$

性质 5(级数收敛的必要条件)　若级数 $\sum_{n=1}^{\infty} u_n$ 收敛,则 $\lim_{n \to \infty} u_n = 0$.

证明:设收敛级数 $\sum_{n=1}^{\infty} u_n$ 的和为 S,即 $\lim_{n \to \infty} S_n = S$,其中 $S_n = \sum_{k=1}^{n} u_k$.

又因为 $u_n = S_n - S_{n-1}$,所以 $\lim_{n \to \infty} u_n = \lim_{n \to \infty}(S_n - S_{n-1}) = \lim_{n \to \infty} S_n - \lim_{n \to \infty} S_{n-1} = S - S = 0$.

因此，当 $n \to 0$ 时，收敛级数的一般项的极限为零.

由性质 5 可知，如果一个级数的一般项不趋于零，则级数是发散的. 但是，如果一般项趋于零并不是级数收敛的充分条件，有些级数虽然一般项趋于零，但仍然是发散的. 例如级数 $\sum\limits_{n=1}^{\infty} \ln\left(1 + \dfrac{1}{n}\right)$，当 $n \to 0$ 时，一般项 $\ln\left(1 + \dfrac{1}{n}\right)$ 趋于零，即 $\lim\limits_{n \to \infty} \ln\left(1 + \dfrac{1}{n}\right) = 0$，但是此级数是发散的（见例 7.3）.

例 7.4 判断级数

$$1 + \frac{2}{3} + \frac{3}{5} + \cdots + \frac{n}{2n-1} + \cdots$$

的敛散性.

解：因为

$$\lim_{n \to \infty} u_n = \lim_{n \to \infty} \frac{n}{2n-1} = \frac{1}{2} \neq 0$$

由级数收敛的必要条件知，原给定级数发散.

7.2 正项级数

7.2.1 正项级数的概念

定义 7.3 如果级数 $\sum\limits_{n=1}^{\infty} u_n$ 中的每一项 $u_n \geqslant 0 (n = 1, 2, 3, \cdots)$，则称此级数为正项级数.

这种级数特别重要，因为许多其他级数的敛散性问题往往都可以归结为对正项级数敛散性的讨论.

正项级数的部分和构成的数列是一个单调递增数列. 即，设级数 $\sum\limits_{n=1}^{\infty} u_n$ 是一个正项级数，其部分和 $S_n = \sum\limits_{k=1}^{n} u_k$ 构成一个单调数列 $\{S_n\}$，则有：$S_1 \leqslant S_2 \leqslant \cdots \leqslant S_{n-1} \leqslant S_n \leqslant \cdots$.

如果一个单调数列有界，比如上述 $\{S_n\}$，由数列极限的存在准则可知，$\lim\limits_{n \to \infty} S_n$ 一定存在，设为 S，故此时正项级数收敛，且其和为 S；相反，如果正项级数收敛，并且其和为 S，即 $\lim\limits_{n \to \infty} S_n = S$，根据有极限的数列必是有界数列的性质知道，数列 $\{S_n\}$ 有界. 因此，正项级数收敛的充分必要条件为其部分和构成的数列 $\{S_n\}$ 有界. 故有如下基本定理：

定理 7.1 正项级数收敛的充分必要条件是：它的部分和构成的数列 $\{S_n\}$ 有界.

7.2.2 正项级数敛散性的判别法

由定理 7.1，可以得到判定正项级数敛散性常用的比较判别法.

1. 比较判别法

定理 7.2 给定两个正项级数

$$u_1 + u_2 + \cdots + u_n + \cdots \qquad\qquad ①$$

及
$$v_1 + v_2 + \cdots + v_n + \cdots \qquad\qquad ②$$

如果级数 ① 收敛,并且 $v_n \leqslant u_n(n=1,2,3,\cdots)$,则级数 ② 也收敛;如果级数 ① 发散,并且 $v_n \geqslant u_n(n=1,2,3,\cdots)$,则级数 ② 也发散.

证明:设级数 ① 的部分和为 $\sum\limits_{k=1}^{n} u_k = S_n$,级数 ② 的部分和为 $\sum\limits_{k=1}^{n} v_k = W_n$.

(1) 当级数 ① 收敛时,由正项级数收敛的充分必要条件知,$\{S_n\}$ 是有界的. 又因为 $v_n \leqslant u_n$,所以 $W_n \leqslant S_n$. 那么 $\{W_n\}$ 也是有界的,因此级数 ② 收敛.

(2) 当级数 ① 发散时,$\{S_n\}$ 必然是无界的. 又因为 $v_n \geqslant u_n$,所以 $S_n \leqslant W_n$,那么 $\{W_n\}$ 也是无界的,因此级数 ② 发散.

由比较判别法和级数的性质 2 和性质 3,不难得出如下推论:

推论 设 $\sum\limits_{n=1}^{\infty} u_n$ 和 $\sum\limits_{n=1}^{\infty} v_n$ 都是正项级数,那么

Ⅰ. 如果级数 $\sum\limits_{n=1}^{\infty} v_n$ 收敛,并且从某项起(比如第 N 项),满足关系式 $u_n \leqslant Cv_n(n \geqslant N, C > 0)$,则级数 $\sum\limits_{n=1}^{\infty} u_n$ 也收敛;

Ⅱ. 如果级数 $\sum\limits_{n=1}^{\infty} v_n$ 发散,并且从某项起(比如第 N 项),满足关系式 $Cu_n \geqslant v_n(n \geqslant N, C > 0)$,则级数 $\sum\limits_{n=1}^{\infty} u_n$ 也发散.

例 7.5 判断调和级数

$$\sum_{n=1}^{\infty} \frac{1}{n} = 1 + \frac{1}{2} + \frac{1}{3} + \cdots + \frac{1}{n} + \cdots$$

的敛散性.

解:设函数 $y = f(x) = x - \ln(1+x)$,对于任意的 $x > 0$,$y' = 1 - \dfrac{1}{(1+x)} > 0$. 因此,当 $x > 0$ 时,函数 $y = f(x)$ 为单调增函数. 又因为 $f(0) = 0$,因此当 $x > 0$ 时,恒有 $y > 0$,即 $x > \ln(1+x)$. 所以,对于任意的自然数 $n(n=1,2,3,\cdots)$,恒有 $\dfrac{1}{n} > \ln\left(1+\dfrac{1}{n}\right)$,即调和级数的各项大于正项级数 $\sum\limits_{n=1}^{\infty} \ln\left(1+\dfrac{1}{n}\right)$ 的各对应项.

而根据例 7.3 知,$\sum\limits_{n=1}^{\infty} \ln\left(1+\dfrac{1}{n}\right)$ 是发散的,因此由比较判别法知调和级数也是发散的.

例 7.6 判断 p 级数

$$\sum_{n=1}^{\infty} \frac{1}{n^p} = 1 + \frac{1}{2^p} + \frac{1}{3^p} + \cdots + \frac{1}{n^p} + \cdots$$

的敛散性,其中常数 $p > 0$.

解:(1) 当 $p \leqslant 1$ 时,$\dfrac{1}{n^p} \geqslant \dfrac{1}{n}$,即 p 级数的一般项均不小于调和级数的对应项,而调和级

数发散,因此,当 $p \leqslant 1$ 时,p 级数发散.

(2) 当 $p > 1$ 时,由于当 $n-1 \leqslant x \leqslant n$ 时,有 $\dfrac{1}{n^p} \leqslant \dfrac{1}{x^p}$,所以

$$\frac{1}{n^p} = \int_{n-1}^{n} \frac{1}{n^p} \mathrm{d}x \leqslant \int_{n-1}^{n} \frac{1}{x^p} \mathrm{d}x = \frac{1}{p-1}\left[\frac{1}{(n-1)^{p-1}} - \frac{1}{n^{p-1}}\right] (n = 2, 3, \cdots)$$

考虑正项级数 $\displaystyle\sum_{n=2}^{\infty} \frac{1}{p-1}\left[\frac{1}{(n-1)^{p-1}} - \frac{1}{n^{p-1}}\right]$,它的部分和

$$S_n = \frac{1}{p-1}\left(1 - \frac{1}{2^{p-1}}\right) + \frac{1}{p-1}\left(\frac{1}{2^{p-1}} - \frac{1}{3^{p-1}}\right) + \cdots + \frac{1}{p-1}\left[\frac{1}{n^{p-1}} - \frac{1}{(n+1)^{p-1}}\right]$$

$$= \frac{1}{p-1}\left(1 - \frac{1}{(n+1)^{p-1}}\right)$$

则 $\displaystyle\lim_{n \to \infty} S_n = \lim_{n \to \infty} \frac{1}{p-1}\left[1 - \frac{1}{(n+1)^{p-1}}\right] = \frac{1}{p-1}$,所以正项级数 $\displaystyle\sum_{n=2}^{\infty} \frac{1}{p-1}\left[\frac{1}{(n-1)^{p-1}} - \frac{1}{n^{p-1}}\right]$ 收敛,因此,由比较判别法,当 $p > 1$ 时,p 级数收敛.

综上,对于 p 级数,当 $p \leqslant 1$ 时,发散;当 $p > 1$ 时,收敛.

应用比较法判别一个正项级数的敛散性时,关键之处在于寻找一个敛散性已知的参照级数. 而上述例题中的调和级数、p 级数以及等比级数是常用的参照级数.

例 7.7 判断级数 $\displaystyle\sum_{n=1}^{\infty} \left(\frac{n}{2n+1}\right)^n$ 的敛散性.

解:因为

$$\left(\frac{n}{2n+1}\right)^n < \left(\frac{n}{2n}\right)^n = \left(\frac{1}{2}\right)^n (n = 1, 2, \cdots),$$

其中 $\left(\dfrac{1}{2}\right)^n$ 为等比级数 $\displaystyle\sum_{n=1}^{\infty} \left(\frac{1}{2}\right)^n$ 的通项,而此等比级数的公比为 $q = \dfrac{1}{2} < 1$,是收敛的. 所以由比较判别法知,原给定级数收敛.

例 7.8 判断级数 $\displaystyle\sum_{n=1}^{\infty} (\sqrt{n^6+1} - \sqrt{n^6-1})$ 的敛散性.

解:因为

$$\sqrt{n^6+1} - \sqrt{n^6-1} = \frac{2}{\sqrt{n^6+1} + \sqrt{n^6-1}}$$

$$\leqslant \frac{2}{\sqrt{n^6+1}} < \frac{2}{n^3}$$

又因为 $\displaystyle\sum_{n=1}^{\infty} \frac{1}{n^3}$ 为 p 级数,并且 $p = 3$,即它是收敛的,因此,由比较判别法的推论可知原级数收敛.

例 7.9 判断级数 $\displaystyle\sum_{n=2}^{\infty} \frac{1}{(\ln n)^{\ln n}}$ 的敛散性.

解:因为

$$u_n = \frac{1}{(\ln n)^{\ln n}} = \frac{1}{e^{\ln n [\ln(\ln n)]}} = \frac{1}{n^{\ln(\ln n)}}$$

所以，当 n 足够大，从而使得 $\ln(\ln n) > 2$ 时，总有 $u_n = \frac{1}{n^{\ln(\ln n)}} < \frac{1}{n^2}$. 而 $\frac{1}{n^2}$ 是收敛级数

$\sum\limits_{n=1}^{\infty} \frac{1}{n^2}$ 的通项，因此，根据比较判别法可知原级数收敛.

为了应用的方便，下面给出比较判别法的另一种形式 —— 极限形式.

比较判别法的极限形式：设 $\sum\limits_{n=1}^{\infty} u_n$ 和 $\sum\limits_{n=1}^{\infty} v_n$ 都是正项级数，且 $v_n > 0$，如果 $\lim\limits_{n\to\infty} \frac{u_n}{v_n} = \rho$，

则：

(1) 当 $0 < \rho < +\infty$ 时，级数 $\sum\limits_{n=1}^{\infty} u_n$ 和 $\sum\limits_{n=1}^{\infty} v_n$ 具有相同的敛散性；

(2) 当 $\rho = 0$ 时，若 $\sum\limits_{n=1}^{\infty} v_n$ 收敛，则 $\sum\limits_{n=1}^{\infty} u_n$ 也收敛；

(3) 当 $\rho = +\infty$ 时，若 $\sum\limits_{n=1}^{\infty} v_n$ 发散，则 $\sum\limits_{n=1}^{\infty} u_n$ 也发散.

证明略.

例 7.10　判断级数 $\sum\limits_{n=1}^{\infty} \frac{4^n}{5^n - 3^n}$ 的敛散性.

解：取级数 $\sum\limits_{n=1}^{\infty} \left(\frac{4}{5}\right)^n$ 与之比较. 因为

$$\lim_{n\to\infty} \frac{u_n}{v_n} = \lim_{n\to\infty} \frac{\frac{4^n}{5^n - 3^n}}{\left(\frac{4}{5}\right)^n} = \lim_{n\to\infty} \frac{1}{1 - \left(\frac{3}{5}\right)^n} = 1$$

所以，由比较判别法的极限形式知它们具有相同的敛散性. 又因为 $\sum\limits_{n=1}^{\infty} \left(\frac{4}{5}\right)^n$ 为等比级

数，且公比 $q = \frac{4}{5} < 1$，故是收敛级数，因此原级数收敛.

例 7.11　判断级数 $\sum\limits_{n=1}^{\infty} \frac{\sqrt{n+1} - \sqrt{n-1}}{n}$ 的敛散性.

解：$\sum\limits_{n=1}^{\infty} \frac{\sqrt{n+1} - \sqrt{n-1}}{n} = \sum\limits_{n=1}^{\infty} \frac{2}{n(\sqrt{n+1} + \sqrt{n-1})}$，取级数 $\sum\limits_{n=1}^{\infty} \frac{1}{n^{1+\frac{1}{2}}}$ 与之比较，即

$$\lim_{n\to\infty} \frac{u_n}{v_n} = \lim_{n\to\infty} \frac{\frac{2}{n(\sqrt{n+1} + \sqrt{n-1})}}{\frac{1}{n^{1+\frac{1}{2}}}} = \lim_{n\to\infty} \frac{2n\sqrt{n}}{n(\sqrt{n+1} + \sqrt{n-1})} = 1$$

因为 $\sum\limits_{n=1}^{\infty} \frac{1}{n^{1+\frac{1}{2}}}$ 为 p 级数，且 $p = 1 + \frac{1}{2} > 1$，所以 $\sum\limits_{n=1}^{\infty} \frac{1}{n^{1+\frac{1}{2}}}$ 收敛. 则由比较判别法的极限

形式知原给定级数也收敛.

2. 比值判别法(达朗贝尔(D'Alembert) 判别法)

定理 7.3 如果正项级数 $\sum\limits_{n=1}^{\infty} u_n$ 的后项与前项的比值的极限为 ρ,即 $\lim\limits_{n\to\infty} \dfrac{u_{n+1}}{u_n} = \rho$,则

(1) 当 $\rho < 1$ 时,级数收敛;

(2) 当 $\rho > 1$ 时,级数发散;

(3) 当 $\rho = 1$ 时,级数可能发散也可能收敛.

证明:

(1) 当 $\rho < 1$ 时,取一个足够小的正数 ε,使得 $\rho + \varepsilon = r < 1$. 由于 $\lim\limits_{n\to\infty} \dfrac{u_{n+1}}{u_n} = \rho$,则根据极限定义,必存在一个正整数 N,当 $n > N$ 时,有

$$\left| \frac{u_{n+1}}{u_n} - \rho \right| < \varepsilon (n > N), \text{由此可得:} \frac{u_{n+1}}{u_n} < \rho + \varepsilon = r < 1$$

因此

$$u_{N+1} < r u_N$$
$$u_{N+2} < r u_{N+1} < r^2 u_N$$
$$u_{N+3} < r u_{N+2} < r^3 u_N$$
$$\cdots$$

所以,级数 $\sum\limits_{n=1}^{\infty} u_n$ 在第 N 项之后的各项均小于等比级数 $r u_N + r^2 u_N + r^3 u_N + \cdots$ 的各对应项. 而此等比级数在 $r < 1$ 时是收敛的,所以原级数在去掉前 N 项之后形成的新级数收敛,那么根据 7.1.2 中的性质 3,原给定级数也收敛.

(2) 当 $\rho > 1$ 时,取一个足够小的正数 ε,使得 $\rho - \varepsilon = r > 1$. 则根据极限定义,可知必存在一个正整数 N,当 $n > N$ 时,有

$$\left| \frac{u_{n+1}}{u_n} - \rho \right| < \varepsilon (n > N). \text{由此可得:} \frac{u_{n+1}}{u_n} > \rho - \varepsilon > 1$$

因此,有 $u_{n+1} > u_n (n > N)$. 即当 $n > N$ 时,级数的各项是逐渐增加的,因此当 $n \to \infty$ 时,级数的一般项并不趋于 0. 那么,根据级数收敛的必要条件知,此时正项级数发散.

(3) 当 $\rho = 1$ 时,正项级数可能收敛也可能发散,比如 p 级数,不论 p 为何值,总有

$$\lim_{n\to\infty} \frac{u_{n+1}}{u_n} = \lim_{n\to\infty} \frac{\dfrac{1}{(n+1)^p}}{\dfrac{1}{n^p}} = 1. \text{但是对于} p \text{级数,当} p \leqslant 1 \text{时,发散;当} p > 1 \text{时,收敛. 因此,}$$

在这种情况下比值判别法失效.

例 7.12 判断级数 $\sum\limits_{n=1}^{\infty} \dfrac{n!}{n^n}$ 的敛散性.

解: 由于

$$\lim_{n\to\infty} \frac{u_{n+1}}{u_n} = \lim_{n\to\infty} \frac{\dfrac{(n+1)!}{(n+1)^{n+1}}}{\dfrac{n!}{n^n}} = \lim_{n\to\infty} \left(\frac{n}{1+n} \right)^n = \lim_{n\to\infty} \left[\left(1 + \frac{1}{n} \right)^n \right]^{-1} = e^{-1} < 1,$$

所以级数收敛.

例 7.13 判断级数 $\sum\limits_{n=1}^{\infty} \dfrac{n}{2^n}$ 的敛散性.

解: 由于

$$\lim_{n \to \infty} \frac{u_{n+1}}{u_n} = \lim_{n \to \infty} \frac{\dfrac{n+1}{2^{n+1}}}{\dfrac{n}{2^n}} = \lim_{n \to \infty} \frac{n+1}{2n} = \frac{1}{2} < 1,$$

所以级数收敛.

例 7.14 判断级数 $\sum\limits_{n=1}^{\infty} \dfrac{(n!)^2}{(2n)!}$ 的敛散性.

解: 由于

$$\lim_{n \to \infty} \frac{u_{n+1}}{u_n} = \lim_{n \to \infty} \left\{ \frac{[(n+1)!]^2}{(2n+2)!} \times \frac{(2n)!}{(n!)^2} \right\} = \lim_{n \to \infty} \frac{n+1}{2(2n+1)} = \frac{1}{4} < 1,$$

所以级数收敛.

例 7.15 判断级数 $\sum\limits_{n=1}^{\infty} \dfrac{[(n+1)!]^n}{2! \times 4! \cdots (2n)!}$ 的敛散性.

解: 由于

$$\lim_{n \to \infty} \frac{u_{n+1}}{u_n} = \lim_{n \to \infty} \left\{ \frac{[(n+2)!]^{n+1}}{2! \times 4! \cdots (2n+2)!} \times \frac{2! \times 4! \cdots (2n)!}{[(n+1)!]^n} \right\}$$

$$= \lim_{n \to \infty} \left\{ \left[\frac{(n+2)!}{(n+1)!} \right]^n \times \frac{(n+2)!}{(2n+2)!} \right\} = \lim_{n \to \infty} \frac{(n+2)^n}{(n+3) \cdots (2n+2)}$$

$$\leqslant \lim_{n \to \infty} \left(\frac{n+2}{n+3} \right)^n = \lim_{n \to \infty} \left(1 - \frac{1}{n+3} \right)^n = \frac{1}{e} < 1,$$

所以, 级数收敛.

3. 根值判别法(柯西判别法)

定理 7.4 如果正项级数 $\sum\limits_{n=1}^{\infty} u_n$ 的通项 u_n 的 n 次根的极限等于 ρ, 即 $\lim\limits_{n \to \infty} \sqrt[n]{u_n} = \rho$, 则

(1) 当 $\rho < 1$ 时, 级数收敛;

(2) 当 $\rho > 1$(包括 $\rho = +\infty$) 时, 级数发散;

(3) 当 $\rho = 1$ 时, 级数可能发散也可能收敛.

证明: 由于 $\lim\limits_{n \to \infty} \sqrt[n]{u_n} = \rho$,

(1) 当 $\rho < 1$ 时, 取一个足够小的正数 ε, 使得 $\rho + \varepsilon = r < 1$. 由极限定义, 必存在一个正整数 N, 当 $n > N$ 时, 有

$$\left| \sqrt[n]{u_n} - \rho \right| < \varepsilon (n > N), \text{由此可得:} \sqrt[n]{u_n} < \rho + \varepsilon = r < 1, \text{即} u_n < r^n,$$

所以, 级数 $\sum\limits_{n=1}^{\infty} u_n$ 在第 N 项之后的各项均小于等比级数 $\sum\limits_{n=1}^{\infty} r^n$ 的各对应项. 而此等比级数在

$r < 1$ 时是收敛的,所以原级数在去掉前 N 项之后形成的新级数收敛,那么根据 7.1.2 中的性质 3,原给定级数也收敛.

(2) 当 $\rho > 1$ 时,取一个足够小的正数 ε,使得 $\rho - \varepsilon > 1$. 则根据极限定义,可知必存在一个正整数 N,当 $n > N$ 时,有

$$\left| \sqrt[n]{u_n} - \rho \right| < \varepsilon (n > N), \text{由此可得}, \sqrt[n]{u_n} > \rho - \varepsilon > 1, \text{即 } u_n > 1,$$

因此,$\lim\limits_{n \to \infty} u_n \neq 0$,所以原给级数是发散的.

(3) 当 $\rho = 1$ 时,仍然以 p 级数为例,不论 p 为何值,因为 $\lim\limits_{n \to \infty} \sqrt[n]{u_n} = \lim\limits_{n \to \infty} \sqrt[n]{\dfrac{1}{n^p}} = 1$,但是对于 p 级数,当 $p \leqslant 1$ 时,发散;当 $p > 1$ 时,收敛. 因此,在这种情况下根值判别法失效.

例 7.16 判断级数 $\sum\limits_{n=1}^{\infty} \dfrac{4^n n^3}{5^n}$ 的收敛性.

解:由于

$$\lim_{n \to \infty} \sqrt[n]{u_n} = \lim_{n \to \infty} \sqrt[n]{\frac{4^n n^3}{5^n}} = \lim_{n \to \infty} \frac{4}{5} \sqrt[n]{n^3} = \frac{4}{5} < 1,$$

由根值判别法知,级数收敛.

例 7.17 判断级数 $\sum\limits_{n=1}^{\infty} \dfrac{2 + (-1)^n}{2^n}$ 的敛散性.

解:由于

$$\lim_{n \to \infty} \sqrt[n]{u_n} = \lim_{n \to \infty} \frac{\sqrt[n]{2 + (-1)^n}}{2} = \frac{1}{2} < 1,$$

由根值判别法知,级数收敛.

需要注意的是,这个级数并不能用比值法来判断,因为

$$\frac{u_{n+1}}{u_n} = \frac{\dfrac{2 + (-1)^{n+1}}{2^{n+1}}}{\dfrac{2 + (-1)^n}{2^n}} = \frac{2 + (-1)^{n+1}}{2[2 + (-1)^n]} = \begin{cases} \dfrac{3}{2}, & \text{当 } n \text{ 为奇数时;} \\[2mm] \dfrac{1}{6}, & \text{当 } n \text{ 为偶数时.} \end{cases}$$

所以 $\lim\limits_{n \to \infty} \dfrac{u_{n+1}}{u_n}$ 不存在.

例 7.18 判断级数 $\sum\limits_{n=1}^{\infty} \dfrac{n \cos^2 \dfrac{n\pi}{3}}{2^n}$ 的敛散性.

解:因为 $0 < \dfrac{n \cos^2 \dfrac{n\pi}{3}}{2^n} \leqslant \dfrac{n}{2^n}$,而对于级数 $\sum\limits_{n=1}^{\infty} \dfrac{n}{2^n}$,由于

$$\lim_{n \to \infty} \sqrt[n]{u_n} = \lim_{n \to \infty} \sqrt[n]{\frac{n}{2^n}} = \frac{1}{2} < 1,$$

故 $\sum\limits_{n=1}^{\infty} \dfrac{n}{2^n}$ 是收敛的. 再由比较判别法易知, 原给定级数 $\sum\limits_{n=1}^{\infty} \dfrac{n\cos^2\frac{n\pi}{3}}{2^n}$ 收敛.

例 7.19 判断级数 $\sum\limits_{n=1}^{\infty} \dfrac{n^2\left[\sqrt{2}+(-1)^n\right]^n}{3^n}$ 的敛散性.

解: 因为 $0 < \dfrac{n^2\left[\sqrt{2}+(-1)^n\right]^n}{3^n} \leqslant \dfrac{n^2\left(\sqrt{2}+1\right)^n}{3^n}$, 而对于级数 $\sum\limits_{n=1}^{\infty} \dfrac{n^2\left(\sqrt{2}+1\right)^n}{3^n}$, 由于

$$\lim_{n\to\infty} \sqrt[n]{u_n} = \lim_{n\to\infty} \sqrt[n]{\dfrac{n^2\left(\sqrt{2}+1\right)^n}{3^n}} = \lim_{n\to\infty} \dfrac{\left(\sqrt{2}+1\right)}{3}\sqrt[n]{n^2} = \dfrac{\left(\sqrt{2}+1\right)}{3} < 1,$$

故 $\sum\limits_{n=1}^{\infty} \dfrac{n^2\left(\sqrt{2}+1\right)^n}{3^n}$ 是收敛的, 再由比较判别法易知原给定级数收敛.

7.3 任意项级数

一个既有无穷多个正项又有无穷多个负项的级数叫做任意项级数. 当 $\sum\limits_{n=1}^{\infty} u_n$ 是任意项级数时, 它的部分和数列 $\{S_n\}$ 即便是有界的, 也不能保证其收敛. 因此, 前述关于正项级数的一系列判别法便失去了效力. 那么, 如何来判断此类级数的敛散性呢? 下面, 首先讨论一种任意项级数的特殊情形 —— 交错级数, 然后再讨论一般的任意项级数的敛散性问题.

7.3.1 交错级数

如果一个级数的各项是正负交错的, 那么这种级数就称为交错级数. 它可以用下面的形式给出:

$$u_1 - u_2 + u_3 - u_4 + \cdots + (-1)^{n-1}u_n + \cdots,$$

或

$$-u_1 + u_2 - u_3 + u_4 - \cdots + (-1)^n u_n + \cdots$$

其中, $u_n > 0 (n = 1, 2, 3, \cdots)$. 关于交错级数的收敛性有如下定理.

定理 7.5(莱布尼茨(Leibniz) 定理) 如果交错级数满足条件

① $u_n \geqslant u_{n+1} (n = 1, 2, 3, \cdots)$;

② $\lim\limits_{n\to\infty} u_n = 0$,

则级数收敛, 且其和 S 介于 0 与 u_1 之间, 即: $0 \leqslant S \leqslant u_1$.

证明: 考虑级数的前 $2k$ 项的和 S_{2k}, 它可以表示成两种形式:

$$S_{2k} = (u_1 - u_2) + (u_3 - u_4) + \cdots + (u_{2k-1} - u_{2k})$$

以及

$$S_{2k} = u_1 - (u_2 - u_3) - (u_4 - u_5) - \cdots - (u_{2k-2} - u_{2k-1}) - u_{2k}$$

由条件 ① 知，S_{2k} 的两种形式里的括号内的差都是非负的.

又由第一式知，序列 $\{S_{2k}\}$ 是一个随 k 增大而增大的单调序列；而第二式则说明 $S_{2k} \leqslant u_1$. 因此 $\{S_{2k}\}$ 是一个单调有界序列. 于是，根据单调有界序列必有极限，可知 $\lim\limits_{k\to\infty} S_{2k}$ 存在，设 $\lim\limits_{k\to\infty} S_{2k} = S$，并且必有 $0 \leqslant S \leqslant u_1$.

另，由 $S_{2k+1} = S_{2k} + u_{2k+1}$ 以及条件 ② 得：

$$\lim_{k\to\infty} S_{2k+1} = \lim_{k\to\infty} S_{2k} + \lim_{k\to\infty} u_{2k+1} = S + 0 = S$$

因此，对于交错级数，无论 n 为奇数还是偶数，其前 n 项部分和 S_n 的极限（$n \to \infty$）均为 S，所以交错级数是收敛的，并且 $0 \leqslant S \leqslant u_1$.

对于交错级数，如果以 S_n 作为级数和的近似值，则误差 $|R_n| \leqslant u_{n+1}$. 这是因为

$$|R_n| = u_{n+1} - u_{n+2} + u_{n+3} - u_{n+4} + \cdots$$

也是一个交错级数，故有 $|R_n| \leqslant u_{n+1}$.

例 7.20 判断级数 $\sum\limits_{n=1}^{\infty} (-1)^{n-1} \dfrac{1}{n}$ 的敛散性.

解：这是一个交错级数. 并且 $\dfrac{1}{n} > \dfrac{1}{n+1}$，$\lim\limits_{n\to\infty} \dfrac{1}{n} = 0$，因此由莱布尼茨定理知，级数收敛，并且其和小于 1.

例 7.21 判断级数 $\sum\limits_{n=1}^{\infty} (-1)^{n-1} \dfrac{\ln(n+1)}{n}$ 的敛散性.

解：因为 $u_n = \dfrac{\ln(n+1)}{n} > 0$，所以给定级数为交错级数.

由于 $\lim\limits_{x\to\infty} \dfrac{\ln(x+1)}{x} = \lim\limits_{x\to\infty} \dfrac{1}{x+1} = 0$，所以 $\lim\limits_{n\to\infty} \dfrac{\ln(n+1)}{n} = 0$；

考虑函数 $f(x) = \dfrac{\ln(x+1)}{x}(x\geqslant 1)$，则 $f'(x) = \dfrac{\frac{x}{x+1} - \ln(x+1)}{x^2}(x\geqslant 1)$. 令 $g(x) = \dfrac{x}{x+1} - \ln(x+1)(x\geqslant 1)$，则有 $g'(x) = -\dfrac{x}{(x+1)^2} < 0(x\geqslant 1)$，因此 $g(x)$ 为减函数；又 $g(1) = \dfrac{1}{2} - \ln 2 = \ln\sqrt{e} - \ln 2 < 0$，所以当 $x\geqslant 1$ 时，$g(x) < 0$. 因此有 $f'(x) < 0(x\geqslant 1)$，所以当 $x\geqslant 1$ 时，$f(x)$ 为减函数. 这意味着对于任意的 $n(n = 1,2,\cdots)$，必有 $f(n+1) < f(n)$. 于是，对于原级数有：$u_{n+1} < u_n(n = 1,2,\cdots)$.

所以，由莱布尼茨定理知，原给定级数收敛.

7.3.2 绝对收敛与条件收敛

定理 7.6 如果任意项级数 $\sum\limits_{n=1}^{\infty} u_n$ 的各项绝对值组成的级数 $\sum\limits_{n=1}^{\infty} |u_n|$ 收敛，则原级数也收敛.

证明：令 $v_n = \dfrac{1}{2}(|u_n| + u_n)$；$w_n = \dfrac{1}{2}(|u_n| - u_n)(n = 1,2,3,\cdots)$，也即：

$$v_n = \begin{cases} |u_n|, & \text{当 } u_n \geqslant 0 \text{ 时}; \\ 0, & \text{当 } u_n < 0 \text{ 时}. \end{cases} \qquad w_n = \begin{cases} 0, & \text{当 } u_n \geqslant 0 \text{ 时}; \\ |u_n|, & \text{当 } u_n < 0 \text{ 时}. \end{cases}$$

因此有：$0 \leqslant v_n \leqslant |u_n|$，$0 \leqslant w_n \leqslant |u_n|$. 因为级数 $\sum\limits_{n=1}^{\infty} |u_n|$ 收敛，由比较判别法可知，级数 $\sum\limits_{n=1}^{\infty} v_n$ 与 $\sum\limits_{n=1}^{\infty} w_n$ 都收敛. 又因为 $u_n = v_n - w_n$，所以级数

$$\sum_{n=1}^{\infty} u_n = \sum_{n=1}^{\infty} (v_n - w_n) = \sum_{n=1}^{\infty} v_n - \sum_{n=1}^{\infty} w_n$$

收敛.

需要注意的是，如果 $\sum\limits_{n=1}^{\infty} |u_n|$ 发散，原级数仍然有可能收敛. 这意味着上述定理之逆定理并不成立. 例如在例 20 中，$\sum\limits_{n=1}^{\infty} (-1)^{n-1} \dfrac{1}{n}$ 是收敛的，但是其各项绝对值构成的级数 $\sum\limits_{n=1}^{\infty} \dfrac{1}{n}$ 就是发散的.

下面给出绝对收敛和条件收敛的定义.

定义 7.4 如果级数 $\sum\limits_{n=1}^{\infty} u_n$ 的各项绝对值构成的级数 $\sum\limits_{n=1}^{\infty} |u_n|$ 收敛，则称级数 $\sum\limits_{n=1}^{\infty} u_n$ 是绝对收敛的；如果级数 $\sum\limits_{n=1}^{\infty} u_n$ 收敛，但由其各项绝对值构成的级数 $\sum\limits_{n=1}^{\infty} |u_n|$ 发散，则称级数 $\sum\limits_{n=1}^{\infty} u_n$ 是条件收敛的.

例如，由上述定义可知，级数

$$1 - \frac{1}{2} + \frac{1}{3} - \frac{1}{4} + \cdots + (-1)^{n-1} \frac{1}{n} + \cdots$$

就是一个条件收敛级数.

由于任意项级数的各项取绝对值后所构成的级数是正项级数，因此，一切判定正项级数敛散性的判别法都可以用来判定任意项级数是否为绝对收敛的. 同时，如果用比值判别法或根值判别法在判定级数 $\sum\limits_{n=0}^{\infty} |u_n|$ 的敛散性时，发现 $\lim\limits_{n \to \infty} \left| \dfrac{u_{n+1}}{u_n} \right| > 1$（或 $\lim\limits_{n \to \infty} \sqrt[n]{u_n} > 1$），即 $\sum\limits_{n=0}^{\infty} |u_n|$ 发散，那么必然可以推论出原级数 $\sum\limits_{n=0}^{\infty} u_n$ 也发散. 这是因为，如果 $\lim\limits_{n \to \infty} \left| \dfrac{u_{n+1}}{u_n} \right| > 1$（或 $\lim\limits_{n \to \infty} \sqrt[n]{u_n} > 1$），则必有 $\lim\limits_{n \to \infty} |u_n| \neq 0$，可知 $\lim\limits_{n \to \infty} u_n \neq 0$，那么根据级数收敛的必要条件，必有 $\sum\limits_{n=1}^{\infty} u_n$ 发散. 于是有如下定理.

定理 7.7 对于任意项级数 $\sum\limits_{n=1}^{\infty} u_n (u_n \neq 0, n = 1, 2, \cdots)$，如果

$$\lim_{n \to \infty} \left| \frac{u_{n+1}}{u_n} \right| = \rho \text{（或 } \lim_{n \to \infty} \sqrt[n]{u_n} = \rho\text{）}，则$$

（1）当 $\rho < 1$ 时，级数 $\sum\limits_{n=1}^{\infty} u_n$ 绝对收敛；

（2）当 $\rho > 1$ 时（或 $\rho = +\infty$），级数 $\sum\limits_{n=1}^{\infty} u_n$ 发散.

例 7.22　判断级数 $\sum\limits_{n=1}^{\infty} (-1)^{n-1} \dfrac{1}{n \times 2^n}$ 的敛散性.

解： 因为

$$\lim_{n \to \infty} \frac{|u_{n+1}|}{|u_n|} = \lim_{n \to \infty} \frac{\dfrac{1}{(n+1) \times 2^{n+1}}}{\dfrac{1}{n \times 2^n}} = \lim_{n \to \infty} \frac{n \times 2^n}{(n+1) \times 2^{n+1}} = \frac{1}{2} < 1,$$

由比值判别法知，给定级数各项取绝对值后的级数收敛，所以原给定级数收敛，并且是绝对收敛的.

例 7.23　判断级数 $\sum\limits_{n=1}^{\infty} (-1)^{n-1} \dfrac{2^n}{2n+1}$ 的敛散性.

解： 因为

$$\lim_{n \to \infty} \frac{|u_{n+1}|}{|u_n|} = \lim_{n \to \infty} \frac{\dfrac{2^{n+1}}{2(n+1)+1}}{\dfrac{2^n}{2n+1}} = \lim_{n \to \infty} \frac{2^{n+1}(2n+1)}{[2(n+1)+1]2^n} = 2 > 1,$$

由比值判别法知，给定级数各项取绝对值后的级数发散，并且 $\lim\limits_{n \to \infty} |u_n| \neq 0$，从而 $\lim\limits_{n \to \infty} u_n \neq 0$，由级数收敛的必要条件知，原给定级数必定发散.

7.4　幂级数

给定一个定义在区间 I 上的函数序列

$$u_1(x), u_2(x), \cdots, u_n(x), \cdots,$$

由这样的序列构成的表达式

$$\sum_{n=1}^{\infty} u_n(x) = u_1(x) + u_2(x) + \cdots + u_n(x) + \cdots \tag{7-3}$$

称为定义在区间 I 上的函数项级数，简称级数.

由上述定义可知，对于每一个 $x_0 \in I$，函数项级数 $\sum\limits_{n=1}^{\infty} u_n(x_0)$ 为常数项级数. 如果 $\sum\limits_{n=1}^{\infty} u_n(x_0)$ 收敛，则称 x_0 为函数项级数 $\sum\limits_{n=1}^{\infty} u_n(x)$ 的收敛点；如果 $\sum\limits_{n=1}^{\infty} u_n(x_0)$ 发散，则称 x_0 为函数项级数 $\sum\limits_{n=1}^{\infty} u_n(x)$ 的发散点. 函数项级数的所有收敛点的全体构成其收敛域.

7.4.1 幂级数及其收敛区间

定义 7.5 形如

$$\sum_{n=0}^{\infty} a_n x^n = a_0 + a_1 x + a_2 x^2 + \cdots + a_n x^n + \cdots \tag{7-4}$$

的函数项级数,称为幂级数,其中 $a_0, a_1, a_2, \cdots, a_n, \cdots$ 为常数,称为幂级数的系数. 幂级数还可以表示成如下形式:

$$\sum_{n=0}^{\infty} a_n (x-x_0)^n = a_0 + a_1 (x-x_0) + a_2 (x-x_0)^2 + \cdots + a_n (x-x_0)^n + \cdots$$

$$\tag{7-5}$$

其中,x_0 为常数. 由于级数式(7-5)可以很方便地表示为式(7-4)的形式(只需将 $x-x_0$ 和 x 进行替换),所以下面将主要讨论形如式(7-4)的幂级数.

首先研究幂级数的收敛区间.

定理 7.8(阿贝尔(Abel)定理) 对于幂级数式(7-4),如果当 $x = x_0 (x_0 \neq 0)$ 时收敛,则当 $|x| < |x_0|$ 时,此幂级数绝对收敛;如果当 $x = x_0 (x_0 \neq 0)$ 时发散,则当 $|x| > |x_0|$ 时,此幂级数发散.(证明过程略)

这个定理指出,如果幂级数式(7-4)在 x_0 处收敛,那么对于在区间 $(-|x_0|, |x_0|)$ 中的任意 x,幂级数都是绝对收敛的;如果幂级数式(7-4)在 x_0 处发散,那么对于在区间 $(-\infty, -|x_0|) \bigcup (|x_0|, +\infty)$ 中的任意 x,幂级数都是发散的. 因此,如果幂级数式(7-4)存在收敛点,那么表现在关于 x 的数轴上,必然存在一个关于原点对称的开区间,对于在这个区间内的所有 x,幂级数式(7-4)都是收敛的. 由此,可以得到如下推论:

推论 如果幂级数 $\sum_{n=0}^{\infty} a_n x^n$ 既有发散点,也有非零的其他收敛点,则必存在一个确定的正数 R,使得当 $|x| < R$ 时,幂级数绝对收敛;当 $|x| > R$ 时,幂级数发散;当 $x = \pm R$ 时,幂级数可能收敛也可能发散.

通常,这个正数 R 叫做幂级数式(7-4)的收敛半径,而开区间 $(-R, R)$ 则称为幂级数式(7-4)的收敛区间. 如果幂级数式(7-4)仅仅在 $x = 0$ 处收敛,那么收敛半径就是 $R = 0$,此时收敛区间只有一点 $x = 0$;如果幂级数对于一切 x 都收敛,那么收敛半径就是 $R = +\infty$,此时收敛区间是 $(-\infty, +\infty)$. 另外,通过变量代换,容易证明幂级数(7-5)的收敛区间是以 x_0 为中心的区间 $(x_0 - R, x_0 + R)$.

下面给出一个关于求幂级数收敛半径的定理.

定理 7.9 如果幂级数(7-4)的系数满足如下条件:

$$\lim_{n \to \infty} \left| \frac{a_{n+1}}{a_n} \right| = \rho (或 \lim_{n \to \infty} \sqrt[n]{|a_n|} = \rho),$$

则有(1)当 $0 < \rho < +\infty$ 时,$R = \dfrac{1}{\rho}$;

(2)当 $\rho = 0$ 时,$R = +\infty$;

(3)当 $\rho = +\infty$ 时,$R = 0$.

证明: 由于当 $x = 0$ 时,幂级数 $\sum\limits_{n=0}^{\infty} a_n x^n$ 总是收敛的,因此只需讨论 $x \neq 0$ 的情况.

对幂级数(7-4)的各项取绝对值,形成新的级数 $\sum\limits_{n=0}^{\infty} |a_n x^n|$,此级数对于任意的 x 各项都是非负数.因此,应用比值判别法(或根值判别法)有

$$\lim_{n \to \infty} \left| \frac{a_{n+1} x^{n+1}}{a_n x^n} \right| = \lim_{n \to \infty} \left| \frac{a_{n+1}}{a_n} \right| \times \lim_{x \to \infty} |x| = \rho |x|$$

或

$$\lim_{n \to \infty} \sqrt[n]{|a_n x^n|} = \lim_{n \to \infty} \sqrt[n]{|a_n|} \times \lim_{n \to \infty} |x| = \rho |x|$$

于是,对于第一种情况($0 < \rho < +\infty$),当 $0 < \rho |x| < 1$,即 $|x| < \dfrac{1}{\rho}$ 时,幂级数(7-4)绝对收敛;当 $\rho |x| > 1$,即 $|x| > \dfrac{1}{\rho}$ 时,幂级数 $\sum\limits_{n=0}^{\infty} a_n x^n$ 发散(见定理7-7).那么根据幂级数的收敛半径定义可知,此时幂级数(7-4)的收敛半径就是 $R = \dfrac{1}{\rho}$.

对于第二种情况($\rho = 0$),此时对于任意的 x,$\lim\limits_{n \to \infty} \left| \dfrac{a_{n+1} x^{n+1}}{a_n x^n} \right| = 0 < 1$,即幂级数(7-4)绝对收敛,因此其收敛半径为 $R = +\infty$.

对于第三种情况($\rho = +\infty$),对于除 $x = 0$ 之外的任意 x,$\lim\limits_{n \to \infty} \left| \dfrac{a_{n+1} x^{n+1}}{a_n x^n} \right| = +\infty$,从而幂级数式(7-4)发散(见定理7.7),此时幂级数仅在 $x = 0$ 处收敛,那么其收敛半径为 $R = 0$.

例7.24 判定幂级数

$$x - \frac{x^2}{2} + \frac{x^3}{3} - \frac{x^4}{4} + \cdots + (-1)^{n-1} \frac{x^n}{n} + \cdots$$

的收敛半径、收敛区间以及收敛域.

解: 因为

$$\lim_{n \to \infty} \left| \frac{a_{n+1}}{a_n} \right| = \lim_{n \to \infty} \left| \frac{(-1)^n / (n+1)}{(-1)^{n-1} / n} \right| = \lim_{n \to \infty} \frac{n}{n+1} = 1,$$

所以,此幂级数的收敛半径 $R = \dfrac{1}{\rho} = 1$,收敛区间为 $(-1, 1)$.

当 $x = 1$ 时,原幂级数变为交错级数 $\sum\limits_{n=1}^{\infty} (-1)^{n-1} \dfrac{1}{n}$,收敛;当 $x = -1$ 时,原幂级数变为调和级数 $-\sum\limits_{n=1}^{\infty} \dfrac{1}{n}$,发散.

因此,此幂级数的收敛域为 $(-1, 1]$.

例7.25 判定幂级数 $\sum\limits_{n=1}^{\infty} \left(1 + \dfrac{1}{2} + \cdots + \dfrac{1}{n}\right) x^n$ 的收敛半径、收敛区间以及收敛域.

解: 因为

$$\lim_{n \to \infty} \left| \frac{a_{n+1}}{a_n} \right| = \lim_{n \to \infty} \left| \frac{1 + \dfrac{1}{2} + \cdots + \dfrac{1}{n} + \dfrac{1}{n+1}}{1 + \dfrac{1}{2} + \cdots + \dfrac{1}{n}} \right|$$

$$= \lim_{n \to \infty} \left| 1 + \frac{1}{(n+1) + \frac{n+1}{2} + \cdots + \frac{n+1}{n}} \right| = 1,$$

所以收敛半径为 1,收敛区间为 $(-1,1)$.

当 $x = \pm 1$ 时,由于 $\lim_{n \to \infty} |\alpha_n| = \lim_{n \to \infty} \left(1 + \frac{1}{2} + \cdots + \frac{1}{n} \right) = +\infty$,即有 $\lim_{n \to \infty} \alpha_n \neq 0$,所以此时幂级数发散. 故原幂级数收敛域为 $(-1,1)$.

例 7.26 求幂级数 $\sum_{n=0}^{\infty} (-1)^n \frac{1}{2n-1} x^{2n+1}$ 的收敛域.

解:此幂级数缺少 x 的偶次幂项,即偶次幂项的系数 $a_{2n} = 0 (n = 0,1,2,\cdots)$,所以不能直接应用定理 7.9. 现用定理 7.7 来求其收敛域. 因为

$$\lim_{n \to \infty} \frac{|u_{n+1}|}{|u_n|} = \lim_{n \to \infty} \left| \frac{(-1)^{n+1} \frac{1}{2n+1} x^{2n+3}}{(-1)^n \frac{1}{2n-1} x^{2n+1}} \right| = \lim_{n \to \infty} \frac{(2n-1)x^2}{(2n+1)} = x^2,$$

所以,当 $x^2 < 1$,即 $|x| < 1$ 时,所给级数绝对收敛;当 $x^2 > 1$,即 $|x| > 1$ 时,所给级数发散. 由此可知,原给定级数的收敛半径为 $R = 1$.

又,当 $x = 1$ 时,级数成为 $\sum_{n=0}^{\infty} (-1)^n \frac{1}{2n-1}$,收敛;当 $x = -1$ 时,级数成为 $\sum_{n=0}^{\infty} (-1)^{n+1} \frac{1}{2n-1}$,收敛. 所以原给定级数的收敛域为 $[-1,1]$.

例 7.27 求级数 $\sum_{n=1}^{\infty} \frac{2^n \sin^n x}{n^2}$ 的收敛域.

解:此级数并不是幂级数,因此不能直接用定理 7.9 考查其收敛半径以及其收敛域. 令 $t = \sin x$,则 $\sum_{n=1}^{\infty} \frac{2^n}{n^2} t^n$ 是关于 t 的幂级数,其收敛半径为

$$R = \lim_{n \to \infty} \left| \frac{2^n}{n^2} \times \frac{(n+1)^2}{2^{n+1}} \right| = \lim_{n \to \infty} \left| \frac{1}{2} \frac{(n+1)^2}{n^2} \right| = \frac{1}{2}$$

又当 $t = \frac{1}{2}$ 时,$\sum_{n=1}^{\infty} \frac{2^n}{n^2} t^n$ 变为 $\sum_{n=1}^{\infty} \frac{1}{n^2}$,收敛;当 $t = -\frac{1}{2}$ 时,$\sum_{n=1}^{\infty} \frac{2^n}{n^2} t^n$ 变为 $\sum_{n=1}^{\infty} (-1)^n \frac{1}{n^2}$,收敛. 因此,$\sum_{n=1}^{\infty} \frac{2^n}{n^2} t^n$ 的收敛域为 $\left[-\frac{1}{2}, \frac{1}{2} \right]$,即当 $t \in \left[-\frac{1}{2}, \frac{1}{2} \right]$ 时,$\sum_{n=1}^{\infty} \frac{2^n}{n^2} t^n$ 收敛.

又因为 $t = \sin x$,所以当 $\sin x \in \left[-\frac{1}{2}, \frac{1}{2} \right]$ 时,级数 $\sum_{n=1}^{\infty} \frac{2^n \sin^n x}{n^2}$ 收敛,即当 $k\pi - \frac{\pi}{6} \leqslant x \leqslant k\pi + \frac{\pi}{6} (k = 0, \pm 1, \pm 2 \cdots)$ 时,原级数收敛.

所以 $\sum_{n=1}^{\infty} \frac{2^n \sin^n x}{n^2}$ 的收敛域为 $\left[k\pi - \frac{\pi}{6}, k\pi + \frac{\pi}{6} \right] (k = 0, \pm 1, \pm 2, \cdots)$.

例 7.28 求级数 $\sum_{n=1}^{\infty} ne^{-nx}$ 的收敛域.

解： 应用定理 7.7. 因为

$$\lim_{n\to\infty}\left|\frac{u_{n+1}}{u_n}\right|=\lim_{n\to\infty}\left|\frac{(n+1)\mathrm{e}^{-(n+1)x}}{n\mathrm{e}^{-nx}}\right|=\lim_{n\to\infty}\frac{(n+1)\mathrm{e}^{-x}}{n}=\mathrm{e}^{-x},$$

所以，当 $\mathrm{e}^{-x}<1$，即 $x>0$ 时，级数绝对收敛；当 $\mathrm{e}^{-x}>1$，即 $x<0$ 时，级数发散. 而当 $x=0$ 时，级数变为 $\sum\limits_{n=1}^{\infty}n$，显然发散. 因此，原给定级数的收敛域为 $(0,+\infty)$.

7.4.2　幂级数的性质

幂级数(7-4)在收敛域内的和 S 是 x 的函数，即 $S=S(x)$，称为幂级数的和函数. 下面给出几个关于幂级数和函数的运算性质，证明过程略.

性质 1　如果幂级数 $\sum\limits_{n=0}^{\infty}a_nx^n$ 和 $\sum\limits_{n=0}^{\infty}b_nx^n$ 的收敛半径分别为 $R_1>0$ 和 $R_2>0$，则

$$\sum_{n=0}^{\infty}a_nx^n\pm\sum_{n=0}^{\infty}b_nx^n=\sum_{n=0}^{\infty}(a_n\pm b_n)x^n \tag{7-6}$$

的收敛半径为 R，并且 $R=\min\{R_1,R_2\}$.

性质 2　若幂级数 $\sum\limits_{n=0}^{\infty}a_nx^n$ 的收敛半径为 $R(R>0)$，则其和函数 $S(x)$ 在其收敛区间 $(-R,R)$ 内是连续函数；若幂级数在收敛区间的端点 $x=R$（或 $x=-R$）处也收敛，则其和函数 $S(x)$ 在 $x=R$ 处左连续（或在 $x=-R$ 处右连续）.

性质 3　设幂级数 $\sum\limits_{n=0}^{\infty}a_nx^n$ 的收敛半径为 $R(R>0)$，则在区间 $(-R,R)$ 内，其和函数 $S(x)$ 具有任意阶导数，并且求导可逐项进行，即

$$S'(x)=\frac{\mathrm{d}}{\mathrm{d}x}\left(\sum_{n=0}^{\infty}a_nx^n\right)=\sum_{n=1}^{\infty}\frac{\mathrm{d}(a_nx^n)}{\mathrm{d}x}=\sum_{n=1}^{\infty}na_nx^{n-1}\quad(|x|<R) \tag{7-7}$$

性质 4　设幂级数 $\sum\limits_{n=0}^{\infty}a_nx^n$ 的收敛半径为 $R(R>0)$，则对区间 $(-R,R)$ 内任意一点，对于和函数都有

$$\int_0^xS(t)\mathrm{d}t=\int_0^x\left(\sum_{n=0}^{\infty}a_nt^n\right)\mathrm{d}t=\sum_{n=0}^{\infty}\left(\int_0^xa_nt^n\mathrm{d}t\right)=\sum_{n=0}^{\infty}\frac{a_n}{n+1}x^{n+1}\,(|x|<R) \tag{7-8}$$

性质 3 和性质 4 表明，对幂级数在其收敛区间内逐项求导或积分后所得新的幂级数与原级数具有相同的收敛半径. 需要注意的是，如果逐项积分或逐项微分后的幂级数在其收敛区间的端点 $x=R$（或 $x=-R$）处也收敛，那么在 $x=R$（或 $x=-R$）处等式(7-7)和式(7-8)仍然成立.

例 7.29　求 $\sum\limits_{n=1}^{\infty}\dfrac{x^n}{n}$ 收敛半径、收敛区间、收敛域及和函数.

解： 由

$$\lim_{n\to\infty}\left|\frac{a_{n+1}}{a_n}\right|=\lim_{n\to\infty}\left|\frac{1/(n+1)}{1/n}\right|=1$$

得到幂级数的收敛半径 $R=1$，收敛区间为 $(-1,1)$. 又，当 $x=-1$ 时，$\sum\limits_{n=1}^{\infty}\dfrac{(-1)^n}{n}$ 收敛；当 $x=1$ 时，$\sum\limits_{n=1}^{\infty}\dfrac{1}{n}$ 发散，故收敛域为 $[-1,1)$.

设和函数为

$$S(x)=\sum_{n=1}^{\infty}\frac{x^n}{n}=x+\frac{x^2}{2}+\frac{x^3}{3}+\cdots+\frac{x^n}{n}+\cdots$$

两边求关于 x 的导数，得

$$S'(x)=1+x+x^2+\cdots+x^{n-1}+\cdots=\frac{1}{1-x}\quad x\in(-1,1)$$

又因为 $\int_0^x S'(t)\mathrm{d}t=S(x)-S(0)$，即 $S(x)=S(0)+\int_0^x S'(t)\mathrm{d}t$，所以

$$S(x)=S(0)+\int_0^x S'(t)\mathrm{d}t=0+\int_0^x\frac{1}{1-t}\mathrm{d}t=-\ln(1-x)\quad x\in(-1,1)$$

又因为原级数在 $x=-1$ 处收敛，且 $-\ln(1-x)$ 在 $x=-1$ 处连续，所以

$$S(x)=\sum_{n=1}^{\infty}\frac{x^n}{n}=-\ln(1-x)\quad x\in[-1,1)$$

例 7.30　求 $\sum\limits_{n=1}^{\infty}nx^{n-1}$ 收敛半径、收敛区间、收敛域及和函数.

解：由

$$\lim_{n\to\infty}\left|\frac{a_{n+1}}{a_n}\right|=\lim_{n\to\infty}\left|\frac{(n+1)}{n}\right|=1$$

得到幂级数的收敛半径 $R=1$，收敛区间为 $(-1,1)$. 又当 $x=\pm1$ 时，$\sum\limits_{n=1}^{\infty}(\pm1)^{n-1}\cdot n$ 的一般项并不趋于零，所以级数发散，因此收敛域为 $(-1,1)$.

设和函数为

$$S(x)=1+2x+3x^2+\cdots+nx^{n-1}+\cdots$$

两边由 0 到 x 积分，得

$$\int_0^x S(t)\mathrm{d}t=x+x^2+x^3+\cdots+x^n+\cdots=\frac{x}{1-x}=\frac{1}{1-x}-1$$

两边对 x 求导，得

$$S(x)=\frac{\mathrm{d}}{\mathrm{d}x}\int_0^x S(t)\mathrm{d}t=\frac{\mathrm{d}}{\mathrm{d}x}\left(\frac{1}{1-x}-1\right)=\frac{1}{(1-x)^2}\quad x\in(-1,1)$$

例 7.31　求幂级数 $\sum\limits_{n=1}^{\infty}\dfrac{n}{n+1}x^n$ 的收敛域及和函数.

解：由

$$\lim_{n \to \infty} \left| \frac{\alpha_{n+1}}{\alpha_n} \right| = \lim_{n \to \infty} \left| \frac{(n+1)}{n+2} \times \frac{n+1}{n} \right| = 1$$

知，收敛半径 $R = 1$. 当 $x = \pm 1$ 时，级数为 $\sum_{n=1}^{\infty} \frac{n}{n+1} (\pm 1)^n$，其一般项的极限

$$\lim_{n \to \infty} u_n = \lim_{n \to \infty} \frac{n}{n+1} (\pm 1)^n \neq 0,$$

故当 $x = \pm 1$ 时，级数发散，所以原幂级数的收敛域为 $(-1,1)$.

设和函数为

$$S(x) = \sum_{n=1}^{\infty} \frac{n}{n+1} x^n = \frac{1}{2} x + \frac{2}{3} x^2 + \frac{3}{4} x^3 + \cdots + \frac{n}{n+1} x^n + \cdots \quad x \in (-1,1)$$

两边同时乘以 x，并令 $g(x) = xS(x)$ 得

$$g(x) = \sum_{n=1}^{\infty} \frac{n}{n+1} x^{n+1} = \frac{1}{2} x^2 + \frac{2}{3} x^3 + \frac{3}{4} x^4 + \cdots + \frac{n}{n+1} x^{n+1} + \cdots \quad x \in (-1,1)$$

显然，当 $x \in (-1,1)$ 时，幂级数 $\sum_{n=1}^{\infty} \frac{n}{n+1} x^{n+1}$ 收敛，$g(x)$ 为其和函数，因此

$$g'(x) = \sum_{n=1}^{\infty} n x^n = x \sum_{n=1}^{\infty} n x^{n-1} \quad x \in (-1,1)$$

当 $x \in (-1,1)$ 时，易知幂级数 $\sum_{n=1}^{\infty} n x^{n-1}$ 收敛，并且由例 7.30 的结果知 $\sum_{n=1}^{\infty} n x^{n-1} = \frac{1}{(1-x)^2}$，所以 $g'(x) = \frac{x}{(1-x)^2}$，从而有

$$g(x) - g(0) = \int_0^x g'(t) \mathrm{d}t = \int_0^x \frac{t}{(1-t)^2} \mathrm{d}t$$

$$= \ln(1-x) + \frac{x}{1-x} \quad x \in (-1,1)$$

又因为 $g(0) = 0$，同时 $g(x) = xS(x)$，因此有

$$xS(x) = \ln(1-x) + \frac{x}{1-x}, \ x \in (-1,1)$$

所以，当时 $x \neq 0$，有

$$S(x) = \frac{\ln(1-x)}{x} + \frac{1}{1-x}, \ x \in (-1,0) \bigcup (0,1)$$

又当 $x = 0$ 时，$S(x) = 0$.

因此，原幂级数的和函数为

$$S(x) = \begin{cases} \dfrac{\ln(1-x)}{x} + \dfrac{1}{1-x}, & \text{当 } x \in (-1,0) \bigcup (0,1) \text{ 时;} \\ 0, & \text{当 } x = 0 \text{ 时.} \end{cases}$$

例 7.32　求级数 $\sum\limits_{n=1}^{\infty} n \left(\dfrac{1}{3}\right)^{n-1}$ 的和.

解：先求幂级数 $\sum\limits_{n=1}^{\infty} nx^{n-1}$ 的和函数 $S(x)$. 易知，幂级数 $\sum\limits_{n=1}^{\infty} nx^{n-1}$ 的收敛域为 $(-1,1)$.

由例 7.30 的结果知，$\sum\limits_{n=1}^{\infty} nx^{n-1}$ 的和函数为

$$S(x) = \sum_{n=1}^{\infty} nx^{n-1} = \frac{1}{(1-x)^2}, \; x \in (-1,1)$$

因此，当 $x = \dfrac{1}{3}$ 时，有 $S\left(\dfrac{1}{3}\right) = \dfrac{1}{\left(1-\dfrac{1}{3}\right)^2} = \dfrac{9}{4}$，即

$$\sum_{n=1}^{\infty} n \left(\frac{1}{3}\right)^{n-1} = \frac{9}{4}$$

7.5　泰勒公式与泰勒级数

7.5.1　泰勒(Taylor) 公式

如果函数 $y = f(x)$ 在点 x_0 的某个邻域内有定义，并且在点 x_0 处可导，那么根据微分的概念，则当 x 属于此邻域时，有

$$\Delta y = f'(x_0)\Delta x + o(\Delta x).$$

其中，$o(\Delta x)$ 为当 $x \to x_0$ 时比 Δx 高阶的无穷小. 又因为 $\Delta y = f(x) - f(x_0)$，$\Delta x = x - x_0$，所以上式可改写为

$$f(x) = f(x_0) + f'(x_0)(x - x_0) + o(x - x_0).$$

此式表明，当 $|x - x_0|$ 很小时，可以用 $(x - x_0)$ 的一次多项式近似地表达函数 $f(x)$，即

$$f(x) \approx f(x_0) + f'(x_0)(x - x_0)$$

其误差为

$$R(x) = f(x) - f(x_0) - f'(x_0)(x - x_0)$$

并且，可以求出

$$R(x) = \frac{f''(\xi)}{2}(x - x_0)^2 \quad (\xi \text{ 为介于 } x_0 \text{ 和 } x \text{ 之间的一个实数})$$

方法如下：构造函数 $q(x) = (x - x_0)^2$. 易知，$R(x)$ 和 $q(x)$ 在以 x_0 和 x 为端点的区间上满足柯西中值定理的条件，并且，$R(x_0) = 0, q(x_0) = 0$，因此有

$$\frac{R(x) - R(x_0)}{q(x) - q(x_0)} = \frac{R(x)}{q(x)} = \frac{R'(\zeta)}{q'(\zeta)} \quad (\zeta \text{ 为介于 } x_0 \text{ 和 } x \text{ 之间的一个实数})$$

又 $\dfrac{R'(\zeta)}{q'(\zeta)} = \dfrac{f'(\zeta) - f'(x_0)}{2(\zeta - x_0)}$，由拉格朗日中值定理可知：$f'(\zeta) - f'(x_0) = f''(\xi)(\zeta - x_0)$，其中 ξ 介于 x_0 和 ζ 之间，则 ξ 必介于 x_0 和 x 之间，所以

$$R(x) = \frac{R'(\zeta)}{q'(\zeta)} q(x) = \frac{f''(\xi)}{2}(x - x_0)^2 \quad (\xi \text{ 为介于 } x_0 \text{ 和 } x \text{ 之间的一个实数})$$

由以上可知，如果用 $(x - x_0)$ 的一次多项式近似函数 $f(x)$，其误差可以用 $(x - x_0)^2$ 的多项式表达；一个自然而然的想法就是，$f(x)$ 是否可以用 $(x - x_0)$ 的更高次幂来近似，并且其误差会更小. 答案是肯定的，下面，给出一个关于此问题的定理 —— 泰勒公式.

定理 7.10　设函数 $f(x)$ 在点 x_0 的某个邻域内有直到 $n+1$ 阶的导数，则当 x 属于此邻域时，函数 $f(x)$ 可以表示为

$$\begin{aligned} f(x) = {} & f(x_0) + f'(x_0)(x - x_0) + \frac{f''(x_0)}{2!}(x - x_0)^2 \\ & + \frac{f''(x_0)}{3!}(x - x_0)^3 + \cdots \\ & + \frac{f^{(n)}(x_0)}{n!}(x - x_0)^n + R_n(x) \end{aligned} \tag{7-9}$$

其中，

$$R_n(x) = \frac{f^{(n+1)}(\xi)}{(n+1)!}(x - x_0)^{n+1} \quad (\xi \text{ 是介于 } x_0 \text{ 和 } x \text{ 之间的一个实数}) \tag{7-10}$$

上述公式 (7-9) 称为泰勒公式，余项式 (7-10) 称为拉格朗日型余项. 其证明如下.

证明：因为 $f(x)$ 在点 x_0 的某个邻域内有 $n+1$ 阶导数，所以可以构造如下函数

$$P_n(x) = f(x_0) + f'(x_0)(x - x_0) + \frac{f''(x_0)}{2!}(x - x_0)^2 + \cdots + \frac{f^{(n)}(x_0)}{n!}(x - x_0)^n \tag{7-11}$$

不妨设

$$R_n(x) = f(x) - P_n(x)$$

因此，对原定理的证明，即只要证明 $R_n(x) = f(x) - P_n(x) = \dfrac{f^{(n+1)}(\xi)}{(n+1)!}(x - x_0)^{n+1}$ 就可以了.

构造函数 $g(x) = (x - x_0)^{n+1}$，易知，函数 $R_n(x)$ 和 $g(x)$ 在点 x_0 的此邻域内满足柯西中值定理条件，因此有

$$\frac{R_n(x) - R_n(x_0)}{g(x) - g(x_0)} = \frac{R_n'(\xi_1)}{g'(\xi_1)} \quad (\xi_1 \text{ 介于 } x_0 \text{ 和 } x \text{ 之间})$$

又因为，$R_n(x_0) = f(x_0) - P_n(x_0) = 0, g(x_0) = (x_0 - x_0)^n = 0$，所以上式可表示为

$$\frac{R_n(x)}{g(x)} = \frac{R_n'(\xi_1)}{g'(\xi_1)} \quad (\xi_1 \text{ 介于 } x_0 \text{ 和 } x \text{ 之间})$$

注意到，$R'_n(x_0) = R''_n(x_0) = \cdots = R_n^{(n)}(x_0) = 0$，$g'(x_0) = g''(x_0) = \cdots = g^{(n)}(x_0) = 0$. 因此，对于上式可以连续运用柯西中值定理，有

$$\frac{R_n(x)}{g(x)} = \frac{R'_n(\xi_1)}{g'(\xi_1)} = \frac{R'_n(\xi_1) - R'_n(x_0)}{g'(\xi_1) - g'(x_0)} = \frac{R''_n(\xi_2)}{g''(\xi_2)}$$

$$= \frac{R''_n(\xi_2) - R''_n(x_0)}{g''(\xi_2) - g''(x_0)} = \frac{R'''_n(\xi_3)}{g'''(\xi_3)}$$

$$= \cdots$$

$$= \frac{R_n^{(n+1)}(\xi)}{g^{(n+1)}(\xi)}$$

其中，$x < \xi_1 < \xi_2 < \cdots < \xi_n < \xi < x_0$，或者 $x_0 < \xi_1 < \xi_2 < \cdots < \xi_n < \xi < x$.

所以，$\dfrac{R_n(x)}{g(x)} = \dfrac{R_n^{(n+1)}(\xi)}{g^{(n+1)}(\xi)}$，即 $R_n(x) = \dfrac{R_n^{(n+1)}(\xi)}{g^{(n+1)}(\xi)} g(x)$. 又 $g^{(n+1)}(x) = (n+1)!$，则 $g^{(n+1)}(\xi) = (n+1)!$，同时将 $g(x) = (x - x_0)^{n+1}$ 代入上式，有

$$R_n(x) = \frac{R_n^{(n+1)}(\xi)}{(n+1)!}(x - x_0)^{n+1}$$

又因为 $R_n^{(n+1)}(x) = f^{(n+1)}(x) - P_n^{(n+1)}(x)$，而 $P_n^{(n+1)}(x) = 0$，所以 $R_n^{(n+1)}(x) = f^{(n+1)}(x)$，故 $R_n^{(n+1)}(\xi) = f^{(n+1)}(\xi)$，代入上式，则有

$$R_n(x) = \frac{f^{(n+1)}(\xi)}{(n+1)!}(x - x_0)^{n+1} \quad (\xi \text{ 介于 } x_0 \text{ 和 } x \text{ 之间})$$

至此，原定理得证.

上述定理的证明，由于主要用到了柯西中值定理，并且，特别地，当 $n = 0$ 时，公式（7-9）蜕化为

$$f(x) = f(x_0) + f'(\xi)(x - x_0) \quad (\xi \text{ 介于 } x_0 \text{ 和 } x \text{ 之间})$$

这正好是拉格朗日中值定理. 因此，泰勒公式也称为泰勒中值定理.

在泰勒公式中，关于 $(x - x_0)$ 的 n 次多项式（也即 $P_n(x)$）称为函数 $f(x)$ 在点 x_0 展开的 n 阶泰勒多项式；$\dfrac{f^{(k)}(x_0)}{k!}$ 称为 k 阶泰勒系数；$R_n(x)$ 称为 n 阶余项.

在泰勒公式中，如果 $x_0 = 0$，那么公式可表示为：

$$f(x) = f(0) + f'(0)x + \frac{f''(0)}{2!}x^2 + \frac{f'''(0)}{3!}x^3 + \cdots + \frac{f^{(n)}(0)}{n!}x^n + R_n(x) \quad (7-12)$$

其中

$$R_n(x) = \frac{f^{(n+1)}(\xi)}{(n+1)!}x^{n+1} \quad (\xi \text{ 介于 } 0 \text{ 和 } x \text{ 之间}) \tag{7-13}$$

或令 $\xi = \theta x$，$0 < \theta < 1$，则

$$R_n(x) = \frac{f^{(n+1)}(\theta x)}{(n+1)!}x^{n+1} \tag{7-14}$$

公式(7.12)称为麦克劳林公式.

7.5.2 泰勒级数

如果函数 $f(x)$ 有任意阶导数,那么可以将式(7-9)中的多项式无限增加,以至于可以发展成如下的幂级数形式

$$f(x_0) + f'(x_0)(x-x_0) + \frac{f''(x_0)}{2!}(x-x_0)^2 + \cdots \qquad (7-15)$$

通常级数式(7-15)称为函数 $f(x)$ 的泰勒级数. 显然,当 $x = x_0$ 时,此级数收敛于 $f(x_0)$.但是,当 $x \neq x_0$ 时,这个级数未必是收敛的,即使它是收敛的,那么它的和函数也未必就等于 $f(x)$.例如:

$$f(x) = \begin{cases} \mathrm{e}^{-\frac{1}{x^2}}, & \text{当 } x \neq 0 \text{ 时}; \\ 0, & \text{当 } x = 0 \text{ 时}. \end{cases}$$

可以验证,此函数在整个数轴上是处处连续的,并且存在任意阶导数,特别是在 $x_0 = 0$ 点处,此函数的任意阶导数为零.因此,函数 $f(x)$ 在 $x_0 = 0$ 点处的泰勒级数各项均为零,这说明函数 $f(x)$ 在此点展开的泰勒级数是处处收敛的,其和函数为 $S(x) = 0$,显然它并不是原给定的函数 $f(x)$.

关于由函数 $f(x)$ 而来的泰勒级数能否收敛于 $f(x)$,有如下定理.

定理 7.11 设函数 $f(x)$ 在点 x_0 点的某邻域内具有任意阶导数,则 $f(x)$ 在此点处的泰勒级数在该邻域内收敛于 $f(x)$ 的充分必要条件为:函数 $f(x)$ 在 x_0 处的泰勒公式中的余项 $R_n(x)$,对于该邻域中的任何 x,恒有 $\lim\limits_{n \to \infty} R_n(x) = 0$.

证明略.

上述定理说明,一个函数 $f(x)$ 在某个区间内的一个特定值 x_0 处,是否可以展开成为一个幂级数,取决于在 x_0 处的任意阶导数是否存在;并且,当 $n \to \infty$ 时,余项 $R_n(x)$ 是否趋于零.这一定理,对于将某些函数通过泰勒公式来展开为幂级数提供了一个非常便捷的途径.例如,如果函数 $f(x)$ 满足上述两个条件,那么它可以表示为如下形式的幂级数:

$$f(x) = \sum_{n=0}^{\infty} \frac{f^{(n)}(x_0)}{n!}(x-x_0)^n \qquad (7-16)$$

或者,特别地,当 $x_0 = 0$ 时,上述公式为

$$f(x) = \sum_{n=0}^{\infty} \frac{f^{(n)}(0)}{n!} x^n \qquad (7-17)$$

公式(7-17)也称为麦克劳林级数.

需要注意的是,上述过程中在检验极限 $\lim\limits_{n \to \infty} R_n(x)$ 是否为零时可能并不容易.但是,在某些特殊的情况下,如果能够得到一个关于 $f^{(n+1)}(\xi)$ 的适当的上界,那么就可以证明此极限为零.因为对于一切 A,当 $n \to \infty$ 时,$\frac{A^n}{n!} \to 0$,这意味着如果存在一个正常数 M,使得 $|f^{(n+1)}(\xi)| \leqslant M^{n+1}$ 恒成立,那么极限 $\lim\limits_{n \to \infty} R_n(x)$ 必定为零.这是因为

$$\lim_{n\to\infty}|R_n(x)| = \lim_{n\to\infty}\left|\frac{f^{(n+1)}(\xi)}{(n+1)!}(x-x_0)^{n+1}\right|$$

$$\leqslant \lim_{n\to\infty}M^{n+1}\left|\frac{(x-x_0)^{n+1}}{(n+1)!}\right| = \lim_{n\to\infty}\left|\frac{[M(x-x_0)]^{n+1}}{(n+1)!}\right| = 0$$

7.5.3　某些初等函数的幂级数展开式

由上面的讨论可知,利用泰勒公式或麦克劳林公式可以将一些初等函数展开为幂级数的形式.通常可遵循如下步骤:

第一步,求出函数 $f(x)$ 的各阶导数,以此求出 $f'(x_0),f''(x_0),\cdots,f^{(n)}(x_0)$. 如果在 x_0 点处的某阶导数不存在,则说明此函数不能展开为幂级数;

第二步,写出函数 $f(x)$ 的泰勒级数,并求出其收敛区间;

第三步,考查当 x 在其收敛区间时,函数的泰勒余项 $R_n(x)$ 的极限 $\lim\limits_{n\to\infty}R_n(x)$ 是否为零. 如果为零,那么在此区间内,函数 $f(x)$ 的泰勒级数就收敛于 $f(x)$;如果不为零,那么虽然泰勒级数收敛,但是级数的和也并不是 $f(x)$。

在以上步骤中,如果 $x_0 \neq 0$,函数 $f(x)$ 将被展开成形如式(7-16)的幂级数;当 $x_0 = 0$ 时,则是形如式(7-17)的幂级数. 按照此种步骤将函数展开为幂级数的方法,通常称为直接展开法.

例 7.33　将函数 $f(x) = e^x$ 展开成 x 的幂级数.

解:因为 $f^{(n)}(x) = e^x$,所以 $f^{(n)}(0) = e^0 = 1$,于是得

$$\sum_{n=0}^{\infty}\frac{f^{(n)}(0)}{n!}x^n = \sum_{n=0}^{\infty}\frac{x^n}{n!},$$

其收敛区间为 $(-\infty,+\infty)$. 对于任何 $x,\xi(\xi$ 介于 0 和 x 之间),函数的泰勒余项 $R_n(x)$ 满足不等式

$$|R_n(x)| = \left|\frac{e^\xi}{(n+1)!}x^{n+1}\right| < e^{|x|}\frac{|x|^{n+1}}{(n+1)!},$$

因为 $e^{|x|}$ 是有限的实数,而 $\dfrac{|x|^{n+1}}{(n+1)!}$ 是收敛级数 $\sum\limits_{n=0}^{\infty}\dfrac{|x|^{n+1}}{(n+1)!}$ 的通项,所以 $\lim\limits_{n\to\infty}R_n(x) = 0$,于是得到原函数的幂级数展开式为

$$e^x = 1 + x + \frac{x^2}{2!} + \cdots + \frac{x^n}{n!} + \cdots \qquad x \in (-\infty,+\infty) \tag{7-18}$$

例 7.34　将函数 $f(x) = \sin x$ 展开成 x 的幂级数.

解:因为 $f^{(m)}(x) = \sin\left(x + m \cdot \dfrac{\pi}{2}\right)(m = 1,2,3,\cdots)$,所以 $f^{(m)}(0) = \sin\left(0 + m \cdot \dfrac{\pi}{2}\right)$,易知,$f^{(m)}(0)$ 将循环的取值为 $1,0,-1,0,\cdots(m = 1,2,3,\cdots)$,即 $f^{(m)}(0) = \begin{cases}(-1)^{n-1}, & \text{当 } m = 2n-1 \text{ 时;}\\ 0, & \text{当 } m = 2n \text{ 时.}\end{cases}$　因此,原函数的麦克劳林级数为

$$x - \frac{x^3}{3!} + \frac{x^5}{5!} - \frac{x^7}{7!} + \cdots + (-1)^{n-1}\frac{x^{2n-1}}{(2n-1)!} + \cdots$$

其收敛半径为 $R = +\infty$. 由于函数泰勒余项 $R_n(x)$ 满足不等式

$$|R_n(x)| = \left|\frac{\sin\left(\xi + \frac{n+1}{2}\pi\right)}{(n+1)!}x^{n+1}\right| \leqslant \frac{|x|^{n+1}}{(n+1)!}$$

而 $\dfrac{|x|^{n+1}}{(n+1)!}$ 是收敛级数 $\displaystyle\sum_{n=0}^{\infty}\dfrac{|x|^{n+1}}{(n+1)!}$ 的通项, 所以 $\displaystyle\lim_{n\to\infty}R_n(x) = 0$, 于是得到原函数的幂级数展开式为

$$\sin x = x - \frac{x^3}{3!} + \frac{x^5}{5!} - \frac{x^7}{7!} + \cdots + (-1)^{n-1}\frac{x^{2n-1}}{(2n-1)!} + \cdots \quad (-\infty < x < +\infty)$$

$$(7-19)$$

例 7.35　将函数 $f(x) = (1+x)^a$ 展开成 x 的幂级数, 其中 a 为任意实数常数.

解: $f(x)$ 的各阶导数分别为

$$f'(x) = a(1+x)^{a-1}$$
$$f''(x) = a(a-1)(1+x)^{a-2}$$
$$\cdots$$
$$f^{(n)}(x) = a(a-1)(a-2)\cdots(a-n+1)(1+x)^{a-n}$$
$$\cdots$$

所以

$$f(0) = 1, f'(0) = a, f''(0) = a(a-1), \cdots,$$
$$f^{(n)}(0) = a(a-1)(a-2)\cdots(a-n+1), \cdots$$

于是得到原函数的麦克劳林级数, 为

$$1 + ax + \frac{a(a-1)}{2!}x^2 + \cdots + \frac{a(a-1)\cdots(a-n+1)}{n!}x^n + \cdots$$

其收敛半径为 1, 收敛区间为 $(-1, 1)$.

可以证明, 在其收敛区间内, 当 $n \to \infty$ 时, 泰勒余项也趋于零, 即 $\displaystyle\lim_{n\to\infty}R_n(x) = 0$ (在这里将证明过程略去). 因此原函数的幂级数展开式为

$$(1+x)^a = 1 + ax + \frac{a(a-1)}{2!}x^2 + \cdots + \frac{a(a-1)\cdots(a-n+1)}{n!}x^n + \cdots \quad (-1 < x < 1)$$

$$(7-20)$$

需要注意的是, 在区间 $(-1, 1)$ 的两个端点 $x = \pm 1$ 处, 此公式是否成立, 取决于 a 的值.

公式 (7-20) 也称为二项式展开式. 当 a 为正整数 n 时, 易知含 x^n 项以后的各项系数都为零, 因此可得到二项式定理:

$$(1+x)^n = 1 + nx + \frac{n(n-1)}{2!}x^2 + \cdots + nx^{n-1} + x^n \quad (7-21)$$

当 $a = -1$ 时, 则由公式 (7-20) 可得到:

$$\frac{1}{1+x} = 1 - x + x^2 - \cdots + (-1)^n x^n + \cdots \quad (-1 < x < 1) \quad (7-22)$$

上面几个例子,是用直接展开法来获得函数的幂级数的. 从理论上讲,如果一个函数可以展开为幂级数,那么总可以用直接展开法来处理. 但是,此方法有时候计算量较大,并且在确定泰勒余项的极限是否为零的时候也不总是一件很容易的事. 事实上,利用幂级数的运算法则,某些函数的幂级数展开式,可以通过一些已知函数的幂级数展开式来间接求得. 这就是幂级数的间接展开法.

例 7.36　将函数 $f(x) = \arctan x$ 展开为 x 的幂级数.

解：由 $\dfrac{1}{1+x} = \sum\limits_{n=0}^{\infty} (-1)^n x^n, (-1 < x < 1)$,得

$$\frac{1}{1+x^2} = 1 - x^2 + x^4 - \cdots + (-1)^n x^{2n} + \cdots, \quad (-1 < x < 1)$$

两边由 0 到 x 积分,得

$$\int_0^x \frac{1}{(1+t^2)} \mathrm{d}t = \int_0^x [1 - t^2 + t^4 - \cdots + (-1)^n t^{2n} + \cdots] \mathrm{d}t$$
$$= x - \frac{1}{3}x^3 + \frac{1}{5}x^5 - \cdots + (-1)^n \frac{1}{2n+1}x^{2n+1} + \cdots \quad (-1 < x < 1)$$

即

$$\arctan x = x - \frac{1}{3}x^3 + \frac{1}{5}x^5 - \cdots + (-1)^n \frac{1}{2n+1}x^{2n+1} + \cdots \tag{7-23}$$

其收敛区间为 $(-1 < x < 1)$. 在区间端点处,当 $x = 1$ 时,它成为交错级数 $\sum\limits_{n=0}^{\infty} (-1)^n \dfrac{1}{2n+1}$,收敛;当 $x = -1$ 时,它成为交错级数 $\sum\limits_{n=0}^{\infty} (-1)^{n+1} \dfrac{1}{2n+1}$,收敛. 所以它的收敛域为 $[-1, 1]$.

例 7.37　将函数 $f(x) = \cos x$ 展开为 x 的幂级数.

解：由例 7.34 知

$$\sin x = \sum_{n=0}^{\infty} (-1)^n \frac{x^{2n+1}}{(2n+1)!}$$
$$= x - \frac{x^3}{3!} + \frac{x^5}{5!} - \frac{x^7}{7!} + \cdots + (-1)^n \frac{x^{2n+1}}{(2n+1)!} + \cdots \quad (-\infty < x < +\infty)$$

由于 $\cos x = \sin' x$,所以对上式两边求导可得：

$$\cos x = \sum_{n=0}^{\infty} (-1)^n \frac{x^{2n}}{(2n)!}$$
$$= 1 - \frac{x^2}{2!} + \frac{x^4}{4!} - \frac{x^6}{6!} + \cdots + (-1)^n \frac{x^{2n}}{(2n)!} + \cdots \quad (-\infty < x < +\infty) \tag{7-24}$$

例 7.38　将 $\ln(1+x)$ 展开成 x 的幂级数.

解：因为 $[\ln(1+x)]' = \dfrac{1}{1+x}$,所以有

$$\ln(1+x) = \int_0^x \frac{1}{1+t} \mathrm{d}t$$

由式(7-22)知：$\dfrac{1}{1+t} = \sum\limits_{n=0}^{\infty} (-1)^n t^n \ (-1 < x < 1)$

所以有 $\quad \ln(1+x) = \displaystyle\int_0^x \dfrac{1}{1+t} dt = \int_0^x \Big[\sum_{n=0}^{\infty} (-1)^n t^n \Big] dt$

$$= x - \frac{x^2}{2} + \frac{x^3}{3} - \frac{x^4}{4} + \cdots + (-1)^n \frac{x^{n+1}}{n+1} + \cdots \quad (-1 < x < 1)$$

又由于上述级数在 $x = 1$ 处也是收敛的，因此上式在 $x = 1$ 处也成立，即：

$$\ln(1+x) = x - \frac{x^2}{2} + \frac{x^3}{3} - \frac{x^4}{4} + \cdots + (-1)^n \frac{x^{n+1}}{n+1} + \cdots \ (-1 < x \leqslant 1) \ (7-25)$$

例 7.39 将函数 $f(x) = \dfrac{1}{x^2 + 3x + 2}$ 展开为 $(x-1)$ 的幂级数.

解： $f(x) = \dfrac{1}{x^2 + 3x + 2} = \dfrac{1}{(x+1)(x+2)} = \dfrac{1}{x+1} - \dfrac{1}{x+2}$

而 $\dfrac{1}{x+1} = \dfrac{1}{2} \dfrac{1}{1 + \left(\dfrac{x-1}{2}\right)}$

$$= \frac{1}{2} - \frac{1}{2}\left(\frac{x-1}{2}\right) + \frac{1}{2}\left(\frac{x-1}{2}\right)^2 - \cdots + \frac{(-1)^n}{2^{n+1}}(x-1)^n + \cdots \quad (-1 < x < 3)$$

$\dfrac{1}{x+2} = \dfrac{1}{3} \dfrac{1}{1 + \left(\dfrac{x-1}{3}\right)}$

$$= \frac{1}{3} - \frac{1}{3}\left(\frac{x-1}{3}\right) + \frac{1}{3}\left(\frac{x-1}{3}\right)^2 - \cdots + \frac{(-1)^n}{3^{n+1}}(x-1)^n + \cdots \ (-2 < x < 4)$$

所以得到 $f(x)$ 的幂级数，并且使其成立的 x 取值范围应该为 $(-1 < x < 3)$ 和 $(-2 < x < 4)$ 的交集，即有

$$f(x) = \frac{1}{x^2 + 3x + 2} = \sum_{n=0}^{\infty} (-1)^n \left(\frac{1}{2^{n+1}} - \frac{1}{3^{n+1}}\right)(x-1)^n \ (-1 < x < 3)$$

例 7.40 将 $f(x) = \sin x$ 展开为 $\left(x - \dfrac{\pi}{6}\right)$ 的幂级数.

解： $f(x) = \sin x = \sin\left[\left(x - \dfrac{\pi}{6}\right) + \dfrac{\pi}{6}\right]$

$$= \sin\left(x - \frac{\pi}{6}\right)\cos\frac{\pi}{6} + \cos\left(x - \frac{\pi}{6}\right)\sin\frac{\pi}{6}$$

$$= \frac{\sqrt{3}}{2}\sin\left(x - \frac{\pi}{6}\right) + \frac{1}{2}\cos\left(x - \frac{\pi}{6}\right)$$

又因为

$$\sin x = \sum_{n=0}^{\infty} (-1)^n \frac{x^{2n+1}}{(2n+1)!} \quad (-\infty < x < +\infty)$$

$$\cos x = \sum_{n=0}^{\infty} (-1)^n \frac{x^{2n}}{(2n)!} \quad (-\infty < x < +\infty)$$

因此有

$$\sin\left(x-\frac{\pi}{6}\right)=\sum_{n=0}^{\infty}\frac{(-1)^n}{(2n+1)!}\left(x-\frac{\pi}{6}\right)^{2n+1}\quad(-\infty<x<+\infty)$$

$$\cos\left(x-\frac{\pi}{6}\right)=\sum_{n=0}^{\infty}\frac{(-1)^n}{(2n)!}\left(x-\frac{\pi}{6}\right)^{2n}\quad(-\infty<x<+\infty)$$

所以

$$f(x)=\frac{\sqrt{3}}{2}\sum_{n=0}^{\infty}\frac{(-1)^n}{(2n+1)!}\left(x-\frac{\pi}{6}\right)^{2n+1}+\frac{1}{2}\sum_{n=0}^{\infty}\frac{(-1)^n}{(2n)!}\left(x-\frac{\pi}{6}\right)^{2n}\quad(-\infty<x<+\infty)$$

例 7.41　求级数 $1+\frac{1}{2!}+\frac{1}{3!}+\cdots+\frac{1}{n!}+\cdots$ 的和.

解：因为

$$e^x=1+x+\frac{x^2}{2!}+\cdots+\frac{x^n}{n!}+\cdots\quad x\in(-\infty,+\infty)$$

所以，当 $x=1$ 时，有

$$e=1+1+\frac{1}{2!}+\cdots+\frac{1}{n!}+\cdots$$

即原级数的和为

$$1+\frac{1}{2!}+\frac{1}{3!}+\cdots+\frac{1}{n!}+\cdots=e-1$$

例 7.42　已知级数 $\sum_{n=0}^{\infty}\frac{1}{(2n)!}x^{2n}$，试求其收敛域及和函数 $S(x)$，并求 $S\left(\frac{1}{2}\right)$ 的近似值，使其误差精确到 10^{-3}.

解：因为

$$\lim_{n\to\infty}\left|\frac{u_{n+1}}{u_n}\right|=\lim_{n\to\infty}\left|\frac{x^{2n+2}}{(2n+2)!}\times\frac{(2n)!}{x^{2n}}\right|=\lim_{n\to\infty}\left|\frac{x^2}{(2n+1)(2n+2)}\right|=0<1$$

故收敛域为 $(-\infty,+\infty)$.

由　　　　$$e^x=1+x+\frac{x^2}{2!}+\cdots+\frac{x^n}{n!}+\cdots\quad x\in(-\infty,+\infty)$$

$$e^{-x}=1-x+\frac{x^2}{2!}+\cdots+\frac{(-1)^nx^n}{n!}+\cdots\quad x\in(-\infty,+\infty)$$

得

$$\frac{e^x+e^{-x}}{2}=1+\frac{x^2}{2!}+\frac{x^4}{4!}+\cdots+\frac{x^{2n}}{(2n)!}+\cdots\quad x\in(-\infty,+\infty)$$

即原级数的和函数为

$$S(x)=\frac{e^x+e^{-x}}{2}\quad x\in(-\infty,+\infty)$$

所以 $\qquad S\left(\dfrac{1}{2}\right) \approx 1 + \dfrac{1}{2!}\left(\dfrac{1}{2}\right)^2 + \dfrac{1}{4!}\left(\dfrac{1}{2}\right)^4 = 1 + \dfrac{1}{8} + \dfrac{1}{16 \times 24} \approx 1.128$

第 7 章习题

（A）

1. 求下列级数的和：

(1) $\displaystyle\sum_{n=1}^{\infty} \dfrac{1}{(n+1)(n+2)}$, (2) $\displaystyle\sum_{n=2}^{\infty} \ln\left(1 - \dfrac{1}{n^2}\right)$,

(3) $\displaystyle\sum_{n=1}^{\infty} \dfrac{1}{n(n+2)}$, (4) $\displaystyle\sum_{n=2}^{\infty} \dfrac{2}{n(n+1)(n+2)}$.

2. 判断下列级数的敛散性：

(1) $\dfrac{1}{2} + \dfrac{3}{4} + \dfrac{5}{6} + \dfrac{7}{8} + \cdots$,

(2) $\left(\dfrac{1}{2} - \dfrac{1}{3}\right) + \left(\dfrac{1}{2^2} - \dfrac{1}{3^2}\right) + \cdots + \left(\dfrac{1}{2^n} - \dfrac{1}{3^n}\right) + \cdots$,

(3) $1 - \dfrac{1}{2} + \dfrac{1}{4} - \dfrac{1}{8} + \cdots + \dfrac{(-1)^{n-1}}{2^{n-1}} + \cdots$,

(4) $\displaystyle\sum_{n=2}^{\infty} \ln\left(1 - \dfrac{1}{n}\right)$, (5) $\displaystyle\sum_{n=1}^{\infty} \dfrac{n}{3n-1}$,

(6) $\displaystyle\sum_{n=1}^{\infty} \left(\dfrac{1}{7^n} + \dfrac{6^n}{7^n}\right)$, (7) $\displaystyle\sum_{n=1}^{\infty} \left(\dfrac{1}{n^3} + \dfrac{2}{3n}\right)$.

3. 用比较法判断下列级数的敛散性：

(1) $1 + \dfrac{1}{3} + \dfrac{1}{5} + \dfrac{1}{7} + \cdots + \dfrac{1}{2n-1} + \cdots$,

(2) $\dfrac{1}{1\,001} + \dfrac{1}{2\,001} + \dfrac{1}{3\,001} + \cdots + \dfrac{1}{1\,000n+1} + \cdots$,

(3) $\dfrac{1}{\sqrt{2}} + \dfrac{1}{2\sqrt{3}} + \dfrac{1}{3\sqrt{4}} + \cdots + \dfrac{1}{n\sqrt{n+1}} + \cdots$,

(4) $\dfrac{1}{\sqrt{1 \times 3}} + \dfrac{1}{\sqrt{3 \times 5}} + \cdots + \dfrac{1}{\sqrt{(2n-1)(2n+1)}} + \cdots$,

(5) $\displaystyle\sum_{n=1}^{\infty} \dfrac{1}{\ln(n+1)}$, (6) $\displaystyle\sum_{n=1}^{\infty} \dfrac{6^n}{7^n - 5^n}$,

(7) $\displaystyle\sum_{n=1}^{\infty} \left(\sqrt{1+n^2} - n\right)$, (8) $\displaystyle\sum_{n=1}^{\infty} \sin\dfrac{1}{n}$.

4. 用比值法研究下列各级数的敛散性：

(1) $\dfrac{100}{1!} + \dfrac{100^2}{2!} + \dfrac{100^3}{3!} + \cdots + \dfrac{100^n}{n!} + \cdots$,

(2) $\dfrac{(1!)^2}{2!} + \dfrac{(2!)^2}{4!} + \cdots + \dfrac{(n!)^2}{(2n)!} + \cdots$,

(3) $\displaystyle\sum_{n=1}^{\infty} \dfrac{(n!)^2}{2^{n^2}}$,

(4) $\displaystyle\sum_{n=1}^{\infty} (\sqrt{3}-\sqrt[3]{3})(\sqrt{3}-\sqrt[5]{3})\cdots(\sqrt{3}-\sqrt[2n+1]{3})$,

(5) $\displaystyle\sum_{n=1}^{\infty} \frac{1}{(3n+1)!}$,

(6) $\displaystyle\sum_{n=1}^{\infty} \frac{1}{\sqrt[n]{5}}$,

(7) $\displaystyle\sum_{n=1}^{\infty} \frac{3^n n!}{n^n}$.

5. 用根值判别法研究下列各级数的敛散性:

(1) $\displaystyle\sum_{n=1}^{\infty} \left(\frac{n}{2n+1}\right)^n$,

(2) $\displaystyle\sum_{n=1}^{\infty} \frac{2^n}{1+e^n}$,

(3) $\displaystyle\sum_{n=1}^{\infty} \frac{n^2}{\left(1+\dfrac{1}{n}\right)^{n^2}}$,

(4) $\displaystyle\sum_{n=1}^{\infty} \frac{n}{2^n}$,

(5) $\displaystyle\sum_{n=1}^{\infty} \frac{n^2}{\left(3+\dfrac{1}{n}\right)^n}$.

6. 判断下列级数的敛散性:

(1) $\displaystyle\sum_{n=1}^{\infty} \frac{\cos n}{n(n+1)}$,

(2) $\displaystyle\sum_{n=1}^{\infty} \frac{\sin n}{3^n}$,

(3) $\displaystyle\sum_{n=1}^{\infty} \frac{a_n}{5^n}$ $(|a_n|<5)$,

(4) $\displaystyle\sum_{n=1}^{\infty} \frac{\sin\left(\dfrac{1}{n}\right)}{2^n}$,

(5) $\displaystyle\sum_{n=1}^{\infty} \frac{3+(-1)^n}{3^n}$,

(6) $\displaystyle\sum_{n=1}^{\infty} n^3 e^{-n}$,

(7) $\displaystyle\sum_{n=1}^{\infty} \frac{2n-1}{2^n}$.

7. 求下列幂级数的收敛半径及收敛域:

(1) $\displaystyle\sum_{n=1}^{\infty} \frac{x^n}{n 3^n}$,

(2) $\displaystyle\sum_{n=1}^{\infty} n(n+1)x^n$,

(3) $\displaystyle\sum_{n=1}^{\infty} \frac{x^n}{n^2}$,

(4) $\displaystyle\sum_{n=1}^{\infty} \frac{\ln(n+1)}{n+1}x^n$,

(5) $\displaystyle\sum_{n=0}^{\infty} \frac{x^n}{2^n}$,

(6) $\displaystyle\sum_{n=1}^{\infty} \frac{(x-3)^n}{\sqrt{n}}$.

8. 求下列幂级数的收敛域:

(1) $\displaystyle\sum_{n=1}^{\infty} n!\left(\frac{x}{n}\right)^n$,

(2) $\displaystyle\sum_{n=0}^{\infty} (-1)^{n-1}\frac{x^{n+1}}{(n+1)!}$,

(3) $\displaystyle\sum_{n=1}^{\infty} \frac{(x-2)^n}{n-2^n}$,

(4) $\displaystyle\sum_{n=0}^{\infty} \frac{(-1)^n}{n+1}(\ln x)^{n+1}$,

(5) $\displaystyle\sum_{n=0}^{\infty} \frac{2^{2n}(n!)^2}{(2n)!}(\tan x)^n$,

(6) $\displaystyle\sum_{n=0}^{\infty} \frac{2n-1}{2^n}x^{2n}$.

9. 已知 $a_n = \int_0^1 x(1-x)^n \mathrm{d}x$，证明级数 $\sum\limits_{n=1}^{\infty} a_n$ 收敛，并求级数的和.

10. 求幂级数 $\sum\limits_{n=1}^{\infty} \dfrac{2^n+(-1)^n}{n}(x-2)^n$ 的收敛域.

11. 求下列幂级数的和函数：

(1) $\sum\limits_{n=1}^{\infty} \dfrac{x^{n+1}}{n+1}$，　　　　　　　　　(2) $\sum\limits_{n=0}^{\infty} \dfrac{x^n}{n+1}$，

(3) $\sum\limits_{n=1}^{\infty} n(n+1)x^n$，　　　　　　　(4) $\sum\limits_{n=1}^{\infty} \dfrac{n}{n+1}x^{n+1}$.

12. 求幂级数 $\sum\limits_{n=2}^{\infty} \dfrac{n}{n^2-1}x^n$ 的和函数.

13. 将下列函数展开为 x 的幂级数：

(1) $f(x) = \mathrm{e}^{-x^2}$，　　　　　　　　(2) $f(x) = \ln(1-x-2x^2)$，

(3) $f(x) = \sin 2x$，　　　　　　　　(4) $f(x) = \sin^2 x$，

(5) $f(x) = \dfrac{x}{x^2-2x-3}$.

14. 将函数 $f(x) = \cos^2 x$ 展开成 $x-\dfrac{\pi}{4}$ 的幂级数.

15. 将函数 $f(x) = \dfrac{1}{x^2+6x+5}$ 展开成 $x+3$ 的幂级数.

（B）

1. 级数 $\sum\limits_{n=1}^{\infty} (\sqrt[2n+1]{2} - \sqrt[2n-1]{2})$ （　　　）.

A. 发散　　　　　　　　　　B. 收敛且和为 $\sqrt{2}-1$

C. 收敛且和为 0　　　　　　D. 收敛且和为 $1-\sqrt{2}$

2. 若级数 $\sum\limits_{n=1}^{\infty} u_n$ 收敛，则下列结论正确的是（　　　）.

A. 若 $v_n = 10u_{n+2}, n=1,2,3,\cdots$，则级数 $\sum\limits_{n=1}^{\infty} v_n$ 肯定收敛

B. 若 $v_n = (2+u_n), n=1,2,3,\cdots$，则级数 $\sum\limits_{n=1}^{\infty} v_n$ 肯定收敛

C. 若 $v_n < |u_n|, n=1,2,3,\cdots$，则级数 $\sum\limits_{n=1}^{\infty} v_n$ 肯定收敛

D. 若 $v_n > |u_n|, n=1,2,3,\cdots$，则级数 $\sum\limits_{n=1}^{\infty} v_n$ 肯定发散

3. 正项级数 $\sum\limits_{n=1}^{\infty} u_n$ 收敛的充分必要条件是（　　　）.

A. $\lim\limits_{n\to\infty} u_n = 0$　　　　　　　　B. $\lim\limits_{n\to\infty} u_n = 0$ 且 $u_{n+1} \leqslant u_n$ $(n=1,2,3,\cdots)$

C. $\lim\limits_{n\to\infty} \dfrac{u_{n+1}}{u_n} = \rho < 1$　　　　　D. 部分和数列有界

4. 如果级数 $\sum\limits_{n=1}^{\infty} (u_{2n-1}+u_{2n})$ 收敛,则( ).

    A. $\sum\limits_{n=1}^{\infty} u_n$ 必收敛　　　　　　　　B. $\sum\limits_{n=1}^{\infty} u_n$ 未必收敛

    C. $\lim\limits_{n\to\infty} u_n=0$　　　　　　　　D. $\sum\limits_{n=1}^{\infty} u_n$ 发散

5. 设级数 $\sum\limits_{n=1}^{\infty} a_n$ 绝对收敛,则 $\sum\limits_{n=1}^{\infty} n\sin\dfrac{1}{n}\cdot a_n$( ).

    A. 发散　　　　　　　　　　B. 条件收敛

    C. 敛散性不能判定　　　　　　D. 绝对收敛

6. 设常数 $a>0$,则级数 $\sum\limits_{n=1}^{\infty} (-1)^n \dfrac{n}{a^n}$( ).

    A. 发散　　　　　　　　　　B. 条件收敛

    C. 绝对收敛　　　　　　　　D. 敛散性与 a 值有关

7. 下列级数中,条件收敛的级数是( ).

    A. $\sum\limits_{n=1}^{\infty} (-1)^n \left(\dfrac{1}{2^n}+\dfrac{1}{n^2}\right)$　　　　B. $\sum\limits_{n=1}^{\infty} (-1)^n \dfrac{n!}{n^n}$

    C. $\sum\limits_{n=1}^{\infty} (-1)^n \dfrac{2+n}{n^2}$　　　　　　D. $\sum\limits_{n=1}^{\infty} (-1)^n \dfrac{1+3^n}{4^n}$

8. 若级数 $\sum\limits_{n=1}^{\infty} u_n$ 与 $\sum\limits_{n=1}^{\infty} v_n$ 分别收敛于 S_1 与 S_2,则以下成立的是( ).

    A. $\sum\limits_{n=1}^{\infty} (u_n\pm v_n)=S_1\pm S_2$　　　　B. $\sum\limits_{n=1}^{\infty} ku_n=kS_1$

    C. $\sum\limits_{n=1}^{\infty} kv_n=kS_2$　　　　　　D. $\sum\limits_{n=1}^{\infty} \dfrac{u_n}{v_n}=\dfrac{S_1}{S_2}$

9. 已知级数 $x+\dfrac{x^3}{3}+\dfrac{x^5}{5}+\cdots$ 在收敛域内的和函数 $S(x)=\dfrac{1}{2}\ln\left(\dfrac{1+x}{1-x}\right)$,则级数

$\sum\limits_{n=0}^{\infty} \dfrac{1}{2^n(2n+1)}$ 的和是( ).

    A. $\dfrac{1}{2}\ln(\sqrt{2}+1)$　　　　　　　B. $\sqrt{2}\ln(\sqrt{2}+1)$

    C. $\dfrac{1}{2}\ln(\sqrt{2}-1)$　　　　　　　D. $\sqrt{2}\ln(\sqrt{2}-1)$

10. 若级数 $\sum\limits_{n=1}^{\infty} a_n(x+1)^n$ 在 $x=1$ 处收敛,则其在 $x=-2$ 处( ).

    A. 发散　　　　　　　　　　B. 条件收敛

    C. 绝对收敛　　　　　　　　D. 不能确定

（C）

1. 求幂级数 $\sum\limits_{n=0}^{\infty} \left(\dfrac{1}{2n+1}-1\right)x^{2n}$ 在区间 $(-1,1)$ 内的和函数 $S(x)$.

2. 求幂级数 $1 + \sum_{n=1}^{\infty} (-1)^n \dfrac{x^{2n}}{2n}$ $(|x| < 1)$ 的和函数 $f(x)$ 及其极值.

3. 设 $I_n = \displaystyle\int_0^{\frac{\pi}{4}} \sin^n x \cos x \, \mathrm{d}x$, $n = 0, 1, 2, \cdots$, 求 $\sum_{n=0}^{\infty} I_n$.

4. 求幂级数 $\sum_{n=1}^{\infty} (-1)^{n-1} \left[1 + \dfrac{1}{n(2n-1)} \right] x^{2n}$ 的收敛区间与和函数 $S(x)$.

5. 将函数 $f(x) = \arctan \dfrac{1-2x}{1+2x}$ 展开成 x 的幂级数, 并求级数 $\sum_{n=1}^{\infty} \dfrac{(-1)^n}{2n-1}$ 的和.

6. 求级数 $\sum_{n=1}^{\infty} (-1)^{n-1} \dfrac{2n-1}{2^{n-1}}$ 的和.

7. 将函数 $f(x) = \displaystyle\int_0^x \ln(1+t^2)\,\mathrm{d}t$ 展开成 x 的幂级数展开式, 并确定它的收敛半径及收敛域.

8 微分方程与差分方程初步

在经济、管理、工程实践等诸多领域中,常常需要寻求某些变量之间的函数关系,但这种函数关系不一定都能由实际问题的实际意义直接得到,可能需要通过建立函数满足的数学模型并对模型求解才能获得. 这些数学模型通常是各种各样的函数方程,而微分方程就是其中最重要的函数方程之一,例如关于人口增长的 Malthus 模型和 Logistic 模型.

本章主要讲述微分方程的基本概念,介绍一阶和二阶微分方程中常见类型及其解法、微分方程和差分方程解的结构以及常见的一阶差分方程的求解. 同时,本章还介绍了微分方程在经济学中的一些简单应用.

8.1 微分方程的基本概念

8.1.1 微分方程的概念

例 8.1 假设某产品的收入 R 是产量 Q 的函数 $R = R(Q)$,其边际收入为 $30 - 2Q$,求收入函数 $R(Q)$.

解: 根据边际函数的定义可知:

$$\frac{\mathrm{d}R}{\mathrm{d}Q} = 30 - 2Q \tag{8 1}$$

两边同时积分,则可得到收入函数

$$R(Q) = \int (30 - 2Q)\mathrm{d}Q = 30Q - Q^2 + C \tag{8-2}$$

由问题的实际含义可知,当产量为 0 时,其收入也为 0,即 $R\big|_{Q=0} = 0$

将上述条件代入式(8-2)中可得 $C = 0$,则所求的收入函数为

$$R(Q) = 30Q - Q^2 \tag{8-3}$$

例 8.2 一个质量为 m 的物体自由下落,不计空气阻力,设初始速度为 0,求该物体下落距离 s 与时间 t 的函数关系 $s(t)$.

解: 由物理学知识可知

$$m \frac{\mathrm{d}^2 s}{\mathrm{d}t^2} = mg \quad (g \text{ 为重力加速度}) \tag{8-4}$$

两端积分,得

$$\frac{\mathrm{d}s}{\mathrm{d}t} = gt + C_1$$

对上式两端再次积分,得

$$s = \frac{1}{2}gt^2 + C_1 t + C_2 \tag{8-5}$$

其中,C_1 和 C_2 是任意常数. 显然式(8-5)给出了 s 与 t 的函数关系.

又由题意可知,当 $t = 0$ 时,$s\big|_{t=0} = 0$,以及速度 $\dfrac{\mathrm{d}s}{\mathrm{d}t}\big|_{t=0} = 0$,因此可以分别确定两个任意常数的值为:$C_1 = 0, C_2 = 0$. 于是,所求的 s 与 t 的函数关系为

$$s = \frac{1}{2}gt^2 \tag{8-6}$$

从以上几个例子可以看到,尽管所研究的问题各有不同,但都可以归结为微分方程的求解问题. 下面引进微分方程的一般概念.

定义 8.1　含有未知函数的导数或微分的方程,称为微分方程. 微分方程中出现的未知函数导数的最高阶数,称为微分方程的阶.

上面两个例题中,式(8-1)和式(8-4)均为微分方程,微分方程式(8-1)的阶数为 1 阶,微分方程式(8-4)的阶数为 2 阶. 同时我们要注意,阶数非次方数,两者要区分开. 例如形如 $(y')^2 = \sin x$ 的微分方程,阶数为 1 阶,而非 2 阶.

8.1.2　微分方程的解

定义 8.2　若将已知函数代入微分方程中,能使得方程两端恒等,则称此函数为该微分方程的解.

例如,函数式(8-2)和式(8-3)均为微分方程式(8-1)的解,函数式(8-5)和式(8-6)均为微分方程式(8-4)的解.

定义 8.3　若微分方程的某个解中含有相互独立的任意常数(指它们不能通过合并而使个数减少),且任意常数的个数等于微分方程的阶数,则称此解为微分方程的通解. 不含任意常数的解,称为微分方程的特解.

例如,函数式(8-2)和式(8-5)分别为微分方程式(8-1)和式(8-4)的通解,函数式(8-3)与式(8-6)分别为其特解. 我们应当知道,微分方程的解也可以用隐函数表示.

定义 8.4　用以确定通解中任意常数的条件,称为初始条件(或初值条件). 如例 8.1 中的 $R\big|_{Q=0} = 0$. 常见的初始条件是

$$y(x_0) = y_0, y'(x_0) = y_1, \cdots, y^{(n-1)}(x_0) = y_{n-1}$$

或

$$y\big|_{x=x_0} = y_0, y'\big|_{x=x_0} = y_1, \cdots, y^{(n-1)}\big|_{x=x_0} = y_{n-1}$$

其中 $y_0, y_1, \cdots, y_{n-1}$ 为给定常数.

由初始条件求微分方程特解的问题,称为微分方程的初值问题. 例 8.1、例 8.2 分别是一阶微分方程和二阶微分方程初值问题的具体实例.

例 8.3　验证函数 $y = C_1 \mathrm{e}^{3x} + C_2 \mathrm{e}^{4x}$ 是二阶微分方程 $y'' - 7y' + 12y = 0$ 的通解,并求

满足初始条件 $y\Big|_{x=\frac{1}{3}} = \sqrt[3]{e^4}$，$y'\Big|_{x=\frac{1}{4}} = 4e$ 的特解.

解：$y' = 3C_1 e^{3x} + 4C_2 e^{4x}$，$y'' = 9C_1 e^{3x} + 16C_2 e^{4x}$，将 y'，y'' 的表达式代入原微分方程，有
$$9C_1 e^{3x} + 16C_2 e^{4x} - 7(3C_1 e^{3x} + 4C_2 e^{4x}) + 12(C_1 e^{3x} + C_2 e^{4x}) = 0$$

上式是恒等式，并且函数 $y = C_1 e^{3x} + C_2 e^{4x}$ 中含有两个任意常数，因此该函数是所给二阶微分方程的通解.

将 $y\Big|_{x=\frac{1}{3}} = \sqrt[3]{e^4}$，$y'\Big|_{x=\frac{1}{4}} = 4e$ 代入 y，y' 的表达式，得

$$\begin{cases} C_1 + C_2 e^{\frac{1}{3}} = e^{\frac{1}{3}} \\ 3C_1 + 4C_2 e^{\frac{1}{4}} = 4e^{\frac{1}{4}} \end{cases} \quad 即 \quad \begin{cases} C_1 = 0 \\ C_2 = 1 \end{cases}$$

于是所求特解是 $y = e^{4x}$.

8.2　变量可分离的微分方程和齐次微分方程

微分方程中最基本、最常见的一类方程是一阶微分方程. 它的一般形式是

$$F(x, y, y') = 0$$

其中，x 为自变量，y 为未知函数. $F(x, y, y')$ 为 x, y, y' 的已知函数，且 y' 在方程中一定出现，其出现形式可以是导数，也可以是微分.

我们指出，并不是所有的一阶微分方程都能求出它的通解. 下面只介绍可根据不定积分求出解的几种常见的微分方程的类型和具体解法.

8.2.1　变量可分离的微分方程

形如

$$f(x)\mathrm{d}x = g(y)\mathrm{d}y \tag{8-7}$$

的一阶微分方程，称为变量分离的微分方程.

该方程的特点是，变量 x 和 y 分别出现在等式的两端，且完全分开.

如果对方程式(8-7) 两边同时积分，便得到微分方程式(8-7) 的通解

$$\int f(x)\mathrm{d}x = \int g(y)\mathrm{d}y + C \tag{8-8}$$

其中 C 是任意常数. 需要指出的是，为表示的方便，式(8-8) 中的 $\int f(x)\mathrm{d}x$，$\int g(y)\mathrm{d}y$ 分别指函数 $f(x)$，$g(y)$ 的某一个原函数，与第4章中的不定积分的定义略为不同. 本章出现的不定积分均表示其某一个原函数，后面不再一一说明.

变量可分离的微分方程也可以用导数的形式表示，例如 $\dfrac{\mathrm{d}y}{\mathrm{d}x} = \dfrac{f(x)}{g(y)}$. 将某一阶微分方程变形为式(8-7) 的过程，称为分离变量. 对一般的变量可分离的微分方程，其基本求解思路如下：

(1) 先分离变量,将微分方程变形成式(8-7)的形式;

(2) 然后将方程式(8-7)两端同时积分,即得到所求通解.

例 8.4 求微分方程 $\dfrac{\mathrm{d}y}{\mathrm{d}x} = (2x+3)(y+1)$ 的通解.

解:分离变量,得

$$\frac{\mathrm{d}y}{y+1} = (2x+3)\mathrm{d}x$$

两边分别积分得

$$\int \frac{\mathrm{d}y}{y+1} = \int (2x+3)\mathrm{d}x + C_1$$

得通解为:$\ln|y+1| = x^2 + 3x + C_1$

从而有:$y+1 = \pm\, \mathrm{e}^{C_1}\mathrm{e}^{x^2+3x}$,即得通解 $y = C\mathrm{e}^{x^2+3x} - 1$ （C 为任意常数）.

8.2.2 齐次微分方程

形如

$$\frac{\mathrm{d}y}{\mathrm{d}x} = f\left(\frac{y}{x}\right) \tag{8-9}$$

的一阶微分方程,称为齐次微分方程.

该方程的特点是,函数部分可以写成关于变量 $\dfrac{y}{x}$ 的函数 $f\left(\dfrac{y}{x}\right)$. 如方程 $(xy - 3y^2)\mathrm{d}x = (x^2 - 2xy)\mathrm{d}y$ 就是齐次微分方程,因为其可转化为式(8-9)的形式:

$$\frac{\mathrm{d}y}{\mathrm{d}x} = \frac{xy - 3y^2}{x^2 - 2xy} = \frac{\dfrac{y}{x} - 3\left(\dfrac{y}{x}\right)^2}{1 - 2\dfrac{y}{x}}$$

对于齐次微分方程,可以通过变量替换转化为变量可分离的微分方程,从而得到齐次微分方程的通解,步骤如下:

(1) 变量替换,令 $\dfrac{y}{x} = u$ 或 $y = ux$

其中 u 是新的未知函数,$u = u(x)$,对 $y = ux$ 求关于 x 的导数,得

$$\frac{\mathrm{d}y}{\mathrm{d}x} = u + x\frac{\mathrm{d}u}{\mathrm{d}x}$$

(2) 将上式以及 $y = ux$ 代入式(8-9),得变量可分离的微分方程

$$x\frac{\mathrm{d}u}{\mathrm{d}x} = f(u) - u,\ 即\ \frac{\mathrm{d}u}{f(u) - u} = \frac{\mathrm{d}x}{x}$$

(3) 两边积分,可获得它的通解为

$$\int \frac{\mathrm{d}u}{f(u) - u} = \int \frac{\mathrm{d}x}{x} + C$$

求出积分后,将 $u = \dfrac{y}{x}$ 代入上式就得到式(8-9)的通解.

例 8.5 求微分方程 $y^2 + x^2 \dfrac{\mathrm{d}y}{\mathrm{d}x} = xy \dfrac{\mathrm{d}y}{\mathrm{d}x}$ 的通解.

解:原方程可写成

$$\frac{\mathrm{d}y}{\mathrm{d}x} = \frac{y^2}{xy - x^2} = \frac{\left(\dfrac{y}{x}\right)^2}{\dfrac{y}{x} - 1}$$

因此原方程是齐次方程. 令 $\dfrac{y}{x} = u$,则

$$y = ux, \quad \frac{\mathrm{d}y}{\mathrm{d}x} = u + x\frac{\mathrm{d}u}{\mathrm{d}x}$$

代入原方程中,得到

$$u + x\frac{\mathrm{d}u}{\mathrm{d}x} = \frac{u^2}{u-1}$$

即

$$x\frac{\mathrm{d}u}{\mathrm{d}x} = \frac{u}{u-1}$$

分离变量,得

$$\left(1 - \frac{1}{u}\right)\mathrm{d}u = \frac{\mathrm{d}x}{x}$$

两边积分,得

$$u - \ln|u| = \ln|x| + C_1$$

即

$$ux = C\mathrm{e}^u$$

以 $\dfrac{y}{x}$ 代上式中的 u,便得所给方程的通解

$$y = C\mathrm{e}^{\frac{y}{x}} \qquad (C\text{ 为任意常数})$$

8.3 一阶线性微分方程

形如

$$\frac{\mathrm{d}y}{\mathrm{d}x} + P(x)y = Q(x) \tag{8-10}$$

的方程,称为一阶线性微分方程,其中 $P(x)$ 和 $Q(x)$ 均为已知函数.

如果 $Q(x)$ 不恒为零,则称方程式(8-10)为一阶非齐次线性微分方程.

如果 $Q(x) \equiv 0$,则方程式(8-10)变为

$$\frac{\mathrm{d}y}{\mathrm{d}x} + P(x)y = 0 \qquad\qquad (8-11)$$

则称方程式(8-11)为一阶齐次线性微分方程,也称为一阶非齐次线性微分方程式(8-10)所对应的齐次方程.

方程$\dfrac{\mathrm{d}y}{\mathrm{d}x} + y = x$就是典型的一阶非齐次线性微分方程,它所对应的齐次方程为$\dfrac{\mathrm{d}y}{\mathrm{d}x} + y = 0$.

注意,线性微分方程体现在未知函数的次数为 1 次上,例如$\dfrac{\mathrm{d}y}{\mathrm{d}x} + y^2 = x^2$就不是线性微分方程.

下面我们先来找齐次线性微分方程式(8-11)的解.

8.3.1　一阶齐次线性微分方程的解法

齐次线性微分方程式(8-11)显然也是一个变量可分离的微分方程. 下面,我们利用变量可分离的微分方程的求解方法来求解方程式(8-11).

首先,我们将式(8-11)进行变量分离,得

$$\frac{\mathrm{d}y}{y} = -P(x)\mathrm{d}x$$

两边积分后,并把任意常数写成对数形式,得

$$\ln|y| = -\int P(x)\mathrm{d}x + \ln|C|$$

因此,一阶齐次线性微分方程式(8-11)的通解为

$$y = C\mathrm{e}^{-\int P(x)\mathrm{d}x} \qquad (C \text{ 是任意常数}) \qquad\qquad (8-12)$$

8.3.2　一阶非齐次线性微分方程的解法

齐次线性微分方程式(8-11)只是非齐次齐次微分方程式(8-10)的一种特殊情形,因此这两个方程的解应该有一定的联系. 将齐次方程式(8-11)的通解式(8-12)中的常数 C 换为待定的函数 $C = u(x)$,即设方程式(8-10)有如下形式的解

$$y = u(x)\mathrm{e}^{-\int P(x)\mathrm{d}x}$$

将上式对 x 求导数,得

$$y' = u'(x)\mathrm{e}^{-\int P(x)\mathrm{d}x} + u(x)P(x)\mathrm{e}^{-\int P(x)\mathrm{d}x}$$

将 y 以及 y' 代入方程式(8-10),得

$$u'(x)\mathrm{e}^{-\int P(x)\mathrm{d}x} + u(x)P(x)\mathrm{e}^{-\int P(x)\mathrm{d}x} + P(x)u(x)\mathrm{e}^{-\int P(x)\mathrm{d}x} = Q(x)$$

即
$$u'(x) = Q(x)\mathrm{e}^{\int P(x)\mathrm{d}x}$$

两端积分后,得到待定函数

$$u(x) = \int Q(x) e^{\int P(x) dx} dx + C \qquad (C \text{ 是任意常数})$$

于是得到非齐次线性微分方程式(8-10)的解为

$$y = e^{-\int P(x) dx} \left(\int Q(x) e^{\int P(x) dx} dx + C \right) \tag{8-13}$$

由于上式的解中含有一个任意的常数,所以式(8-13)就是一阶非齐次线性微分方程式(8-10)的通解,也称为公式解.

总结上述过程,可以得到一阶非齐次线性微分方程式(8-10)的求解步骤:

(1) 首先求出对应于方程式(8-10)的齐次方程式(8-11)的通解 $y = C e^{-\int P(x) dx}$;

(2) 其次,设 $C = u(x)$,则 $y = u(x) e^{-\int P(x) dx}$,求出 y';

(3) 将第二步中的 y 和 y' 代入式(8-10),解出 $u(x) = \int Q(x) e^{\int P(x) dx} dx + C$;

(4) 最后,将第三步中求出的 $u(x)$ 代入第二步中的 y 的表达式,即得到所求方程式(8-10)的通解.

上述方法中最关键的一步在于将式(8-12)中的常数 C 变成一个待定函数,因此上述求解方法也称为**"常数变易法"**.

下面我们来看一下非齐次方程式(8-10)的通解的结构,其通解公式展开后可得

$$y = C e^{-\int P(x) dx} + e^{-\int P(x) dx} \int Q(x) e^{\int P(x) dx} dx$$

通解中的第一项是非齐次方程式(8-10)所对应的齐次方程式(8-11)的通解,第二项是非齐次方程式(8-10)的一个特解. 由此可知,一阶非齐次线性微分方程的通解是由其对应的齐次方程的通解加上非齐次微分方程的一个特解构成. 这个结论揭示了一阶非齐次线性微分方程的解的结构.

例 8.6　求微分方程 $(x+1) \dfrac{dy}{dx} - 2y = (x+1)^5$ 的通解.

解:简单变化后可得

$$\frac{dy}{dx} - \frac{2}{x+1} y = (x+1)^4$$

这是一阶非齐次线性微分方程,我们可以用两种方法来解.

方法一:常数变易法

首先,求线性齐次方程 $\dfrac{dy}{dx} - \dfrac{2}{x+1} y = 0$ 的通解.

分离变量得 $\dfrac{dy}{y} = \dfrac{2dx}{x+1}$,积分后得

$$y = C (x+1)^2$$

其次,令 $y = u(x) (x+1)^2$,则

$$y' = u'(x) (x+1)^2 + 2u(x)(x+1)$$

将 y 和 y' 代入原方程,解得

$$u'(x) = (x+1)^2$$

两边积分,得

$$u(x) = \frac{1}{3}(x+1)^3 + C$$

于是,原方程的通解为

$$y = (x+1)^2 \left[\frac{1}{3}(x+1)^3 + C \right] = \frac{1}{3}(x+1)^5 + C(x+1)^2 \qquad (C \text{ 是任意常数})$$

方法二:利用通解公式(8-13)直接求解

利用公式解,关键要找对公式中的函数 $P(x)$ 和 $Q(x)$.

该非齐次方程中的 $P(x) = -\dfrac{2}{x+1}$, $Q(x) = (x+1)^4$,代入式(8-13)可得

$$y = e^{\int \frac{2}{x+1} \mathrm{d}x} \left(\int (x+1)^4 e^{\int -\frac{2}{x+1} \mathrm{d}x} \mathrm{d}x + C \right) = (x+1)^2 \left[\frac{1}{3}(x+1)^3 + C \right] \quad (C \text{ 是任意常数})$$

例 8.7 求微分方程 $y^3 \mathrm{d}x + (2xy^2 - 1)\mathrm{d}y = 0$ 的通解.

解:如果将 y 看作 x 的函数时,方程改写为

$$\frac{\mathrm{d}y}{\mathrm{d}x} = \frac{y^3}{1 - 2xy^2}$$

显然,这不是一阶线性微分方程,不便求解.

如果将 x 看作 y 的函数时,方程可写为

$$y^3 \frac{\mathrm{d}x}{\mathrm{d}y} + 2xy^2 = 1$$

即

$$\frac{\mathrm{d}x}{\mathrm{d}y} + \frac{2}{y}x = \frac{1}{y^3}$$

这是形如 $\dfrac{\mathrm{d}x}{\mathrm{d}y} + P(y)x = Q(y)$ 的一阶线性微分方程,其中 $P(y) = \dfrac{2}{y}$, $Q(y) = \dfrac{1}{y^3}$.

利用通解公式(8-13)可得所求的通解为

$$x = e^{-\int \frac{2}{y} \mathrm{d}y} \left(\int \frac{1}{y^3} e^{\int \frac{2}{y} \mathrm{d}y} \mathrm{d}y + C_1 \right) = \frac{1}{y^2} \left[\ln|y| + C_1 \right]$$

即

$$y = C e^{xy^2} \quad (C \text{ 是任意常数})$$

例 8.8 某公司在时刻 t 的利润增长率 $y'(t)$ 与利润 $y(t)$、新增投资 $2qt$ 满足如下方程:

$$y' + 2pty - 2qt = 0$$

其中,p, q 均为正常数. $y(0) = y_0 < q$,求利润 $y(t)$.

解:这是一阶线性微分方程,其对应齐次方程为

$$\frac{\mathrm{d}y}{\mathrm{d}t} + 2pty = 0$$

分离变量,积分得:$y = C\mathrm{e}^{-pt^2}$.

令 $y = u(t)\mathrm{e}^{-pt^2}$,则 $y' = u'(t)\mathrm{e}^{-pt^2} - 2ptu(t)$. 将 y 和 y' 代入原方程,得

$$u'(t) = 2qt\,\mathrm{e}^{pt^2}$$

两边积分,得

$$u(x) = \frac{q}{p}\mathrm{e}^{pt^2} + C$$

于是,原方程的通解为

$$y = \left(\frac{q}{p}\mathrm{e}^{pt^2} + C\right)\mathrm{e}^{-pt^2} = \frac{q}{p} + C\mathrm{e}^{-pt^2}$$

将初始条件 $y(0) = y_0$ 代入通解,得

$$C = y_0 - \frac{q}{p}$$

故所求利润函数为

$$y = \frac{q}{p} + \left(y_0 - \frac{q}{p}\right)\mathrm{e}^{-pt^2}$$

8.4　可降阶的高阶微分方程

二阶及二阶以上的微分方程统称为高阶微分方程,本节主要介绍几种特殊的高阶微分方程的解法,它们均可以通过某种方法逐步降阶从而化为一阶微分方程,然后采用前两节的方法进行求解. 这种方法也称为降阶法.

下面介绍三种可降阶的高阶微分方程的求解方法.

8.4.1　$y^{(n)} = f(x)$ 型

微分方程

$$y^{(n)} = f(x) \tag{8-14}$$

为 n 阶微分方程,右端只含有自变量 x.

由于 $y^{(n)} = (y^{(n-1)})'$,如果将 $y^{(n-1)}$ 看成是一个新的未知函数,那么这个微分方程就是关于这个新的未知函数的一阶微分方程. 因此,两端积分,就可以得到一个 $n-1$ 阶的微分方程,即

$$y^{(n-1)} = \int f(x)\mathrm{d}x + C_1$$

同理可得

$$y^{(n-2)} = \int \left[\int f(x) \mathrm{d}x + C_1 \right] \mathrm{d}x + C_2$$

依次积分下去,在积分 n 次后,便可得到原微分方程式(8-14)的通解.

例 8.9　求微分方程 $y''' = \mathrm{e}^x - \cos x$ 的通解.

解:对所给微分方程依次积分三次,可得

$$y'' = \int (\mathrm{e}^x - \cos x) \mathrm{d}x = \mathrm{e}^x - \sin x + C_4$$

$$y' = \int (\mathrm{e}^x - \sin x + C_4) \mathrm{d}x = \mathrm{e}^x + \cos x + C_4 x + C_2$$

$$y = \int (\mathrm{e}^x + \cos x + C_4 x + C_2) \mathrm{d}x = \mathrm{e}^x + \sin x + \frac{C_4 x^2}{2} + C_2 x + C_3$$

取 $\dfrac{C_4}{2} = C_1$,则得到所求方程的通解:

$$y = \mathrm{e}^x + \sin x + C_1 x^2 + C_2 x + C_3 \quad (C_1, C_2, C_3 \ 均为任意常数)$$

8.4.2　$y'' = f(x, y')$ 型

微分方程

$$y'' = f(x, y') \tag{8-15}$$

其右端不显含未知函数 y,且为二阶微分方程.

此时,可取 $y' = p(x)$,则 $y'' = \dfrac{\mathrm{d}p}{\mathrm{d}x} = p'$,代入原方程就可以得到一个关于未知函数 $p(x)$ 的一阶微分方程,即

$$p' = f(x, p)$$

解此一阶微分方程,假设解为 $p = \varphi(x, C_1)$.　由于 $y' = p(x)$,故可得到一阶微分方程

$$y' = \varphi(x, C_1)$$

这是一个变量可分离的一阶微分方程,从而可得到原方程的通解

$$y = \int \varphi(x, C_1) \mathrm{d}x + C_2$$

例 8.10　求微分方程 $(1 + x^2) y'' = 2xy'$ 的通解.

解:令 $y' = p$,则 $y'' = p'$,因此有:$(1 + x^2) p' = 2xp$,分离变量,得

$$\frac{\mathrm{d}p}{p} = \frac{2x \mathrm{d}x}{(1 + x^2)}$$

两边积分:$\ln|p| = \displaystyle\int \frac{2x}{(1 + x^2)} \mathrm{d}x = \int \frac{1}{(1 + x^2)} \mathrm{d}(1 + x^2) = \ln|C_1(1 + x^2)|$,因此有

$$p = C_1 (1 + x^2)$$

所以 $y' = C_1(1+x^2)$，两边积分，得

$$y = \int C_1(1+x^2)\,\mathrm{d}x = \frac{C_1}{3}x^3 + C_1 x + C_2 \quad (C_1, C_2\ 均为任意常数)$$

8.4.3 $y'' = f(y, y')$ 型的微分方程

微分方程

$$y'' = f(y, y') \tag{8-16}$$

右端不显含自变量 x，且为二阶微分方程.

此时，可取 $y' = p(x)\left[\right.$亦即 $\frac{\mathrm{d}y}{\mathrm{d}x} = p(x)\left.\right]$，利用复合函数的求导法则，把 y' 化为对 y 的导数，则

$$y'' = \frac{\mathrm{d}p}{\mathrm{d}x} = \frac{\mathrm{d}p}{\mathrm{d}y}\frac{\mathrm{d}y}{\mathrm{d}x} = p\frac{\mathrm{d}p}{\mathrm{d}y}$$

这时方程变为关于 $p(y)$ 的一阶微分方程，即

$$p \cdot \frac{\mathrm{d}p}{\mathrm{d}y} = f(y, p)$$

设其通解为 $p = \varphi(y, C_1)$，即有 $y' = \varphi(y, C_1)$. 这是一个变量可分离的一阶微分方程，分离变量得 $\dfrac{\mathrm{d}y}{\varphi(y, C_1)} = \mathrm{d}x$. 两边积分，便可得到原方程的通解为

$$\int \frac{\mathrm{d}y}{\varphi(y, C_1)} = x + C_2$$

例 8.11　求微分方程 $yy'' - (y')^2 = 0$ 的通解.

解：令 $y' = p\left(\right.$亦即 $\frac{\mathrm{d}y}{\mathrm{d}x} = p\left.\right)$，则 $y'' = p \cdot \frac{\mathrm{d}p}{\mathrm{d}y}$，代入原方程得

$$yp \cdot \frac{\mathrm{d}p}{\mathrm{d}y} - p^2 = 0$$

分离变量，得

$$\frac{\mathrm{d}p}{p} = \frac{\mathrm{d}y}{y}$$

两边积分，得

$$\ln|p| = \ln|C_1 y|,\ 即\ p = C_1 y$$

所以

$$y' = C_1 y$$

分离变量，得

$$\frac{\mathrm{d}y}{y} = C_1\,\mathrm{d}x$$

两边积分,得

$$\ln|y| = C_1 x + \ln|C_2| \quad \text{或} \quad y = C_2 e^{C_1 x}$$

即原微分方程通解为

$$y = C_2 e^{C_1 x} \quad (C_1, C_2 \text{ 均为任意常数})$$

8.5   二阶线性微分方程

形如

$$y'' + P(x)y' + Q(x)y = f(x) \tag{8-17}$$

的微分方程,称为二阶线性微分方程. 其中,$P(x)$,$Q(x)$,$f(x)$ 都是 x 的已知函数. 如果 $f(x)$ 不恒为零,则称方程式(8-17) 为二阶非齐次线性微分方程. 方程右端的 $f(x)$ 称为自由项. 如果 $f(x) \equiv 0$,则方程式(8-14) 变为

$$y'' + P(x)y' + Q(x)y = 0 \tag{8-18}$$

称方程式(8-18) 为二阶齐次线性微分方程,也称为二阶非齐次线性微分方程式(8-17) 所对应的齐次方程.

对于上述方程,求解方法和前面的不同,在这里我们首先研究这类方程解的性质,建立解的结构理论,然后通过解的理论去获取方程的具体解法.

8.5.1   二阶常系数线性微分方程解的性质和通解结构

定理 8.1 (线性性质)   如果函数 $y_1(x)$ 和 $y_2(x)$ 是二阶齐次线性微分方程式(8-18) 的两个解,则对任意的常数 C_1 和 C_2,函数 $y_1(x)$ 和 $y_2(x)$ 的线性组合

$$Y(x) = C_1 y_1(x) + C_2 y_2(x)$$

仍是方程式(8-18) 的解.

这种性质也说明了线性微分方程的解具有可叠加性.

定义 8.5   设 $y_1(x)$ 和 $y_2(x)$ 是定义在某区间上的两个函数. 如果存在常数 k,使得对该区间内的任意 x,均有

$$y_2(x) \equiv k y_1(x) (\text{或 } y_1(x) \equiv k y_2(x))$$

成立,则称函数 $y_1(x)$,$y_2(x)$ 在该区间上线性相关;否则称为线性无关.

例如,函数 e^{2x} 与 $x e^{2x}$,$e^x \sin x$ 与 $e^x \cos x$ 之间线性无关,而函数 $\sin^2 x$ 与 $1 - \cos^2 x$,x^3 与 $2x^3$ 之间是线性相关的.

定理 8.2(齐次线性微分方程解的结构)   如果函数 $y_1(x)$ 和 $y_2(x)$ 是二阶齐次线性微分方程式(8-18) 的线性无关的两个特解,则

$$Y(x) = C_1 y_1(x) + C_2 y_2(x) \tag{8-19}$$

是方程式(8-18)的通解,其中 C_1 和 C_2 是任意常数.

定理 8.3(非齐次线性微分方程解的结构)　如果函数 $y^*(x)$ 是二阶非齐次线性微分方程式(8-17)的一个特解,$Y(x)=C_1y_1(x)+C_2y_2(x)$ 是其对应的齐次方程式(8-18)的通解,则二阶非齐次线性微分方程式(8-17)的通解为

$$y(x)=C_1y_1(x)+C_2y_2(x)+y^*(x) \tag{8-20}$$

定理 8.4(解的叠加原理)　如果函数 $y_1^*(x)$ 与 $y_2^*(x)$ 分别为方程

$$y''+P(x)y'+Q(x)y=f_1(x)$$

和

$$y''+P(x)y'+Q(x)y=f_2(x)$$

的特解,则 $y_1^*(x)+y_2^*(x)$ 是微分方程

$$y''+P(x)y'+Q(x)y=f_1(x)+f_2(x) \tag{8-21}$$

的特解. 如果 $Y(x)=C_1y_1(x)+C_2y_2(x)$ 是二阶齐次线性微分方程

$$y''+P(x)y'+Q(x)y=0$$

的通解,则 $y(x)=C_1y_1(x)+C_2y_2(x)+y_1^*(x)+y_2^*(x)$ 是方程式(8-21)的通解.

8.5.2　二阶常系数齐次线性微分方程的解法

当式(8-18)中的系数 $P(x)$ 和 $Q(x)$ 分别为实常数 p 和 q 时,于是有

$$y''+py'+qy=0 \tag{8-22}$$

则称该方程式(8-22)为二阶常系数齐次线性微分方程.

由上面的定理 8.2 可知,只要求出其两个线性无关的特解,即可得到所求通解.

由于方程式(8-22)的系数都是常数,通过观察自然可以想到,方程的解 $y(x)$ 的一阶导数 y' 和二阶导数 y'' 应是 $y(x)$ 的常数倍,而指数函数 $y=e^x$ 正好具有这一特性. 因此猜想,如果选取适当的参数 r,有可能使函数 $y=e^{rx}$ 满足方程式(8-22).

设 $y=e^{rx}$,则 $y'=re^{rx}$,$y''=r^2e^{rx}$,将其代入齐次方程式(8-22)中,有

$$e^{rx}(r^2+pr+q)=0$$

因为 $e^{rx}\neq0$,若要上式成立,必然有

$$r^2+pr+q=0 \tag{8-23}$$

这表明,只要有参数 r 能满足方程式(8-23),那么,函数 $y=e^{rx}$ 就一定是齐次方程式(8-22)的解. 可以看到,方程式(8-23)是关于 r 的二次代数方程,其一定有解,所以求二阶常系数齐次线性微分方程式(8-22)的解的问题转化为求方程式(8-23)的解的问题. 我们称方程式(8-23)为微分方程式(8-22)的特征方程,其中 r^2,r 的系数和常数项分别是微分方程式(8-22)中 y'',y' 及 y 的系数;特征方程的解或根称为特征值或特征根.

特征方程式(8-23)是二次方程,可能有两个根,记为 r_1,r_2. 按照其判别式 $\Delta=p^2-4q$

取值的三种情况,其特征根则有相异实根、重根和共轭复根三种情况,从而微分方程式(8-22)的通解有如下三种情况.

1. $\Delta > 0$,特征方程有两个相异实根 $r_1 = \frac{1}{2}(-p + \sqrt{\Delta})$,$r_2 = \frac{1}{2}(-p - \sqrt{\Delta})$.

这时微分方程式(8-22)的两个特解即为

$$y_1 = \mathrm{e}^{r_1 x} \quad 和 \quad y_2 = \mathrm{e}^{r_2 x}$$

显然,这两个特解线性无关,根据齐次方程解的结构,则微分方程式(8-22)的通解是

$$Y = C_1 \mathrm{e}^{r_1 x} + C_2 \mathrm{e}^{r_2 x} \tag{8-24}$$

其中 C_1 和 C_2 是任意常数.

例 8.12　求微分方程 $y'' - 3y' + 2y = 0$ 的通解.

解: 特征方程 $r^2 - 3r + 2 = 0$ 有两个相异实根,分别是

$$r_1 = 2, r_2 = 1$$

根据式(8-24),可得所求方程的通解是

$$y = C_1 \mathrm{e}^{2x} + C_2 \mathrm{e}^x \quad (C_1 和 C_2 是任意常数)$$

2. $\Delta = 0$,特征方程为重根 $r_1 = r_2 = -\frac{p}{2}$.

这时只得到微分方程式(8-22)的一个特解为 $y_1 = \mathrm{e}^{r_1 x}$,那么我们还需要设法找到微分方程式(8-22)的另一个特解 y_2,且与 $y_1 = \mathrm{e}^{r_1 x}$ 线性无关.

根据线性无关的定义,可设 $\frac{y_2}{y_1} = u(x)$,即 $y_2 = u(x)\mathrm{e}^{r_1 x}$,其中 $u(x)$ 是一个待定函数(非常数). 将 $y_2 = u(x)\mathrm{e}^{r_1 x}$ 代入到微分方程式(8-22)中,整理可得

$$\mathrm{e}^{r_1 x}\left[u'' + 2u'(r_1 + p) + u(r_1^2 + pr_1 + q)\right] = 0$$

由于 $\mathrm{e}^x \neq 0$,则

$$u'' + 2u'(r_1 + p) + u(r_1^2 + pr_1 + q) = 0$$

而 $r_1 = -\frac{p}{2}$ 是特征方程式(8-23)的特征根,则

$$r_1^2 + pr_1 + q = 0, 2r_1 + p = 0$$

于是前式可化简为

$$u'' = 0$$

由此可知,我们只要取任一满足上式且不为常数的函数 $u(x)$,即可得到所求特解 y_2. 不妨取 $u(x) = x$,由此得到微分方程式(8-22)的与 $y_1 = \mathrm{e}^{r_1 x}$ 线性无关的另一个特解 $y_2 = x\mathrm{e}^{r_1 x}$. 根据齐次方程解的结构,可得微分方程式(8-22)的通解

$$Y = C_1 \mathrm{e}^{r_1 x} + C_2 x\mathrm{e}^{r_1 x}$$

即　　　　　　　　　　$$Y = (C_1 + C_2 x)\mathrm{e}^{r_1 x} \tag{8-25}$$

其中 C_1 和 C_2 是任意常数.

例 8.13　求微分方程 $y'' - 6y' + 9y = 0$ 的通解.

解:特征方程 $r^2 - 6r + 9 = 0$ 有重根

$$r_1 = r_2 = 3$$

由式(8-25),可得所求方程的通解

$$y = (C_1 + C_2 x)e^{3x} \quad (C_1 \text{ 和 } C_2 \text{ 是任意常数})$$

3. $\Delta < 0$,特征方程有两个共轭复根 $r_1 = \alpha + \beta i, r_2 = \alpha - \beta i$.

$r_1 = \alpha + \beta i$, $r_2 = \alpha - \beta i$ 是特征方程式(8-23)的两个复根,其中 $\alpha = -\dfrac{p}{2}, \beta = \dfrac{\sqrt{-\Delta}}{2}$.
通过直接验证可知,函数

$$y_1 = e^{\alpha x} \cos \beta x \text{ 和 } y_2 = e^{\alpha x} \sin \beta x$$

是微分方程式(8-22)的两个特解,并且 $y_1 = e^{\alpha x} \cos \beta x$ 与 $y_2 = e^{\alpha x} \sin \beta x$ 线性无关,故微分方程式(8-22)的通解为

$$Y = (C_1 \cos \beta x + C_2 \sin \beta x)e^{\alpha x} \tag{8-26}$$

其中 $\alpha = -\dfrac{p}{2}, \beta = \dfrac{\sqrt{-\Delta}}{2}, C_1$ 和 C_2 是任意常数.

例 8.14　求微分方程 $y'' - 4y' + 13y = 0$ 的通解.

解:特征方程 $r^2 - 4r + 13 = 0$ 的共轭复根是

$$r_1 = 2 + 3i, r_2 = 2 - 3i$$

由式(8-26),可得所求方程的通解

$$y = (C_1 \cos 3x + C_2 \sin 3x)e^{2x} \quad (C_1 \text{ 和 } C_2 \text{ 是任意常数})$$

综上所述,求二阶常系数齐次线性微分方程

$$y'' + py' + qy = 0$$

的通解可按如下步骤进行:

(1) 写出微分方程的特征方程

$$r^2 + pr + q = 0$$

(2) 求特征方程的两个特征根 r_1 和 r_2;

(3) 由特征根的三种不同情况,按式(8-24)、式(8-25)或式(8-26)写出微分方程的通解.

为方便起见,现将这三种情形统一列表如下:

表 8 - 1   二阶常系数齐次线性微分方程的通解

特征方程	根的判别式	特征根	微分方程通解形式
$r^2 + pr + q = 0$	$\Delta = p^2 - 4q > 0$	$r_1, r_2 = \dfrac{1}{2}(-p \pm \sqrt{\Delta})$ 相异实根	$Y = C_1 e^{r_1 x} + C_2 e^{r_2 x}$
	$\Delta = p^2 - 4q = 0$	$r_1 = r_2 = -\dfrac{p}{2}$ 重根	$Y = (C_1 + C_2 x) e^{r_1 x}$
	$\Delta = p^2 - 4q < 0$	$r_1, r_2 = \alpha \pm \beta i$ 共轭复根	$Y = (C_1 \cos \beta x + C_2 \sin \beta x) e^{\alpha x}$

8.5.3   二阶常系数非齐次线性微分方程的解法

从前面可知,二阶非齐次线性微分方程的一般形式为

$$y'' + P(x)y' + Q(x)y = f(x)$$

当上述方程中的系数 $P(x)$ 和 $Q(x)$ 分别为实常数 p 和 q 时,于是有

$$y'' + py' + qy = f(x) \tag{8-27}$$

则称该方程为二阶常系数非齐次线性微分方程,它所对应的齐次方程即为式(8-22).

根据定理 8.2 和定理 8.3,要求二阶常系数非齐次线性微分方程式(8-27)的通解,只需要求出方程式(8-27)的一个特解 y^* 和方程式(8-22)的通解 Y 即可. 前面已经得到了求二阶常系数齐次线性微分方程式(8-22)通解的方法,剩下的问题就是如何得到二阶常系数非齐次线性微分方程式(8-27)的一个特解. 下面是自由项 $f(x)$ 的两种常见的特殊形式:

(1) $f(x) = P_m(x)e^{\lambda x}$,其中 λ 是已知常数,$P_m(x)$ 是 x 的一个 m 次多项式;

$\quad P_m(x) = a_0 x^m + a_1 x^{m-1} + \cdots + a_{m-1} x + a_m$,其中 $a_0, a_1, \cdots, a_{m-1}, a_m$ 是常数,$a_0 \neq 0$.

(2) $f(x) = e^{\lambda x}(A\cos \omega x + B\sin \omega x)$,其中 A, B, λ 和 $\omega(\omega > 0)$ 均是已知常数.

针对以上自由项的形式,分别介绍求特解 y^* 的方法,这种方法称为待定系数法. 它是根据 $f(x)$ 的形式,推断方程式(8-27)有与 $f(x)$ 形式类似但系数待定的特解,将这个特解代入方程式(8-27),再利用方程两边对任意 x 取值均恒等的条件,确定待定系数,从而求出方程式(8-27)的特解.

1. $f(x) = P_m(x)e^{\lambda x}$ 型方程

此时方程为

$$y'' + py' + qy = P_m(x)e^{\lambda x} \tag{8-28}$$

由于方程的自由项为多项式函数与指数函数的乘积,根据函数导数的特点,可以认为方程的解也应该为多项式与指数函数乘积的形式,于是可设方程式(8-28)有如下形式的特解:

$$y^* = Q(x)e^{\lambda x},\text{其中 } Q(x) \text{ 是一个待定的多项式}$$

将 $y^* = Q(x)e^{\lambda x}$ 代数入方程式(8-28)中,整理并消去 $e^{\lambda x}$ 可得

$$Q''(x) + (2\lambda + p)Q'(x) + (\lambda^2 + p\lambda + q)Q(x) = P_m(x) \qquad (8-29)$$

由实数 λ 的如下三种情况可确定待定多项式 $Q(x)$ 的形式:

(1) 当 λ 不是特征方程式(8-23)的特征根时,则 $\lambda^2 + p\lambda + q \neq 0$. 此时式(8-29)的最高次幂在 $Q(x)$ 中,则 $Q(x)$ 应是一个 m 次多项式,可记为

$$Q_m(x) = b_0 x^m + b_1 x^{m-1} + \cdots + b_{m-1} x + b_m$$

其中 $b_0, b_1, \cdots, b_{m-1}, b_m$ 是待定系数,$b_0 \neq 0$.

将函数 $y^* = Q(x)\mathrm{e}^{\lambda x} = Q_m(x)\mathrm{e}^{\lambda x}$ 代入式(8-29)中,比较等式两端多项式同次幂的系数,可得关于 $b_0, b_1, \cdots, b_{m-1}, b_m$ 的一个线性方程组,解此方程组求得待定系数 $b_0, b_1, \cdots, b_{m-1}, b_m$,从而可获得原非齐次方程式(8-28)的一个特解 $y^* = Q_m(x)\mathrm{e}^{\lambda x}$.

(2) 当 λ 是特征方程式(8-23)的单根时,则 $\lambda^2 + p\lambda + q = 0$,且 $2\lambda + p \neq 0$. 此时式(8-29)的左端只有导数项,而多项式每求导一次后它的次数就要降低一次,所以结合等式右端的 $P_m(x)$ 可知,$Q(x)$ 应是一个 $m+1$ 次多项式,于是,可设方程式(8-28)的一个特解为

$$y^* = xQ_m(x)\mathrm{e}^{\lambda x}$$

将之代入到原方程式(8-28)中,通过与情形(1)同样的方法,可求得待定系数 $b_0, b_1, \cdots, b_{m-1}, b_m$,从而可获得原非齐次方程式(8-28)的一个特解 $y^* = xQ_m(x)\mathrm{e}^{\lambda x}$.

(3) 当 λ 是特征方程式(8-23)的重根时,则 $\lambda^2 + p\lambda + q = 0$,且 $2\lambda + p = 0$. 此时式(8-29)的左端只有二阶导数项,结合等式右端的 $P_m(x)$ 可知,$Q(x)$ 应是一个 $m+2$ 次多项式,于是,可设方程式(8-28)的一个特解为

$$y^* = x^2 Q_m(x)\mathrm{e}^{\lambda x}$$

将之代入到原方程式(8-28)中,通过与上述情形同样的方法,可求得待定系数 $b_0, b_1, \cdots, b_{m-1}, b_m$,从而可获得原非齐次方程式(8-28)的一个特解 $y^* = x^2 Q_m(x)\mathrm{e}^{\lambda x}$.

综上所述,若把不是特征方程根的 λ 看成是 0 重根的话,则上述三种情况的特解可以统一表示为

$$y^* = x^k Q_m(x)\mathrm{e}^{\lambda x}$$

其中,$Q_m(x)$ 是与方程的自由项 $P_m(x)$ 同次数的多项式,系数待定;参数 k 按 λ 不是特征根、单根、重根依次取 0,1,2.

利用上述方法求通解,首先必须搞清所求微分方程中自由项的情况,即多项式的次数 m 和指数函数中的常数 λ 的取值. 若 $m = 0$ 时,$P_0(x) = a_0$,这时,$f(x) = a_0 \mathrm{e}^{\lambda x}$,即 $f(x)$ 为指数函数;若 $\lambda = 0$ 时,$\mathrm{e}^{\lambda x} = 1$,这时,$f(x) = P_m(x)$,即 $f(x)$ 为 m 次多项式.

例 8.15　求微分方程 $y'' - 3y' + 2y = 2x^2 - 3$ 的通解.

解:例 8.12 已经给出对应齐次方程的通解是

$$y = C_1 \mathrm{e}^{2x} + C_2 \mathrm{e}^x$$

而特征方程 $r^2 - 3r + 2 = 0$ 的两个根是 $r_1 = 2, r_2 = 1$.

由于 $f(x) = 2x^2 - 3$ 是 $P_m(x)\mathrm{e}^{\lambda x}$ 型,其中 $m = 2, \lambda = 0$,因 $\lambda = 0$ 不是特征根,故可设所给方程的特解为

$$y^* = b_0 x^2 + b_1 x + b_2$$

其中，b_0, b_1, b_2 是待定常数，计算出 $y^{*\prime}, y^{*\prime\prime}$ 并代入原方程，得

$$2b_0 x^2 + (2b_1 - 6b_0)x + (2b_0 - 3b_1 + 2b_2) = 2x^2 - 3$$

比较同次项系数，可得

$$\begin{cases} 2b_0 = 2 \\ 2b_1 - 6b_0 = 0 \\ 2b_0 - 3b_1 + 2b_2 = -3 \end{cases}$$

解得，$b_0 = 1, b_1 = 3, b_2 = 2$.

于是 $y^* = x^2 + 3x + 2$，方程的通解为

$$y = C_1 e^{2x} + C_2 e^x + x^2 + 3x + 2 \quad (C_1 \text{ 和 } C_2 \text{ 是任意常数})$$

例 8.16　求微分方程 $y'' - 6y' + 9y = 8e^{3x}$ 的通解.

解：例 8.13 已经给出对应齐次方程的通解是

$$y = (C_1 + C_2 x) e^{3x}$$

由于 $f(x) = 8e^{3x}$ 是 $P_m(x)e^{\lambda x}$ 型，因 $\lambda = 3$ 是特征方程的重根，故设所给方程的特解为

$$y^* = ax^2 e^{3x}$$

可求得 $y^{*\prime}, y^{*\prime\prime}$，并与 y^* 一起代入原方程，可求得 $a = 4$，于是 $y^* = 4x^2 e^{3x}$.

所以，原方程的通解为

$$y = (C_1 + C_2 x) e^{3x} + 4x^2 e^{3x} \quad (C_1 \text{ 和 } C_2 \text{ 是任意常数})$$

2. $f(x) = e^{\lambda x}(A\cos \omega x + B\sin \omega x)$ 型方程

此时方程为

$$y'' + py' + qy = e^{\lambda x}(A\cos \omega x + B\sin \omega x) \tag{8-30}$$

由于方程的自由项为正余弦函数与指数函数的乘积，根据函数导数的特点，可以认为方程的解也应该包含正余弦函数与指数函数的乘积，同时三角函数的角度也应相同. 于是可取方程式(8-30)有如下形式的特解(推导过程从略)：

$$y^* = x^k (a\cos \omega x + b\sin \omega x) e^{\lambda x}$$

其中 a, b 是待定常数. 特解 y^* 中 k 的取值为

(1) 当 $\lambda \pm \omega i$ 不是特征方程式(8-23)的根时，取 $k = 0$，待定特解为

$$y^* = (a\cos \omega x + b\sin \omega x) e^{\lambda x}$$

(2) 当 $\lambda \pm \omega i$ 是特征方程式(8-23)的单根时，取 $k = 1$，待定特解为

$$y^* = x(a\cos \omega x + b\sin \omega x) e^{\lambda x}$$

应用上述方法求解非齐次方程式(8-30)时，同样应首先搞清自由项中常数 ω、λ、A、B 的

取值. 当 $\omega = \dfrac{k\pi}{2}$ 时, $f(x)$ 为指数函数; 当 $\lambda = A = 0$ 时, $f(x)$ 为正弦函数; 当 $\lambda = B = 0$ 时, $f(x)$ 为余弦函数.

例 8.17　求微分方程 $y'' + 9y = \sin 3x$ 的特解.

解: 特征方程 $r^2 + 9 = 0$ 的共轭复根是 $r_{1,2} = \pm 3\mathrm{i}$, 由于 $f(x) = \sin 3x$ 是 $\mathrm{e}^{\lambda x}(A\cos\omega x + B\sin\omega x)$ 型, 其中 $\lambda = 0, \omega = 3$, 因 $\lambda \pm \omega\mathrm{i} = \pm 3\mathrm{i}$ 是特征方程的根, 故可设所给方程的特解为

$$y^* = x(a\cos 3x + b\sin 3x)$$

其中, a, b 是待定常数, 计算出 $y^{*''}$ 并与 y^* 代入原方程, 得

$$6b\cos 3x - 6a\sin 3x = \sin 3x$$

比较 $\cos 3x, \sin 3x$ 前的系数, 可解得 $a = -\dfrac{1}{6}, b = 0$, 于是所求方程的特解为

$$y^* = -\frac{1}{6}x\cos 3x$$

例 8.18　求微分方程 $y'' - 3y' + 2y = 2\mathrm{e}^{-x}\cos x$ 的通解.

解: 例 8.12 已经给出对应齐次方程的通解是

$$y = C_1\mathrm{e}^{2x} + C_2\mathrm{e}^x$$

而特征方程 $r^2 - 3r + 2 = 0$ 的两个根是 $r_1 = 2, r_2 = 1$.

由于 $f(x) = 2\mathrm{e}^{-x}\cos x$ 是 $\mathrm{e}^{\lambda x}(A\cos\omega x + B\sin\omega x)$ 型, 其中 $\lambda = -1, \omega = 1$, 因 $\lambda \pm \omega\mathrm{i} = -1 \pm \mathrm{i}$ 不是特征根, 故可设所给方程的特解为

$$y^* = \mathrm{e}^{-x}(a\cos x + b\sin x)$$

其中, a, b 是待定常数, 计算出 $y^{*'}, y^{*''}$ 并代入原方程, 得

$$(5a - 5b)\cos x + (5a + 5b)\sin x = 2\cos x$$

比较 $\cos x, \sin x$ 前系数, 可解得 $a = \dfrac{1}{5}, b = -\dfrac{1}{5}$, 故 $y^* = \dfrac{1}{5}\mathrm{e}^{-x}(\cos x - \sin x)$

于是, 所求方程的通解为

$$y = C_1\mathrm{e}^{2x} + C_2\mathrm{e}^x + \frac{1}{5}\mathrm{e}^{-x}(\cos x - \sin x) \quad (C_1 \text{ 和 } C_2 \text{ 是任意常数})$$

例 8.19　求微分方程 $y'' + 2y' - 3 = x\mathrm{e}^x + \cos 3x$ 的通解.

解: 对应齐次方程的特征方程为

$$\lambda^2 + 2\lambda - 3 = 0$$

解得特征根 $\lambda_1 = 1, \lambda_2 = -3$, 于是对应齐次方程的通解为

$$Y = C_1\mathrm{e}^x + C_2\mathrm{e}^{-3x}$$

下面求方程 $y'' + 2y' - 3 = x\mathrm{e}^x$ 的特解, 由题意特解可设为 $y_1^* = x(b_0x + b_1)\mathrm{e}^x$, 其中 b_0,

b_1 是特定常数,代入方程,得 $8b_0 x + 2b_0 + 4b_1 = x$,从而解得 $b_0 = \dfrac{1}{8}, b_1 = -\dfrac{1}{16}$. 于是

$$y_1^* = \frac{1}{16}(2x^2 + x)\mathrm{e}^x$$

再求 $y'' + 2y' - 3 = \cos 3x$ 的特解,由题意特解可设为 $y_2^* = b_2 \cos 3x + b_3 \sin 3x$,其中 b_2,b_3 是特定常数,代入方程,有

$$(-12b_2 + 6b_3)\cos 3x - (12b_2 + 6b_3)\sin 3x = \cos 3x$$

比较 $\cos 3x$, $\sin 3x$ 前面的系数,得 $b_2 = -\dfrac{1}{15}, b_3 = \dfrac{1}{30}$,于是 $y_2^* = -\dfrac{1}{15}\cos 3x + \dfrac{1}{30}\sin 3x$,根据解的叠加原理,所给方程的通解是

$$y = C_1 \mathrm{e}^x + C_2 \mathrm{e}^{-3x} + \frac{1}{16}(2x^2 - x)\mathrm{e}^x - \frac{1}{15}\cos 3x + \frac{1}{30}\sin 3x \quad (C_1 \text{ 和 } C_2 \text{ 是任意常数})$$

8.6　差分方程简介

在研究经济与管理等实际问题时,许多经济变量属于离散型变量,即这些变量定义在整数集上. 例如,银行定期存款的计息是按所设定的时间间隔进行的,GDP 的统计是按年进行的等,这种变量形成的函数实际上就是初等数学中的数列 y_n,以后我们将自变量都记为 t,函数记为 $y_t = f(t)$. 对于离散型变量,常利用时间区间上的差商 $\dfrac{\Delta y_t}{\Delta t}$ 描述变量 y_t 的变化率,而由于 Δt 只能取整数单位,因此可以用 $\Delta y_t = y_{t+1} - y_t$ 近似地表示 y_t 的变化率,这里的 Δy_t 就是变量 y_t 的差分.

本节介绍差分方程的基本概念,讲述差分方程的通解和特解,学习一阶常系数线性差分方程的求解方法.

8.6.1　差分与差分方程的基本概念

1. 差分的概念

定义 8.6　对定义在非负整数集上的函数 $y_t = f(t), t = 0, 1, 2, \cdots$,称 $y_{t+1} - y_t$ 即 $f(t+1) - f(t)$ 为函数 y_t 的差分,并记为 Δy_t,即

$$\Delta y_t = y_{t+1} - y_t$$

由于 Δy_t 仍是一个离散函数,可以继续做上述差分,我们先定义 Δy_t 为函数 y_t 在 t 处的一阶差分,则一阶差分在 t 处的一阶差分,称为函数 y_t 在 t 处的二阶差分,并记为 $\Delta^2 y_t$,即

$$\begin{aligned}\Delta^2 y_t &= \Delta(\Delta y_t) = \Delta y_{t+1} - \Delta y_t = (y_{t+2} - y_{t+1}) - (y_{t+1} - y_t) \\ &= y_{t+2} - 2y_{t+1} + y_t\end{aligned}$$

类似地,可定义函数 $y_t = f(t)$ 在 t 时刻的三阶差分、四阶差分 …… 以及任意 n 阶差分.

$$\Delta^3 y_t = \Delta(\Delta^2 y_t) = \Delta^2 y_{t+1} - \Delta^2 y_t = \Delta y_{t+2} - 2\Delta y_{t+1} + \Delta y_t$$

$$= y_{t+3} - 3y_{t+2} + 3y_{t+1} - y_t$$

$$\Delta^n y_t = \Delta(\Delta^{n-1} y_t) = \Delta^{n-1} y_{t+1} - \Delta^{n-1} y_t$$

$$= \sum_{k=0}^{n} (-1)^k \frac{n(n-1)\cdots(n-k+1)}{k!} y_{t+n-k}$$

$$= \sum_{k=0}^{n} (-1)^k \frac{n!}{k!(n-k)!} y_{t+n-k} \tag{8-31}$$

式(8-31)表明,函数 $y_t = f(t)$ 在 t 的 n 阶差分是该函数的 n 个函数值 $y_{t+n}, y_{t+n-1}, \cdots,$ y_{t+1}, y_t 的线性组合.

二阶及二阶以上的差分统称为高阶差分.

由定义可知,差分具有以下性质:

(1) $\Delta(Cy_t) = C\Delta y_t$ (C 为常数)

(2) $\Delta(y_t + y_s) = \Delta y_t + \Delta y_s$

例 8.20 设 $y_t = t^2 - 2t + 3$,求 $\Delta y_t, \Delta^2 y_t, \Delta^3 y_t$.

解: $\Delta y_t = y_{t+1} - y_t = [(t+1)^2 - 2(t+1) + 3] - (t^2 - 2t + 3) = 2t - 1$

$\Delta^2 y_t = \Delta(\Delta y_t) = \Delta y_{t+1} - \Delta y_t = [2(t+1) - 1] - (2t - 1) = 2$

$\Delta^3 y_t = \Delta(\Delta^2 y_t) = 2 - 2 = 0$

函数 y_t 的一阶和二阶差分反映了 y_t 的变化特征. 一阶差分能够量度 y_t 的变化情况:当 $\Delta y_t > 0$ 时,表明 y_t 在逐渐增加;当 $\Delta y_t < 0$ 时,表明 y_t 在逐渐减少. 同样,二阶差分能够量度一阶差分的增加或减少,从而也能量度 y_t 的变化情况:当 $\Delta^2 y_t > 0$ 时,表明 y_t 的变化速度在增大;当 $\Delta^2 y_t < 0$ 时,表明 y_t 的变化速度在减小.

2. 差分方程的基本概念

定义 8.7 含有自变量 t、未知函数 y_t 以及未知函数 y_t 的差分的函数方程,称为差分方程. 差分方程中出现的差分的最高阶数,称为差分方程的阶.

n 阶差分方程的一般形式为

$$F(t, y_t, \Delta y_t, \Delta^2 y_t, \cdots, \Delta^n y_t) = 0 \tag{8-32}$$

其中 t 是自变量,y_t 为未知函数,最高价差分 $\Delta^n y_t$ 在方程中一定出现.

由式(8-31),差分方程式(8-32)能够转化为函数 y_t 的 n 个函数值 $y_{t+n}, y_{t+n-1}, \cdots, y_{t+1}, y_t$ 的关系式,从而得到 n 阶差分方程的另一种表现形式

$$F(t, y_t, y_{t+1}, y_{t+2}, \cdots, y_{t+n}) = 0 \tag{8-33}$$

其中 t 是自变量,y_t 为未知函数,y_t, y_{t+n} 在方程中一定出现.

因此,差分方程也可以按定义 8.8 来定义.

定义 8.8 含有自变量 t 和未知函数 y_t 以及 y_t 至少在两个时期的函数值的方程,称为差分方程. 差分方程中出现的未知函数下标的最大值与最小值的差数,称为差分方程的阶.

需要特别指出的是,差分方程的两种定义的两种表达式(8-32)和式(8-33)虽然可以相互转化,但两种定义中的"阶数"却不是完全等价的. 例如方程 $\Delta^2 y_t + \Delta y_t = 0$ 按定义 8.7 是二阶差分方程,但将此方程写成式(8-33)的形式时,有

$$\Delta^2 y_t + \Delta y_t = (y_{t+2} - 2y_{t+1} + y_t) + (y_{t+1} - y_t) = y_{t+2} - y_{t+1} = 0$$

按定义 8.8 来说就属于一阶微分方程.

由于在经济模型中,通常遇到的都是式(8-33)形式的差分方程,因此我们一般采用定义 8.8,后面仅讨论式(8-33)形式的差分方程的求解.

定义 8.9　如果把一个已知函数 $y_t = \varphi(t)$ 代入差分方程式(8-33),使其成为恒等式,则称函数 $y_t = \varphi(t)$ 为差分方程式(8-33)的解;若差分方程的解中所含相互独立的任意常数的个数等于差分方程的阶数,则称此解为差分方程的通解;而不含任意常数的解,称为差分方程的特解;对差分方程根据系统在初始时刻所处的状态附加一定的条件,称这种附加条件为初始条件(或初值条件).

根据初始条件,常可确定通解中的任意常数,从而得到满足初始条件的特解. 对 n 阶差分方程,要确定 n 个任意常数的值,应该有 n 个初始条件. 一阶差分方程的初始条件为一个,一般设为 $y_0 = a_0$(a_0 是常数);二阶差分方程的初始条件为两个,一般设为 $y_0 = a_0, y_1 = a_1$(a_0, a_1 是常数);依此类推.

例 8.21　验证函数 $y_t = C + 2t$(C 是任意常数)是差分方程 $y_{t+1} - y_t = 2$ 的通解,并求其满足初始条件 $y_0 = 3$ 的特解.

解:将 $y_t = C + 2t, y_{t+1} = C + 2(t+1)$ 代入所给差分方程,得

$$C + 2(t+1) - (C + 2t) = 2$$

因此,$y_t = C + 2t$ 是所给差分方程的解. 又因它含有一个任意常数,而所给差分方程正好是一阶的,所以 $y_t = C + 2t$ 是该差分方程的通解.

将初始条件 $y_0 = 3$ 代入通解中,得 $C = 3$,因此 $y_t = 2t + 3$ 即为所求特解.

8.6.2　一阶常系数线性差分方程的概念和通解结构

形如

$$y_{t+1} + ay_t = f(t) \tag{8-34}$$

的一阶差分方程,称为一阶常系数线性差分方程. 其中 a 是已知常数,且 $a \neq 0$,$f(t)$ 是已知函数;如果 $f(t)$ 不恒为零,则称方程式(8-34)为一阶常系数非齐次线性差分方程;如果 $f(t) \equiv 0$,则上述方程变为

$$y_{t+1} + ay_t = 0 \tag{8-35}$$

称方程式(8-35)为一阶常系数齐次线性差分方程,也称为一阶常系数非齐次线性差分方程式(8-34)所对应的齐次方程.

定理 8.5　如果函数 $y^*(t)$ 是一阶常系数非齐次线性差分方程式(8-34)的一个特解,$Y(t)$ 是对应的齐次方程式(8-35)的通解,则一阶常系数非齐次线性差分方程式(8-34)的通解为

$$y(t) = Y(t) + y^*(t) \tag{8-36}$$

定理 8.6　如果函数 $y_1^*(t)$ 与 $y_2^*(t)$ 分别为方程

$$y_{t+1} + ay_t = f_1(t) \ 与 \ y_{t+1} + ay_t = f_2(t)$$

的特解,则 $y_1^*(x) + y_2^*(x)$ 是差分方程

$$y_{t+1} + ay_t = f_1(t) + f_2(t) \tag{8-37}$$

的特解. 如果 $Y(x)$ 是一阶常系数齐次线性差分方程

$$y_{t+1} + ay_t = 0$$

的通解,则 $y(x) = Y(x) + y_1^*(x) + y_2^*(x)$ 是差分方程式(8-37)的通解.

8.6.3　一阶常系数线性差分方程的解法

1. 一阶常系数齐次线性差分方程的解法

对于一阶常系数齐次线性差分方程式(8-35),常用的解法有迭代法和特征根法.

（1）特征根法

注意到方程式(8-35)的特点: $y_{t+1} = (-a)y_t$,即 y_{t+1} 正好是 y_t 的常数倍,而指数函数 $\lambda^{t+1} = \lambda\lambda^t$ 正好具有这一特性,因此,不妨设方程式(8-35)具有形如

$$y_t = \lambda^t$$

形式的特解,其中 λ 为待定参数. 将其代入到差分方程式(8-35)中,得到:

$$\lambda^t(\lambda + a) = 0$$

由于 $\lambda^t \neq 0$,若要上式成立,必然有

$$\lambda + a = 0 \tag{8-38}$$

称方程式(8-38)为一阶常系数齐次线性差分方程式(8-35)的特征方程; $\lambda = -a$ 称为特征方程的根,简称特征根.

由于特征方程式(8-38)一定有解,所以 $y_t = (-a)^t$ 就是差分方程式(8-35)的一个特解,不难验证, $y_t = C(-a)^t$ 就是齐次差分方程式(8-35)的通解,其中 C 为任意常数.

例 8.22　求差分方程 $2y_{t+1} - 3y_t = 0$ 的通解.

解:差分方程可以转化为

$$y_{t+1} - \frac{3}{2}y_t = 0$$

其特征根 $\lambda = \frac{3}{2}$,则所求方程的通解为

$$y_t = C\left(\frac{3}{2}\right)^t = \frac{C3^t}{2^t} \qquad (C \text{ 为任意常数})$$

（2）迭代解法

设 $y_0 = C$ 已知,将 $t = 0, 1, 2, \cdots$ 依次代入方程式(8-35),得

$$y_1 = -ay_0 = C(-a)$$
$$y_2 = -ay_1 = (-a)^2 y_0 = C(-a)^2$$
$$y_3 = -ay_2 = (-a)^3 y_0 = C(-a)^3$$

……

一般地，$y_t = C(-a)^t$，$(t = 0,1,2,\cdots)$，可以验证，$y_t = C(-a)^t$ 满足差分方程式 $(8-35)$，因此是该差分方程的通解. 这种方法称为迭代法.

2. 一阶常系数非齐次线性差分方程的解法

1）一般解法

根据定理 8.5，要求非齐次差分方程式 $(8-34)$ 的通解，只需求解出它的一个特解. 在前面 8.5.3 节中，我们曾介绍过用待定系数法求某些二阶常系数非齐次线性微分方程的特解. 与此类似，对方程式 $(8-34)$ 右端的函数 $f(t)$ 的一些特殊形式，我们也可采用待定系数法求其特解.

（1）$f(t) = P_m(t)\lambda^t$ 型方程 $[P_m(t)$ 是 m 次多项式，λ 是非零常数$]$

由于 $f(t) = P_m(t)\lambda^t$，可以验证方程式 $(8-34)$ 有如下形式的特解

$$y^*(t) = t^k Q_m(t)\lambda^t$$

其中 $Q_m(t)$ 与 $P_m(t)$ 是同次多项式，即

$$Q_m(t) = b_0 t^m + b_1 t^{m-1} + \cdots + b_{m-1}t + b_m$$

其中 $b_0, b_1, \cdots, b_{m-1}, b_m$ 是待定常数.

特解 y^* 中 k 的取值为：

① 当 λ 不是特征根时，取 $k = 0$，待定特解为

$$y^*(t) = Q_m(t)\lambda^t$$

② 当 λ 是特征单根时，取 $k = 1$，待定特解为

$$y^*(t) = t Q_m(t)\lambda^t$$

例 8.23　求差分方程 $y_{t+1} - y_t = 2t + 5$ 的通解.

解：特征方程为 $\lambda - 1 = 0$，特征根 $\lambda = 1$，齐次差分方程的通解为

$$Y(t) = C \cdot 1^t = C \quad （C 为任意常数）$$

由于 $f(t) = 2t + 5 = 1^t P_1(t)$，而 $\lambda = 1$ 是特征根，则非齐次差分方程有特解

$$y^*(t) = t(b_0 + b_1 t) = b_0 t + b_1 t^2$$

将其代入原方程，有

$$b_0(t+1) + b_1(t+1)^2 - (b_0 t + b_1 t^2) = 2t + 5$$

比较同次幂系数，可解得 $b_0 = 4, b_1 = 1$，故 $y^*(t) = 4t + t^2$.

于是，所求通解为

$$y_t = Y(t) + y^*(t) = C + 4t + t^2 \quad （C 为任意常数）$$

例 8.24　求差分方程 $y_{t+1} - y_t = t2^t$ 的通解.

解：相对应齐次方程的特征根为 1，则齐次差分方程的通解为

$$Y(t) = C \cdot 1^t = C \quad （C 为任意常数）$$

由于 $f(t) = t2^t = 2^t P_1(t)$，但 $\lambda = 2$ 不是特征根，则非齐次差分方程有特解

$$y^*(t) = 2^t(b_0 + b_1 t)$$

将其代入原方程,有

$$2^{t+1}[b_0 + b_1(t+1)] - 2^t(b_0 + b_1 t) = t2^t$$

整理后比较同次幂系数,可解得 $b_0 = -2, b_1 = 1$,故 $y^*(t) = 2^t(t-2)$.

于是,所求通解为

$$y_t = Y(t) + y^*(t) = C + 2^t(t-2) \quad (C \text{ 为任意常数})$$

(2) $f(t) = \lambda^t(A\cos\omega t + B\sin\omega t)$ 型方程(A, B, ω, λ 是常数)

可以推得方程式(8-34)有如下形式的特解

$$y^*(t) = t^k(a\cos\omega t + b\sin\omega t)\lambda^t$$

其中 a, b 是待定常数. 特解 y^* 中 k 的取值为:

① 当 $\lambda(\cos\omega + i\sin\omega)$ 不是特征根时,取 $k = 0$,待定特解为

$$y^*(t) = (a\cos\omega t + b\sin\omega t)\lambda^t$$

② 当 $\lambda(\cos\omega + i\sin\omega)$ 是特征根时,取 $k = 1$,待定特解为

$$y^*(t) = t(a\cos\omega t + b\sin\omega t)\lambda^t$$

例 8.25 求差分方程 $y_{t+1} - 2y_t = 2^t\sin\dfrac{\pi}{2}t$ 的通解.

解:相对应齐次方程的特征根为 1,则齐次差分方程的通解为

$$Y(t) = C2^t \quad (C \text{ 为任意常数})$$

$f(t) = 2^t\sin\dfrac{\pi}{2}t = \lambda^t(A\cos\omega t + B\sin\omega t)$,其中 $A = 0, B = 1, \lambda = 2, \omega = \dfrac{\pi}{2}$,由于

$$\lambda(\cos\omega + i\sin\omega) = 2\left(\cos\dfrac{\pi}{2} + i\sin\dfrac{\pi}{2}\right) = 2i$$

而 2i 不是特征方程的特征根,则非齐次差分方程有特解

$$y^*(t) = 2^t\left(a\cos\dfrac{\pi}{2}t + b\sin\dfrac{\pi}{2}t\right)$$

将其代入原方程,可解得 $a = b = -\dfrac{1}{4}$,故 $y^*(t) = 2^t\left(-\dfrac{1}{4}\cos\dfrac{\pi}{2}t - \dfrac{1}{4}\sin\dfrac{\pi}{2}t\right)$.

于是,所求通解为

$$y_t = Y(t) + y^*(t) = C2^t + 2^{t-2}\left(\cos\dfrac{\pi}{2}t + \sin\dfrac{\pi}{2}t\right) \quad (C \text{ 为任意常数})$$

2) 迭代解法

一阶常系数非齐次线性差分方程式(8-34)也可以与齐次差分方程式(8-35)一样用迭代法求解.

将差分方程式(8-34)写成迭代方程形式

$$y_{t+1} = -ay_t + f(t)$$

则有

$$y_1 = (-a)y_0 + f(0);$$
$$y_2 = (-a)y_1 + f(1) = (-a)^2 y_0 + (-a)f(0) + f(1)$$
$$y_3 = (-a)y_2 + f(2) = (-a)^3 y_0 + (-a)^2 f(0) + (-a)f(1) + f(2)$$
······

一般地,由数学归纳法可证

$$y_t = (-a)^t y_0 + (-a)^{t-1} f(0) + (-a)^{t-2} f(1) + \cdots + (-a)f(t-2) + f(t-1)$$
$$= (-a)^t y_0 + \sum_{i=0}^{t-1} (-a)^i f(t-i-1)$$

若记 $C = y_0$,$Y(t) = C(-a)^t$,$y^*(t) = \sum_{i=0}^{t-1} (-a)^i f(t-i-1)$,则其通解可表示为

$$y(t) = Y(t) + y^*(t)$$

其中,第一项是齐次差分方程式(8-35)的通解,第二项是非齐次差分方程式(8-34)的特解,符合一阶常系数非齐次线性差分方程通解的结构.

例 8.26 求差分方程 $3y_{t+1} - y_t = 3 \cdot 2^t$ 的通解.

解:已知方程可以写成 $y_{t+1} - \frac{1}{3} y_t = 2^t$. 该方程中 $a = -\frac{1}{3}$,$f(t) = 2^t$. 由迭代法中的通解表达式,所求差分方程的通解为

$$y_t = C\left(\frac{1}{3}\right)^t + \sum_{i=0}^{t-1} \left(\frac{1}{3}\right)^i 2^{t-i-1} = C\left(\frac{1}{3}\right)^t + 2^{t-1} \sum_{i=0}^{t-1} \left(\frac{1}{6}\right)^i$$
$$= C\left(\frac{1}{3}\right)^t + 2^{t-1} \frac{1 - \left(\frac{1}{6}\right)^t}{1 - \frac{1}{6}} = C\left(\frac{1}{3}\right)^t + \frac{1}{5}\left[6 \cdot 2^{t-1} - \left(\frac{1}{3}\right)^{t-1}\right]$$
$$= \frac{\widetilde{C}}{3^t} + \frac{3}{5} 2^t$$

其中 $\widetilde{C} = C - \frac{3}{5}$ 为任意常数.

第 8 章习题

（A）

1. 验证下列各函数是否为已知微分方程的解:

(1) $xy'' + 2y' - xy = 0$, $y = \dfrac{C_1 e^x}{x} + \dfrac{C_2 e^{-x}}{x}$;

(2) $x'' + 9x = 10\cos 2t$, $x = 2\cos 2t + C_1\cos 3t + C_2\sin 3t$;

(3) $y'' - 2y' + y = e^x$,$y = (C_1 + C_2 x)e^x + \dfrac{1}{2} x^2 e^x$;

(4) $y' - 2xy = 0, y = Ce^{x^2}$;

(5) $xy'' - y' - x^2, y - C_1 x^2 + C_2 + \dfrac{1}{3} x^3$;

(6) $xyy'' + x(y')^2 - yy' = 0, \dfrac{x^2}{C_1} + \dfrac{y^2}{C_2} = 1$.

2. 求下列微分方程的通解或在给定初始条件下的特解:

(1) $(1+y)dx - (1-x)dy = 0$,

(2) $x\sqrt{1+y^2} + yy'\sqrt{1+x^2} = 0$,

(3) $\sin x \cos^2 y \, dx + \cos^2 x \, dy = 0$,

(4) $y \ln x \, dx + x \ln y \, dy = 0$,

(5) $y' = a^{x+y}$,

(6) $y' - xy' = a(y^2 + y')$,

(7) $\dfrac{x}{1+y} dx - \dfrac{y}{1+x} dy = 0, y\big|_{x=0} = 1$,

(8) $yy' + xe^y = 0, y(1) = 0$.

3. 求下列微分方程的通解或在给定初始条件下的特解:

(1) $y' = \dfrac{y}{y-x}$,

(2) $3xy^2 \, dy = (2y^3 - x^3)dx$,

(3) $xy' - y - \sqrt{y^2 - x^2} = 0$,

(4) $xy' = y + x \cos^2 \dfrac{y}{x}$,

(5) $xy' = y(\ln y - \ln x)$,

(6) $(x+y)dx + xdy = 0$,

(7) $(x^2 + y^2)dx - xydy = 0, y\big|_{x=1} = 0$,

(8) $x^2 y' = y^2 + xy + 4x^2, y(1) = 2$.

4. 已知函数 $y = \dfrac{x}{\sqrt{\ln Cx}}$ 是微分方程 $y' = \dfrac{y}{x} + \varphi\left(\dfrac{x}{y}\right)$ 的通解,求满足条件的函数 $\varphi(x)$.

5. 求下列微分方程的通解或在给定初始条件下的特解:

(1) $y' + y = \cos x$,

(2) $y' + y = e^{-x}$

(3) $y' - \dfrac{ny}{x} = e^x x^n$,

(4) $xy' - 2y = x^3 \cos x$,

(5) $(x^2 + 1)y' + 2xy = 4x^2$,

(6) $y' - 2xy = xe^{-x^2}$,

(7) $y' + y \tan x = \cos^2 x, y\big|_{x=\frac{\pi}{4}} = \dfrac{1}{2}$,

(8) $y' - \dfrac{1}{x} y = -\dfrac{2}{x} \ln x, y(1) = 1$.

6. 某商品的需求量 Q 对价格 P 的弹性为 $P \ln 2$. 已知该商品的最大需求量为 $1\,800$,即 $P = 0$

时，$Q = 1\,800$. 求需求量 Q 对价格 P 的函数关系.

7. 已知微分方程 $y' + P(x)y = Q(x)$ 有两个特解 $y_1 = -\dfrac{1}{4}x^2$, $y_2 = -\dfrac{1}{4}x^2 - \dfrac{4}{x^3}$, 求满足条件的 $P(x)$, $Q(x)$, 并给出方程的通解.

8. 已知二阶常系数齐次线性微分方程的特征根, 试写出对应的微分方程及其通解：
   (1) $r_1 = 3, r_2 = -4$,
   (2) $r_1 = 0, r_2 = 2$,
   (3) $r_1 = 5, r_2 = 5$,
   (4) $r_1 = i, r_2 = -i$.

9. 求下列齐次线性微分方程的通解或在给定初始条件下的特解：
   (1) $y'' - 4y' + 3y = 0$,
   (2) $y'' - 6y' + 9y = 0$,
   (3) $y'' + 25y' = 0$,
   (4) $y'' - 4y' + 13y = 0$,
   (5) $y'' - 12y' + 36y = 0$,
   (6) $4y'' - 8y' + 5y = 0$,
   (7) $y'' + y' - 2y = 0, y'|_{x=0} = 0, y|_{x=0} = 3$,
   (8) $y'' + y' + y = 0, y'|_{x=0} = 2, y|_{x=0} = 2$,
   (9) $y'' - 2y' + 10y = 0, y'|_{x=\frac{\pi}{6}} = e^{\frac{\pi}{6}}, y|_{x=\frac{\pi}{6}} = 0$,
   (10) $y'' + 3y' + 2y = 0, y'|_{x=0} = 1, y|_{x=0} = 1$.

10. 求下列非齐次线性微分方程的通解或在给定初始条件下的特解：
    (1) $y'' - y' - 2y = e^{2x}$,
    (2) $y'' + 4y' = 8\sin 2x$,
    (3) $y'' - 2y' + 2y = x^2$,
    (4) $y'' - 4y' + 4y = 8(x^2 + e^{2x})$,
    (5) $y'' + 2y' + 5y = e^{-x}\cos 2x$,
    (6) $2y'' + 2y' - y = 2e^x$,
    (7) $y'' - 5y' + 6y = 12x - 7, y'|_{x=0} = 0, y|_{x=0} = 0$,
    (8) $y'' + 4y' = 8x, y'|_{x=0} = 4, y|_{x=0} = 0$,
    (9) $y'' + y = \cos 3x, y'|_{x=\frac{\pi}{2}} = 1, y|_{x=\frac{\pi}{2}} = 4$,
    (10) $y'' + 4y' + 5y = 3\sin x - 2\cos x, y'|_{x=0} = \dfrac{1}{8}, y|_{x=0} = \dfrac{3}{8}$.

11. 在某地推广一种新产品. t 时刻产品的销售量为 $Q(t)$, 分析表明, 该产品的最大需求量为 N, 产品销售的速度与销售量 $Q(t)$ 和潜在销售量 $N - Q(t)$ 成正比. 确定 $Q(t)$ 满足的微分方程, 并求解微分方程.

12. 在某池塘内养鱼, 该池塘最多能养鱼 $1\,000$ 尾. 在时刻 t, 鱼数 y 是时间 t 的函数. 其变化率与鱼数 y 及 $1\,000 - y$ 成正比. 已知在池塘内放养鱼 100 尾, 3 个月后池塘内有鱼 250 尾, 求函数 $y = y(t)$, 并求出 6 个月后池塘里鱼的数目.

(B)

1. 微分方程 $y'' + 5y' + y = 3e^x$ 是( ).

    A. 齐次的   B. 线性的   C. 常系数的   D. 二阶的

2. 设 y^* 是微分方程 $y' + P(x)y = Q(x)$ 的一个特解，C 是任意常数，则该微分方程的通解是( ).

    A. $y = y^* + e^{-\int P(x)dx}$ B. $y = y^* + Ce^{-\int P(x)dx}$

    C. $y = y^* + e^{-\int P(x)dx} + C$ D. $y = y^* + Ce^{\int P(x)dx}$

3. 微分方程 $y'' + y = 0$ 的通解是( ).

    A. $y = A\sin x$ B. $y = B\sin x$

    C. $y = \sin x + B\cos x$ D. $y = A\sin x + B\cos x$

4. 设微分方程 $y'' + ay' + by = 0$（a,b 是常数）的特征方程的两个根分别是 0 和 4，则该方程是( ).

    A. $y'' + 4y' = 0$ B. $y'' - 4y' = 0$

    C. $y'' + 4y = 0$ D. $y'' - 4y = 0$

5. 下列微分方程中是一阶微分方程的有( ).

    A. $x(y')^2 - 2yy' + x = xe^x$ B. $(y'')^2 - 5y' - 2y^4 = 3x$

    C. $(x^3 + y^3)dx + (x^3 - y^3)dy = 0$ D. $xy'' + y' + y = 0$

6. 微分方程 $y'' - 2y' + 4y = e^x\sin\sqrt{3}x$ 的特解形式可设为( ).

    A. $e^x(A\cos\sqrt{3}x + B\sin\sqrt{3}x)$ B. $A e^x\cos\sqrt{3}x$

    C. $xe^x(A\cos\sqrt{3}x + B\sin\sqrt{3}x)$ D. $Axe^x\sin\sqrt{3}x$

7. 下列等式中是微分方程的有( ).

    A. $u'v + uv' = (uv)'$ B. $y' - e^x = \cos x$

    C. $\dfrac{dy}{dx} + e^x = \dfrac{d(y + e^x)}{dx}$ D. $y'' + 3y' + 8y = 4e^x$

8. 微分方程 $y'' + 2y' + 3y = xe^{-x}$ 的特解形式可设为( ).

    A. Cx^2e^{-x} B. $(Ax^2 + Bx)e^{-x}$

    C. $(Ax^2 + Bx + C)e^{-x}$ D. $(Ax + B)e^{-x}$

(C)

1. 填空题

(1) 微分方程 $(y + x^3)dx - 2xdy = 0$ 满足 $y|_{x=1} = \dfrac{6}{5}$ 的特解为_____.

(2) 微分方程 $xy' + 2y = x\ln x$ 满足 $y(1) = -\dfrac{1}{9}$ 的解为_____.

(3) 微分方程 $xy' + y = 0$ 满足初始条件 $y(1) = 2$ 的特解为_____.

(4) 微分方程 $y' = \dfrac{y(1-x)}{x}$ 的通解为_____.

(5) 设 $y = e^x(C_1 \sin x + C_2 \cos x)(C_1, C_2$ 为任意常数$)$ 为某二阶常系数线性齐次微分方程的通解,则该方程为_____.

(6) 微分方程 $y'' + y = -2x$ 的通解为_____.

2. 选择题

(1) 微分方程 $y'' + y = x^2 + 1 + \sin x$ 的特解形式可设为(　　).

    A. $y^* = ax^2 + bx + c + x(A \sin x + B \cos x)$

    B. $y^* = x(ax^2 + bx + c + A \sin x + B \cos x)$

    C. $y^* = ax^2 + bx + c + A \sin x$

    D. $y^* = ax^2 + bx + c + A \cos x$

(2) 函数 $y = C_1 e^x + C_2 e^{-2x} + x e^x$ 满足的一个微分方程是(　　).

    A. $y'' - y' - 2y = 3x e^x$ B. $y'' - y' - 2y = 3e^x$

    C. $y'' + y' - 2y = 3x e^x$ D. $y'' + y' - 2y = 3e^x$

(3) 设非齐次线性微分方程 $y' + P(x)y = Q(x)$ 有两个不同的解 $y_1(x), y_2(x)$, C 为任意常数,则该方程的通解是(　　).

    A. $C[y_1(x) - y_2(x)]$

    B. $y_1(x) + C[y_1(x) - y_2(x)]$

    C. $C[y_1(x) + y_2(x)]$

    D. $y_1(x) + C[y_1(x) + y_2(x)]$

(4) 具有特解 $y_1 = e^{-x}, y_2 = 2x e^{-x}, y_3 = 3e^x$ 的三阶常系数齐次微分方程是(　　).

    A. $y''' - y'' - y' + y = 0$ B. $y''' + y'' - y' - y = 0$

    C. $y''' - 6y'' + 11y' - 6y = 0$ D. $y''' - 2y'' - y' + 2y = 0$

(5) 已知 $y = \dfrac{x}{\ln x}$ 是微分方程 $y' = \dfrac{y}{x} + \varphi\left(\dfrac{x}{y}\right)$ 的解,则 $\varphi\left(\dfrac{x}{y}\right)$ 的表达式为(　　).

    A. $-\dfrac{y^2}{x^2}$ B. $\dfrac{y^2}{x^2}$ C. $-\dfrac{x^2}{y^2}$ D. $\dfrac{x^2}{y^2}$

3. 计算题

(1) 设 $f(u, v)$ 具有连续偏导数,且满足

$$f'_u(u, v) + f'_v(u, v) = uv,$$

求 $y(x) = e^{-2x}f(x, x)$ 所满足的一阶微分方程,并求其通解.

(2) 用变量代换 $x = \cos t(0 < t < \pi)$ 化简微分方程 $(1-x^2)y'' - xy' + y = 0$,并求其满足 $y|_{x=0} = 1, y'|_{x=0} = 2$ 的特解.

(3) 在 xOy 坐标平面上,连续曲线 L 过点 $M(0,1)$,其上任意点 $P(x,y)(x \neq 0)$ 处的切线斜率与直线 OP 的斜率之差等于 ax(常数 $a > 0$).

    ① 求 L 的方程;

    ② 当 L 与直线 $y = ax$ 所围成平面图形的面积为 $\dfrac{8}{3}$ 时,确定 a 的值.

(4) 求微分方程 $y'' - 2y' - e^{2x} = 0$ 满足条件 $y(0) = 1, y'(0) = 1$ 的解.

(5) 已知 $f_n(x)$ 满足

$$f_n(x) = f'_n(x) + x^{n-1}e^x \quad (n \text{ 为正整数})$$

且 $f_n(1) = \dfrac{e}{n}$，求函数项级数 $\displaystyle\sum_{n=1}^{\infty} f_n(x)$ 之和.

(6) 求微分方程 $x\mathrm{d}y + (x - 2y)\mathrm{d}x = 0$ 的一个解 $y = y(x)$，使得由曲线 $y = y(x)$ 与直线 $x = 1, x = 2$，以及 x 轴所围成的平面图形绕 x 轴旋转一周的旋转体体积最小.

(7) 设 $y = e^x$ 是微分方程 $xy' + p(x)y = x$ 的一个解，求此微分方程满足条件 $y\big|_{x=\ln 2} = 0$ 的特解.

(8) 设 $F(x) = f(x)g(x)$，其中函数 $f(x), g(x)$ 在 $(-\infty, +\infty)$ 内满足以下条件：

$$f'(x) = g(x), g'(x) = f(x), \text{且 } f(0) = 0, f(x) + g(x) = 2e^x$$

① 求 $F(x)$ 所满足的一阶微分方程；
② 求出 $F(x)$ 的表达式.

习题参考答案

第1章

(A)

1. (1) $-5 < x < 5$, (2) $x < -1$ 或 $x > 2$, (3) $0 < x < 4$ 且 $x \neq 2$, (4) $\dfrac{x_0 + \delta}{a} < x < \dfrac{x_0 - \delta}{a}$

2. (1) $-5 < x < -1$, (2) $0 < x < 1$ 或 $3 < x < 4$ (图略)

3. $\left(-\dfrac{7}{3}, -\dfrac{5}{3} \right)$

4. $(1, e)$

5. (1) $(-\infty, -1) \cup (-1, +\infty)$, $(-\infty, -4] \cup [0, +\infty)$, (2) $[-1, 2]$, $\left[0, \dfrac{3}{2} \right]$,

    (3) $\left(2k\pi + \dfrac{\pi}{3}, 2k\pi + \dfrac{5\pi}{3} \right)$($k$ 为整数), $(-\infty, \ln 3]$, (4) $(-2, 4]$, $[0, \pi]$

6. (1) 相同, (2) 不同, (3) 不同, (4) 相同

7. $f(x) = \dfrac{1}{x^2 + 2}$, $D(f) = R$

8. $f(x) = \dfrac{x}{x + 1}$ $(x \neq 1)$

9. $f_n(x) = \dfrac{x}{1 + nx}$ $(n \geqslant 2)$

10. (1) $y = e^u, u = \sqrt{v}, v = \log_2 \omega, \omega = \sqrt{x}$, (2) $y = u^2, u = \log_2 v, v = \arcsin \omega, \omega = x^2$

11. $\varphi(x) = \dfrac{x + 1}{x - 1}$ $(x \neq -1)$

12. $y = 2^{\ln \left(\arccos \frac{1}{x} \right)}$ $x \in (-\infty, 1) \cup (1, +\infty)$

13. 当 $a = 3$ 时, 是, $x \in \mathbf{R}$;

    当 $a = \dfrac{1}{2}$ 时, 是, $2k\pi - \dfrac{7}{6}\pi < x < 2k\pi + \dfrac{\pi}{6}$ $k = 0, \pm 1, \pm 2, \cdots$ 当 $a = -6$ 时, 不是.

14. (1) 有界, 偶函数; (2) 有界, 偶函数; (3) 无界, 奇函数; (4) 无界, 奇函数; (5) 无界, 奇函数

15. 增, 奇, 有界

16. 奇

17. $\dfrac{\pi}{2}$

18. $f(x + a) = f(a - x)$

19. 略

20. $y = f^{-1}(x) = -\cos x, x \in \left[0, \dfrac{\pi}{2} \right], y \in [-1, 0]$

21. $f^{-1}(x) = \begin{cases} x, & \text{当 } x < 1 \text{ 时}, \\ \sqrt{x}, & \text{当 } 1 \leqslant x < 16 \text{ 时}, \\ \log_2 x, & \text{当 } x \geqslant 16 \text{ 时}. \end{cases}$

22. 当 $P = 0$ 时, $Q = b$; 当 $Q = 0$ 时, $P = \dfrac{b}{a}$

23. $Q = 2\,000 + (-4)P \quad 0 \leqslant P \leqslant 500$

24. $Q = m + \dfrac{P - P_1}{k} \cdot n$

25. (1) $(5, 10)$；(2) $\left(5 + \dfrac{2}{3}\omega, 10 - \dfrac{4}{3}\omega\right)$

26. $\bar{C} = \bar{C}(Q) = \dfrac{C(Q)}{Q} = \dfrac{200}{Q} + \dfrac{3Q}{100}$

27. $L = -2Q^2 + 19Q - 80,\ 0 < Q < 20$

28. 当 $Q = 12$ 时，$L = \dfrac{54}{3} = 18$

29. $R = \begin{cases} 120x, & \text{当 } 0 \leqslant x \leqslant 600 \text{ 时,} \\ 72\,000 + 0.8(x - 600), & \text{当 } 600 < x \leqslant 1\,000 \text{ 时.} \end{cases}$

30. 略

31. 略

32. $\lim\limits_{x \to 3^-} f(x) = \lim\limits_{x \to 3^+} f(x) = 8$

33. 略

34. (1) 7,(2) -1,(3) $-\infty$,(4) $\dfrac{3}{4}$,(5) 1,(6) 0,(7) ∞,(8) 2,(9) 0,(10) -2,(11) 0

35. 略

36. 当 $n = 0$ 且 $m = 1$ 时，$f(x)$ 为无穷小量；当 $n \neq 0$ 时，$f(x)$ 为无穷大量.

37. (1) 0,(2) $\dfrac{3}{2}$,(3) $\dfrac{3}{7}$,(4) 1,(5) $\dfrac{3}{5}$,(6) -4,(7) -1,(8) 4

38. (1) e^{-5},(2) 1,(3) $\dfrac{1}{2}$

39. 图略，在 $[0, 3]$ 上连续.

40. 图略，$f(x)$ 在定义域内除在 $x = -1$ 不连续外，其余点都连续，$\lim\limits_{x \to -1^-} f(x) = -1$

　　　$\lim\limits_{x \to -1^+} f(x) = 1$

41. (1) $m = 2$,(2) $m = 3, n = 6$

42. (1) 跳跃点 $x = 0$,(2) $x = \dfrac{k\pi}{2}$(k 为奇数) 时，$\lim\limits_{x \to \frac{k\pi}{2}} \tan x = \infty$，$x = \dfrac{k\pi}{2}$ 为无穷间断点；

　　　(3) $\lim\limits_{x \to 0} \arctan \dfrac{1}{x^2} = \dfrac{\pi}{2}$，$x = 0$ 为可去间断点；(4) $x = 1$ 可去间断点；

　　　(5) 因 $\lim\limits_{x \to 0} f(x) = -3$，$x = 0$ 是可去间断点，$\lim\limits_{x \to 1} f(x) = \infty$，$x = 1$ 是无穷间断点.

43. (1) $\dfrac{1}{2} \ln 2$；(2) 2.

44. 略

45. 略

46. 略

47. (1) 同阶非等价,(2) 较低阶,(3) 同阶非等价,(4) 等价

(B)

1. C　**2.** B　**3.** A　**4.** D　**5.** D　**6.** BD　**7.** D　**8.** A　**9.** BD　**10.** D　**11.** ABD

12. C　**13.** B　**14.** ABC　**15.** C　**16.** C　**17.** B　**18.** C　**19.** B　**20.** D

(C)

1. 定义域：$(-\infty, 0] \cup [4, +\infty)$，值域：$\left[0, \dfrac{3}{2}\right) \cup \left(\dfrac{3}{2}, 3\right]$

2. (1) 略,(2) $g[f(x)] = x^4, x \in (-\infty, +\infty)$.

3. $y = \ln(x + \sqrt{x^2 + 1})$

4. $-\dfrac{5}{6}$

5. $m = 2, n = -3$

6. 1

7. -1

8. 略

9. (1) $\dfrac{1}{2}$,(2) $\dfrac{1}{2}$

10. e

11. (1) 不存在,(2) 不存在,(3) 不存在.

12. $f(x)$ 在$(0, +\infty)$ 内连续

13. $x = \pm 1$ 为两个跳跃间断点

14. 略

15. 当 $x < 0$ 时,$f(x) = -1$;当 $x = 0$ 时,$f(x) = 0$;当 $x > 0$ 时,$f(x) = 1$

16. $k = 2, \alpha = -1$

17. 略

第2章

(A)

1. 略

2. 4

3. $\dfrac{1}{4}$

4. $\varphi(b)$

5. 不可导

6. $f'(0) = 1$

7. $y' \mid_{x=2} = -\dfrac{1}{4}, y' \mid_{x=-1} = 2$

8. $\left(\dfrac{1}{4}, \dfrac{1}{16}\right)$

9. (1) $\dfrac{1}{2} + 6x$,(2) $x^6 - 100\dfrac{1}{x^{11}}$,(3) $\dfrac{5}{2}x^{\frac{3}{2}} + \dfrac{32}{3}x^{\frac{1}{3}}$,(4) $\dfrac{e^6}{x}$,(5) $\dfrac{1}{(1-x)^2}$,(6) $7^x \ln 7 + 7x^6$,(7) $9^x \ln 9$,

(8) $\dfrac{2}{(1-x)^2}$

10. (1) $3x^2 \cdot 3^x + x^3 \cdot 3^x \ln 3$,(2) $3^x [1 + (x-3)\ln 3]$,(3) $\dfrac{x e^x}{(1+x)^2}$,(4) $-\dfrac{x+1}{x(x+\ln x)^2}$,

(5) $\dfrac{\ln x - 1}{(\ln x)^2}$,(6)$\ln x \cdot \sin x + \sin x + x \ln x \cdot \cos x$,(7) $\dfrac{6x^2}{(x^3+1)^2}$,

(8) $3^x \left(\ln 3 \cdot \log_3 x + \dfrac{\log_3 e}{x}\right)$,(9) $-30x^4 - 9x^2 + 4x$,

(10) $3x^2 + 18x + 23$

11. (1) $2\cos 2x \cdot \sin x^2 + 2x \sin 2x \cdot \cos x^2$,(2) $\ln 3 \cdot \cos 3^x \cdot 3^x \cdot \sin^2 x + \sin 2x \cdot \sin 3^x$,

(3) $3x^2 \cot x - x^3 \csc^2 x$,(4) $-\csc x \cdot \cot x$,(5) $\dfrac{x\cos x - \sin x}{x^2}$,(6) $\dfrac{1}{1 + \cos x}$

12. (1) $\arcsin x + \dfrac{x}{\sqrt{1-x^2}}$,(2) $\dfrac{x^3 + 3x^2 \sqrt{1-x^2}\arccos x - 1}{(1-x^3)^2 \sqrt{1-x^2}}$,

(3) $\dfrac{1+x^3}{1+x^2}+3x^2\arctan x$,(4) $\dfrac{2}{1+x^2}$

13. (1) $\dfrac{2x}{1+x^4}$,(2) $\dfrac{2\arctan x}{1+x^2}$,(3) $-\dfrac{1}{|x|\sqrt{x^2-1}}$,(4) $-\dfrac{1}{2\sqrt{x}\sqrt{1-(1-\sqrt{x})^2}}$,

(5)$e^{\tan x}\sec^2 x$,(6) $\dfrac{\sqrt{1-x^2}+x\arcsin x}{(1-x^2)^{\frac{3}{2}}}$,(7) $\dfrac{x^2+2x}{(1+x)^2+x^4}$,

(8) $\ln 2\cdot 2^{\sin(x^2-x^3)}\cdot\cos(x^2-x^3)\cdot(2x-3x^2)$

14. (1) $\dfrac{1}{2\sqrt{x}}\cot\sqrt{x}$,(2) $-\dfrac{e^{\frac{1}{x}}\cos e^{\frac{1}{x}}}{x^2}$,(3) $\dfrac{1}{x\ln x}$,(4) $\dfrac{-2e^{2x}}{(1+e^{2x})^2}$,(5) $-\dfrac{1}{2\sqrt{1-x}}e^{\sqrt{1-x}}$,

(6) $2x\cdot 2^{\sin(x^2+1)}\cdot\ln 2\cdot\cos(x^2+1)$,(7) $\dfrac{(1+e^x)\cos\ln(1+e^x)}{x+e^x}$,

(8) $2^{2^x}\cdot\ln^2 2\cdot 2^x+e^{x^2}\cdot 2x$

15. (1) $\dfrac{3x^2+2y}{-2x+3y^2}$,(2) $\dfrac{1-\cos(x+y)}{\cos(x+y)}$,(3) $\dfrac{xy\ln y-y^2}{xy\ln x-x^2}$,(4) $\dfrac{x+y}{x-y}$

16. (1) $\dfrac{x^{\sqrt{x}}(\ln x+2)}{2\sqrt{x}}$,(2) $(\cos x)^x(\ln\cos x-x\tan x)$,

(3) $x^2\sqrt{\dfrac{1+x}{1-x}}\left[\dfrac{2}{x}+\dfrac{1}{2}\left(\dfrac{1}{1+x}+\dfrac{1}{1-x}\right)\right]$

(4) $\dfrac{1}{3}\sqrt[3]{\dfrac{(x-1)(x^2+1)}{(2x+1)(x^2-7)}}\left[\dfrac{1}{x-1}+\dfrac{2x}{x^2+1}-\dfrac{2}{2x+1}-\dfrac{2x}{x^2-7}\right]$

17. (1) $\dfrac{1}{3}f'(\sqrt[3]{x})\cdot\dfrac{1}{\sqrt[3]{x^2}}$,(2) $f'(e^x+\arccos x)\cdot\left[e^x-\dfrac{1}{\sqrt{1-x^2}}\right]$

(3) $3\cos f(3x)\cdot f'(3x)$,(4) $e^{x^2 f(x)}\cdot[2xf(x)+x^2f'(x)]$

18. 略

19. (1)$-\sin(\cos x)$,(2)$27x^6$

20. (1) $a^n\sin\left(ax+b+\dfrac{n\pi}{2}\right)$,(2)$(-1)^{n-1}\dfrac{b^n\cdot(n-1)!}{(a+bx)^n}$,

(3) $\dfrac{(-1)^n\cdot n!}{x_{n+1}}\left[\ln x-\left(1+\dfrac{1}{2}+\cdots+\dfrac{1}{n}\right)\right]$

21. 略

22. (1)0.495,(2) 2.001 67

23. 当 $\alpha>1$ 时,$f'(x)=\begin{cases}\alpha\cdot x^{\alpha-1}\sin\dfrac{1}{x}-x^{\alpha-2}\cos\dfrac{1}{x}, & \text{当 }x\neq 0\text{ 时,}\\ 0, & \text{当 }x=0\text{ 时.}\end{cases}$

当 $\alpha\leqslant 1$ 时,$f'(x)=\begin{cases}\alpha\cdot x^{\alpha-1}\sin\dfrac{1}{x}-x^{\alpha-2}\cos\dfrac{1}{x}, & \text{当 }x\neq 0\text{ 时,}\\ \text{不存在}, & \text{当 }x=0\text{ 时.}\end{cases}$

24. 2

25. 1

26. $[f(e^x)]'=1,f''(e^x)=-e^{-2x},[f'(e^x)]'=-e^{-x}$

27. $-49!$

28. (1) $-\dfrac{4\sin y}{(2-\cos y)^3}$,(2) $\dfrac{f'(x+y)}{1-f'(x+y)}$

29. $f'[\varphi(x)+y^2]\cdot\left[\varphi'(x)+\dfrac{2y}{1+e^y}\right]$

30. $y=ex$

31. $e^{f(x)}\left[f(\ln x)\cdot f'(x)+\dfrac{1}{x}f'(\ln x)\right]dx$

32. $\dfrac{2xy}{\cos y+2e^{2y}-x^2}dx$

33. $F(x)$ 在点 $x=0$ 处连续,但不可导.

(B)

1. B **2.** B **3.** A **4.** B **5.** ABCD **6.** BD **7.** A **8.** AB **9.** C **10.** D **11.** B

12. B **13.** A **14.** B **15.** B **16.** D **17.** B **18.** A

(C)

1. $y'=2x+x^3\sqrt{\dfrac{(x-1)(x-2)}{(x-3)(x-4)}}\left\{\dfrac{3}{x}+\dfrac{1}{2}\left[\dfrac{1}{x-1}+\dfrac{1}{x-2}-\dfrac{1}{x-3}-\dfrac{1}{x-4}\right]\right\}$

2. $bx+ay-\sqrt{2}ab=0$

3. $3x+y+6=0$

4. 略

5. $e^{\frac{2f'(a)}{f(a)}}$

6. $f(x)$ 在点 $x=0$ 处连续,但不可导.

7. 2

8. $\dfrac{f''(\ln x)-f'(\ln x)}{x^2}$

9. $(-1)^n\dfrac{(n-2)!}{x^{n-1}}\ (n\geqslant 2)$

10. -1

11. $\dfrac{3}{16\sqrt{e}}$

12. 当 $a=\dfrac{\sqrt{2}}{2}, b=\dfrac{\sqrt{2}}{2}\left(1-\dfrac{\pi}{4}\right)$ 时,$f(x)$ 在点 $x=\dfrac{\pi}{4}$ 处可导,

$$f'(x)=\begin{cases}\cos x, & \text{当 } x\leqslant \dfrac{\pi}{4} \text{ 时,}\\[2mm] \dfrac{\sqrt{2}}{2}, & \text{当 } x>\dfrac{\pi}{4} \text{ 时.}\end{cases}$$

13. $\dfrac{d}{dx}f[g(x)]=\begin{cases}f'\left(x^2\arctan\dfrac{1}{x}\right)\cdot\left(2x\arctan\dfrac{1}{x}-\dfrac{x^2}{1+x^2}\right), & \text{当 } x\neq 0 \text{ 时,}\\[2mm] 0, & \text{当 } x=0 \text{ 时.}\end{cases}$

14. $g'(2)=-\sqrt{3}$,$g''(2)=3\sqrt{3}$

15. 略

第 3 章

(A)

1. (1) $\xi=4$,(2) 在点 $x=0$ 处不可导,(3) $\xi=0$,(4) 在 $x=1$ 处不连续

2. $\xi=\dfrac{3-2\sqrt{3}}{3}$

3. 略

4. 略

5. $\xi=\dfrac{a+b}{2}$,几何解释略.

6. 略

7. 略

8. (1) $\dfrac{3}{2}$,(2) 4,(3) 4,(4) 2,(5) 1,(6) 0,(7) 0,(8) 0,(9) 0,(10) 1,(11) $\dfrac{1}{6}$

9. (1) 当 $x \in (-\infty,-1) \bigcup (1,+\infty]$ 时,增;当 $x \in (-1,1)$ 时,减.

　　(2) 当 $x \in (-\infty,-0) \bigcup (1,2)$ 时,减,当 $x \in (0,1) \bigcup (2,+\infty)$ 时,增.

　　(3) 当 $2k\pi - \dfrac{\pi}{4} < x < (2k+1)\pi - \dfrac{\pi}{4}$ 时,增;当 $(2k+1)\pi - \dfrac{\pi}{4} < x < (2k+2)\pi - \dfrac{\pi}{4}$ 时,减,$k \in \mathbf{Z}.$

　　(4) 当 $x \in (1,+\infty)$ 时,增;当 $x \in (-\infty,0) \bigcup (0,1)$ 时,减.

　　(5) 当 $x \in (0,+\infty)$ 时,增.

10. 略

11. 略

12. (1) 当 $x = 2,f(x)$ 取极小值 1.(2) 极大值 $f(e) = \dfrac{1}{e}$.

　　(3) 极小值 $f(1) = -\dfrac{1}{2}$,极大值 $f(0) = 0.$(4) 极大值 $f(0) = 0$,极小值 $f(2) = -3\sqrt[3]{4}.$

　　(5) 极小值 $f(1) = 0$,极大值 $f(e^2) = \dfrac{4}{e^2}.$

　　(6) 极小值 $f(-1) = 0$,极大值 $f\left(\dfrac{1}{2}\right) = \dfrac{81}{8}\sqrt[3]{18}$;极小值 $f(5) = 0.$

13. (1) $f''(1) = -6 < 0$,极大值 $f(1) = 3$,$f''(2) = 6 > 0$,极小值 $f(2) = 2$;

　　(2) 极大值 $y\big|_{x=2k\pi + \frac{\pi}{4}} = \sqrt{2}$,极小值 $y\big|_{x=(2k+1)\pi + \frac{\pi}{4}} = -\sqrt{2}$

14. 当 $k \geqslant 2$ 时,$x = 0$ 为极大值点,当 $k < 2$ 时,$x = 0$ 是极小值点.

15. 在 $x = 0$ 处达极小值.

16. (1) 最大值 $f(-1) = f(2) = 5$,最小值 $f(-3) = -15$

　　(2) 最大值 $f(3) = \sqrt[3]{9}$,最小值 $f(0) = f(2) = 0$

　　(3) 最小值 $f(0) = 0$,最大值 $f\left(\dfrac{\sqrt{\pi}}{2}\right) = \dfrac{\sqrt{2}}{2}e^{-\frac{\pi}{4}}$

　　(4) 最大值 $f(2) = \dfrac{13}{5}$,最小值 $f(0) = -\dfrac{3}{5}$

17. $a = 2,b = 3$

18. $Q_0 = \sqrt{\dfrac{2C_1 R}{PI}}$,$E = \sqrt{\dfrac{PIR}{2C_1}}$,$T = 360\sqrt{\dfrac{2C_1}{PIR}}$,最小费用:$C_1 R \sqrt{\dfrac{PI}{2C_1 R}} + \dfrac{1}{2}PI\sqrt{\dfrac{2C_1 R}{PI}}$

19. 当 $x = \dfrac{1}{n}\sum\limits_{i=1}^{n} X_i$ 时,S 最小.

20. 略

21. (1) $y = 0$ 为水平渐近线,(2) $x = 2$ 为垂直渐近线,

　　(3) $x = -2$ 为垂直渐近线,$y = 0$ 为水平渐近线.

　　(4) $x = -\dfrac{1}{2}$ 为垂直渐近线,$y = \dfrac{1}{2}x - \dfrac{1}{4}$ 是斜渐近线.

　　(5) $x = 1$ 为垂直渐近线,$y = 1$ 为水平渐近线.

　　(6) $y = 1$ 为水平渐近线,$x = 0$ 为垂直渐近线.

22. 略

23. (1) $C(4) = 420,\overline{C}(4) = 105$,(2) 9.5,(3) 7,25,18;12,$\dfrac{50}{3}$,$\dfrac{50}{3} - 12$

24. (1) $x = 10$ 时,$\overline{C}$ 最低,$\overline{C}(10) = 8$,$C'(10) = 8$;(2) $P = 16$,$R(16) = 1\ 280$

25. 人数为 60 时,最大利润 $L(60) = 21\ 000$ 元.

26. $x = 600$

27. (1) $Q'(4) = -8$,当 $P = 4$ 时,价格每上涨(下跌)1 个单位,需求量减少(增加)8 个单位;

(2) $\eta(4) \approx 0.542$,当 $P = 4$ 时,价格每上涨(下跌)1%,需求量将减少(增加)0.542%;

(3) 当 $P = 5$ 时,总收益最大;

(4) 当 $P = 4$ 时,价格上涨 1%,收益将增加 0.46%;

(5) 当 $P = 6$ 时,价格上涨 1%,收益将减少 0.85%.

(B)

1. ABCD **2.** BCD **3.** ABD **4.** C **5.** C **6.** A **7.** B **8.** C **9.** C **10.** D
11. D **12.** C **13.** BD **14.** B **15.** C **16.** C **17.** B **18.** D

(C)

1 ~ 4. 略

5. α

6. (1) $a > 0, b^2 - 3ac \leqslant 0$;(2) $\Delta = b^2 - 3ac > 0$

7. (1) 2,(2) $\sqrt[n]{a_1 a_2 \cdots a_n}$,(3) $e^{\frac{1}{2}}$,(4) $e^{-\frac{1}{2}}$,(5) e^4

8. 略

9. $a = -3, b = -9$

10. $x = 1$ 是隐函数 $y = f(x)$ 的极小值点.

11. 最大值是 $\begin{cases} 2, & \text{当 } a \leqslant 3 \text{ 时};\\ a^3 - 3a^2 + 2, & \text{当 } a > 3 \text{ 时}. \end{cases}$ 最小值是 $-a^3 - 3a^2 + 2$.

12. (1) 当 $0 < P < \sqrt{\dfrac{ab}{c}} - b$ 时,相应的销售额将增加;

当 $P > \sqrt{\dfrac{ab}{c}} - b$ 时,相应的销售额将减少.

(2) $R_{\max} \big|_{P=P_0} = (\sqrt{a} - \sqrt{bc})^2$

13. $P_0 = \dfrac{ab}{b-1}, Q_0 = \dfrac{c}{1-b}$

14. (1) 销售量为 $\dfrac{5}{2}(4-t)$ 吨时,商家可获得最大利润;

(2) 当 t 为 2 万元时,政府税收总额最大.

第 4 章

(A)

1. $6x^2 \cos(2x^3 + 5)$

2. $F(x) = \tan x + 6$

3. $f(x) = -\ln|1-x| - x^2 + x + C$

4. (1) $\dfrac{1}{\ln 3} \cdot 3^x + \dfrac{1}{4} x^4 + C$,(2) $\dfrac{2}{5} x^{\frac{5}{2}} - 2x^{\frac{3}{2}} + C$,(3) $27x - 9x^3 + \dfrac{9}{5} x^5 - \dfrac{1}{7} x^7 + C$,

(4) $-5(5-x)^5 + \dfrac{5}{3}(5-x)^6 - \dfrac{1}{7}(5-x)^7 + C$,(5) $\ln|x| - \dfrac{1}{4} x^{-4} + C$,

(6) $\dfrac{1}{2} \ln\left|\dfrac{1+x}{1-x}\right| - x + C$,(7) $x + 2\ln\left|\dfrac{x-1}{x+1}\right| + C$,(8) $\arcsin x + \ln|x + \sqrt{1+x^2}| + C$,

(9) $\ln\left|\dfrac{x + \sqrt{x^2-1}}{x + \sqrt{x^2+1}}\right| + C$,(10) $\dfrac{4^x}{\ln 4} + \dfrac{9^x}{\ln 9} + 2\dfrac{6^x}{\ln 6} + C$,(11) $\dfrac{1}{2} e^{2x} - e^x + x + C$,

(12) $x - \cos x + \sin x + C$, (13) $-\cot x - x + C$

5. (1) $-\dfrac{2}{5} \sqrt{2-5x} + C$,(2) $-\dfrac{5}{2}(1-x)^{\frac{2}{5}} + C$,(3) $\dfrac{1}{\sqrt{6}} \arctan\left(\sqrt{\dfrac{3}{2}} x\right) + C$,

(4) $\dfrac{1}{2\sqrt{6}}\ln\left|\dfrac{\sqrt{2}+\sqrt{3}x}{\sqrt{2}-\sqrt{3}x}\right|+C$,(5) $\dfrac{1}{3}\ln\left|\sqrt{3}x+\sqrt{3x^2-2}\right|+C$,(6) $\dfrac{1}{4}\arctan\dfrac{2x+1}{2}+C$,

(7) $\dfrac{1}{3}\ln\left|\dfrac{x-1}{x+2}\right|+C$,(8) $\dfrac{1}{10\sqrt{2}}\ln\left|\dfrac{x-\sqrt{2}}{x+\sqrt{2}}\right|-\dfrac{1}{5\sqrt{3}}\arctan\dfrac{x}{\sqrt{3}}+C$,(9) $\ln\dfrac{|(x+3)^3|}{(x+2)^2}+C$,

(10) $\dfrac{1}{2}\ln\dfrac{x^2+1}{x^2+2}+C$,(11) $\arcsin\dfrac{x+1}{\sqrt{6}}+C$,

(12) $-\dfrac{1}{10}\cos\left(5x+\dfrac{\pi}{12}\right)+\dfrac{1}{2}\cos\left(x+\dfrac{5}{12}\pi\right)+C$,(13) $\dfrac{1}{8\sqrt{2}}\ln\left|\dfrac{x^4-\sqrt{2}}{x^4+\sqrt{2}}\right|+C$,

(14) $2\arctan\sqrt{x}+C$,(15) $-\arcsin\dfrac{1}{|x|}+C$,(16) $-\dfrac{1}{\sqrt{x^2-1}}+C$,

(17) $\dfrac{1}{8}(8x^3+27)^{\frac{1}{3}}+C$,(18) $\ln\left|2x+1+2\sqrt{x^2+x}\right|+C$,

(19) $-\ln\left(\dfrac{1+\sqrt{e^{2x}+1}}{e^x}\right)+C$,(20) $\ln|\ln(\ln x)|+C$,(21) $\dfrac{1}{\sqrt{2}}\arctan\dfrac{\tan x}{\sqrt{2}}+C$,

(22) $\dfrac{1}{15}\dfrac{1}{\left(1+\dfrac{1}{x^5}\right)^3}+C$,(23) $\dfrac{1}{\sqrt{2}}\arcsin\left(\sqrt{\dfrac{2}{3}}\sin x\right)+C$,

(24) $\dfrac{1}{97(1-x)^{97}}-\dfrac{1}{49(1-x)^{98}}+\dfrac{1}{99(1-x)^{99}}+C$,

(25) $\dfrac{1}{3}\left[\sqrt{(x+1)^3}-\sqrt{(x-1)^3}\right]+C$,

(26) $\dfrac{2}{125}(2-5x)^{\frac{5}{2}}-\dfrac{4}{75}(2-5x)^{\frac{3}{2}}+C$,

(27) $\arctan e^x+C$,

(28) $\dfrac{1}{3}\cos^3 x-\cos x+C$,

(29) $\sin x-\dfrac{2}{3}\sin^3 x+\dfrac{1}{5}\sin^5 x+C$,(30) $-\dfrac{1}{3}\cot^3 x-\cot x+C$,

(31) $\dfrac{1}{2}\tan^2 x+\ln|\cos x|+C$

6. (1) $\dfrac{1}{9}(2x+3)^{\frac{9}{4}}-\dfrac{3}{5}(2x+3)^{\frac{5}{4}}+C$,(2) $\sqrt{2x-3}-\ln\left|\sqrt{2x-3}+1\right|+C$,

(3) $\dfrac{3}{2}(1+x)^{\frac{2}{3}}-3(1+x)^{\frac{1}{3}}+3\ln\left|1+\sqrt[3]{1+x}\right|+C$,(4) $6\ln\dfrac{\sqrt[6]{x}}{\sqrt[6]{x}+1}+C$,

(5) $\ln\dfrac{\sqrt{1+e^x}-1}{\sqrt{1+e^x}+1}+C$,(6) $\arctan^2\sqrt{x}+C$,(7) $\dfrac{x}{\sqrt{1-x^2}}+C$,

(8) $\sqrt{1+x^2}+\dfrac{1}{\sqrt{1+x^2}}+C$,(9) $\dfrac{1}{3a^2}\left(\dfrac{\sqrt{x^2-a^2}}{x}\right)^3+C$,

(10) $\dfrac{1}{2\sqrt{2}}\ln\left|\dfrac{\sqrt{2}-\sqrt{1-x^2}}{\sqrt{2}+\sqrt{1+x^2}}\right|+C$,

(11) $-\dfrac{\cos^2 x}{2}+\dfrac{1}{2}\ln(1+\cos^2 x)+C$,

(12) $-e^{-x}-\arctan e^x+C$,

(13) $\dfrac{2\sqrt{3}}{3\ln 2}\arctan\dfrac{2^{x+1}+1}{\sqrt{3}}+1$,

(14) $-\dfrac{1}{17(x-1)^{17}}-\dfrac{1}{6(x-1)^{18}}-\dfrac{3}{19(x-1)^{19}}+C$

7. (1) $x(\ln x - 1) + C$,

(2) $-\dfrac{1}{x}(\ln^2 x + 2\ln x + 2) + C$,

(3) 当 $n = -1$ 时，$\dfrac{1}{2}(\ln x)^2 + C$；当 $n \neq -1$ 时，$\dfrac{x^{n+1}}{n+1}\left(\ln x - \dfrac{1}{n+1}\right) + C$

(4) $-e^{-x}(x+1) + C$, (5) $-\dfrac{1}{2}e^{-x^2}(x^2+1) + C$,

(6) $\dfrac{x^2}{4} - \dfrac{x}{4}\sin 2x - \dfrac{1}{8}\cos 2x + C$, (7) $2e^{\sqrt{x}}(\sqrt{x} - 1) + C$,

(8) $\tan x \ln(\sin x) - x + C$, (9) $-2\sqrt{x}\cos\sqrt{x} + 2\sin\sqrt{x} + C$,

(10) $\dfrac{1}{27}(9x^2 - 6x + 2)e^{3x} + C$,

(11) $-\dfrac{\ln x}{2x^2} - \dfrac{1}{4x^2} + C$,

(12) $2\sqrt{x+1}\arcsin x + 4\sqrt{1-x} + C$,

(13) $x\arctan\dfrac{1}{x} + \dfrac{1}{2}\ln(1+x^2) + C$,

(14) $-\dfrac{x}{2}\cos(\ln x) + \dfrac{x}{2}\sin(\ln x) + C$,

(15) $\dfrac{e^{\alpha x}}{\alpha^2 + \beta^2}(\alpha\sin\beta x - \beta\cos\beta x) + C$

8. 略

9. $\displaystyle\int f(x)\mathrm{d}x = \begin{cases} C_1, & \text{当 } x < 0 \text{ 时；} \\ \dfrac{1}{2}x^2 + 2x + C_2, & \text{当 } 0 < x \leqslant 1 \text{ 时；} \\ x^3 + \dfrac{3}{2} + C_2, & \text{当 } x > 1 \text{ 时.} \end{cases}$ 其中 C_1, C_2 是相互独立的.

10. $C(x) = x^2 + 50x + 1\,000$

(B)

1. B **2.** D **3.** C **4.** D **5.** B **6.** D **7.** B **8.** C **9.** BCD **10.** B **11.** C **12.** B

(C)

1. (1) $2\ln x - \ln^2 x + C$, (2) $2\sqrt{x}\arcsin\sqrt{x} + 2\sqrt{1-x} + C$, (3) $-\dfrac{\ln x}{x} + C$

(4) $e^{\sqrt{2x-1}}(\sqrt{2x-1} - 1) + C$, (5) $-e^{-x}\arctan e^x + x - \dfrac{1}{2}\ln(1+e^{2x}) + C$

2. $\dfrac{2\left[\ln(x+a)^{\frac{3}{2}} + (\ln x + b)^{\frac{3}{2}}\right]}{3(a+b)}$

3. $\dfrac{1}{\ln 3 - \ln 2}\arctan\left(\dfrac{3}{2}\right)^x + C$

4. $-\dfrac{1}{\tan x + 5} + C$

5. $-\dfrac{2}{\sqrt{79}}\arctan\left[\dfrac{8\tan\dfrac{x}{2} - 1}{\sqrt{79}}\right] + C$

6. $2\left(\sqrt{\dfrac{x}{1-x}} - \sqrt{\dfrac{1-x}{x}}\right) + C$

7. $\ln(e^x + \sqrt{e^{2x} - 1}) + \arcsin e^{-x} + C$

8. $\dfrac{x}{\sqrt{1+x^2}}\ln x - \ln(x + \sqrt{1+x^2}) + C$

9. $f(x) = \dfrac{x\mathrm{e}^{\frac{x}{2}}}{2(1+x)^{\frac{3}{2}}}$

10. $I_{n+1} = \dfrac{1}{2na^2} \cdot \dfrac{x}{(x^2+a^2)^n} + \dfrac{2n-1}{2a^2 n} I_n$

第 5 章

（A）

1. (1) $\dfrac{1}{2}$,(2) $\dfrac{a-1}{\ln a}$

2. (1) π,(2) $1 - \dfrac{\pi}{4}$

3. 略

4. 略

5. 略

6. (1) $F'(x) = -x\mathrm{e}^{-x}$,

(2) $F'(x) = \displaystyle\int_1^{x^2} f(t)\mathrm{d}t + 2x^2 f(x^2)$,

(3) $\sqrt{\ln(x+1)} - 2\sqrt{2x} \cdot \mathrm{e}^{2x}$,(4) $F'(x) = \dfrac{xf(x) - \displaystyle\int_0^x f(u)\mathrm{d}u}{x^2}$

7. (1) 0,(2) $\dfrac{1}{2}$,(3) $a^2 f(a)$

8. (1) 极小值 $F(0) = 0$;(2) $\dfrac{1}{2}(1 - \mathrm{e}^{-1})$

9. 略

10. (1) 12,(2) $\dfrac{2}{3}$,(3) $\dfrac{17}{3}$,(4) $\mathrm{e} - \mathrm{e}^{\frac{1}{2}}$,(5) $\dfrac{25}{2} - \dfrac{1}{2}\ln 26$,(6) $10 + 4\ln\dfrac{8}{3}$,(7) $\ln 3$,

(8) $\dfrac{1}{2} - \dfrac{3\ln 3}{8}$

11. (1) $\dfrac{3}{2}$,(2) $2 - \dfrac{\pi}{2}$,(3) $\dfrac{2}{3}\pi$,(4) 2π

12. (1) 1,(2) $6 - 2\mathrm{e}$,(3) $\dfrac{\sqrt{3}}{36}\pi + \dfrac{1}{4}\ln 3 - \dfrac{1}{2}\ln 2$,(4) $\dfrac{\pi}{8} - \dfrac{1}{4}\ln 2$,

(5) $8 - 6\mathrm{e}^{-\frac{1}{2}}$,(6) $2 - 4\mathrm{e}^{-1}$

13. (1) $S_0 = (1 - \mathrm{e}^{-1})^2$,(2) $S_1 = \mathrm{e}^{-4}(\mathrm{e}-1)^2$,(3) $S_n = \mathrm{e}^{-2(n+1)} \cdot (\mathrm{e}-1)^2$

14. 略

15. 2

16. 略

17. 证明略,$\displaystyle\int_0^{100\pi} \sqrt{1 - \cos 2x}\,\mathrm{d}x = 200\sqrt{2}$

18. $\dfrac{\pi}{4}$

19. $c = \dfrac{5}{2}$

20. (1) $\dfrac{\pi}{4}$,(2) 1

21. $2\displaystyle\int_{-1}^1 \sqrt{1-x^2}\,x = \pi, \displaystyle\int_{-2}^2 (x-3)\sqrt{4-x^2}\,\mathrm{d}x = -6\pi$

22. (1) $\dfrac{1}{3ab}$,(2) $\dfrac{4}{3}$,(3) 18,(4) $\dfrac{3}{2} - \ln 2$,

(5) $2\sqrt{2}$,(6) $\dfrac{9}{4}$,(7) $\ln 2 - \dfrac{1}{2}$

23. 当 $t = \dfrac{\pi}{4}$ 时 S 最小;当 $t = 0$ 时 S 最大.

24. (1) $V_x = \dfrac{\pi}{7}$,$V_y = \dfrac{2}{5}\pi$,(2) $V_x = \pi(e-2)$,$V_y = \dfrac{\pi}{2}(e^2+1)$,(3) 略

25. (1) $a = \dfrac{1}{e}$,切点 $(e^2, 1)$,(2) $\dfrac{\pi}{2}$

26. (1) $\dfrac{1}{2}$,(2) $\dfrac{1}{2}$,(3) $\dfrac{\pi}{4} + \dfrac{1}{2}\ln 2$,(4) $\dfrac{\sqrt{5}}{5}\pi$,(5) π,

(6) $\begin{cases} \dfrac{1}{1-\alpha}, & \text{当 } 0 < \alpha < 1 \text{ 时}; \\ +\infty, & \text{当 } \alpha \geqslant 1 \text{ 时}. \end{cases}$

27. (1) $\dfrac{3}{4}\sqrt{\pi}$,(2) 2,(3) $\dfrac{\sqrt{\pi}}{8\sqrt{2}}$,(4) $(-1)^n n!$,(5) $\dfrac{6}{(\alpha-1)^4}$

28. (1) $\Delta Q = 1\,266$;(2) $Q = 200t + \dfrac{5}{2}t^2 - \dfrac{1}{6}t^3$;(3) $\overline{Q} = 209$

29. (1) $C(x) = 1 + 4x + \dfrac{1}{8}x^2$ $L(x) = 4x - \dfrac{5}{8}x^2 - 1$

(2) 当产量 $x = \dfrac{16}{5}$(百台)时,利润最大;

(3) $C\left(\dfrac{16}{5}\right) = \dfrac{377}{25}$(万元); $R\left(\dfrac{16}{5}\right) = \dfrac{512}{25}$(万元).

(B)

1. B **2.** AD **3.** ABCD **4.** B **5.** D **6.** C **7.** A **8.** B **9.** D **10.** B **11.** C **12.** C **13.** AB

(C)

1. 略

2. $\dfrac{\pi}{3}$

3. $\dfrac{\pi}{4-\pi}$

4. 略

5. $1 - \sin 1$

6. 略

7. (1) 略,(2) $\ln 2$

8. $e^{\frac{1}{2}}$

9. $f(x) = \dfrac{5}{2}\ln x + \dfrac{5}{2}$

10. $\dfrac{3}{4}$

11. 略

12. (1) $S(t) = 1 - 2te^{-2t}$ $t \in (0, +\infty)$ (2) 最小值 $S\left(\dfrac{1}{2}\right) = 1 - \dfrac{1}{e}$

13. 略

第6章

(A)

1. (1) $z_1 = 7$ 或 $z_2 = -5$.(2) $x = -2$

2. (1) $2x + y + 3z + 5 = 0$.

　　(2) $4x + 3y + 12z - 12 = 0$

　　(3) $x + y + z - 5 = 0$.

3. $\dfrac{x^2}{5} + \dfrac{y^2}{5} + \dfrac{z^2}{9} = 1$, 这是一个椭球面.

4. 交点坐标为: $(-1, -4, 3)$.

5. (1) $D = \{(x, y) \mid x + y > 0,$ 且 $y \geqslant 0\}$

　　(2) $D = \left\{(x, y) \mid x^2 + \left(y - \dfrac{1}{2}\right)^2 \geqslant \dfrac{1}{4},$ 且 $x^2 + (y - 1)^2 < 1\right\}$

　　(3) $D = \{(x, y) \mid y > x^2,$ 且 $x^2 + y^2 \leqslant 2\}$

　　(4) $D = \{(x, y) \mid x \geqslant 0,$ 且 $y \geqslant 0\}$

　　(5) $D = \{(x, y) \mid x^2 + y^2 \neq 0\}$

6. (1) $\dfrac{1}{2}$, (2) 2, (3) 1, (4) 0, (5) 2

7. 略.

8. (1) -2; (2) $\dfrac{9}{9 - \sqrt{2}}$; (3) $\dfrac{(x + y)^2}{(x + y)^2 - (x - y)}$; (4) $\dfrac{(\sqrt{x} - y)^2}{(\sqrt{x} - y)^2 - 2}$

9. (1) $\dfrac{\partial z}{\partial x} = 3x^2 - 4y^2$; $\dfrac{\partial z}{\partial y} = -8xy$

　　(2) $\dfrac{\partial z}{\partial x} = \dfrac{1}{x}$; $\dfrac{\partial z}{\partial y} = -\dfrac{1}{y}$

　　(3) $\dfrac{\partial z}{\partial x} = 3y^2 \cos x$; $\dfrac{\partial z}{\partial y} = 6y \sin x$

　　(4) $\dfrac{\partial z}{\partial x} = -\dfrac{2x}{(x^2 - y^2)^2}$; $\dfrac{\partial z}{\partial y} = \dfrac{2y}{(x^2 - y^2)^2}$

　　(5) $\dfrac{\partial z}{\partial x} = e^x \sin y$; $\dfrac{\partial z}{\partial y} = e^x \cos y$

10. (1) $\dfrac{\partial z}{\partial x} = y - \dfrac{y}{x^2}$; $\dfrac{\partial z}{\partial y} = x + \dfrac{1}{x}$

　　(2) $\dfrac{\partial z}{\partial x} = \dfrac{y}{x + y}$; $\dfrac{\partial z}{\partial y} = \ln(x + y) + \dfrac{y}{x + y}$; $\dfrac{\partial^2 z}{\partial x \partial y} = \dfrac{x}{(x + y)^2}$

　　(3) $\dfrac{\partial z}{\partial x} = yx^{y-1}$; $\dfrac{\partial z}{\partial y} = x^y \ln x$

　　(4) $\dfrac{\partial z}{\partial x} = ye^{xy}$; $\dfrac{\partial z}{\partial y} = xe^{xy}$; $\dfrac{\partial^2 z}{\partial x \partial y} = e^{xy} + xye^{xy}$

11. (1) $\mathrm{d}z = \dfrac{1}{y^2} e^{\frac{x}{y}} (y\mathrm{d}x - x\mathrm{d}y)$

　　(2) $\mathrm{d}z = \cos(xy) \cdot (y\mathrm{d}x + x\mathrm{d}y)$

　　(3) $\mathrm{d}u = 2(x^2 + y^2 + z^2)^{-1}(x\mathrm{d}x + y\mathrm{d}y + z\mathrm{d}z)$

　　(4) $\mathrm{d}z = yx^{yx}(\ln x + 1)\mathrm{d}x + x^{yx+1}\ln x\,\mathrm{d}y$

12. $\mathrm{d}z = -0.05$

13. (1) $\dfrac{\mathrm{d}z}{\mathrm{d}x} = \cos(e^x + e^{x^2}) \cdot (e^x + 2xe^{x^2})$

　　(2) $\dfrac{\mathrm{d}z}{\mathrm{d}t} = -e^t + 2e^{2t} + 6e^{3t} - 4e^{4t} - 5e^{5t}$

　　(3) $\dfrac{\mathrm{d}z}{\mathrm{d}x} = e^{\sin(u+v)} \cos(u + v)\left(\dfrac{1}{x} + 2x\right)$

　　(4) $\dfrac{\mathrm{d}z}{\mathrm{d}x} = \dfrac{-x^2 + 2x + 1}{2(1 - x)^2}$

14. (1) $\dfrac{\mathrm{d}y}{\mathrm{d}x} = \dfrac{\sin x + 2xy}{\mathrm{e}^y - x^2}$

(2) $\dfrac{\mathrm{d}y}{\mathrm{d}x} = -\dfrac{y+1}{x+1}$

(3) $\dfrac{\partial z}{\partial x} = \dfrac{yz}{\mathrm{e}^z - xy}$

$\dfrac{\partial z}{\partial y} = \dfrac{xz}{\mathrm{e}^z - xy}$

(4) $\dfrac{\mathrm{d}y}{\mathrm{d}x} = \dfrac{y-x}{x+y}$

15. (1) 极小值点:$(0,3)$;极小值:1.

(2) 极大值点:$(0,0)$;极大值:-2.

(3) 极小值点:$(1,1)$;极小值:1.

(4) 极大值点:$\left(\dfrac{\pi}{3}, \dfrac{\pi}{6}\right)$;并且极大值为$\dfrac{3\sqrt{3}}{2}$.

16. 长,宽,高分别为$\sqrt[3]{2V}$,$\sqrt[3]{2V}$和$\dfrac{1}{2}\sqrt[3]{2V}$时,表面积最小.

17. 当矩形的长和宽分别为$\dfrac{2}{3}p$和$\dfrac{1}{3}p$时,圆柱体体积最大.

18. 当$K = \dfrac{1\,000}{19}$,$L = \dfrac{36\,000}{19}$时,企业可获得最大利润.

19. 当$b \geqslant 2$时,最短距离为$2\sqrt{b-1}$,此时$y = b-2$;当$b < 2$时,最短距离为b,此时$y = 0$.

20. (1) 设$u = x^2 - y^2$,$v = \mathrm{e}^{xy}$,则$\dfrac{\partial z}{\partial x} = 2xf'_u + y\mathrm{e}^{xy}f'_v$,$\dfrac{\partial z}{\partial y} = -2yf'_u + x\mathrm{e}^{xy}f'_v$;

(2) 设$\varphi = x$,$\omega = xy$,$v = xyz$,则$\dfrac{\partial u}{\partial x} = f'_\varphi + yf'_\omega + yzf'_v$,$\dfrac{\partial u}{\partial y} = xf'_\omega + xzf'_v$,$\dfrac{\partial u}{\partial z} = xyf'_v$;

(3) 设$u = xyz$,$v = x^2 + y^2 + z^2$,则$\dfrac{\partial z}{\partial x} = -\dfrac{yzF'_u + 2xF'_v}{xyF'_u + 2zF'_v}$;$\dfrac{\partial z}{\partial y} = -\dfrac{xzF'_u + 2yF'_v}{xyF'_u + 2zF'_v}$;

(4) 设$u = \sin x$,$v = \dfrac{x}{y}$,则$\dfrac{\partial^2 z}{\partial x \partial y} = -\cos(x+y) - \dfrac{x}{y^2}\cos x \dfrac{\partial^2 \varphi}{\partial u \partial v} - \dfrac{x}{y^3}\dfrac{\partial^2 \varphi}{\partial v^2} - \dfrac{1}{y^2}\dfrac{\partial \varphi}{\partial v}$.

21. 略

22. 略

23. (1) $\displaystyle\iint\limits_{D} f(x,y)\,\mathrm{d}\sigma = \int_0^2 \mathrm{d}y \int_{\frac{y^2}{4}}^{\frac{y}{2}} f(x,y)\,\mathrm{d}x = \int_0^2 \mathrm{d}x \int_{2x}^{2\sqrt{x}} f(x,y)\,\mathrm{d}y$

(2) $\displaystyle\iint\limits_{D} f(x,y)\,\mathrm{d}\sigma = \int_{-2}^{-1} \mathrm{d}y \int_{-\sqrt{4-y^2}}^{\sqrt{4-y^2}} f(x,y)\,\mathrm{d}x + \int_{-1}^{1} \mathrm{d}y \int_{\sqrt{1-y^2}}^{-\sqrt{1-y^2}} f(x,y)\,\mathrm{d}x$

$\qquad\qquad + \int_{-1}^{1} \mathrm{d}y \int_{\sqrt{1-y^2}}^{\sqrt{4-y^2}} f(x,y)\,\mathrm{d}x + \int_{1}^{2} \mathrm{d}y \int_{-\sqrt{4-y^2}}^{\sqrt{4-y^2}} f(x,y)\,\mathrm{d}x$

$\displaystyle\iint\limits_{D} f(x,y)\,\mathrm{d}\sigma = \int_{-2}^{-1} \mathrm{d}x \int_{-\sqrt{4-x^2}}^{\sqrt{4-x^2}} f(x,y)\,\mathrm{d}y + \int_{-1}^{1} \mathrm{d}x \int_{\sqrt{1-x^2}}^{-\sqrt{1-x^2}} f(x,y)\,\mathrm{d}y$

$\qquad\qquad + \int_{-1}^{1} \mathrm{d}x \int_{\sqrt{1-x^2}}^{\sqrt{4-x^2}} f(x,y)\,\mathrm{d}y + \int_{1}^{2} \mathrm{d}x \int_{-\sqrt{4-x^2}}^{\sqrt{4-x^2}} f(x,y)\,\mathrm{d}y$

或

$\displaystyle\iint\limits_{D} f(x,y)\,\mathrm{d}\sigma = \int_{-2}^{2} \mathrm{d}x \int_{-\sqrt{4-x^2}}^{\sqrt{4-x^2}} f(x,y)\,\mathrm{d}y - \int_{-1}^{1} \mathrm{d}x \int_{-\sqrt{1-x^2}}^{\sqrt{1-x^2}} f(x,y)\,\mathrm{d}y$

$\qquad\qquad = \int_{-2}^{2} \mathrm{d}y \int_{-\sqrt{4-y^2}}^{\sqrt{4-y^2}} f(x,y)\,\mathrm{d}x - \int_{-1}^{1} \mathrm{d}y \int_{-\sqrt{1-y^2}}^{\sqrt{1-y^2}} f(x,y)\,\mathrm{d}x$

(3) $\iint\limits_{D} f(x,y)\mathrm{d}\sigma = \int_{-1}^{1}\mathrm{d}x\int_{1}^{2}f(x,y)\mathrm{d}y = \int_{1}^{2}\mathrm{d}y\int_{-1}^{1}f(x,y)\mathrm{d}x$

(4) $\iint\limits_{D} f(x,y)\mathrm{d}\sigma = \int_{-3}^{3}\mathrm{d}y\int_{-\frac{2}{3}\sqrt{9-y^2}}^{\frac{2}{3}\sqrt{9-y^2}}f(x,y)\mathrm{d}x = \int_{-2}^{2}\mathrm{d}x\int_{-\frac{3}{2}\sqrt{4-x^2}}^{\frac{3}{2}\sqrt{4-x^2}}f(x,y)\mathrm{d}y$

24. (1) $\int_{0}^{2}\mathrm{d}x\int_{x}^{2x}f(x,y)\mathrm{d}y = \int_{0}^{2}\mathrm{d}y\int_{\frac{y}{2}}^{y}f(x,y)\mathrm{d}x + \int_{2}^{4}\mathrm{d}y\int_{\frac{y}{2}}^{2}f(x,y)\mathrm{d}x$

(2) $\int_{1}^{e}\mathrm{d}y\int_{0}^{\ln y}f(x,y)\mathrm{d}x = \int_{0}^{1}\mathrm{d}x\int_{e^x}^{e}f(x,y)\mathrm{d}y$

(3) $\int_{1}^{2}\mathrm{d}x\int_{\sqrt{x}}^{x}f(x,y)\mathrm{d}y = \int_{1}^{\sqrt{2}}\mathrm{d}y\int_{y}^{y^2}f(x,y)\mathrm{d}x + \int_{\sqrt{2}}^{2}\mathrm{d}y\int_{y}^{2}f(x,y)\mathrm{d}x$

(4) $\int_{1}^{2}\mathrm{d}x\int_{1}^{x^2}f(x,y)\mathrm{d}y + \int_{1}^{2}\mathrm{d}x\int_{1}^{3-x}f(x,y)\mathrm{d}y = \int_{1}^{4}\mathrm{d}y\int_{\sqrt{y}}^{2}f(x,y)\mathrm{d}x + \int_{1}^{3}\mathrm{d}y\int_{0}^{3-y}f(x,y)\mathrm{d}x$

(5) $\int_{0}^{\pi}\mathrm{d}x\int_{0}^{\sin x}f(x,y)\mathrm{d}y = \int_{0}^{1}\mathrm{d}y\int_{\arcsin y}^{\pi-\arcsin y}f(x,y)\mathrm{d}x$

25. (1) $\dfrac{13}{6}$　(2) $\dfrac{1}{2}(\mathrm{e}-1)^2$　(3) $\ln\dfrac{2+\sqrt{2}}{1+\sqrt{3}}$

(4) $\dfrac{16}{3}$　(5) $\dfrac{27}{64}$　(6) 2π

(7) $\dfrac{1}{2}\mathrm{e}^4 - \mathrm{e}^2$　(8) $1 - \sin 1$

(9) $\dfrac{16}{3}\pi$　(10) $\dfrac{2\pi a^3}{3}$

(11) $(5\ln 5 - 2\ln 2 - 3)\pi$　(12) $-6\pi^2$

26. (1) $1 + \sqrt{2}$　(2) $\dfrac{3\sqrt{3}-\pi}{3}$

27. (1) $\dfrac{7}{2}$　(2) $\dfrac{5}{6}$　(3) $\dfrac{88}{105}$

(B)

1. C　**2.** A　**3.** C　**4.** D　**5.** A　**6.** BC　**7.** A　**8.** C　**9.** D　**10.** B　**11.** C

(C)

1. (1) $f(x,y) = \dfrac{x+y}{xy}$　(2) $f(x,y) = 2x^2 - 3y$

2. 略.

3. $x^2 + y^2$

4. 略

5. 略.

6. $2\mu f'_u$,其中 $u = \dfrac{y}{x}$

7. $\dfrac{16\pi}{3} - \dfrac{32}{9}$

8. 略

9. $\dfrac{\mathrm{d}u}{\mathrm{d}x} = f'_1 - \dfrac{y}{x}f'_2 + \left[1 - \dfrac{(x-z)\mathrm{e}^x}{\sin(x-z)}\right]f'_3$

10. $\dfrac{1}{2}\pi(1+\mathrm{e}^\pi)$

11. $f(x,y) = \sqrt{1-x^2-y^2} - \dfrac{2}{3} + \dfrac{8}{9\pi}$

第 7 章

（A）

1. (1) $\dfrac{1}{2}$ (2) $-\ln 2$ (3) $\dfrac{3}{4}$ (4) $\dfrac{1}{6}$

2. (1) 发散，(2) 收敛，(3) 收敛，(4) 发散，(5) 发散，(6) 收敛，(7) 发散

3. (1) 发散，(2) 发散，(3) 收敛，(4) 发散，(5) 发散(提示：$\ln(n+1)<n$)，(6) 收敛，
(7) 发散，(8) 发散

4. (1) 收敛，(2) 收敛，(3) 收敛，(4) 收敛，(5) 收敛，(6) 发散，(7) 发散

5. (1) 收敛(2) 收敛，(3) 收敛，(4) 收敛，(5) 收敛.

6. (1) 收敛，(2) 收敛，(3) 收敛，(4) 收敛，(5) 收敛，(6) 收敛，(7) 收敛

7. (1) $R=3$；收敛域：$[-3,3)$

    (2) $R=1$；收敛域：$(-1,1)$

    (3) $R=1$；收敛域：$[-1,1]$

    (4) $R=1$；收敛域：$[-1,1)$

    (5) $R=2$；收敛域：$(-2,2)$

    (6) $R=1$；收敛域：$[2,4)$

8. (1) $(-e,e)$，

    (2) $(-\infty,+\infty)$，

    (3) $(0,4)$，

    (4) $(e^{-1},e]$，

    (5) $\left(k\pi-\dfrac{\pi}{4},k\pi+\dfrac{\pi}{4}\right)$ $(k=0,\pm1,\pm2,\cdots)$，

    (6) $(-\sqrt{2},\sqrt{2})$

9. $\dfrac{1}{2}$

10. $\left[\dfrac{3}{2},\dfrac{5}{2}\right)$

11. (1) $S(x)=-\ln(1-x)-x \quad x\in[-1,1)$

    (2) $S(x)=\begin{cases}-\dfrac{1}{x}\ln(1-x), & x\in[-1,0)\bigcup(0,1)\\[2mm] 0, & x=0\end{cases}$

    (3) $S(x)=\dfrac{2x}{(1-x)^3} \quad x\in(-1,1)$

    (4) $S(x)=\ln(1-x)+\dfrac{x}{1-x} \quad x\in(-1,1)$

12. $S(x)=\begin{cases}\dfrac{1}{2}\left[-x\ln(1-x)-\dfrac{\ln(1-x)}{x}-\dfrac{x}{2}-1\right], & x\in[-1,0)\bigcup(0,1)\\[2mm] 0, & x=0\end{cases}$

13. (1) $f(x)=e^{-x^2}=1-x^2+\dfrac{x^4}{2!}-\dfrac{x^6}{3!}+\cdots+\dfrac{(-1)^n x^{2n}}{n!}+\cdots \quad (-\infty<x<+\infty)$

    (2) $f(x)=\displaystyle\sum_{n=0}^{\infty}\left[(-1)^n-2^{n+1}\right]\dfrac{x^{n+1}}{(n+1)} \quad \left(-\dfrac{1}{2}\leqslant x<\dfrac{1}{2}\right)$

    (3) $f(x)=\displaystyle\sum_{n=0}^{\infty}(-1)^n\dfrac{2^{2n+1}}{(2n+1)!}x^{2n+1} \quad (-\infty<x<+\infty)$

    (4) $f(x)=\displaystyle\sum_{n=1}^{\infty}(-1)^{n-1}\dfrac{2^{2n-1}}{(2n)!}x^{2n} \quad (-\infty<x<+\infty)$

(5) $f(x) = \sum_{n=0}^{\infty} \frac{1}{4}\left[(-1)^n - \left(\frac{1}{3}\right)^n\right]x^n \quad (-1 < x < 1)$

14. $\cos^2 x = \frac{1}{2} - \frac{1}{2}\sum_{n=0}^{\infty}(-1)^n \frac{2^{2n+1}}{(2n+1)!}\left(x - \frac{\pi}{4}\right)^{2n+1} \quad (-\infty < x < +\infty)$

15. $f(x) = -\frac{1}{8}\sum_{n=0}^{\infty}[1 + (-1)^n]\frac{(x+3)^n}{2^n} \quad (-5 < x < -1)$

(B)

1. D　2. A　3. D　4. B　5. D　6. D　7. C　8. ABC　9. B　10. C

(C)

1. $S(x) = \frac{1}{2x}\ln\frac{1+x}{1-x} - \frac{1}{1-x^2}$, $x \in (-1,1)$

2. $f(x) = 1 - \frac{1}{2}\ln(1+x^2)$,有极大值 $f(0) = 1$

3. $I_n = \frac{1}{n+1}\left(\frac{\sqrt{2}}{2}\right)^{n+1}$, $\sum_{n=1}^{\infty} I_n = \ln(2+\sqrt{2})$

4. 收敛区间$(-1,1)$,$S(x) = \frac{x^2}{1+x^2} - \ln(1+x^2) + 2x\arctan x$

5. $f(x) = \frac{\pi}{4} - 2\sum_{n=0}^{\infty}(-1)^n 4^n \frac{x^{2n+1}}{2n+1}$,$x \in \left[-\frac{1}{2}, \frac{1}{2}\right]$ $\sum_{n=1}^{\infty}\frac{(-1)^n}{2n-1} = -\frac{\pi}{4}$

6. 收敛,和为$\frac{2}{9}$

7. $f(x) = \sum_{n=1}^{\infty}(-1)^{n-1}\frac{x^{2n+1}}{n(2n+1)}$,$R = 1$,收敛域:$[-1,1]$

第8章

(A)

1. (1) 是 (2) 是 (3) 是 (4) 是 (5) 是 (6) 是

2. (1) $(1-x)(1+y) = C$,　　　　　(2) $\sqrt{1+x^2} + \sqrt{1+y^2} = C$,

　　(3) $\sec x + \tan y = C$,　　　　(4) $\ln^2 x + \ln^2 y = C$,

　　(5) $a^x + a^{-y} = C$,　$(C > 0)$　(6) $y = \frac{1}{a\ln|C(1-a\cdot x)|}$,

　　(7) $2y^3 + 3y^2 - 2x^3 - 3x^2 = 5$,　　(8) $(y+1)e^{-y} = \frac{1}{2}(x^2+1)$

3. (1) $2xy - y^2 = C$,　　　　　　(2) $y^3 + x^3 = Cx^2$,

　　(3) $y + \sqrt{y^2 - x^2} = Cx^2$,　　(4) $\tan\frac{y}{x} = \ln|Cx|$,

　　(5) $y = xe^{Cx+1}$,　　　　　　(6) $2xy + x^2 = C$,

　　(7) $x^2 = e^{\frac{y^2}{x^2}}$,　　　　　(8) $y = 2x\tan\left(\ln x^2 + \frac{\pi}{4}\right)$

4. $\varphi(x) = -\frac{1}{2x^3}$.

5. (1) $y = Ce^{-x} + \frac{1}{2}(\sin x + \cos x)$,　　(2) $y = (x+C)e^{-x}$,

　　(3) $y = x^n(e^x + C)$,　　　　　(4) $y = x^2(\sin x + C)$,

　　(5) $y = \frac{4x^3 + 3C}{3(x^2+1)}$,　　　　(6) $y = -\frac{1}{4}e^{-x^2} + Ce^{x^2}$

　　(7) $y = \frac{1}{2}\sin 2x$,　　　　　(8) $y = 2\ln x - x + 2$

6. $Q = 1\ 800 \times 2^{-P}$

7. $P(x) = \dfrac{3}{x}, Q(x) = -\dfrac{5}{4}x, y = \dfrac{C}{x^3} - \dfrac{1}{4}x^2$

8. (1) $y'' + y' - 12y = 0, y = C_1 e^{3x} + C_2 e^{-4x}$;

(2) $y'' - 2y' = 0, y = C_1 + C_2 e^{2x}$;

(3) $y'' - 10y' + 25y = 0, y = (C_1 + C_2 x)e^{5x}$;

(4) $y'' + y = 0, y = C_1 \cos x + C_2 \sin x$;

9. (1) $y = C_1 e^x + C_2 e^{3x}$,　　　　　(2) $y = (C_1 + C_2 x)e^{3x}$,

(3) $y = C_1 \cos 5x + C_2 \sin 5x$,　　　(4) $y = e^{2x}(C_1 \cos 3x + C_2 \sin 3x)$,

(5) $y = (C_1 + C_2 x)e^{6x}$,　　　　　(6) $y = e^x(C_1 \cos \dfrac{1}{2}x + C_2 \sin \dfrac{1}{2}x)$,

(7) $y = e^{-2x} + 2e^x$,　　　　　　(8) $y = e^{-\frac{1}{2}x}(2\cos \dfrac{\sqrt{3}}{2}x + 2\sqrt{3}\sin \dfrac{\sqrt{3}}{2}x)$,

(9) $y = -\dfrac{1}{3}e^x \cos 3x$,　　　　(10) $y = 3e^{-x} - 2e^{-2x}$

10. (1) $y = \dfrac{x}{3}e^{2x} + C_1 e^{2x} + C_2 e^{-x}$,

(2) $y = C_1 + C_2 e^{-4x} - \dfrac{4}{5}\cos 2x - \dfrac{2}{5}\sin 2x$,

(3) $y = \dfrac{1}{2}(x+1)^2 + e^x(C_1 \cos x + C_2 \sin x)$,

(4) $y = (C_1 + C_2 x)e^{2x} + 4x^2 e^{2x} + 2x^2 + 4x + 3$,

(5) $y = e^{-x}(C_1 \cos 2x + C_2 \sin 2x) + \dfrac{1}{4}x e^{-x} \sin 2x$,

(6) $y = C_1 e^{(-\frac{1}{2}+\frac{\sqrt{3}}{2})x} + C_2 e^{(-\frac{1}{2}-\frac{\sqrt{3}}{2})x} + \dfrac{2}{3}e^x$,

(7) $y = \dfrac{1}{2}e^{2x} - e^{3x} + 2x + \dfrac{1}{2}$,

(8) $y = \dfrac{9}{8} - \dfrac{9}{8}e^{-4x} + x^2 - \dfrac{1}{2}x$,

(9) $y = -\dfrac{11}{8}\cos x + 4\sin x - \dfrac{1}{8}\cos 3x$,

(10) $y = e^{-2x}(\cos x + 2\sin x) + \dfrac{1}{8}\sin x - \dfrac{5}{8}\cos x$

11. $\dfrac{\mathrm{d}Q}{\mathrm{d}t} = kQ(Q - N)(k > 0), Q(t) = \dfrac{N}{1 + Ce^{-Nkt}}$　　$(k > 0, C > 0)$

12. $y(t) = \dfrac{1\ 000}{1 + 9 \cdot 3^{-\frac{t}{3}}}, y(6) = 500$

(**B**)

1. BCD　**2.** B　**3.** D　**4.** B　**5.** AC　**6.** C　**7.** BD　**8.** D

(**C**)

1. (1) $y = \dfrac{1}{5}|x|^3 + \sqrt{|x|}$;

(2) $y = \dfrac{x}{3}\left(\ln x - \dfrac{1}{3}\right)$;

(3) $xy = 2$;

(4) $y = Cxe^{-x}$;

(5) $y'' - 2y' + 2y = 0$;

(6) $y = -2x + C_1 \cos x + C_2 \sin x$

2. (1) A (2) D (3) B (4) B (5) A

3. (1) $y' + 2y = x^2 e^{-2x}$, $y = \left(\dfrac{x^3}{3} + C\right) e^{-2x}$ (C 为任意常数)

(2) $\dfrac{\mathrm{d}^2 y}{\mathrm{d}t^2} + y = 0$, $y = 2x + \sqrt{1-x^2}$

(3) $y = ax^2 - ax$, $a = 2$

(4) $y = \dfrac{3}{4} + \dfrac{1}{4}(1+2x)e^{2x}$

(5) $-e^{-x}\ln(1-x)$, $x \in [-1,1)$

(6) $y = y(x) = x - \dfrac{75}{124}x^2$

(7) $y = e^x - e^{x + e^{-x} - \frac{1}{2}}$

(8) $F'(x) + 2F(x) = 4e^{2x}$, $F(x) = e^{2x} - e^{-2x}$

参考文献

[1] Tom M A. 数学分析. 2 版. 邢富冲,邢辰,李松洁,等,译. 北京:机械工业出版社,2006.

[2] 蔡高厅,邱忠文. 高等数学. 天津:天津大学出版社,2004.

[3] 陈亚力,李军英,刘诚. 经济数学全程导学. 长沙:湖南科学技术出版社,2004.

[4] 吉米多维奇. 数学分析习题集题解. 济南:山东科学技术出版社,2002.

[5] 教育部考试中心. 2007 年全国硕士研究生入学统一考试数学考试大纲. 北京:高等教育出版社,2006.

[6] 孔敏,张雪娇,秦彦,等. 大学数学(习题与解答). 北京:科学出版社,2006.

[7] 李晋明,李朝阳. 经济数学·微积分. 北京:经济管理出版社,2001.

[8] 林益,刘国均,徐建豪. 微积分. 武汉:武汉理工大学出版社,2006.

[9] 刘光旭,萧永震,樊鸿康. 文科高等数学. 天津:南开大学出版社,1998.

[10] 刘桂茹,孙永化. 经济数学·微积分部分. 天津:南开大学出版社,2002.

[11] 刘书田,孙惠玲. 微积分. 北京:北京大学出版社,2006.

[12] 刘书田,冯翠莲. 微积分学习辅导与解题方法. 北京:高等教育出版社,2006.

[13] 刘书田,葛振三. 经济数学基础(一)微积分解题思路和方法. 北京:世界图书出版公司,2002.

[14] 陆金. 经济类高等数学课程学习及考研辅导. 天津:天津大学出版社,2004.

[15] 罗定军,盛立人. 高等数学(文科类). 北京:化学工业出版社,2005.

[16] 金国硕士研究生入学考试辅导教程编审委员会. 2007 年全国硕士研究生入学考试辅导教程·数学分册·经济类. 北京:北京大学出版社,2006.

[17] 上海财经大学应用数学系. 高等数学习题集. 上海:上海财经大学出版社,2004.

[18] 上海高校《经济数学基础》编写组. 微积分. 上海:立信会计出版社,2005.

[19] 孙淑华,姚文起. 高等数学. 北京:机械工业出版社,2004.

[20] 同济大学高等数学教研室. 高等数学习题精编. 上海:同济大学出版社,2001.

[21] 王丽燕,秦禹春. 微积分全程学习指导. 大连:大连理工大学出版社,2006.

[22] 王雪标,王拉娣,聂高辉. 微积分. 北京:高等教育出版社,2006.

[23] 徐兵,刘长乃,蒋青. 微积分学习指导与提高. 北京:北京航空航天大学出版社,2004.

[24] 姚孟臣. 大学文科数学解题指南. 北京:北京大学出版社,2005.

[25] 赵淑媛. 微积分. 北京:中国人民大学出版社,1988.

[26] 赵淑媛,胡星佑,陆启良. 微积分学习与考试指导. 北京:中国人民出版社,1997.

[27] 赵斯泓,李树冬,车荣强,等. 微积分学习辅导. 上海:立信会计出版社,2005.

[28] 周誓达. 微积分. 北京:中国人民大学出版社,2005.

[29] 朱来义. 微积分中的典型例题分析与习题. 北京:高等教育出版社,2005.

[30] 朱来义. 微积分. 北京:高等教育出版社,2000.

［31］秦宣云,刘旺梅,周英告. 微积分(下册). 北京:科学出版社,2008.

［32］张琴. 微积分(经管类)(下册). 北京:科学出版社,2010.

［33］张志军,熊德之,杨雪帆. 经济数学基础微积分. 北京:科学出版社,2011.

［34］李允,凌春英. 经济应用数学基础(一)微积分. 哈尔滨:哈尔滨工业大学出版社,
2011.

［35］刘浩荣,郭景德,蔡林福,等. 高等数学(经管类)(上、下册). 上海:同济大学出版
社,2012.